U0249921

全国高校土木工程专业应用型本科规划推荐教材

荷载与结构设计方法

郭 楠 主编

中国建筑工业出版社

图书在版编目（CIP）数据

荷载与结构设计方法/郭楠主编. —北京：中国建筑
工业出版社，2014.7（2024.6重印）
全国高校土木工程专业应用型本科规划推荐教材
ISBN 978-7-112-16839-2

Ⅰ. ①荷…　Ⅱ. ①郭…　Ⅲ. ①建筑结构-结构载
荷-结构设计-高等学校-教材　Ⅳ. ①TU312

中国版本图书馆 CIP 数据核字（2014）第 098736 号

本书依据《建筑结构荷载规范》（GB 50009—2012）及其他最新版相关规范编写。全书
以工程结构荷载和结构设计方法为主线，介绍各类荷载的概念及特点，给出常用荷载的计
算方法和荷载效应组合方法，阐述基于可靠度的结构设计原理。

本书可作为土木工程专业本科教材，授课学时宜为 32 学时，并附有编者在授课过程中
所使用的 32 学时讲义 PPT 供教师教学时参考、学生学习时使用。本书也可作为专业技术人
员准备注册结构工程师专业考试或进行结构设计时的参考用书。

* * *

责任编辑：王　梅　武晓涛
责任设计：董建平
责任校对：张　颖　赵　颖

全国高校土木工程专业应用型本科规划推荐教材
荷载与结构设计方法
郭　楠　主编

*

中国建筑工业出版社出版、发行（北京西郊百万庄）
各地新华书店、建筑书店经销
霸州市顺浩图文科技发展有限公司制版
建工社（河北）印刷有限公司印刷

*

开本：787×1092 毫米　1/16　印张：20¾　字数：502 千字
2014 年 8 月第一版　2024 年 6 月第十一次印刷
定价：42.00 元（附网络下载）
ISBN 978-7-112-16839-2
（25637）

本书编委会

主　编　郭　楠
副主编　解恒燕　张旭宏
参　编　宫旭黎　吕建福

前　　言

荷载是工程设计的一个重要方面，是着手设计时首先需要解决的问题，也是结构工程师知识体系中不可缺少的组成部分；概率可靠度方法是结构设计的理论基础，有助于工程师理解结构设计的本质，从而在设计中更加得心应手。本书以工程结构荷载和结构设计方法为主线，介绍各类荷载的概念及特点，给出常用荷载的计算方法和荷载效应组合方法，阐述基于可靠度的结构设计原理。本书具有如下特点：

一、内容新颖。本书依据《建筑结构荷载规范》GB 50009—2012 及其他最新版相关规范编写，真正做到了内容新颖，此外在介绍新规范内容的同时，还解读了新旧规范中所存在的差异，并分析了新规范调整的原因。

二、语言通俗。本书力求用通俗的语言来讲述抽象难懂的概念，做到深入浅出，让学生不仅能够看懂，而且爱看。

三、表达直观。为了能够将抽象的概念解释得更加清晰明了，本书参考、引用并自行绘制了大量插图，力求通过这种直观的表达形式来化繁为简，帮助学生理解。

四、结合工程。本书对相关概念的讲述尽量落脚在实际工程中，使读者知道所学知识能够应用在什么地方，并且在今后的工作中能够触类旁通。在内容编写上，本书设置了相当数量的例题，其中很多例题都改编自一级注册结构工程师考试，和实际工程联系非常紧密。在全书内容的最后，还给出了两个实际工程的荷载计算及荷载效应组合的设计例题，是对全书内容的综合应用。

本书可作为本科教材，授课学时宜为 32 学时，教师可根据实际情况进行取舍或增删。随书附赠编者在授课过程中所使用的 32 学时讲义（包括板书教学讲义和 PPT）及备课录音，供广大学生学习之用，也可供其他高校的老师在教学时参考。另外，本书也可作为专业技术人员准备注册考试或进行结构设计的直接参考资料。

本书由东北林业大学郭楠担任主编，黑龙江八一农垦大学解恒燕、黑龙江工程学院张旭宏担任副主编，黑龙江工程学院宫旭黎、哈尔滨工程大学吕建福参编，具体分工为第 1章、第 5 章和第 7 章由郭楠编写，第 8 章和附录部分由解恒燕编写，第 2 章和第 3 章由张旭宏编写，第 4 章和第 6 章由宫旭黎编写，第 9 章和第 10 章由吕建福编写，书中部分绘图和文字整理工作由研究生赵婷婷、刘秀侠、贺铁、刘方舟、陈慧慧、侯建和张平阳完成，最后全书由郭楠统稿定稿。

本书是作者在进行四轮教学实践后的一个阶段性成果，虽然在授课过程中得到了学生的广泛认可，但由于时间紧，水平有限，书中的错误和不当之处在所难免，欢迎广大读者批评指正。

郭楠

2014 年 3 月于东北林业大学

目　　录

第1章 荷载与作用

内 容 提 要

本章以浅显的语言介绍结构设计的原理和一般过程；给出作用及作用效应的概念；依据作用时间变异、空间位置变异、结构的动力反应及作用方向，作用进行分类；阐释荷载代表值的含义，并详细介绍四种荷载代表值的物理意义和确定方法。

1.1 结构设计原理与过程

在正式开始本书的内容之前，首先介绍一下结构设计的基本原理和一般结构的设计过程，以便大家更好地了解本书所介绍的内容，以及相关内容在整个土木工程知识体系中的地位。

1.1.1 结构设计原理

结构设计的基本原理，可以通过下面的例子来说明：生活中常见架设在小溪上的独木桥，从结构力学的角度，可以简化为简支梁，如图1-1所示。这个独木桥安全与否，取决于两点因素：第一是什么在桥上通过，也就是桥所承担的荷载大小；第二是圆木有多粗，或木料有多结实，即结构抵抗荷载的能力，也称之为抗力。

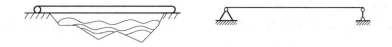

图1-1 独木桥及其计算简图

在结构设计时，要求荷载效应小于结构抗力。在设计结构的时候，如果已知荷载，就可以求出荷载效应（荷载作用在结构上所产生的效果，如内力、应力、变形、裂缝等）；如果已知结构所用的材料和截面尺寸，就可以求出结构抗力。但是，满足荷载效应小于结构抗力的情况并不唯一，比如一根梁跨中截面的弯矩为 $10kN \cdot m$，将梁的承载力设计成 $10.1kN \cdot m$，虽然经济，但荷载预估或者梁的制作上稍有误差，梁就有破坏的危险；而设计成 $100kN \cdot m$，虽然安全，但却造成了大量浪费。

因此要找到一个平衡点，使结构设计既安全，又经济，这就是可靠度设计方法的基本思想。现阶段的可靠度设计法是通过对荷载效应

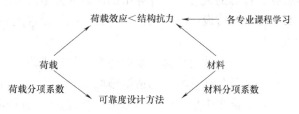

图1-2 可靠度设计方法的基本思想

乘以一个大于 1 的荷载分项系数，对材料乘以一个小于 1 的材料分项系数来完成的，如图 1-2 所示。

1.1.2 结构设计过程

一般结构的设计过程如下：

（1）建立合理的计算模型

这里的计算模型，包括用于手算的计算简图和有限元建模，比如，支承在砖墙上的混凝土梁，因为砖墙对梁的约束很小，可以简化为简支梁进行分析，如图 1-3（a）所示；而梁支承在混凝土柱上时，约束就不能忽略，要简化成框架进行分析，如图 1-3（b）所示；当梁支承在剪力墙上时，剪力墙的平面内刚度很大，几乎不会转动，因此可简化成固定端，如图 1-3（c）所示。将真实结构简化为计算简图是很重要的一种能力，要求具有较强的结构概念和丰富的工程经验。简化时要遵循合理（误差小）和简单（便于计算）两点原则。

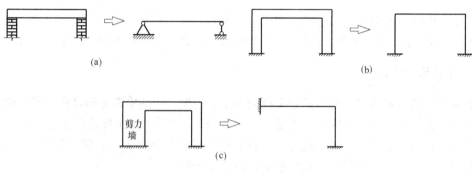

图 1-3 结构与计算模型

（2）确定计算模型上的荷载

如楼面活荷载、屋面雪荷载、风荷载、地震作用等，这部分内容是本书要着重讲述的。

（3）计算荷载效应

比较简单的计算模型，其荷载效应可以通过结构力学的知识求解。当然，也可以通过工程设计软件和有限元分析软件进行求解，比如 PKPM，SAP，ABAQUS 等。

（4）荷载效应进行组合和调整

计算出结构内力以后，并不是直接进行结构设计的，而是要先进行内力组合和调整。组合简单地说就是把可能同时出现的各种荷载产生的内力按照一定的原则进行叠加；调整是根据工程师的概念，对计算出的内力人为地放大或缩小。抗震设计中经常会用到内力的调整，比如抗震设计时要求强柱弱梁，就是要求人为的放大柱端的设计弯矩，让柱在梁之后发生破坏。

（5）进行承载力计算并采取适当的构造措施

这一部分包括计算和构造措施两部分。比如，对于混凝土结构而言，承载力计算主要指构件需要配多少根钢筋；构造措施则包括钢筋的间距、锚固长度等具体要求。值得一提的是，构造措施是计算假定成立、计算结果正确的前提，也是结构概念的具体体现，因此在学习专业课时，不能只重计算原理而忽略构造措施。

（6）绘制施工图

施工图是工程师的语言，是结构设计的最终产品，土木专业的学生，在平时的训练中，不能算出钢筋用量就完工了，还要通过施工图的形式表达出来，这样才达到了工程师的水准。

1.1.3 荷载知识与结构设计

通过前面的讲述，可以看出：理解设计的一般过程，对建立结构概念，深入学习后续知识具有重要意义。

另一方面，在进行结构设计时，没有相关荷载知识是不行的，尤其是在普遍使用电算分析的今天，荷载效应和承载力计算往往由程序直接给出，但荷载仍需要手工输入。所以，只有理解各种荷载的本质，正确地进行荷载取值，才能保证设计的安全与合理。

1.2 荷载与作用的概念

土木工程结构是指用土木工程材料建造的房屋、隧道、桥梁、港口及大坝等基础工程设施。《工程结构设计基本术语和通用符号》（GBJ 132-90）中定义，施加在结构上的一组集中力或分布力，或引起结构外加变形或约束变形的原因，统称为结构上的作用。

承受在施工和使用过程中的各种作用是工程结构最重要的功能，如建筑结构承受的自重、家具和人群、地震作用；桥梁结构承受的车辆重力、船舶撞击力和风作用等。本书的主要内容之一，就是阐明工程结构上各类作用的产生原因及确定方法。

按照作用本身性质的不同，工程结构上的作用可分为两类：

第一类为直接作用，即直接施加在结构上的集中力和分布力，如结构自重、土压力、水压力、雪重、楼面上的人群和家具的重量、路桥上的车辆重量；流水压力、风或浪的作用、浮冰撞击力等。直接作用以外加力的形式直接施加在结构上，并且与结构本身特性无关。

第二类为间接作用，即引起结构外加变形或约束变形的原因，如地基变形、混凝土收缩徐变、温度变化、焊接变形、地震作用等。间接作用不以外加力的形式直接施加在结构上，并且与结构本身特性有关。

习惯上，把直接作用称为荷载，间接作用称为作用。

虽然，结构上的作用有直接和间接之分，但它们产生的效果是相同的，即它们均使结构或构件产生效应（如内力、应力、位移、应变、裂缝等），通常称之为作用效应。其中，由直接作用（即荷载）引起的效应，称为荷载效应。从这个角度，也可将作用定义为，使结构或构件产生效应的各种原因。

1.3 作用的分类

由于工程结构上作用的种类和形式繁多且取值方法各异，不同作用产生的效应也千差万别，因此，有必要按照作用的基本性质等对作用进行分类。工程中，常见的作用分类如下：

1.3.1 按时间变异分类

按时间变异分类是对作用的基本分类，应用也最为广泛，具体可分为：

（1）永久作用。在结构设计基准期（为确定可变荷载代表值而选用的时间参数，建筑结构的设计基准期均为50年）内，作用值不随时间变化，或其变化与平均值相比可以忽略不计的作用。如：结构自重、土压力、水位不变的水压力、预应力、稳定后的基础沉降、混凝土收缩、钢材焊接变形等。永久作用中的直接作用即为通常所说的恒荷载。

这里需要说明的是，由于混凝土收缩和徐变，基础不均匀沉降一般在5～6年内基本完成，它们均随时间单调变化而趋于限值，故归为永久作用的范畴。

（2）可变作用。在结构设计基准期内，其作用值随时间变化，且其变化与平均值相比不可忽略的作用。如：车辆重力，人员设备，风、雪荷载，流水压力，温度变化等。

（3）偶然作用。在设计基准期内不一定会出现，而一旦出现，其量值可能很大且持续时间较短的作用。如：爆炸力、罕遇地震作用、撞击力等。值得一提的是，并不是所有的地震作用都是偶然作用，因为地震频发，并不偶然，因此只有罕遇地震作用才是偶然作用。

由于近年来偶然事件频发，人们对偶然作用的认识也逐渐加深，《建筑结构荷载规范》（GB 50009—2012）（以下简称为《荷载规范》）增加了第10章，偶然荷载，规定了偶然荷载的范畴：爆炸、撞击、火灾及其他偶然出现的灾害引起的荷载，并且给出了爆炸和撞击荷载的确定方法。

可变作用的变异性比永久作用大，因此，可变作用的取值也比永久作用的大些。永久作用、可变作用和偶然作用出现的概率和持续的时间长短有所不同，可靠度水准也不同。

1.3.2 按空间位置变异分类

（1）固定作用。在结构空间位置上固定不变的分布，但其量值可能具有随机性的作用。如结构自重、楼面均布活荷载、结构上固定的设备自重等。这里需要说明的是，楼面上活动的人，虽然位置并不固定，但按均布活荷载考虑时，认为整个楼面的活荷载是满布的，均匀的，因此按固定作用考虑。

（2）自由作用。在结构空间位置上的一定范围内可以任意分布，出现的位置及量值都可能具有随机性的作用。如：工业厂房中的吊车荷载、桥梁结构上的车辆荷载等。

设计时，由于自由作用在结构空间上的可移动性，必须考虑它所能引起的最不利效应。对于活荷载常需考虑其最不利布置，对于吊车荷载或车辆荷载，则需要用影响线的方法来确定结构内力。

1.3.3 按结构的动力反应分类

（1）静态作用。对结构或构件不产生加速度，或者所产生的加速度可以忽略不计的作用。如结构自重、建筑的楼面活荷载、雪荷载、温度变化等。

（2）动态作用。对结构或构件产生的加速度不可忽略的作用。如地震作用、作用于高耸结构上的风荷载、大型设备振动、吊车荷载、以一定速度通过桥梁的汽车、火车荷载、冲击荷载和爆炸力等。

进行结构分析时，对于动态作用下的结构或构件，必须考虑其动力效应，动荷载对结构产生的荷载效应，要比同样大小的静荷载大，对结构更为不利。在工程中，为了计算方便，一般将动荷载表达为静荷载乘以动力系数的形式，然后再按静力学的方法进行受力分析。但是对于地震等动态作用，因为其对结构的影响比较大，所以必须按照动力学的方法进行分析。

划分静态作用和动态作用的原则，不在于作用本身是否具有动力特征，而在于它是否使结构产生不可忽略的加速度。例如，风荷载对于层数较少、刚度较大的建筑（如砌体结构）来说可视为静态作用，但对高耸建筑或大跨度桥梁来说，引起振动很大，故属于动态作用。

1.3.4 按作用方向分类

（1）竖向作用。如结构自重、雪荷载等。
（2）水平作用。如水平风荷载、水平地震作用等。

1.4 荷载代表值

进行结构设计时，首先需要确定荷载或其他作用的大小。事实上，任何荷载都具有明显的随机性，是一个随机变量，要想在设计中准确确定荷载的量值需要通过复杂的统计计算，这种做法显然是麻烦而且不必要的，因此在设计中，根据设计目的的不同，给出荷载的具体量值，也即荷载代表值，如标准值、频遇值、准永久值和组合值。其中，标准值是荷载的基本代表值，是结构设计的主要参数，其他代表值都可在标准值基础上乘以相应系数得到。

建筑结构设计中，对于不同荷载应采用不同的代表值。永久荷载只有一个代表值，那就是标准值；可变荷载应根据设计要求采用标准值、频遇值、准永久值或组合值作为代表值；《荷载规范》中规定的偶然荷载，即爆炸和撞击荷载，其代表值为标准值，其他偶然荷载，应视具体情况确定其代表值。

1.4.1 荷载标准值

荷载标准值是荷载的基本代表值，为设计基准期内最大荷载统计分布的特征值（例如均值、众值、中值或某个分位值）。这里，说标准值是荷载的基本代表值，是因为荷载的其他代表值均可由标准值乘以相应的系数得到。所谓分位值是指在一组数里面，有百分之多少比这个数小，这个百分比就叫做百分位，对应的那个数就叫做分位值。例如在一组数中，小于 50 的数占总数字个数的 95%，那么，50 就是这组数中 95% 分位值。

下面以雪荷载为例对荷载标准值具体进行说明。以时间（年份）为横轴，雪压为纵轴，以年最大雪压为样本，在建筑结构的设计基准期内，就会得到 50 个大小不同的样本，称为雪荷载的样本函数，如图 1-4 所示。对这 50 个年最大雪压进行统计分析，求出它们的平均值，比如为 $0.45kN/m^2$，会发现在平均值附近的样本比较多，而特别大的或特别小的样本则很少，如图 1-5 所示，图中框图上面的数字代表雪压在框图范围内的年数。将

5

样本出现的概率连成曲线，就得到了年最大雪压的概率分布，概率分布函数的峰值对应的就是年最大雪压的平均值。按照同样的道理，可以得到设计基准期内最大雪压的概率分布曲线，如图1-6所示，这条曲线的形状和年最大雪压的概率分布曲线相同，只是数值更大，相当于位置向右平移。根据荷载标准值的定义，可以知道雪荷载的标准值（也叫基本雪压），实际上就是在设计基准期最大雪压概率分布曲线上取一个恰当的分位值所得到的。

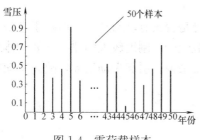

图1-4 雪荷载样本

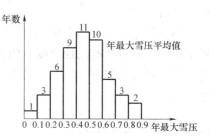

图1-5 雪荷载的数量分布

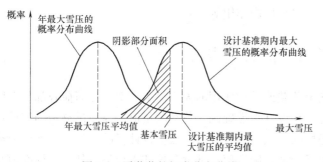

图1-6 雪荷载的概率分布曲线

推理到一般情况，如果在结构的设计基准期 T 内荷载的最大值为 Q_T 是一个随机变量，设计基准期内，Q_T 的概率分布函数为 f_{QT}，则分布函数的峰值的横坐标即为 Q_T 的平均值 μ_{QT}，而荷载标准值 Q_k 即为概率分布函数上的某一分位值，如图1-7所示，图中纵坐标 p 为荷载达到某一数值的概率，阴影部分的面积 p_k 代表着 Q_T 不被超越的概率，即荷载标准值的保证率。

综上所述，在确定荷载标准值时，首先要根据设计基准期内的最大荷载给出概率分布函数，然后在这个函数上取一个合适的分位值。实际上，并非所有的荷载都能取得充分的统计资料，并以合理的统计分析来规定其特征值。因此《荷载规范》没有对分位值作具体的规定，但对性质类似的可变荷载，应尽可能使其取值在保证率上保持相同的水平。

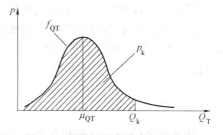

图1-7 荷载的概率分布与标准值

荷载的标准值 Q_k 也可用重现期 T_k 来定义。比如雪荷载标准值为50年一遇（重现期为50年）的雪压值，那么一年内超过这个标准值的概率是1/50，一年内的保证率就是 $1-1/50=0.98$。对于整个设计基准期来说，50年内雪荷载标准值的保证率 p_k 为 $0.98^{50}=0.364$。设计基准期为50年时，重现期和保证率的对应关系见表1-1，雪荷载标准值与重现期和保证率的关系和图1-8所示。

设计基准期为 50 年时，T_k 和 p_k 的对应关系　　　　　　　　　表1-1

重现期 T_k	50	72.6	975
保证率 p_k	36%	50%	95%

对于一般情况，如果重现期为 T_k，那么，在 1 年内，可能出现大于荷载标准值的概率为 $1/T_k$，也就是说年保证率是 $1-1/T_k$。那么在设计基准期 T 内的保证率就是 $(1-1/T_k)^T$，而设计基准期内荷载标准值的保证率是 p_k，于是得到 $(1-1/T_k)^T = p_k$，可以看出，在给定的设计基准期内，荷载标准值的重现期 T_k 的保证率是

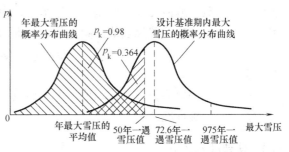

图 1-8 雪荷载标准值与重现期和保证率的关系

p_k 有一一对应的关系。在建筑结构设计基准期（50 年）内，我国主要荷载标准值的保证率 p_k 见表 1-2。

我国主要荷载标准值的保证率   表 1-2

荷载类型	恒荷载	住宅楼面活荷载	办公楼面活荷载	商场楼面活荷载	风荷载	屋面雪荷载
p_k	0.50	0.92	0.79	0.89	0.57	0.36

通过上面的讲述，可以把荷载标准值看成是结构在设计基准期内可能出现的最大荷载值，但这个最大值不是绝对意义上的最大值，而是具有一定概率意义的最大值。

1.4.2 荷载频遇值

（1）表示荷载超越某个值的方法

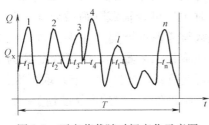

图 1-9 可变荷载随时间变化示意图

可变荷载是随时间变化的，在这个变化的随机过程中，表示荷载超越某水平 Q_x 的方法有两种：一种是可变荷载超过 Q_x 的时间，另一种是超过 Q_x 的次数，如图 1-9 所示。

表示超过 Q_x 的时间时，可以用设计基准期 T 内超过 Q_x 的总持续时间 $T_x = \sum t_i$，或总持续时间与设计基准期的比值（相对超越时间）$\mu_x = T_x/T$ 来表示；

表示超过 Q_x 的次数时，可以直接用次数 n_x，或平均跨阈率 $v_x = n_x/T$（单位时间内超过 Q_x 的平均次数）来表示。

（2）荷载频遇值

由荷载超越某个值的两种表示方法，荷载频遇值也可从两方面来进行定义：

当设计目的是为了防止结构功能降低时，设计中更关心荷载超过某一限值的持续时间的长短，此时取相对超越时间 $\mu_x < 0.1$ 时的 Q_x 作为荷载的频遇值。即，在设计基准期内，有 10% 的时间荷载超过这个值，这个值就是荷载的频遇值，如图 1-10 所示。

当设计目的是为了防止结构局部损坏时（如发生疲劳破坏，或出现裂缝等），主要是限制荷载超过某一限值的次数，这个时候用平均跨阈率 v_x 来确定频遇值。然而，由于各个国家的经济条件不一致，所以并没有规定统一的 v_x 值，而是在具体设计时，根据相应

7

的规范来采用。

综上，荷载频遇值可以看作是指设计基准期内，结构上较频繁出现的较大荷载值，是作用期限较短的可变荷载代表值。频遇值与标准值间存在下述关系：

$$Q_f = \psi_f \cdot Q_k \tag{1-1}$$

式中：Q_f——荷载频遇值；

ψ_f——频遇值系数，具体取值见本书后续章节；

Q_k——荷载标准值。

1.4.3 荷载准永久值

如果相对超越时间 $\mu_x < 0.5$，此时的荷载值即为荷载的准永久值，也就是说，在设计基准期内，有一半的时间荷载超过这个值，这个值就是荷载的准永久值，如图 1-10 所示。它是结构上经常达到和超越的荷载值，一般持续期较长，荷载大小变化不大，荷载位置比较固定，如住宅中较为固定的家具、办公室的设备、学校的课桌等。

可变荷载准永久值与标准值的关系为：

$$Q_q = \psi_q \cdot Q_k \tag{1-2}$$

式中：Q_q——准永久值；

ψ_q——准永久值系数，具体取值见本书后续章节。

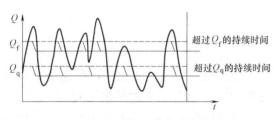

图 1-10 荷载频遇值与准永久值示意图

1.4.4 荷载组合值

两种以上的可变荷载同时作用时，各荷载同时达到最大值的概率很小，此时主导可变荷载（荷载效应、分项系数与考虑设计使用年限的调整系数三项乘积如果最大，此可变荷载为主导可变荷载，详见 9.3 节）取标准值，其他可变荷载取组合值，以使多个可变荷载和单个可变荷载在设计时的可靠度趋于一致。

可变荷载组合值与其标准值的关系可表示为：

$$Q_c = \psi_c \cdot Q_k \tag{1-3}$$

式中：Q_c——组合值；

ψ_c——组合值系数，具体取值见本书后续章节。

本 章 小 结

1. 进行结构设计时，应保证荷载效应不大于结构抗力，而结构的可靠度，是通过可靠度大小合适的荷载分项系数和材料分项系数来实现的，这就是可靠度设计方法的基本原理。

2. 作用是施加在结构上的一组集中力或分布力，或引起结构外加变形或约束变形的原因，根据其性质不同，可分为直接作用和间接作用，直接作用又称为荷载。

3. 按时间变异，作用可分为永久作用、可变作用和偶然作用；按空间位置变异，作用可分固定作用和自由作用；按结构的动力反应，作用可分为静态作用和动态作用；按作用方向，作用可分为竖向作用和水平作用。

4. 荷载代表值设计中直接采用的荷载量值，包括标准值、频遇值、准永久值和组合值四类，其中标准值是荷载的基本代表值，其他代表值都可在标准值的基础上乘以相应系数得到。

习　题

1. 什么是作用？什么是作用效应？
2. 按照时间变异，作用可分为哪几类？
3. 什么是荷载的代表值？荷载有哪些代表值？
4. 标准值、组合值、频遇值和准永久值这四类荷载代表值的含义是什么？
5. 根据表1-3给出的提示，求出并填写空余内容。

5 种荷载的代表值　　表 1-3

荷载种类	标准值 (kN/m²)	频遇值 (kN/m²)	准永久值 (kN/m²)	组合值 (kN/m²)	依据 《荷载规范》
某住宅楼楼面活荷载	2.0	1.0	0.8	1.4	表5.1.1项次1
10t 软钩吊车 横向水平荷载	12.0				
屋面积灰荷载	0.6				
雪荷载(哈尔滨)	0.45				
风荷载(哈尔滨)	0.55				

第2章 重 力

内容提要

  本章介绍结构自重和土自重应力的计算方法；给出楼、屋面活荷载的类型和取值、活荷载折减方法以及等效均布荷载的确定方法；给出雪荷载的分布情况和考虑方法，以及影响雪荷载大小及分布的一些因素；介绍吊车竖向荷载和水平荷载的计算方法；讲述公路桥梁、城市桥梁以及铁路桥梁设计时，车辆荷载和人群荷载的考虑方法。本章涉及的荷载类型较多，而且设计中经常用到，掌握各种荷载的取值和计算方法是本章学习的重点。

2.1 结 构 自 重

  永久作用包括结构构件、围护构件、面层及装饰、固定设备、长期储物的自重，土压力、水压力，以及其他需要按永久作用考虑的荷载。其中，结构或非承重构件的自重是建筑结构中主要的永久作用。永久作用在结构的使用时间是一直存在的，量值变化很小，因此其不确定性也比其他类型的作用小得多。

  新《荷载规范》将永久作用单独列为一章，以示强调，扩充了永久作用的范围，并且强调了面层及装饰（民用建筑二次装修很普遍，而且增加的荷载较大，在计算面层及装饰自重时必须考虑二次装修的自重）、固定设备（主要包括：电梯及自动扶梯，采暖、空调及给排水设备，电气设备，管道、电缆及其支架等）、长期储物的自重、土压力、水压力等，均应按永久作用考虑。

  进行结构设计时，只要知道设计规定的尺寸和材料或构件单位体积的自重，就可算出构件的重量

$$G_i = \gamma V \tag{2-1}$$

式中：G_i——构件的自重，kN；

  γ——构件的材料重度，kN/m³；其中，$\gamma = \rho g$，ρ 为构件材料的密度，g 为重力加速度；工程结构中常用材料和构件的重度，可参考本书附录1；

  V——构件的体积，一般由设计图纸中的尺寸计算得到，m³。

  式（2-1）适用于一般建筑结构、桥梁结构以及地下结构等构件的自重计算。对于自重变异较大的材料和构件，如现场制作的保温材料、混凝土薄壁构件等，尤其是制作屋面的轻质材料，自重的计算应根据对结构的不利作用或有利作用进行取值，对结构不利时取上限值，对结构有利时取下限值。

  计算结构总自重时，应根据各构件的材料重度不同将结构人为地划分为多种容易计算的基本构件，先计算基本构件的重力，然后叠加得到结构的总重，计算公式为

$$G = \sum_{i=1}^{n} \gamma_i V_i \tag{2-2}$$

式中：G——结构总自重，kN；

   n——组成结构的基本构件个数；

   γ_i——第 i 个基本构件的重度，kN/m³；

   V_i——第 i 个基本构件的体积，m³。

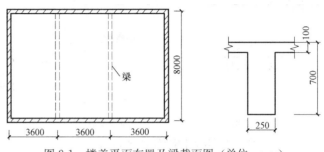

在进行工程结构初步设计时，为了方便，常将结构看成一个整体，将楼盖自重转化为平均面恒荷载，进行估算。此时，对于木结构，其平均恒荷载约为 $1.98\sim2.48\text{kN/m}^2$；钢结构的平均恒荷载约为 $2.48\sim3.96\text{kN/m}^2$；钢筋混凝土结构的平均恒荷载约为 $4.95\sim$

图 2-1　楼盖平面布置及梁截面图（单位：mm）

7.43kN/m^2；预应力混凝土结构，其恒荷载取值约为普通钢筋混凝土结构的 $70\%\sim80\%$。

【例 2.1】　某砖混结构办公楼二层办公室如图 2-1 所示。采用现浇钢筋混凝土楼盖，板厚 100mm，梁截面尺寸 $b\times h=250\text{mm}\times700\text{mm}$，板面设有 20mm 厚的混合砂浆面层，梁底设吊顶，已知钢筋混凝土重度 25kN/m^3，混合砂浆 17kN/m^3，吊顶 0.45kN/m^2，求楼面梁上的恒荷载标准值。

解：（1）楼板面荷载

钢筋混凝土板　$25\times0.1=2.5\text{kN/m}^2$

砂浆面层　　　$17\times0.02=0.34\text{kN/m}^2$

吊顶　　　　　0.45kN/m^2

合计　　　　　$2.5+0.34+0.45=3.29\text{kN/m}^2$

（2）梁荷载

楼板传来　　　$3.29\times3.6=11.84\text{kN/m}$

梁自重　　　　$25\times0.25\times0.6=3.75\text{kN/m}$

梁侧抹灰　　　$0.6\times0.02\times2\times17=0.41\text{kN/m}$

合计　　　　　$11.84+3.75+0.41=16\text{kN/m}$

2.2　土的自重应力

土是一种三相非连续介质，由固体颗粒（固相）、水（液相）和空气（气相）组成，土中任意截面的面积都是由骨架面积和空隙面积组成的。计算土应力时，通常不考虑土的非均质性，而是把土体简化为均质连续体，采用连续介质力学理论（如弹性力学理论）进行计算。因此，土应力可定义为单位面积（包括空隙面积在内）上土的平均应力。

在计算土的自重应力时，通常假设天然地面是一个无限大的水平面，并将土体视为均质的半无限体，此时，土的自重可看作是分布面积无限大的荷载。这样的假定，可以保证土体在自重作用下只有竖向变形，没有侧向变形和剪切变形，在抓住主要矛盾的同时，极大地简化了分析过程。

对于均匀土层，在天然地面下任意深度 z 处水平地面上的竖向自重应力 σ_{cz} 为

$$\sigma_{cz} = \gamma z \tag{2-3}$$

式中：γ——土的天然重度，kN/m^3；

　　　z——计算深度，m。

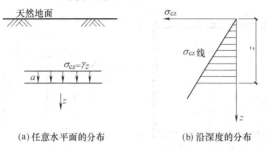

图 2-2　均质土中竖向自重应力

σ_{cz} 沿水平面均匀分布，沿深度方向为直线分布，如图 2-2 所示。

一般情况下，地基土是分层的，天然地面下深度 z 处的竖向有效自重应力为

$$\sigma_{cz} = \gamma_1 h_1 + \gamma_2 h_2 + \cdots + \gamma_n h_n = \sum_{i=1}^{n} \gamma_i h_i \tag{2-4}$$

式中：n——从天然地面起到深度 z 处的土层数；

　　　h_i——第 i 层土的厚度，m；

　　　γ_i——第 i 层土的天然重度，kN/m^3。

此时，σ_{cz} 沿深度方向为折线分布，如图 2-3（a）所示。

需要注意的是，若土层中有地下水，则水位以下土层由于受到水的浮力作用，采用式（2-4）计算时，水位以下各层土中应以有效重度代替天然重度。这里，土的重力减去水的浮力，称为土的有效重力，水下单位体积土的有效重力称为有效重度（也称浮重度），用 $\gamma' = \gamma_{sat} - \gamma_w$（$\gamma_{sat}$ 为土的饱和重度，γ_w 为水的重度）表示，其应力分布如图 2-3（b）所示。若地下水位以下存在不透水层，则在不透水层层面及该层中浮力消失，其自重应力等于全部上覆的水土总重，如图 2-3（c）所示。

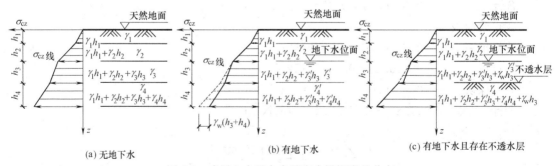

图 2-3　成层土中竖向自重应力沿深度的分布

【例 2.2】某建筑场地的地质柱状图和土的重度示于图 2-4 中。求各土层交界面处的自重应力并绘出自重应力分布图。

解：第一层土底面：$\sigma_{cz1} = \gamma_1 h_1 = 16.5 \times 4 = 66$ kPa

第二层土底面：$\sigma_{cz2} = \gamma_1 h_1 + \gamma_2 h_2 = 66 + 18.5 \times 3 = 121.5$ kPa

第三层土是位于地下水位以下的透水层，应取土体的有效重度进行计算，则第三层土底面

$$\sigma_{cz3} = \gamma_1 h_1 + \gamma_2 h_2 + \gamma_3' h_3 = 121.5 + (20 - 10) \times 2 = 141.5 \text{kPa}$$

根据计算结果可绘出土的自重应力曲线，如图 2-4 所示。

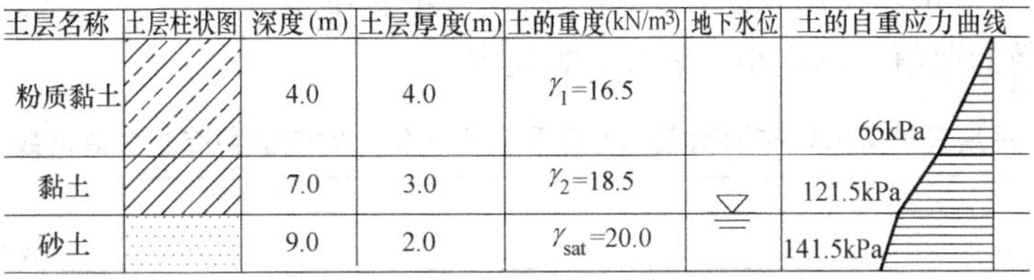

土层名称	土层柱状图	深度(m)	土层厚度(m)	土的重度(kN/m³)	地下水位	土的自重应力曲线
粉质黏土		4.0	4.0	$\gamma_1=16.5$		66kPa
黏土		7.0	3.0	$\gamma_2=18.5$	▽	121.5kPa
砂土		9.0	2.0	$\gamma_{sat}=20.0$		141.5kPa

图 2-4　例题 2.2 图

2.3　楼面及屋面荷载

2.3.1　民用建筑楼面活荷载

民用建筑楼面活荷载是指建筑物中的人群、家具、设施等产生的重力荷载。由于这些荷载的量值随时间变化，且位置也是可移动的，因此国际上通用"活荷载（live load）"这一名词表示房屋中的这一可变荷载。

楼面活荷载按其时间变异的特点，可分为持久性活荷载和临时性活荷载。持久性活荷载是指楼面上在某个时段内基本保持不变的荷载，例如住宅内的家具、物品和常住人员等，这些荷载在住户搬迁入住后一般变化不大。临时性活荷载是指楼面上偶然出现的短期荷载，例如聚会的人群、堆积的装修材料等。

2.3.1.1　楼面活荷载的取值

楼面活荷载在楼面上的位置是任意的，为方便起见，一般可将楼面活荷载处理为等效均布荷载，均布活荷载的量值与建筑物的功能有关，根据楼面上人员的活动状态和设施分布情况，其活荷载标准值大致可分为 7 个档次：

（1）活动的人很少，如住宅、旅馆、医院病房、会议室等，取 2.0kN/m²；

（2）活动的人较多且有设备，如教室、食堂、餐厅在某一时段有较多人员聚集，办公楼内的档案室、资料室可能堆积较多文件资料，取 2.5kN/m²；

（3）活动的人很多或有较重的设备，如礼堂、剧场、影院的人员可能十分拥挤，公共洗衣房常常搁置较多的洗衣设备，取 3.0kN/m²；

（4）活动的人很集中，有时很挤或有较重的设备，如商店、展览厅既有拥挤的人群，又有较重的物品，取 3.5kN/m²；

（5）活动的性质比较剧烈，如运动场考虑大型集会等密集人流的活动和跑步、跳跃等冲击力的影响，健身房、舞厅由于人的跳跃、翻滚会引起楼面瞬间振动，通常把楼面静荷载适当放大来考虑这种动力效应，取 4.0kN/m²；

（6）储存物品的仓库，如藏书库、档案库、贮藏室等，柜架上往往堆满图书、档案和物品，取 5.0kN/m²；

（7）有大型的机械设备，如建筑物内的通风机房、电梯机房，因运行需要放有重型设备，取 6.0～7.5kN/m²；

另外，当楼面放有特别重的设备、无过道的密集书柜、消防车等大型车辆时应另行考虑。

《荷载规范》规定：民用建筑楼面均布活荷载的标准值及其组合值系数、频遇值系数和准永久值系数的取值，不应小于表 2-1 的规定。

民用建筑楼面均布活荷载标准值及其组合值、频遇值和准永久值系数　　表 2-1

项次	类　　别			标准值 (kN/m²)	组合值 系数 ψ_c	频遇值 系数 ψ_f	准永久值 系数 ψ_q
1	(1)住宅、宿舍、旅馆、办公楼、医院病房、托儿所、幼儿园			2.0	0.7	0.5	0.4
	(2)试验室、阅览室、会议室、医院门诊室			2.0	0.7	0.6	0.5
2	教室、食堂、餐厅、一般资料档案室			2.0	0.7	0.6	0.5
3	(1)礼堂、剧场、影院、有固定座位的看台			3.0	0.7	0.5	0.3
	(2)公共洗衣房			3.0	0.7	0.6	0.5
4	(1)商店、展览厅、车站、港口、机场大厅及其旅客等候室			3.5	0.7	0.6	0.5
	(2)无固定座位的看台			3.5	0.7	0.5	0.3
5	(1)健身房、演出舞台			4.0	0.7	0.6	0.5
	(2)运动场、舞厅			4.0	0.7	0.6	0.3
6	(1)书库、档案库、贮藏室			5.0	0.9	0.9	0.8
	(2)密集柜书库			12.0	0.9	0.9	0.8
7	通风机房、梯机房			7.0	0.9	0.9	0.8
8	汽车通道及客车停车库	(1)单向板楼盖(板跨不小于 2m)和双向板楼盖(板跨不小于 3m×3m)	客车	4.0	0.7	0.7	0.6
			消防车	35.0	0.7	0.5	0.0
		(2)双向板楼盖(板跨不小于 6m×6m)和无梁楼盖(柱网不小于 6m×6m)	客车	2.5	0.7	0.7	0.6
			消防车	20.0	0.7	0.5	0.0
9	厨房	(1)餐厅		4.0	0.7	0.7	0.7
		(2)其他		2.0	0.7	0.6	0.5
10	浴室、卫生间、盥洗室			2.5	0.7	0.6	0.5
11	走廊、门厅	(1)宿舍、旅馆、医院病房、托儿所、幼儿园、住宅		2.0	0.7	0.5	0.4
		(2)办公楼、餐厅、医院门诊部		2.5	0.7	0.6	0.5
		(3)教学楼及其他可能出现人员密集的情况		3.5	0.7	0.5	0.3
12	楼梯	(1)多层住宅		2.0	0.7	0.5	0.4
		(2)其他		3.5	0.7	0.5	0.3
13	阳台	(1)可能出现人员密集的情况		3.5	0.7	0.6	0.5
		(2)其他		2.5	0.7	0.6	0.5

注：1. 本表所给各项活荷载适用于一般使用条件，当使用荷载较大、情况特殊或有专门要求时，应按实际情况采用；

　　2. 第 6 项书库活荷载当书架高度大于 2m 时，书库活荷载尚应按每米书架高度不小于 2.5kN/m² 确定；

　　3. 第 8 项中的客车活荷载仅适用于停放载人数少于 9 人的客车；消防车活荷载适用于满载总重为 300 kN 的大型车辆；当不符合本表的要求时，应将车轮的局部荷载按结构效应的等效原则，换算为等效均布荷载；

　　4. 第 8 项消防车活荷载，当双向板楼盖板跨介于 3m×3m～6m×6m 之间时，应按跨度线性插值确定。

　　5. 第 12 项楼梯活荷载，对预制楼梯踏步平板，尚应按 1.5kN 集中荷载验算；

　　6. 本表各项荷载不包括隔墙自重和二次装修荷载；对固定隔墙的自重应按永久荷载考虑，当隔墙位置可灵活自由布置时，非固定隔墙的自重应取不小于 1/3 的每延米长墙重（kN/m）作为楼面活荷载的附加值（kN/m²）计入，且附加值不应小于 1.0kN/m²。

新《荷载规范》对楼面活荷载的取值进行了几处调整：

(1) 明确规定了表2-1中的荷载值是设计时必须遵守的最小值；

(2) 在项次2中，将教室的活荷载标准值由2.0kN/m²提高到2.5kN/m²，这是因为考虑增加了投影仪、计算机、音响设备、控制柜等多媒体教学设备，并且学生人数可能出现超员等情况；

(3) 在项次5（2）中，增加了运动场的荷载，取4.0kN/m²，并规定在考虑举办运动会、开闭幕式、大型集会等密集人流的活动外，还应考虑跑步、跳跃等冲击力的影响；

(4) 在项次8中，类别修改为汽车通道及"客车"停车库，明确本项荷载不适用于消防车的停车库；增加了双向板楼盖（板跨不小于3m×3m）的活荷载标准值，数值和单向板楼盖相同；考虑消防车活荷载本身较大，对结构构件截面尺寸、层高与经济性影响显著，设计人员使用不方便，并且明确规定双向板在3m～6m之间可以线性内插采用；附录4给出了板上有覆土的消防车活荷载的折减计算；

(5) 在项次10中，将所有浴室、卫生间、盥洗室的活荷载标准值均从2.0提高到2.5kN/m²，这是考虑近年来，在浴室、卫生间中安装浴缸、坐便器等卫生设备的情况越来越普遍；

(6) 在项次11中，对楼梯活荷载进行了调整，即多层住宅楼梯取2.0kN/m²，其他楼梯一律取3.5kN/m²，这是考虑发生特殊情况时，楼梯对于人员疏散与逃生的安全具有重大意义。

2.3.1.2 楼面活荷载的折减

如果楼面的面积较大，作用在楼面上的活荷载，以统计的最大荷载同时布满在所有的楼面上的概率是很小的，而且在多高层建筑中，每层楼面的活荷载都达到最大值的情况也罕有发生，此时在设计梁、柱、墙和基础时，还需在楼面活荷载标准值的基础上再乘以折减系数。

活荷载折减系数的确定是一个比较复杂的问题，按照概率统计方法来考虑实际荷载沿楼面分布的变异情况尚不成熟，目前大多数国家均采用半经验的传统方法，对水平构件，按荷载从属面积的大小来考虑折减系数；对竖向构件，则是按所计算截面以上的楼层数来考虑折减系数。

这里的从属面积指考虑梁、柱等构件均布荷载折减所采用的计算构件负荷的楼面面积，对楼面梁，应按梁两侧各延伸1/2梁间距的范围内的实际面积确定；对柱，可按柱网轴线间距一半范围内的实际面积来确定。

(1) 国际通行做法

在国际标准《居住和公共建筑的使用和占用荷载》（ISO 2103）中，建议按下述不同情况对楼面均布荷载乘以折减系数 λ。

1) 在计算梁的楼面活荷载效应时

对住宅、办公楼等房屋或其房间

$$\lambda = 0.3 + \frac{3}{\sqrt{A}} \quad (A > 18\text{m}^2) \tag{2-5}$$

对公共建筑或其房间

$$\lambda = 0.5 + \frac{3}{\sqrt{A}} \quad (A > 36\text{m}^2) \tag{2-6}$$

式中：A——所计算梁的从属面积（m²），指向梁两侧各延伸 1/2 梁间距范围内的实际楼面面积。

2）在计算多层房屋的墙、柱和基础的楼面活荷载效应时

对住宅、办公楼等房屋

$$\lambda = 0.3 + \frac{0.6}{\sqrt{n}} \tag{2-7}$$

对公共建筑

$$\lambda = 0.5 + \frac{0.6}{\sqrt{n}} \tag{2-8}$$

式中：n——所计算截面以上的楼层数，$n \geqslant 2$。

（2）我国规范规定

《荷载规范》在借鉴国际标准的同时，结合我国设计经验作了合理简化与修正，给出了设计楼面梁、柱、墙和基础时的楼面活荷载的折减系数，设计时取值不应小于下列规定：

1）设计楼面梁时，结合表 2-1 做出如下规定：

① 项次 1（1），当楼面梁从属面积超过 25m² 时，应取 0.9；

② 项次 1（2）～7，当楼面梁从属面积超过 50m² 时，应取 0.9；

③ 项次 8，对单向板楼盖的次梁和槽形板的纵肋应取 0.8；对单向板楼盖的主梁应取 0.6；对双向板楼盖的梁应取 0.8；

④ 项次 9～13，应采用与所属房屋类别相同的折减系数。

2）设计墙、柱和基础时：

① 项次 1（1），应按表 2-2 规定采用；

② 项次 1（2）～7，应采用与其楼面梁相同的折减系数；

③ 项次 8 中的客车，对单向板楼盖应取 0.5，对双向板楼盖和无梁楼盖应取 0.8；常用板跨的消防车活荷载按覆土厚度的折减系数可按附录 4 规定采用。设计墙、柱时，项次 8 中的消防车活荷载可按实际情况考虑；设计基础时可不考虑消防车荷载；

④ 项次 9～13，应采用与所属房屋类别相同的折减系数。

活荷载按楼层的折减系数   表 2-2

墙、柱、基础计算截面以上的层数	1	2～3	4～5	6～8	9～20	＞20
计算截面以上各楼层活荷载总和的折减系数	1.00(0.90)	0.85	0.70	0.65	0.60	0.55

注：当楼面梁的从属面积超过 25m² 时，应采用括号内的系数。

新规范将设计墙、柱和基础时针对消防车的活荷载的折减单独列出，便于设计人员灵活掌握。这是因为，消防车荷载标准值很大，但出现概率小，作用时间短。在墙、柱设计时应容许作较大的折减，由设计人员根据经验确定折减系数。在基础设计时，根据经验和习惯，同时为减少平时使用时产生的不均匀沉降，允许不考虑消防车通道的消防车活荷载。

【例 2.3】 已知条件同例 2.1，求楼面梁上的活荷载标准值。

解：查表 2-1 项次 1 可知，办公楼的楼面活荷载标准值为 2kN/m²，梁的从属面积

$A = 3.6 \times 8 = 28.8\text{m}^2$，因此楼面活荷载折减系数为 0.9，则楼面活荷载 Q_k 为：
$$Q_k = 2 \times 3.6 \times 0.9 = 6.48\text{kN/m}$$

【例 2.4】 某用于停放轿车的 3 层车库，采用现浇钢筋混凝土无梁楼盖结构，平面及剖面如图 2-5 所示。求柱 1 在基础顶面处由楼面活荷载标准值产生的轴力（忽略楼板不平衡弯矩的影响）。

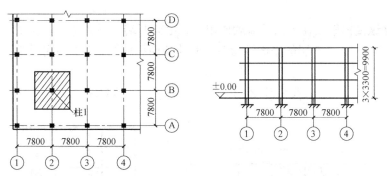

图 2-5　车库平面及剖面图（单位：mm）

解： 查表 2-1 项次 8 可知，该车库的楼面活荷载标准值为 2.5kN/m²，设计基础时，对无梁楼盖，取楼面活荷载折减系数为 0.8。

柱 1 在基础顶部截面处的荷载从属面积如图 2-5 中阴影部分所示，共承受两层楼面活荷载，此处由楼面活荷载产生的轴向力标准值为：
$$N_k = 2 \times 2.5 \times 0.8 \times 7.8 \times 7.8 = 243.36\text{kN}$$

【例 2.5】 某会议室的简支钢筋混凝土楼面梁，其计算跨度 l_0 为 9m，其上铺有 6m×1.2m（长×宽）的预制钢筋混凝土空心板。求楼面梁承受的楼面均布活荷载标准值在梁上产生的均布线荷载。

解：（1）由表 2-1 项次 1 查得会议室的楼面活荷载为 2.0kN/m²。

（2）楼面梁的从属面积 $A = 6 \times 9 = 54\text{m}^2 > 50\text{m}^2$，由表 2-2 查得计算楼面梁时楼面活荷载的标准值折减系数取 0.9。

（3）楼面梁承受的楼面均布活荷载标准值在梁上产生的均布线荷载 q_k，计算简图见图 2-6（b）。
$$q_k = 2 \times 0.9 \times 6 = 10.8\text{kN/m}$$

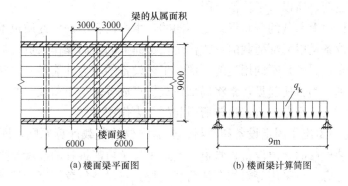

(a) 楼面梁平面图　　　　　　　(b) 楼面梁计算简图

图 2-6　例题 2.5 图（单位：mm）

【例 2.6】 某办公楼采用钢筋混凝土框架结构，其结构平面及剖面见图 2-7。楼盖为现浇单向板主次梁承重体系。求办公楼中柱 1 在第四层柱顶（1-1 截面）处，当楼面活荷载满布时，由楼面活荷载标准值产生的轴向力。

解：（1）由表 2-1 项次 1 查得楼面活荷载标准值为 2kN/m。

（2）由表 2-2，1-1 截面以上有两层，故设计柱时楼面活荷载标准值的折减系数取 0.85。

（3）忽略纵横框架梁在楼面活荷载作用下，由梁两端不平衡弯矩产生的轴向力，柱 1 的 1-1 截面承受着第 5、6 层的楼面活荷载，其荷载面积如图 2-7 中的阴影所示，故其轴向力标准值

$$N_k = 2 \times 2 \times 0.85 \times 3 \times 8.4 = 85.68 \text{kN}$$

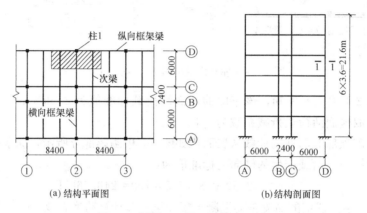

图 2-7　例题 2.6 图（单位：mm）

2.3.2　工业建筑楼面活荷载

2.3.2.1　工业建筑楼面活荷载取值

工业建筑楼面在生产使用或安装检修时，由于使用用途有别，工艺设备、生产工具、加工原料和成品部件等传来的重量各不相同，其楼面活荷载的取值也有较大差异。在设计多层工业厂房时，楼面活荷载的标准值大多由工艺提供，当缺乏设计资料时，可参考附录 3。这里需要说明的是，附录 3 中的数据，多是 20 世纪 80 年代甚至更早的数据，由于年代久远，工艺更新，所以参考价值有限。

不同车间楼面上荷载的分布形式是不同的，生产设备的动力性质也不尽相同，安装在楼面上的生产设备是以局部荷载的形式作用在楼面上的，而操作人员、加工原料、成品部件多为均匀分布；另外，不同用途的厂房，工艺设备的动力性能各异，对楼面产生的动力效应也存在差别。为方便起见，常将局部荷载折算成等效均布荷载，并通过对静力荷载乘以动力系数的方法，来考虑机器运转所引起的动力作用。

《荷载规范》给出了固定设备和原料、成品堆放的荷载计算原则，即工业建筑楼面在生产使用或安装检修时，由设备、管道、输送工具及可能拆移的隔墙产生的局部荷载，均应按实际情况考虑，可采用等效均布活荷载代替。对设备位置固定的情况，可直接按固定位置对结构进行计算，但应考虑因设备安装和维修过程中的位置变化可能出现的最不利效

应。工业建筑楼面堆放原料或成品较多、较重的区域，应按实际情况考虑；一般的堆放情况可按均布活荷载或等效均布活荷载考虑。

工业建筑楼面（包括工作平台）上无设备区域的操作荷载，包括操作人员、一般工具、零星原料和成品的自重，可按均布活荷载考虑，采用 $2.0kN/m^2$。在设备所占区域内可不考虑操作荷载和堆料荷载。生产车间的楼梯活荷载，可按实际情况采用，但不宜小于 $3.5kN/m^2$。生产车间的参观走廊活荷载，可采用 $3.5kN/m^2$。

2.3.2.2 楼面等效均布荷载的确定方法

为了简化起见，工业建筑设计时，常将局部荷载折算成等效均布荷载来考虑，这里等效的原则，是在设计的控制部位上，荷载效应（内力、变形、裂缝等）相同。一般情况下，可仅按内力的相等要求来确定。为了简化起见，在计算连续梁、板的等效均布荷载时假定结构的支承条件均为简支，并按弹性阶段分析内力使之等效。但在计算梁、板的实际内力时仍按连续结构进行分析，并可考虑梁、板的塑性内力重分布。

单向板上局部荷载（包括集中荷载）的等效均布活荷载可按下列规定计算：

（1）等效均布活荷载 q_e 可按下式计算：

$$q_e = \frac{8M_{max}}{bl^2} \tag{2-9}$$

式中：l——板的跨度；

b——板上荷载的有效分布宽度，按式（2-10）～式（2-13）确定；

M_{max}——简支单向板的绝对最大弯矩，按设备的最不利布置确定，设备荷载应乘以动力系数。

（2）计算 M_{max} 时，设备荷载应乘以动力系数，并扣去设备在该板跨内所占面积上，由操作荷载引起的弯矩。

单向板上局部荷载的有效分布宽度 b，可按下列规定计算：

1）当局部荷载作用面的长边平行于板跨时，简支板上荷载的有效分布宽度 b 为［图2-8（a）］：

① 当 $b_{cx} \geq b_{cy}$，$b_{cy} \leq 0.6l$，$b_{cx} \leq l$ 时：

$$b = b_{cy} + 0.7l \tag{2-10}$$

② 当 $b_{cx} \geq b_{cy}$，$0.6l < b_{cy} \leq l$，$b_{cx} \leq l$ 时：

$$b = 0.6b_{cy} + 0.94l \tag{2-11}$$

2）当荷载作用面的长边垂直于板跨时，简支板上荷载的有效分布宽度 b 按下列规定确定［图2-8（b）］：

① 当 $b_{cx} < b_{cy}$，$b_{cy} \leq 2.2l$，$b_{cx} \leq l$ 时：

$$b = \frac{2}{3}b_{cy} + 0.73l \tag{2-12}$$

② 当 $b_{cx} < b_{cy}$，$b_{cy} > 2.2l$，$b_{cx} \leq l$ 时：

$$b = b_{cy} \tag{2-13}$$

式中：l——板的跨度；

b_{cx}、b_{cy}——荷载作用面平行和垂直于板跨的计算宽度，分别取 $b_{cx} = b_{tx} + 2s + h$，$b_{cy} = b_{ty} + 2s + h$。

其中 b_{tx} 为荷载作用面平行于板跨的宽度，b_{ty} 为荷载作用面垂直于板跨的宽度，s 为垫层厚度，h 为板的厚度。

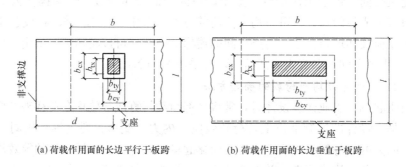

(a) 荷载作用面的长边平行于板跨　　　　(b) 荷载作用面的长边垂直于板跨

图 2-8　简支板上局部荷载的有效分布宽度

此外，《荷载规范》还给出了当局部荷载作用在板的非支承边附近时，两个局部荷载相邻较近时，以及悬臂板上的局部荷载的有效分布宽度的计算方法，其思路与单向板的计算方法相近，这里不再赘述。

双向板的等效均布荷载可按与单向板相同的原则，按四边简支板的绝对最大弯矩等值来确定。

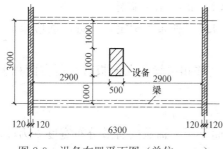

图 2-9　设备布置平面图（单位：mm）

【例 2.7】　某工业建筑的楼面板采用现浇钢筋混凝土单向简支板，板厚 100mm，在安装设备时，最不利情况的设备位置如图 2-9 所示，设备直接放置在楼面板上，重 8kN，平面尺寸为 500mm×1000mm，搬运设备时的动力系数取 1.1，无设备区域的操作荷载为 2kN/m²，求此情况下设备荷载的等效楼面均布活荷载。

解： 本例属于局部荷载作用面的长边平行于板跨的情况，按图 2-8（a）进行计算。

此时，设备的荷载作用面平行于板跨的计算宽度

$$b_{cx} = b_{tx} + 2s + h = 1000 + 2 \times 0 + 100 = 1100 \text{mm}$$

设备的荷载作用面垂直于板跨的计算宽度

$$b_{cy} = b_{ty} + 2s + h = 500 + 2 \times 0 + 100 = 600 \text{mm}$$

这里，由于设备直接放置在楼面上，故取 $s = 0$。

由于 $b_{cx} = 1100 \text{mm} > b_{cy} = 600 \text{mm}$，$b_{cy} = 600 \text{mm} < 0.6l = 0.6 \times 3000 = 1800 \text{mm}$，且 $b_{cx} = 1100 < l = 3000 \text{mm}$，该板上荷载的有效分布宽度 b 为

$$b = b_{cy} + 0.7l = 600 + 0.7 \times 3000 = 2700 \text{mm}$$

简支板上荷载的有效分布宽度及板的计算简图如图 2-10 所示。为了求出设备荷载的等效楼面均布活荷载，首先应求按设备的最不利布置的简支单向板的绝对最大弯矩 M_{max}。很显然，此最大弯矩出现在荷载有效分布宽度的范围内。

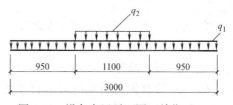

图 2-10　设备布置平面图（单位：mm）

此时作用在板上的荷载包括：

（1）无设备区域的操作荷载在板的有效分布宽度内产生的沿板跨均布的线荷载

$$q_1 = 2 \times 2.7 = 5.4 \text{kN/m}$$

（2）设备荷载乘以动力系数并扣除设备在板跨内所占面积上的操作荷载后产生的沿板跨均布的线荷载

$$q_2 = (8 \times 1.1 - 2 \times 0.5 \times 1)/1.1 = 7.09 \text{kN/m}$$

式中，前一个 1.1 为动力系数，后一个 1.1 为设备的荷载作用面平行于板跨的计算宽度 b_{cx}。

则板的绝对最大弯矩

$$M_{max} = 5.4 \times 3^2/8 + 7.09 \times 1.1 \times 3 \times (2 - 1.1/3)/8 = 10.85 \text{kN} \cdot \text{m}$$

设备荷载的等效楼面均布活荷载

$$q_e = 8M_{max}/bl^2 = 8 \times 10.85/(2.7 \times 3^2) = 3.57 \text{kN/m}^2$$

2.3.3 屋面活荷载

房屋建筑的屋面可分为上人屋面和不上人屋面，当屋面为平屋面，并有楼梯直达屋面时，有可能出现人群的聚集，应按上人屋面考虑均布活荷载；当屋面为斜屋面或设有上人孔的平屋面时，仅考虑施工或维修荷载，应按不上人屋面考虑屋面均布活荷载。屋面由于环境的需要，有时还设有屋顶花园，屋顶花园除承重构件、防水构造等材料外，尚应考虑花池砌筑、卵石滤水层、花圃土壤等重量。

房屋建筑的屋面，其水平投影面上的屋面均布活荷载的标准值及其组合值系数、频遇值系数和准永久值系数的取值，不应小于表 2-3 的规定。设计时，应注意不上人的屋面均布活荷载，可不与雪荷载和风荷载同时组合。

屋面均布活荷载标准值及其组合值系数、频遇值系数和准永久值系数　　　表 2-3

项次	类别	标准值（kN/m²）	组合值系数 ψ_c	频遇值系数 ψ_f	准永久值系数 ψ_q
1	不上人的屋面	0.5	0.7	0.5	0.0
2	上人的屋面	2.0	0.7	0.5	0.4
3	屋顶花园	3.0	0.7	0.6	0.5
4	屋顶运动场地	4.0	0.7	0.6	0.4

注：1. 不上人的屋面，当施工或维修荷载较大时，应按实际情况采用；对不同类型的结构应按有关设计规范的规定采用，但不得低于 0.3kN/m²；

　　2. 当上人的屋面兼作其他用途时，应按相应楼面活荷载采用；

　　3. 对于因屋面排水不畅、堵塞等引起的积水荷载，应采取构造措施加以防止；必要时，应按积水的可能深度确定屋面活荷载；

　　4. 屋顶花园活荷载不应包括花圃土石等材料自重。

《荷载规范》新增了屋顶运动场地一栏，主要是考虑到随着城市建设的发展，人民的物质文化生活水平不断提高，受到土地资源的限制，出现了屋面作为运动场地的情况。参照体育馆的运动场，给出屋顶运动场地的活荷载为 4.0kN/m²。

除上述屋面活荷载外，高档宾馆、大型医院等建筑的屋面有时还设有直升机停机坪，屋面直升机停机坪荷载应按局部荷载考虑，或根据局部荷载换算为等效均布荷载考虑，同时其等效均布荷载标准值不应低于 5.0kN/m²。局部荷载标准值应按直升机实际最大起飞重量确定，当没有机型技术资料时，可按表 2-4 的规定选用局部荷载标准值及作用面积。

屋面直升机停机坪局部荷载标准值及作用面积 表 2-4

类型	最大起飞重量(t)	局部荷载标准值(kN)	作用面积(m²)
轻型	2	20	0.20×0.20
中型	4	40	0.25×0.25
重型	6	60	0.30×0.30

注：组合值系数取 0.7，频遇值系数取 0.6，准永久值系数取 0。

【例 2.8】 某展览馆的屋面于晚上作放映电影和露天舞场用。试确定设计屋面板时的屋面均布活荷载标准值。

解：该展览馆屋面属于上人屋面，查表 2-3 可知，$q_k = 2.0 kN/m^2$。

根据表 2-3 注 2 的规定：上人的屋面，当兼作其他用途时，应按相应楼面活荷载采用。

由表 2-1 项次 4，对无固定座位的看台，$q_k = 3.5 kN/m^2$。

由表 2-1 项次 5，对舞厅，$q_k = 4.0 kN/m^2$。

按最不利情况进行设计，故屋面均布活荷载标准值应取 $4.0 kN/m^2$。

2.3.4 屋面积灰荷载

机械、冶金、水泥等行业在生产过程中会产生大量的灰尘，这些灰尘会在厂房及其邻近建筑的屋面堆积，形成积灰荷载。影响积灰厚度的主要因素有除尘装置的使用和维修情况、清灰制度的执行情况、风向和风速、烟囱高度、屋面坡度和屋面挡风板等。

设计有大量排灰的厂房及其邻近建筑时，对于具有一定除尘设施和保证清灰制度的机械、冶金、水泥等的厂房屋面，其水平投影面上的屋面积灰荷载标准值及其组合值系数、频遇值系数和准永久值系数，应分别按表 2-5 和表 2-6 采用。对积灰特别严重或情况特殊的工业厂房屋面积灰荷载应根据实际情况确定。

屋面积灰荷载标准值及其组合值系数、频遇值系数和准永久值系数 表 2-5

项次	类 别	标准值(kN/m²) 屋面无挡风板	标准值(kN/m²) 屋面有挡风板 挡风板内	标准值(kN/m²) 屋面有挡风板 挡风板外	组合值系数 ψ_c	频遇值系数 ψ_f	准永久值系数 ψ_q
1	机械厂铸造车间(冲天炉)	0.50	0.75	0.30			
2	炼钢车间(氧气转炉)	—	0.75	0.30			
3	锰、铬铁合金车间	0.75	1.00	0.30			
4	硅、钨铁合金车间	0.30	0.50	0.30			
5	烧结室、一次混合室	0.50	1.00	0.20	0.9	0.9	0.8
6	烧结厂通廊及其他车间	0.30	—	—			
7	水泥厂有灰源车间(窑房、磨房、联合贮库、烘干房、破碎房)	1.00	—	—			
8	水泥厂无灰源车间(空气压缩机站、机修间、材料库、配电站)	0.50	—	—			

注：1. 表中的积灰均布荷载，仅应用于屋面坡度 α 不大于 25°时；当 α 大于 45°时，可不考虑积灰荷载；当 α 在 25°~45°时，可按插值法取值。
    2. 清灰设施的荷载另行考虑。
    3. 对第 1~4 项的积灰荷载，仅应用于距烟囱中心 20m 半径范围内的屋面；当邻近建筑在该范围内时，其积灰荷载对第 1、3、4 项应按车间屋面无挡风板的采用，对第 2 项按车间屋面挡风板外的采用。

高炉容积(m³)	标准值(kN/m²)			组合值系数 ψ_c	频遇值系数 ψ_f	准永久值系数 ψ_q
	屋面离高炉距离(m)					
	≤50	100	200			
<255	0.50	—	—			
255～620	0.75	0.30	—	1.0	1.0	1.0
>620	1.00	0.50	0.30			

注：1. 表2-5中的注1和注2也适用于本表。

　　2. 当邻近建筑屋面离高炉距离为表内中间值时，可按插入法取值。

对于屋面上易形成灰堆的部位，当设计屋面板、檩条时，积灰荷载标准值宜乘以下列规定的增大系数：①在高低跨处两倍于屋面高差但不大于6.0m的分布宽度内取2.0，见图2-11（a）；②在天沟处不大于3.0m的分布宽度内取1.4，见图2-11（b）；③其他位置的增大系数可参照雪荷载的屋面积雪分布系数的规定来确定。

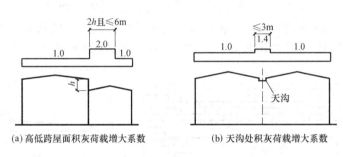

(a) 高低跨屋面积灰荷载增大系数　　(b) 天沟处积灰荷载增大系数

图2-11　积灰荷载增大系数

对有雪地区，积灰荷载应与雪荷载同时考虑。此外，考虑到雨季的积灰有可能接近饱和，为了偏于安全，此时的积灰荷载的增值可通过不上人屋面活荷载来补偿。因此，《荷载规范》规定：积灰荷载应与雪荷载或不上人的屋面均布活荷载两者中的较大值同时考虑。

【例2.9】　某机械厂铸造车间，设有1t冲天炉，车间剖面如图2-12所示，要求确定高低跨处的预应力混凝土大型屋面板设计时应采用的积灰荷载标准值及增大积灰荷载的分布宽度。

　　解：（1）积灰荷载标准值

查表2-5项次1，本例属于屋面无挡风板的情况，且屋面坡度 $\alpha \leq 25°$，积灰荷载标准值取0.5kN/m²，根据图2-12高低跨处应乘以增大系数2，故

$$q_k = 2 \times 0.5 = 1 \text{kN/m}^2$$

（2）增大积灰荷载的分布宽度

由图2-12可知，$b = 2 \times 4 = 8$m，因为 $b > 6$m，故取 $b = 6$m。

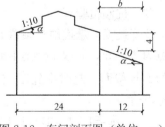

图2-12　车间剖面图（单位：m）

2.3.5　施工和检修荷载及栏杆水平荷载

2.3.5.1　施工和检修荷载

设计屋面板、檩条、钢筋混凝土挑檐、悬挑雨篷和预制小梁时，除了考虑屋面均布活

荷载外，还应另外验算施工、检修时可能出现在最不利位置上的集中荷载，此集中荷载标准值不应小于 1.0kN。

对于轻型构件或较宽构件，应按实际情况验算，或应加垫板、支撑等临时设施。

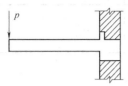

图 2-13　挑檐、悬挑雨篷集中荷载

当计算挑檐、悬挑雨篷的承载力时，应沿板宽每隔 1.0m 取一个集中荷载；在验算挑檐、悬挑雨篷倾覆时，应沿板宽每隔 2.5m～3.0m 取一个集中荷载，集中荷载的位置应作用于挑檐、悬挑雨篷端部，如图 2-13 所示。

地下室顶板等部位在建造施工和使用维修时，往往需要运输、堆放大量建筑材料与施工机具，而施工超载是引起建筑物楼板出现裂缝的原因之一。在进行首层地下室顶板设计时，施工活荷载一般不小于 4.0kN/m^2，但可以根据情况扣除尚未施工的建筑地面做法与隔墙的自重，并在设计文件中给出相应的详细规定。

【例 2.10】　某建筑物的外门处设有钢筋混凝土悬挑雨篷，如图 2-14 所示。试确定计算悬挑雨篷板承载力时和悬挑雨篷倾覆时由施工及检修荷载产生的弯矩标准值。（验算承载力时，最不利截面取外墙外缘截面；验算倾覆时，倾覆点取外墙外缘向墙内31mm处）

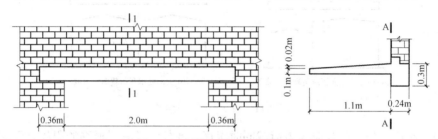

图 2-14　悬挑雨篷立面及剖面图

解：（1）承载力计算

计算挑檐、悬挑雨篷承载力时，应沿板宽每隔 1.0m 取一个集中荷载，本例中板宽为 2.72m，应取 3 个集中荷载。计算承载力时，最不利位置位于外墙外缘的 A-A 截面，此时由施工或检修荷载产生的弯矩标准值为

$$q_k = 3 \times 1.1 = 3.3 \text{kN} \cdot \text{m}$$

（2）抗倾覆验算

验算挑檐、悬挑雨篷倾覆时，应沿板宽每隔 2.5m～3.0m 取一个集中荷载，本例中板宽为 2.72m，应取 1 个集中荷载。验算倾覆时，最不利位置位于外墙外缘向墙内31mm处的 B-B 截面，此时由施工或检修荷载产生的弯矩标准值为

$$q_k = 1 \times 1.131 = 1.131 \text{kN} \cdot \text{m}$$

2.3.5.2　栏杆活荷载标准值

设计楼梯、看台、阳台和上人屋面等的栏杆时，考虑到人群拥挤等原因，可能会对栏杆产生力的作用，应在栏杆上分别作用水平荷载和竖向荷载进行验算，如图 2-15 所示。栏杆活荷载标准

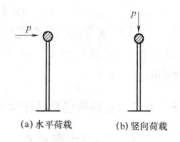

图 2-15　栏杆荷载示意图

值的取值与人群活动密集程度有关，不应小于下列规定：

（1）住宅、宿舍、办公楼、旅馆、医院、托儿所、幼儿园，栏杆顶部的水平荷载应取1.0kN/m；

（2）学校、食堂、剧场、电影院、车站、礼堂、展览馆或体育场，栏杆顶部的水平荷载应取1.0kN/m，竖向荷载应取1.2kN/m，水平荷载与竖向荷载应分别考虑。

施工荷载、检修荷载及栏杆荷载的组合值系数应取0.7，频遇值系数应取0.5，准永久值系数应取0。

考虑到楼梯、看台、阳台和上人屋面等的栏杆在紧急情况下对人身安全保护的重要作用，新《荷载规范》将住宅、宿舍、办公楼、旅馆、医院、托儿所、幼儿园等的栏杆顶部水平荷载从0.5kN/m提高至1.0kN/m。对学校、食堂、剧场、电影院、车站、礼堂、展览馆或体育场等的栏杆，除了将顶部水平荷载提高至1.0kN/m外，还增加竖向荷载1.2kN/m。参照《城市桥梁设计规范》（CJJ 11—2011）对桥上人行道栏杆的规定，计算桥上人行道栏杆时，作用在栏杆扶手上的竖向荷载应为1.2kN/m，水平向外荷载应为2.5kN/m。两者应分别计算，不应同时作用。

【例 2.11】 某体育场看台边缘的栏杆，高1.2m，栏杆柱（钢管）间距为1m，埋入看台的钢筋混凝土板内，如图2-16所示。求设计栏杆柱的截面尺寸时，由栏杆水平荷载产生的弯矩标准值。

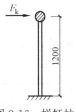

图 2-16　栏杆柱

解： 对体育场，栏杆水平荷载应取1.0kN/m，本例中栏杆柱的间距为1m，故每根栏杆的顶部水平荷载标准值

$$F_k = 1.0 \times 1 = 1kN$$

由此得到栏杆柱底部截面的弯矩标准值

$$M_k = 1 \times 1.2 = 1.2kN \cdot m$$

2.4 雪　荷　载

雪荷载是房屋屋面的主要荷载之一，属于可变荷载。在我国寒冷地区及其他大雪地区，因雪荷载导致屋面结构，甚至整个结构破坏的事例时有发生，尤其是大跨结构和轻型屋盖，因其自重轻，对雪荷载就更为敏感。因此在有雪地区，雪荷载是设计中不可忽略的一种重要荷载。

2.4.1　基本雪压

雪压是指单位水平面积上的雪重，其值由积雪深度和密度决定，可按下式计算

$$S = h\rho g \tag{2-14}$$

式中：S——雪压，kN/m²；

$\quad\quad h$——积雪深度，指从积雪表面到地面的垂直深度，m；

$\quad\quad \rho$——雪密度，t/m³；

$\quad\quad g$——重力加速度，取9.8m/s²。

雪密度是一个随时间和空间变化的量，它受积雪厚度、时间以及地理气候条件等因素的影响。对于无雪压记录的气象台（站），可按地区的平均雪密度计算雪压。对于积雪局

部变异特别大的地区，以及高原地形的山区，雪压的取值应予以专门调查和特殊处理。

考虑到我国国土幅员辽阔，各地气候条件差异较大，故对不同地区取不同的雪密度：东北及新疆北部地区的平均雪密度取 $0.15t/m^3$；华北及西北地区取 $0.13t/m^3$，其中青海取 $0.12t/m^3$；淮河、秦岭以南地区一般取 $0.15t/m^3$，其中江西、浙江取 $0.2t/m^3$。

基本雪压是指空旷平坦地面上，积雪厚度均匀的情况下，经统计得出的 50 年一遇的雪压。对雪荷载敏感的结构，应采用 100 年重现期的雪压。这里对雪荷载敏感的结构主要是指大跨、轻质屋盖结构，此类结构的雪荷载经常起控制作用，容易造成结构的整体破坏，后果特别严重，因此采用 100 年重现期的雪压作为基本雪压。

新《荷载规范》在原规范数据的基础上，补充了全国各台站自 1995 年至 2008 年的年极值雪压数据，进行了基本雪压的重新统计。调整后的全国主要城市的雪压值见附录 2。

2.4.2 屋面雪压

基本雪压在空旷平坦地面上，积雪厚度均匀时的雪压，而屋面雪荷载由于受到风向、屋面形式及屋面散热情况等因素的影响，往往与地面雪压不同。

2.4.2.1 风对屋面积雪的影响

下雪时，风会把部分本将飘落在屋面上的雪吹到附近的地面上或其他较近的物体上，这种现象称为风的飘移作用。

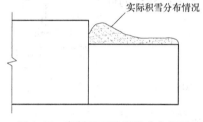

图 2-17 高低屋面处雪堆分布图示

当风速较大或房屋处于比较空旷的位置时，部分已经落在屋面上的雪会被吹走，从而导致平屋面或小坡度（坡度小于 10°）屋面上的雪压比邻近地面上的雪压小。

对于高低跨屋面，由于风对雪的飘移作用，会将较高屋面的雪吹到较低的屋面上，在较低屋面形成局部较大的雪荷载，如图 2-17 所示。

对多跨坡屋面及曲线型屋面，风向和屋面形状对积雪分布均有影响，图 2-18 为在加拿大渥太华地区一多跨坡屋面实测的一次积雪分布情况，可知，背风面的积雪厚度比迎风面大，屋谷区的积雪厚度比屋脊区大。

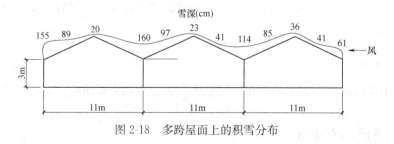

图 2-18 多跨屋面上的积雪分布

2.4.2.2 屋面坡度对积雪的影响

屋面积雪荷载随屋面坡度的增加而减小，当屋面坡度大到某一角度时，积雪就会在屋面上滑移，从而滑落，坡度越大，滑落的积雪越多。此外，屋面的光滑程度对雪滑移的影响也较大，对一些类似铁皮屋面、石板屋面这样的光滑屋面，雪更容易发生滑移，而且往往是屋面积雪全部滑落。根据加拿大对不同坡度屋面雪滑移情况的观测研究，当坡度大于

10°时就可能发生雪滑移。

雪滑移可能给结构带来两方面的影响：首先，当双坡屋面的一侧受太阳照射而使靠近屋面的积雪融化形成薄膜层时，由于摩擦力减小，该侧积雪更容易滑落。这种情况可能形成一面有雪而另一面积雪完全滑落的不平衡雪荷载。另外，滑落的积雪会堆积在邻接的较低屋面上，这种堆积可能出现很大的局部堆积雪荷载，结构设计时应予以考虑，如图2-19所示。

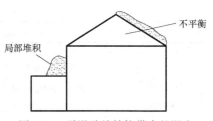

图 2-19 雪滑移给结构带来的影响

2.4.2.3 屋面温度对积雪的影响

冬季采暖房屋的积雪一般比非采暖房屋小，这是因为屋面散发的热量使部分积雪融化，同时也使雪滑移现象更容易发生。

不连续加热的屋面，加热期间融化的雪在不加热期间可能重新冻结，并且冻结的冰碴可能堵塞屋面排水设施，以致在屋面较低处结成冰层，产生附加荷载。重新结冻的冰雪还会阻碍坡屋面上雪的滑移。此外，对大部分采暖的坡屋面，在其檐口处通常是不加热的。因此，融化后的雪水常常会在檐口处冻结为冰凌或冰坝。这种现象一方面会堵塞屋面排水，出现渗漏；另一方面会对结构产生不利的荷载效应，设计时应予以考虑。

2.4.2.4 屋面积雪分布系数

为了考虑屋面积雪分布与地面的不同，将屋面水平投影面积上的雪荷载 S_k 与基本雪压 S_0 的比值定义为屋面积雪分布系数 μ_r，这样屋面水平投影面积上的雪荷载标准值就可以通过下式得到：

$$S_k = \mu_r S_0 \tag{2-15}$$

式中：S_k——雪荷载标准值，kN/m^2；

μ_r——屋面积雪分布系数，按表 2-7 取值；

S_0——基本雪压，kN/m^2，按附录 2 取值。

我国与前苏联、加拿大、北欧等国和地区相比，积雪情况不甚严重，积雪期也比较短。因此《荷载规范》根据以往的设计经验，参考国际标准 ISO 4355 及国外有关资料，对屋面积雪分布仅概括地规定了 10 种典型的屋面积雪分布系数，见表 2-7。

屋面积雪分布系数   表 2-7

项次	类别	屋面形式及积雪分布系数 μ_r	备　注
1	单跨单坡屋面	<table><tr><td>α</td><td>≤25°</td><td>30°</td><td>35°</td><td>40°</td><td>45°</td><td>50°</td><td>55°</td><td>≥60°</td></tr><tr><td>μ_r</td><td>1.0</td><td>0.85</td><td>0.7</td><td>0.55</td><td>0.4</td><td>0.25</td><td>0.1</td><td>0</td></tr></table>	—

项次	类别	屋面形式及积雪分布系数 μ_r	备　注
2	单跨双坡屋面	均匀分布的情况 μ_r 不均匀分布的情况 $0.75\mu_r$　　$1.25\mu_r$ 	μ_r 按第 1 项规定采用
3	拱形屋面	均匀分布的情况 μ_r 不均匀分布的情况 $0.5\mu_{r,m}$　$\mu_{r,m}$ $l_e/4$　$l_e/4$　$l_e/4$　$l_e/4$ l_e $\mu_r = \dfrac{1}{8f}$ $(0.4 \leqslant \mu_r \leqslant 1.0)$ $60°$　f　l $\mu_{r,m} = 0.2 + 10f/l \, (\mu_{r,m} \leqslant 2.0)$	—
4	带天窗的坡屋面	均匀分布的情况 1.0 不均匀分布的情况 1.1　0.8　1.1 	—
5	带天窗有挡风板的坡屋面	均匀分布的情况 1.0 不均匀分布的情况 1.0　1.4　0.8　1.4　1.0 	—
6	多跨单坡屋面(锯齿形屋面)	均匀分布的情况 1.0 不均匀分布的情况 1　0.6　1.4　0.6　1.4　0.6　1.4 $l/2$　$l/2$ 不均匀分布的情况 2　2.0　2.0　2.0　μ_r　μ_r　μ_r $l/2$　$l/2$ α　l　l	μ_r 按第 1 项规定采用

28

项次	类别	屋面形式及积雪分布系数 μ_r	备 注
7	双跨双坡或拱形屋面	均匀分布的情况 1.0 不均匀分布的情况1 μ_r 1.4 μ_r 不均匀分布的情况2 2.0	μ_r 按第 1 或第 3 项规定采用
8	高低屋面	情况1 1.0 $\mu_{r,m}$ 1.0 情况2 1.0 2.0 1.0 $a=2h,(4m<a<8m)$ $\mu_{r,m}=(b_1+b_2)/2h,(2.0\leqslant\mu_{r,m}\leqslant4.0)$	—
9	有女儿墙及其他突起物的屋面	$\mu_{r,m}$ μ_r $\mu_{r,m}$ $a=2h$ $\mu_{r,m}=1.5h/s_0,(1.0\leqslant\mu_{r,m}\leqslant2.0)$	—
10	大跨屋面 ($l>100m$)	$0.8\mu_r$ $1.2\mu_r$ $0.8\mu_r$ $l/4$ $l/2$ $l/4$	1. 还应同时考虑第 2 项、第 3 项的积雪分布; 2. μ_r 按第 1 或第 3 项规定采用

注: 1. 第 2 项单跨双坡屋面仅当坡度 α 在 20°~30°范围时, 可采用不均匀分布情况;

2. 第 4、5 项只适用于坡度 α 不大于 25°的一般工业厂房屋面;

3. 第 7 项双跨双坡或拱形屋面, 当 α 不大于 25°或 f/l 不大于 0.1 时, 只采用均匀分布情况;

4. 多跨屋面的积雪分布系数, 可参照第 7 项的规定采用。

新《荷载规范》对屋面积雪分布系数做了比较大的调整, 主要体现为:

(1) 在项次 1 中, 将屋面积雪为 0 的最大坡度 α 由原规范的 50°修改为 60°, 规定当 $\alpha\geqslant60°$时 $\mu_r=0$; 当规定 $\alpha\leqslant25°$时 $\mu_r=1$; 屋面积雪分布系数 μ_r 的值作相应修改;

（2）在项次 3 中，增加了一种不均匀分布情况，考虑拱形屋面积雪的飘移效应；

（3）在项次 6 和 7 中，对双坡屋面和锯齿形屋面各增加了一种不均匀分布情况（情况 2），锯齿形屋面增加的不均匀情况考虑了类似高低跨衔接处的积雪效应，双坡屋面增加了一种两个屋脊间不均匀积雪的分布情况；

（4）在项次 8 中，增加了一种不均匀分布情况（情况 2），使得计算的积雪分布更接近于实际，同时还增加了低跨屋面跨度较小时的处理。这里需要说明的是，不均匀积雪分布系数随着高差的增大而减小。这是因为：影响积雪不均匀分布系数 $\mu_{r,m}$ 的主要因素之一是风的作用。一般情况下，下雪时都伴随着一定的风力，当风由高屋面向低屋面方向吹时，考虑高跨墙体对低跨屋面积雪的遮挡作用，高差越大，遮挡越严重，积雪反而会少；同时，当风由低屋面向高屋面方向吹时，由于气流在高低屋面交界处形成漩涡，同样也不会积存太多的雪，高差越大，气流受阻越严重，涡旋力越强，会卷走更多的雪。所以，高低屋面高差越大，积雪系数越小。根据观察，积雪大体上有这样的分布规律：高差适中的时候积雪最厚，较大或较小时均小，从而积雪分布系数总体趋势是随着高差的增大由小变大再变小；

（5）新增项次 9，女儿墙及其他屋面凸起物周围由于遮挡积雪较厚，应考虑积雪的堆积；

（6）新增项次 10，大跨屋面结构堆雪荷载比较敏感，因雪破坏的情况时有发生，设计时增加一类不均匀分布情况是必要的。由于屋面积雪在风作用下的飘移效应，屋面积雪会呈现中部大边缘小的情况，但对于不均匀积雪分布的范围以及屋面积雪系数具体的取值，目前尚没有足够的调查研究作依据，规范提供的数值供酌情使用。

2.4.2.5　屋面积雪分布系数的采用

由表 2-7 可知，很多情况下，屋面积雪分布情况都是不唯一的，设计中如何采用就成了一个重要问题。《荷载规范》规定，设计建筑结构及屋面的承重构件时，应按下列规定采用积雪的分布情况：

（1）屋面板和檩条按积雪不均匀分布的最不利情况采用；

（2）屋架和拱壳应分别按全跨积雪的均匀分布、不均匀分布和半跨积雪的均匀分布按最不利情况采用；

（3）框架和柱可按全跨积雪的均匀分布情况采用。

设计建筑结构及屋面的承重构件时，原则上是应该按表 2-7 中给出的几种积雪分布情况，分别计算结构构件的效应值，并按最不利的情况确定结构构件的截面，但考虑设计计算工作量较大，出于简化目的，允许设计人员按上述三条的规定进行设计。

【例 2.12】 某仓库屋盖为黏土瓦、木望板、木椽条、圆木檩条、木屋架结构体系

（如图 2-20 所示），屋面坡度 $\alpha = 26.56°$，木檩条沿屋面方向间距 1.5m，计算跨度 3m，该地区基本雪压为 0.35kN/m^2，求作用在檩条上由屋面积雪荷载产生的沿檩条跨度方向的均布线荷载标准值。

解：（1）积雪分布系数

屋面坡度 $\alpha = 26.56°$，由表 2-7 项次 1，μ_r 值按线性内插法确定，即

图 2-20　楼盖平面布置及梁截面图

$$\mu_r = 1 - \frac{(26.56 - 25)}{(30 - 25)} \times (1.0 - 0.85) = 0.95$$

本例为单跨双坡屋面，需查表 2-7 项次 2。檩条积雪荷载应按不均匀分布的最不利情况考虑，即按 $0.75\mu_r$ 和 $1.25\mu_r$ 中的较大值来考虑。故屋面积雪分布系数取 $1.25\mu_r$。

（2）屋面水平投影面上的雪荷载标准值
$$S_k = 1.25\mu_r S_0 = 1.25 \times 0.95 \times 0.35 = 0.42 \text{kN/m}^2$$

（3）檩条均布线荷载标准值

由于檩条沿屋面方向的间距是 1.5m，则在水平投影面上的间距为 $1.5\cos\alpha$，故雪荷载产生的檩条均布线荷载标准值为
$$q_s = S_k \cdot 1.5 \cos\alpha = 0.42 \times 1.5 \times \cos 26.56° = 0.56 \text{kN/m}$$

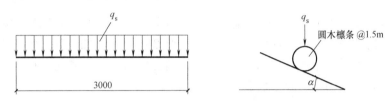

图 2-21　檩条上的均布线荷载标准值（单位：mm）

【例 2.13】　某高低屋面房屋，其屋面承重结构为现浇钢筋混凝土双向板，平面、剖面见图 2-22 和图 2-23。当地的基本雪压为 0.45kN/m^2，求设计高跨及低跨钢筋混凝土屋面板时应考虑的雪荷载标准值，按屋面板右边一跨分别是 3m 和 6m 两种情况考虑。

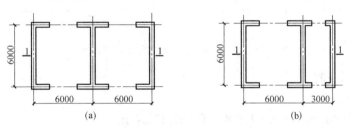

图 2-22　某高低屋面房屋的平面图（单位：mm）

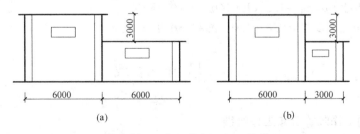

图 2-23　某高低屋面房屋的剖面图（单位：mm）

解：（1）不均匀积雪的分布宽度

$a = 2h = 2 \times 3 = 6\text{m}$，满足 $4\text{m} \leq a \leq 8\text{m}$ 的条件，故分布宽度为 6m，即整个低跨屋面范围。

（2）积雪分布系数

本例为高低屋面，每个屋面为平屋面，由表 2-7 项次 1，$\mu_r=1.0$；

屋面板积雪荷载应按不均匀分布的最不利情况考虑，即按不均匀积雪分布情况 1 和情况 2 中的较大值来考虑。按表 2-7 项次 8 取值。

当右跨为 6m 时，有 $b_2=6\text{m}=a=6\text{m}$，按情况 1 计算时可知 $\mu_{r,m}=\dfrac{b_1+b_2}{2h}=\dfrac{6+6}{2\times3}=2.0$，如图 2-24（a）所示，满足 $2.0\leqslant\mu_{r,m}\leqslant4.0$ 的条件，高跨的积雪分布系数为 $1.0\mu_r$，低跨的积雪分布系数为 $2.0\mu_r$。按情况 2 计算可知，高跨的积雪分布系数为 $1.0\mu_r$，低跨的积雪分布系数为 $2.0\mu_r$。取两种情况的最大值来考虑。即高跨的积雪分布系数为 $1.0\mu_r$，低跨的积雪分布系数为 $2.0\mu_r$。

当右跨为 3m 时，有 $b_2=3\text{m}<a=6\text{m}$，按情况 1 计算时可知 $\mu_{r,m}=\dfrac{b_1+b_2}{2h}=\dfrac{6+3}{2\times3}=1.5$，因为 $\mu_{r,m}=1.5<2.0$，所以取 $\mu_{r,m}=2.0$，如图 2-24（b）所示，高跨的积雪分布系数为 $1.0\mu_r$，低跨的积雪分布系数为 $2.0\mu_r$。按情况 2 计算时可知，高跨的积雪分布系数为 $1.0\mu_r$，低跨的积雪分布系数为 $2.0\mu_r$。取两种情况的最大值来考虑。即高跨的积雪分布系数为 $1.0\mu_r$，低跨的积雪分布系数为 $2.0\mu_r$。

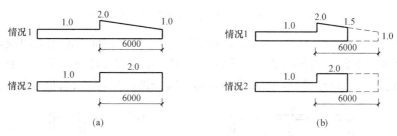

图 2-24 某高低屋面房屋的积雪分布系数

（3）雪荷载标准值

当右跨为 3m 时

高跨：$S_k=1.0\mu_r S_0=1.0\times1.0\times0.45=0.45\text{kN/m}^2$

低跨：$S_k=2.0\mu_r S_0=2.0\times1.0\times0.45=0.90\text{kN/m}^2$

当右跨为 6m 时

高跨：$S_k=1.0\mu_r S_0=1.0\times1.0\times0.45=0.45\text{kN/m}^2$

低跨：$S_k=2.0\mu_r S_0=2.0\times1.0\times0.45=0.90\text{kN/m}^2$

2.5 吊 车 荷 载

2.5.1 吊车的工作制等级和工作级别

工业厂房因工艺上的要求常设有吊车，因此吊车荷载是厂房中的主要荷载之一。计算吊车荷载时，以往是根据吊车工作的频繁程度将吊车工作制度分为轻级、中级、重级和超重级四种工作制，如水电站、机械维修车间的吊车满载机会少，运行速度低且不经常使用，属轻级工作制；机械加工车间、装配车间的吊车属中级工作制；冶炼车间、轧钢车间等连续生产的吊车属重级或超重级工作制。现行国家标准《起重机设计规范》（GB/T

3811—2008）是按吊车工作的频繁程度来分级的，在考虑吊车繁重程度时，区分了吊车的利用次数和荷载大小两种因素。按吊车在使用期内可能完成的总工作循环次数分成 10 个使用等级，又按吊车荷载达到其额定值的频繁程度分成 4 个载荷状态（轻、中、重、超重）。根据要求的使用等级和载荷状态，确定吊车的工作级别，共分 8 个级别作为吊车的设计依据。

虽然根据过去的设计经验，在按确定结构的吊车荷载时，仅参照吊车的载荷状态将其划分为轻、中、重和超重 4 级工作制，而不考虑吊车的利用因素，也不会影响到厂房的结构设计。但是，在执行国家标准《起重机设计规范》（GB/T 3811—2008）以来，所有吊车的生产和订货，项目的工艺设计以及土建原始资料的提供都以吊车的工作级别为依据，因此在吊车荷载的规定中也相应改用按工作级别划分。工作级别与以往采用的工作制等级的对应关系如表 2-8 所示。

吊车的工作制等级与工作级别的对应关系 表 2-8

工作制等级	轻级	中级	重级	超重级
工作级别	A1～A3	A4,A5	A6,A7	A8

2.5.2 吊车竖向荷载和水平荷载

2.5.2.1 厂房构成

一般而言，厂房的长度方向为纵向，跨度方向为横向，吊车的大车沿厂房纵向行驶，小车沿厂房横向行驶，如图 2-25 所示。

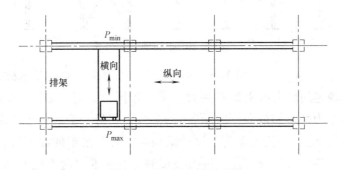

图 2-25　厂房平面布置图

厂房的横向体系是由屋架、柱和基础三种构件所组成的排架，如图 2-26 所示。因为厂房沿纵向分布比较均匀，因此将每一榀排架划分为一个计算单元，横向是厂房的主受力方向，一般通过计算来确定排架柱的受力和配筋。

厂房的纵向，是通过设置于排架柱间的若干构件形成体系的，包括屋面板、系杆、连系梁、吊车梁、柱间支撑等。因为厂房的纵向一般较长，因此设计时，不必进行计算，直接采取必要的构造措施，即可保证纵向刚度和整体性，如图 2-27 所示。

2.5.2.2 吊车竖向荷载

桥式吊车由大车（桥架）和小车组成，大车在吊车梁的轨道上沿厂房纵向行驶，小车在大车的轨道上沿厂房横向运行，带有吊钩的起重卷扬机安装在小车上。吊车的竖向荷载

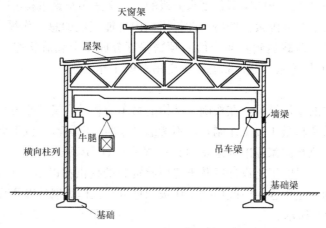

图 2-26　厂房的横向体系

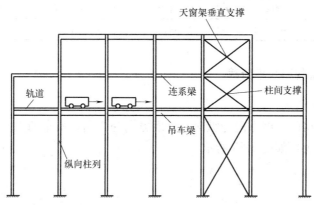

图 2-27　厂房纵向排架结构体系

从大车车轮传给轨道，进而传给吊车梁，然后传给相关的柱，再传给基础。

当小车吊有额定的最大起重量开到大车某一极限位置时，如图 2-28 所示，这一侧的每个大车轮压即为吊车的最大轮压标准值 $p_{max,k}$，在另一侧的每个大车轮压即为吊车的最小轮压标准值 $p_{min,k}$。按吊车荷载设计结构时，有关吊车的技术资料（包括吊车的最大或最小轮压）都应由厂家提供。过去公布的专业标准《起重机基本参数尺寸系列》

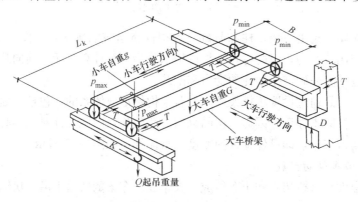

图 2-28　桥式吊车受力状态

(EQ 1-62～8-62)曾对有关的各项参数有详尽的规定,可供结构设计参考。但由于工厂设计的起重机械,其参数和尺寸不太可能完全与该标准保持一致,因此设计时应直接参照厂家的产品规格作为设计依据。

2.5.2.3 吊车水平荷载

吊车水平荷载不属于重力荷载,但为了让读者对吊车荷载形成全面系统的认识,把吊车水平荷载也编入本章。吊车水平荷载分纵向和横向两种,如图 2-29 所示,其中吊车纵向水平荷载由大车加速度引起,横向水平荷载由小车加速度或卡轨力引起,以下分别进行介绍:

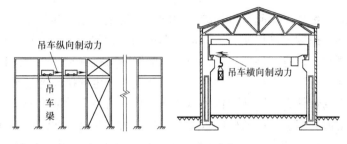

图 2-29　吊车纵向和横向制动力

（1）纵向水平荷载

① 传力方式。吊车纵向水平荷载,由大车加速度引起,作用点为大车车轮与轨道的接触点。通过大车的刹车轮传给轨道,进而传给吊车梁,再由柱间支撑传给基础。

② 荷载计算。吊车纵向水平荷载取决于制动轮的轮压和它与钢轨间的滑动摩擦系数,综合考虑各种因素,这个系数取 0.1。因此,吊车纵向水平荷载标准值,应按作用在一边轨道上所有刹车轮最大轮压之和的 10% 采用;该项荷载的作用点位于刹车轮与轨道的接触点,其方向与轨道方向一致。需要说明的是,一般来说桥式吊车的制动轮为总轮数的一半。

（2）横向水平荷载

① 传力方式。吊车横向荷载,由小车加速度或卡轨力引起,作用点实际应为小车车轮与大车接触点,但是为了分析计算简便,认为吊车横向荷载作用于吊车梁顶面,由吊车梁及吊车梁和上柱之间的连接件,传给柱子,进而下传至基础,如图 2-30 所示。

② 荷载计算。吊车横向水平荷载是当小车吊有额定最大起重量时,小车运行机构启动或刹车所引起的水平惯性力,它通过小车制动轮与桥架轨道之间的摩擦力传

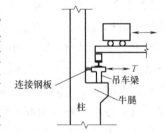

图 2-30　牛腿处局部传力示意图

给大车,等分于桥架两端,分别由大车两侧的车轮平均传至吊车梁上的轨道,再由吊车梁与柱的连结钢板传给排架,吊车水平荷载的方向与轨道垂直,并应考虑正反两个方向的刹车情况。吊车横向水平荷载标准值可按下式计算

$$T = \alpha(Q + Q_1)g \qquad (2\text{-}16)$$

式中:Q——吊车的额定起重量,t;

　　　Q_1——横行小车重量,t;

g——重力加速度，m/s^2；

α——横向水平荷载系数（或称小车制动力系数），按表 2-9 采用。

吊车横向水平荷载标准值的百分数 表 2-9

吊车类型	额定起重量(t)	百分数(%)
软钩吊车	≤10	12
	16～50	10
	≥75	8
硬钩吊车	—	20

横向水平荷载系数随吊车起重量的减小而增大，这主要是因为吊车司机在运行起重量大的吊车时，往往将速度控制得较低。软钩吊车采用钢索起吊重物，在小车制动时，起吊的重物可以自由摆动，通过柔性的钢索传至小车的制动力得到衰减；而硬钩吊车采用小车附设的悬臂结构起吊重物，在小车制动时，起吊的重物产生的摆动通过硬钩悬臂直接传给小车，会产生较大的惯性力，因此硬钩吊车的横向水平荷载系数取 20%。

除了小车启动或刹车会引起的横向水平荷载外，大车在沿厂房纵向行驶时，还会因为轨道不直或吊车行驶时的歪斜产生横向水平力，俗称卡轨力，其大小与吊车的制造、安装、调试和使用期间的维护等管理因素有关。《钢结构设计规范》（GB 50017—2014）（送审稿初稿）规定：计算重级工作制吊车梁（或吊车桁架）及其制动结构的强度、稳定性以及连接（吊车梁或吊车桁架、制动结构、柱相互间的连接）的强度时，应考虑由起重机摆动引起的横向水平力（此水平力不与荷载规范规定的横向水平荷载同时考虑），作用于每个轮压处的此水平力标准值可由下式进行计算

$$H_k = \alpha P_{k,max} \tag{2-17}$$

式中：$P_{k,max}$——起重机最大轮压标准值；

α——系数，对软钩起重机，$\alpha = 0.1$；对抓斗或磁盘起重机，$\alpha = 0.15$；对硬钩起重机，$\alpha = 0.2$。

【例 2.14】 某单跨厂房，采用钢结构，设有一台 $Q = 50/10t$ 软钩吊车（$Q = 50/10t$，是桥式吊车的标准的标注方法，表示滑轮组在最少钢绳情况下的最大吊重为 10t；在最多钢绳情况下的最大吊重 50t），小车重量 $Q_1 = 15t$，吊车的工作制级别为 A6 级，每台吊车有 4 个吊车轮（其中有 2 个为制动轮），吊车最大轮压标准值 $P_{k,max} = 470kN$，求作用在一侧吊车梁上的吊车横向水平荷载标准值。

解：（1）按小车刹车引起的惯性力考虑

吊车横向水平荷载标准值可按 $T = \alpha(Q + Q_1)g$ 计算，根据吊车的最大起重量为 50t，可知 $\alpha = 10\%$，有

$$T = \alpha(Q + Q_1)g = 10\% \times (50 + 15) \times 9.8 = 63.7kN$$

该水平力在两侧吊车梁上平分，故作用在一侧吊车梁上的吊车横向水平荷载标准值为 63.7/2 = 31.85kN。

（2）按卡轨力考虑

作用于每个轮压处的此水平力标准值按 $H_k = \alpha P_{k,max}$ 计算，对软钩吊车，$\alpha = 0.1$，有

$$H_k = \alpha P_{k,max} = 0.1 \times 470 = 47kN$$

作用在一侧吊车梁上有 2 个吊车轮，所以总的卡轨力为 2×47＝94kN

取较大值，即吊车总横向水平荷载为 94kN。

2.5.3 多台吊车组合

当厂房内设有多台吊车时，对某一个结构构件，这些吊车不一定能同时使该构件产生荷载效应，因此，要根据实际情况来考虑参与组合的吊车台数。参与组合的吊车台数主要取决于柱距大小和厂房的跨数，其次是各吊车同时聚集在同一柱距的可能性。根据实际观察，在同一跨度内，2 台吊车以邻接距离运行的情况还是常见的，但 3 台吊车相邻运行却很罕见，即使发生，由于柱距所限，能产生影响的也只有 2 台。因此，对单层吊车的单跨厂房设计时最多考虑 2 台吊车；对单层吊车的多跨厂房，在同一柱距内同时出现超过 2 台吊车的机会增加。但考虑隔跨吊车对结构的影响减弱，为了计算上的方便，容许在计算吊车竖向荷载时，最多只考虑 4 台吊车；对双层吊车的单跨厂房宜按上层和下层吊车分别不多于 2 台进行组合；对双层吊车的多跨厂房宜按上层和下层吊车分别不多于 4 台进行组合；而在计算多台吊车水平荷载时，由于同时制动的机会很小，对单跨或多跨厂房的每个排架，容许最多只考虑 2 台吊车参与组合，如表 2-10 所示。

参与组合的吊车台数　　　　　　　　　　　　　　表 2-10

吊车加载方向		竖向荷载	水平荷载
单层吊车	单跨厂房	2	2
	多跨厂房	4	
双层吊车	单跨厂房	2	
	多跨厂房	4	

注：当情况特殊时，应按实际情况考虑。

按上述方法确定的单层吊车的吊车荷载，无论是 2 台还是 4 台吊车所引起的，都按同时满载组合；而双层吊车的吊车荷载，当下层吊车满载时，上层吊车应按空载计算，上层吊车满载时，下层吊车不应计入。其小车位置都按同时处于最不利的极限工作位置上考虑。实际上，这种最不利情况是不太可能出现的。对不同工作制的吊车，其吊车荷载有所不同，即不同吊车有各自的满载概率，而 2 台或 4 台同时满载，且小车又同时处于最不利位置的概率就更小。为此，表 2-11 给出了多台吊车的荷载折减系数，这个折减系数是从概率观点考虑多台吊车共同作用时的吊车荷载效应相对于最不利效应的折减。

双层吊车参与组合台数及满载情况是新《荷载规范》增加的内容，因为双层吊车的组合的情况很复杂，相关规定主要根据设计经验。

多台吊车的荷载折减系数　　　　　　　　　　　　表 2-11

参与组合的吊车台数	吊车工作级别	
	A1～A5	A6～A8
2	0.90	0.95
3	0.85	0.90
4	0.80	0.85

【例 2.15】 某单跨单层厂房，跨度 24m，柱距 6m。设计时考虑两台工作级别为 A4，20/5t 的桥式软钩吊车，吊车有关数据见表 2-12。求计算排架中柱内力组合时的吊车荷载

标准值 $D_{\max}$ 和 $T_{\max}$。

吊车有关数据

表 2-12

吊车跨度 L_k(m)	吊车最大宽度 B(mm)	大车轮距 K(mm)	小车重量 g(kN)	吊车最大轮压 $P_{\max}$(kN)	吊车最小轮压 $P_{\min}$(kN)
22.5	5600	4400	77.2	202	60

解：（1）吊车最不利布置及支座反力影响线如图 2-31 所示。

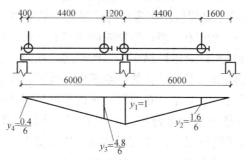

图 2-31 利用影响线求排架内力（单位：mm）

（2）最大轮压所对应的吊车竖向荷载标准值

$$D_{\max}^k = P_{\max} \cdot \sum y_i = 202 \times \left(1 + \frac{4.8}{6} + \frac{1.6}{6} + \frac{0.4}{6}\right) = 202 \times \frac{12.8}{6} = 430.9 \text{kN}$$

（3）查表 2-8，工作级别为 A4 的吊车对应的工作制等级为中级，由 2.5.2.3 节可知，计算吊车横向水平荷载时不必考虑卡轨力，只需考虑小车横向的惯性力即可。由于吊车的额定起重量为 20t，所以横向水平荷载系数 $\alpha = 0.1$。

（4）每个轮子所受的水平力为 $T = \dfrac{\alpha}{4}(Q + g) = \dfrac{0.1}{4} \times (200 + 77.2) = \dfrac{0.1}{4} \times 277.2 = 6.93 \text{kN}$

中柱所受的水平力用影响线方法计算，得

$$T_{\max}^k = T \cdot \sum y_i = 6.93 \times \left(1 + \frac{4.8}{6} + \frac{1.6}{6} + \frac{0.4}{6}\right) = 6.93 \times \frac{12.8}{6} = 14.8 \text{kN}$$

（5）由于设计时考虑两台工作级别为 A4 的吊车，查表 2-11 可知，荷载折减系数为 0.9。故在进行排架中柱的内力组合时，$D_{\max}$ 和 $T_{\max}$ 均应乘以 0.9 的折减系数，故

$$D_{\max} = 0.9 \times 430.9 = 387.8 \text{kN}$$

$$T_{\max} = 0.9 \times 14.8 = 13.3 \text{kN}$$

2.5.4 吊车荷载的动力系数

吊车荷载的动力系数，主要是考虑吊车在运行时对吊车梁及其连接的动力影响。根据调查了解，产生动力的主要原因是吊车轨道接头的高低不平和工件翻转时的振动。《荷载规范》规定：当计算吊车梁及其连接的承载力时，吊车竖向荷载应乘以动力系数。对悬挂吊车（包括电动葫芦）及工作级别为 A1～A5 的软钩吊车，动力系数可取 1.05；对工作级别为 A6～A8 的软钩吊车、硬钩吊车和其他特种吊车，动力系数可取为 1.1。

2.5.5 吊车荷载的组合值、频遇值及准永久值

处于工作状态的吊车，一般很少会持续地停留在某一个位置上，所以在正常条件下，吊车荷载的作用都是短时间的。因此，厂房排架设计时，在荷载准永久组合中可不考虑吊车荷载。但在吊车梁正常使用极限状态设计时，宜采用吊车荷载的准永久值，这是考虑空载吊车经常被安置在指定位置的情况。吊车荷载的组合值系数、频遇值系数及准永久值系数可按表 2-13 中的规定采用。

吊车荷载的组合值系数、频遇值系数及准永久值系数　　　　　　表 2-13

吊车工作级别		组合值系数 ψ_c	频遇值系数 ψ_f	准永久值系数 ψ_q
软钩吊车	工作级别 A1～A3	0.7	0.6	0.5
	工作级别 A4、A5	0.7	0.7	0.6
	工作级别 A6、A7	0.7	0.7	0.7
硬钩吊车及工作级别 A8 的软钩吊车		0.95	0.95	0.95

2.6 车辆荷载

车辆荷载是桥梁结构设计中最重要的活荷载之一。在桥梁上通行的车辆有各种不同的型号和荷载等级，并且随着交通运输业的发展，最高的荷载等级还将不断提高。因此，需要有一种既反映目前车辆荷载情况又兼顾未来发展、便于桥梁结构设计运用的车辆荷载标准。

对于公路桥，车辆荷载指汽车、挂车、履带车等；对于铁路桥，车辆荷载指列车。车辆荷载有两种形式：一种是车辆荷载，另一种是车道荷载。车辆荷载考虑车的尺寸、重量，当存在的车辆不只一辆时，还要考虑车辆的排列方式，以车轴位置集中荷载的形式作用于桥面；车道荷载则不考虑车的尺寸和排列方式，将车辆荷载等效为均布荷载和一个可作用于任何位置的集中荷载来进行设计。

2.6.1 公路车辆荷载

在对我国现有车型及车辆行车规律等方面进行大量实地观测和调查研究的基础上，根据汽车工业的发展和国防建设的需要，制定了适用于公路桥涵和其他受车辆荷载影响的构筑物设计的车辆荷载标准。

2.6.1.1 荷载等级

我国的《公路桥涵设计通用规范》（JTG D60—2004）规定，汽车荷载分为两个等级：公路-Ⅰ级和公路-Ⅱ级。汽车荷载由车道荷载和车辆荷载组成。车道荷载由均布荷载和集中荷载组成。桥梁结构的整体计算采用车道荷载；桥梁结构的局部加载、涵洞、桥台和挡土墙土压力等的计算采用车辆荷载。车辆荷载与车道荷载的作用不得叠加。各级公路桥涵设计的汽车荷载等级应符合表 2-14 的规定。

各级公路桥涵的汽车荷载等级　　　　　　表 2-14

公路等级	高速公路	一级公路	二级公路	三级公路	四级公路
汽车荷载等级	公路-Ⅰ级	公路-Ⅰ级	公路-Ⅱ级	公路-Ⅱ级	公路-Ⅱ级

二级公路为干线公路且重型车辆多时，其桥涵的设计可采用公路-Ⅰ级汽车荷载。

四级公路上重型车辆少时，其桥涵设计所采用的公路-Ⅱ级车道荷载的效应可乘以 0.8 的折减系数，车辆荷载的效应可乘以 0.7 的折减系数。

2.6.1.2　车道荷载

车道荷载的计算简图，如图 2-32 所示。

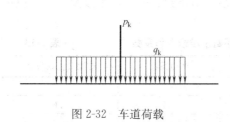

图 2-32　车道荷载

公路-Ⅰ级车道荷载的均布荷载标准值为 $q_k=10.5\text{kN/m}$；集中荷载标准值按以下规定选取：桥梁计算跨径（一般用 l 表示，它是桥梁结构受力分析时的重要参数。对于设支座的桥梁，为相邻支座中心间的水平距离，对于不设支座的桥梁则为上、下部结构的相交面之中心间的水平距离）小于或等于 5m 时，$P_k=180\text{kN}$；桥梁计算跨径等于或大于 50m 时，$P_k=360\text{kN}$；桥梁计算跨径在 5m～50m 之间时，P_k 值采用直线内插求得。计算剪力效应时，上述集中荷载标准值应乘以 1.2 的系数。

公路-Ⅱ级车道荷载的均布荷载标准值 q_k 和集中荷载标准值 P_k 按公路-Ⅰ级车道荷载的 0.75 倍采用。

车道荷载的均布荷载标准值应满布于使结构产生最不利效应的同号影响线上；集中荷载标准值只作用于相应影响线中一个最大影响线峰值处，如图 2-33 所示。

2.6.1.3　车辆荷载

车辆荷载的立面、平面尺寸见图 2-34，车辆荷载横向布置如图 2-35 所示，主要技术指标见表 2-15，公路-Ⅰ级和公路-Ⅱ级汽车荷载采用相同的车辆荷载标准值。

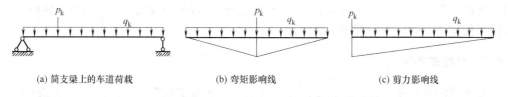

(a) 简支梁上的车道荷载　　　　(b) 弯矩影响线　　　　(c) 剪力影响线

图 2-33　计算简支梁弯矩和剪力时的车道荷载布置

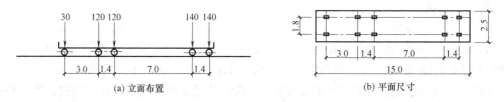

(a) 立面布置　　　　　　　　　(b) 平面尺寸

图 2-34　车辆荷载的立面、平面尺寸（图中尺寸单位为 m，荷载单位为 kN）

2.6.1.4　荷载折减

多车道桥涵上的汽车荷载应考虑多车道折减。当桥涵设计车道数等于或大于 2 时，由汽车荷载产生的效应应按表 2-16 规定的多车道折减系数进行折减，但折减后的效应不得小于两设计车道的荷载效应。

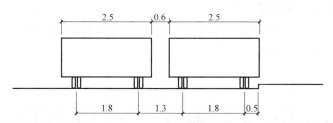

图 2-35　车辆荷载横向布置（图中尺寸单位为 m，荷载单位为 kN）

车辆荷载的主要技术指标　　　　　　　　　　　　表 2-15

项目	单位	技术指标	项目	单位	技术指标
车辆重力标准值	kN	550	轮距	m	1.8
前轴重力标准值	kN	30	前轮着地宽度及长度	m	0.3×0.2
中轴重力标准值	kN	2×120	中、后轮着地宽度及长度	m	0.6×0.2
后轴重力标准值	kN	2×140	车辆外形尺寸（长×宽）	m	15×2.5
轴距	m	3+1.4+7+1.4			

横向折减系数　　　　　　　　　　　　　　　　　表 2-16

横向布置设计车道数（条）	2	3	4	5	6	7	8
横向折减系数	1.00	0.78	0.67	0.60	0.55	0.52	0.50

　　大跨径桥梁上的汽车荷载应考虑纵向折减。当桥梁计算跨径大于 150m 时，应按表 2-17 规定的纵向折减系数进行折减。当为多跨连续结构时，整个结构应按最大的计算跨径考虑汽车荷载效应的纵向折减。

纵向折减系数　　　　　　　　　　　　　　　　　表 2-17

计算跨径 L_0(m)	纵向折减系数	计算跨径 L_0(m)	纵向折减系数
$150 < L_0 < 400$	0.97	$800 \leqslant L_0 < 1000$	0.94
$400 \leqslant L_0 < 600$	0.96	$L_0 \geqslant 1000$	0.93
$600 \leqslant L_0 < 800$	0.95		

　　【例 2.16】 已知某双车道公路桥梁，计算跨径为 24m，由多跨简支梁组成，其中桥跨结构采用整体预应力混凝土箱梁形式，桥上作用有公路-Ⅰ级车道荷载，假定冲击系数 $\mu=0.2$，求：该桥主梁支点截面的剪力标准值 V_{Qk} 及跨中截面的弯矩标准值 M_{Qk}。（冲击系数是为了将车辆动态荷载转换为静荷载进行计算时，所应考虑的一个放大系数，其物理意义和动力系数类似）

　　解： 由 2.6.1.2 节知，集中荷载 $P_k=180+4\times(24-5)=256$kN，计算剪力效应时集中荷载应乘以 1.2 的系数。由于是双车道，不必考虑横向折减；由于桥梁的计算跨径为 24m，不必考虑纵向折减。

　　（1）主梁支点截面的剪力标准值

$$V_{Qk}=2\times(q_k l_0/2+1.2\times P_k)(1+\mu)=2\times1.2\times(10.5\times24/2+1.2\times256)$$
$$=1039.68\text{kN}$$

（2）主梁跨中截面的弯矩标准值

$$M_{Qk}=2\times(q_k l_0^2/8+P_k l_0/4)(1+\mu)=2\times1.2\times(10.5\times24^2/8+256\times24/4)$$
$$=5500.8\text{kN}\cdot\text{m}$$

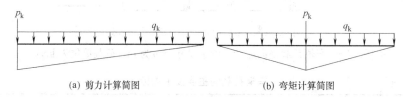

(a) 剪力计算简图　　　　　　(b) 弯矩计算简图

图 2-36　车道荷载计算简图

【例 2.17】 已知某装配式简支梁桥，计算跨径为 25m。求：车辆荷载作用下，（1）梁跨中的最大汽车弯矩 M_{max}。（2）支点的最大汽车剪力 V_{max}。（计算时冲击系数 $1+\mu$ 取 1.15）

解：（1）跨中弯矩计算

1）画出跨中弯矩影响线

根据车辆荷载的布置，有两种情况可能产生弯矩最大值。由表 2-15 查得车辆荷载的主要技术指标，并画出弯矩影响线如图 2-37 和图 2-38 所示。

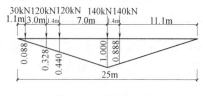

图 2-37　弯矩影响线

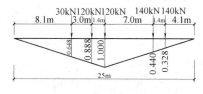

图 2-38　弯矩影响线

2）计算跨中最大弯矩

第一种情况：

$$M_{max}=(1+\mu)\sum P_i y_i$$
$$=1.15\times(30\times0.088+120\times0.328+120\times0.440+140\times1.000+140\times0.888)$$
$$=412.99\text{kN}\cdot\text{m}$$

第二种情况：

$$M_{max}=(1+\mu)\sum P_i y_i$$
$$=1.15\times(30\times0.648+120\times0.888+120\times1.000+140\times0.440+140\times0.328)$$
$$=406.55\text{kN}\cdot\text{m}$$

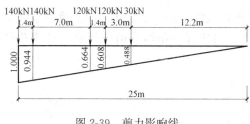

图 2-39　剪力影响线

经比较，第一种情况的跨中弯矩较大，所以 M_{max} 取 412.99kN·m。

（2）支点剪力计算

1）画出支点反力影响线

根据表 2-15 查得车辆荷载的主要技术指标，并画出支点反力影响线如图 2-39 所示。

2）计算支点最大剪力

$V_{max} = (1+\mu) \sum P_i y_i$

$= 1.15 \times (30 \times 0.488 + 120 \times 0.608 + 120 \times 0.664 + 140 \times 0.944 + 140 \times 1.000)$

$= 505.36 \text{kN}$

2.6.2 城市桥梁汽车荷载

我国的城市桥梁，长期以来都是按照现行公路桥梁荷载标准进行设计，由于公路桥梁的汽车荷载布置方式与我国现代城市机动车辆的动态分布规律不尽相符，为使桥梁荷载标准更符合我国城市市政建设的实际情况，以达到与国际桥梁荷载标准相接轨的目的，住房和城乡建设部于 2011 年制定了《城市桥梁设计规范》（CJJ 11—2011），用于城市内新建、改建的永久性桥梁和城市高架道路结构以及承受机动车辆荷载的其他结构物的荷载设计。该标准规定的基本可变荷载，适用于桥梁跨径或加载长度不大于 150m 的城市桥梁结构。设计活荷载分为两个等级，即城-A 级和城-B 级。应根据道路的功能、等级和发展要求等具体情况选用设计汽车荷载，桥梁的设计汽车荷载应根据表 2-18 选用。

桥梁设计汽车荷载等级　　　　　　　　　　　表 2-18

城市道路等级	快速路	主干路	次干路	支路
设计汽车荷载等级	城-A 级或城-B 级	城-A 级	城-A 级或城-B 级	城-B 级

注：1. 快速路、次干路上如重型车辆行驶频繁时，设计汽车荷载应选用城-A 级汽车荷载；

2. 小城市中的支路上如重型车辆较少时，设计汽车荷载采用城-B 级车道荷载的效应乘以 0.8 的折减系数，车辆荷载的效应乘以 0.7 的折减系数；

3. 小型车专用道路，设计汽车荷载可采用城-B 级车道荷载的效应乘以 0.6 的折减系数，车辆荷载的效应乘以 0.5 的折减系数。

和公路桥梁类似，城市桥梁设计中的汽车荷载也分为车辆荷载和车道荷载两种形式。桥梁结构的整体计算应采用车道荷载，桥梁结构的局部加载、桥台和挡土墙压力等的计算应采用车辆荷载，车道荷载与车辆荷载的作用不得叠加。

车辆荷载的立面、平面布置及标准值应符合下列规定：

（1）城-A 级车辆荷载的立面、平面、横桥向布置（图 2-40）及标准值应符合表 2-19 的规定：

城-A 级车辆荷载　　　　　　　　　　　表 2-19

车轴编号	单位	1	2	3	4	5
轴重	kN	60	140	140	200	160
轮重	kN	30	70	70	100	80
纵向轴距	m		3.6	1.2	6	7.2
每组车轮的横向中距	m	1.8	1.8	1.8	1.8	1.8
车轮着地的宽度×长度	m	0.25×0.25	0.6×0.25	0.6×0.25	0.6×0.25	0.6×0.25

（2）城-B 级车辆荷载的立面、平面布置及标准值应采用现行行业标准《公路桥涵设计通用规范》（JTG D60—2004）车辆荷载的规定值。

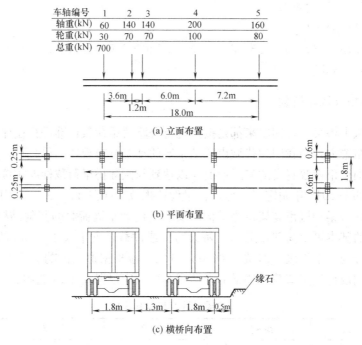

车轴编号	1	2	3	4	5
轴重(kN)	60	140	140	200	160
轮重(kN)	30	70	70	100	80
总重(kN)	700				

(a) 立面布置

(b) 平面布置

缘石

(c) 横桥向布置

图 2-40　城-A 级车辆荷载立面、平面、横桥向布置

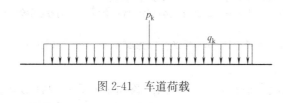

图 2-41　车道荷载

城-A 级和城-B 级车道荷载由均布荷载和一个集中荷载组成，如图 2-41 所示。其计算应符合下列规定：

（1）城-A 级车道荷载的均布荷载标准值（q_k）应为 10.5kN/m。集中荷载标准值（P_k）的选取：当桥梁计算跨径小于或等于 5m 时，P_k=180kN；当桥梁计算跨径等于或大于 5m 时，P_k=360kN；当桥梁计算跨径在 5m～50m 之间时，P_k 值应采用直线内插求得。当计算剪力效应时，集中荷载标准值（P_k）应乘以 1.2 的系数；

（2）城-B 级车道荷载的均布荷载标准值（q_k）和集中荷载标准值（P_k）应按城-A 级车道荷载的 75% 采用；

（3）车道荷载的均布荷载标准值应满布于使结构产生最不利效应的同号影响线上；集中荷载标准值应只作用于相应影响线中一个最大影响线峰值处。

车道荷载横向分布系数、多车道的横向折减系数、大跨径桥梁的纵向折减系数、汽车荷载的冲击力、离心力、制动力及车辆荷载在桥台或挡土墙后填土的破坏棱体上引起的土侧压力等均应按现行行业标准《公路桥涵设计通用规范》（JTG D60—2004）的规定计算。

2.6.3　列车荷载

列车由机车和车辆组成，机车和车辆类型很多，轴重、轴距各异。为规范计算，我国根据机车车辆轴重、轴距对桥梁不同影响及考虑车辆的发展趋势，《铁路桥涵设计基本规范》（TB 10002.1—2005）制定了中华人民共和国铁路标准活荷载，即"中-活载"，如图

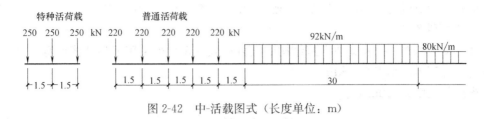

图 2-42　中-活载图式（长度单位：m）

2-42 所示。

　　"中-活载"分普通活荷载和特种活荷载，是铁路桥梁设计的主要依据。普通活荷载代表列车活荷载，前部长度 37.5m 象征性地代表两台机车，由 5 个 220kN 的集中荷载和 30m 长 92kN/m 的均布荷载组成，后部代表车辆活荷载，由 80kN/m 的均布荷载组成，长度布满整个桥梁。特种活荷载代表某些集中轴重对小跨度梁及局部杆件的影响。按实际机车车辆的可能性采用 250kN。《铁路桥涵设计基本规范》（TB 10002.1—2005）规定：采用"中-活载"加载时，标准活荷载计算图式可任意截取，也即选出最不利的一段进行布置，以求出桥梁的最不利荷载效应。

　　同时承受多线列车活荷载的桥跨结构和墩台，其列车竖向活荷载对主要杆件双线应为两线列车活荷载总和的 90%；三线及三线以上应为各线列车活荷载总和的 80%；对承受局部活荷载的杆件，则均应为该活荷载的 100%；各线均假定采用同样情况的最不利列车活荷载。如桥上所有线路不能同时运转时，则应按在桥上可能同时运转的线路计算列车竖向动力作用。

2.7　人群荷载

2.7.1　公路桥梁人群荷载

　　在设计有人行道的公路桥梁时，除了要考虑汽车荷载外还要考虑人群荷载。人群荷载标准值应按下列规定采用：当桥梁计算跨径≤50m 时，人群荷载标准值为 3kN/m²；当桥梁计算跨径≥150m 时，人群荷载标准值为 2.5kN/m²；当桥梁计算跨径在 50m～150m 之间时，可由线性内插得到人群荷载标准值。对跨径不等的连续结构，以最大计算跨径为准。城镇郊区行人密集地区的公路桥梁，人群荷载标准值取上述规定值的 1.15 倍。专用人行桥梁，人群荷载标准值为 3.5kN/m²。

　　人群荷载应按下列原则进行布置：人群荷载在横向应布置在人行道的净宽度内，在纵向施加于使结构产生最不利荷载效应的区段内。

　　人行道板（局部构件）可以一块板为单元，按标准值 4.0kN/m² 的均布荷载计算。计算人行道栏杆时，作用在栏杆立柱顶上的水平推力标准值取 0.75kN/m；作用在栏杆扶手上的竖向力标准值取 1.0kN/m。

2.7.2　城市桥梁人群荷载

　　我国城市人口密集，人行交通繁忙，城市桥梁人行道的设计人群荷载取值较公路桥梁规定的要大。《城市桥梁设计规范》（CJJ 11—2011）规定：

（1）人行道板的人群荷载按 5kPa 或 1.5kN 的竖向集中力作用在一块构件上，分别计算，取其不利者；

（2）梁、桁架、拱及其他大跨结构的人群荷载（W）可采用下列公式计算，且 W 值在任何情况下不得小于 2.4 kPa。

当加载长度 $l<20$m 时：

$$W=4.5\times\frac{20-w_p}{20} \tag{2-18}$$

当加载长度 $l\geqslant20$m 时：

$$W=\left(4.5-2\times\frac{l-20}{80}\right)\left(\frac{20-w_p}{20}\right) \tag{2-19}$$

式中：W——单位面积上的人群荷载，kPa；

l——加载长度，m；

w_p——单边人行道宽度，m；在专用非机动车桥上为 1/2 桥宽，大于 4m 时仍按 4m 计。

（3）检修道上设计人群荷载应按 2kPa 或 1.2kN 的竖向集中荷载，作用在短跨小构件上，可分别计算，取其不利者。计算与检修道相连构件，当计入车辆荷载或人群荷载时，可不计检修道上的人群荷载。

（4）专用人行桥和人行地道的人群荷载，应按现行行业标准《城市人行天桥与人行地道技术规范》（CJJ 69—95）的有关规定执行。

2.7.3 铁路桥人行道荷载

铁路桥人行道，以通行道和维修人员为主，一般行人不多。在人行道上，有时需放置轨枕、钢轨和工具等。根据《铁路桥涵设计基本规范》（TB 10002.1—2005），设计人行道的竖向荷载静活载应按以下标准采用：

（1）道砟桥面和明桥面的人行道取 4kN/m²，人工养护的道砟桥面尚应考虑养护时人行道上的堆砟荷载；

（2）设计主梁时，人行道的竖向静活荷载不与列车活荷载同时计算；但在特殊情况下，为了允许城镇居民通行而加宽的人行道部分，其竖向静活荷载应与列车活荷载同时计算，采用数值可按实际情况确定；

（3）人行道板还应按竖向集中荷载 1.5kN 验算；桥梁检查维修通道置于桥面人行道时，还应按动力检查车的荷载验算；

（4）验算栏杆立柱及扶手时，水平推力应按 0.75kN/m 计算。对于立柱，水平推力作用于立柱顶面处。立柱和扶手还应按 1.0kN 集中荷载验算。

本 章 小 结

1. 结构自重是指由结构材料自身重量而产生的重力，属于永久作用。结构自重和结构构件的设计尺寸与材料的重度有关，设计尺寸可由图纸中查得，材料重度参加附录 1。

2. 土的自重应力即为土自身有效重力在土体中所引起的应力。对于均匀土层，其自重应力与深度成正比，对于成层土，可通过各层土的自重应力求和得到总的自重应力，若有地下水存在，则水位以下各层土中应以有效重度代替天然重度进行计算，若水下有不透水层，其下的土压力等于水土总重。

3. 民用建筑楼面活荷载是指建筑物中的人群、家具、设施等产生的重力荷载。为方便起见，一般可将楼面活荷载处理为等效均布荷载，均布活荷载的量值与建筑物的功能有关。作用在楼面上的活荷载，不可能以统计的最大荷载同时布满在所有的楼面上，因此在设计梁、柱、墙和基础时，还应考虑楼面活荷载折减，折减的原则是：对水平构件，按构件从属面积进行折减；对竖向构件，按设计截面以上的楼层数进行折减。

4. 工业建筑楼面活荷载是指厂房车间在生产使用或安装检修时，工艺设备、生产工具、加工原料和成品部件等产生的重力作用。厂房中常在某个局部设有较重的设备，设计时常根据内力相等原则，将局部荷载转换为等效均布荷载。

5. 房屋建筑的屋面可分为上人屋面和不上人屋面，应根据设计要求判断屋面上人与否，采用不同的荷载值；屋顶花园，除承重构件、防水构造等材料外，尚应考虑花池砌筑、卵石滤水层、花圃土壤等重量；此外，屋顶还有可能作为运动场地和直升机停机坪，需考虑相关荷载。机械、冶金、水泥等行业在生产过程中会产生大量的灰尘，因此在设计厂房及其邻近建筑的屋面时还要考虑积灰荷载。

6. 雪荷载属于结构上的可变荷载。基本雪压是指空旷平坦地面上，积雪厚度均匀的情况下，经统计得出的 50 年一遇的雪压。计算屋面雪荷载时，应对地面基本雪压乘以屋面积雪分布系数，同时应注意设计不同构件时，采用不同的分布情况。

7. 吊车荷载是厂房结构设计的重要荷载，根据要求的使用等级和载荷状态，共分 8 个级别。吊车竖向荷载以最大和最小轮压的形式给出，纵向水平荷载由大车加速度引起，横向水平荷载由小车加速度或卡轨力引起。吊车荷载是动荷载，要考虑动力系数。当厂房内存在多台吊车时，要考虑参与组合的吊车台数，并进行折减。

8. 车辆荷载是桥梁结构设计中的活荷载之一，有两种形式：一是车辆荷载，二是车道荷载。在设有人行道的公路桥梁设计中，除了要考虑汽车荷载外还要考虑人群荷载，包括行人和人行道板的重量。

习　　题

1. 如何计算结构自重？

2. 土的自重应力与哪些因素有关？地下水位以下土的自重应力如何确定？

3. 楼面活荷载应如何取值？如何考虑楼面活荷载的折减？

4. 设计工业厂房时，如何将局部设备荷载转化成等效均布荷载？

5. 屋面设计时应考虑哪些荷载？

6. 积灰荷载的大小和分布与哪些因素有关？设计时，积灰荷载应和哪些荷载同时考虑？

7. 计算挑檐、悬挑雨篷承载力时，如何考虑施工、检修荷载？

8. 一住宅的单跨简支钢筋混凝土楼板，板厚 80mm，跨度 $l = 3.3m$。板面为水磨石地面，板底 15mm 厚纸筋石灰浆抹底，求板跨中处最大设计弯矩。

9. 有一宿舍走廊单跨简支板如习题 9 图所示，板厚 100mm，板面层做法为 20mm 厚水泥砂浆面层，板底抹灰为 15mm 厚纸筋石灰浆。求该板在 1m 宽度计算单元上的荷载标准值（包括恒荷载和活荷载）。

10. 某会议室的钢筋混凝土楼面简支梁，其计算跨度 l_0 为 9m，如习题 10 图所示。求楼面梁承受的楼面均布活荷载标准值在梁上产生的均布线荷载。

11. 某建筑的屋面为带挑檐的现浇钢筋混凝土板，如习题 11 图。求计算挑檐承载力时，由施工和检修集中荷载在挑檐根部产生的弯矩标准值。

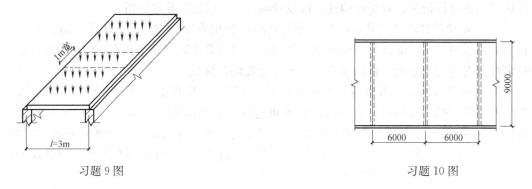

习题 9 图   习题 10 图

12. 什么是基本雪压？

13. 屋面雪荷载应如何计算？影响屋面雪荷载的因素有哪些？

14. 某车间单层厂房位于安徽省合肥市郊区，为两跨 24m 跨度并设有天窗的等高厂房，如习题 14 图所示。求该屋面雪荷载标准值，并画出荷载分布示意图。

15. 如习题 15 图所示建筑，采用不上人屋面。求设计屋面板时，高跨屋面及低跨屋面上可变荷载的标准值各为多少？（考虑活荷载和雪荷载两种情况）

16. 吊车横向水平荷载应如何确定？

17. 车辆荷载通常包括哪两种形式？两种形式的荷载分别应该在计算什么构件时采用？

18. 计算车辆荷载的效应时通常会用到什么方法？

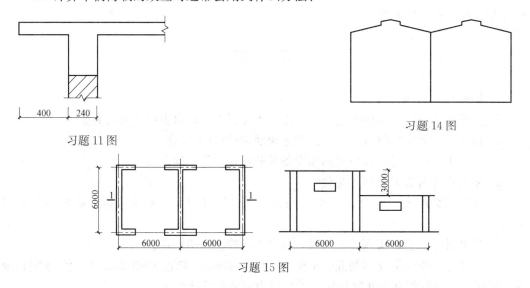

习题 11 图

习题 14 图

习题 15 图

第3章 侧 压 力

内 容 提 要

本章介绍土的侧向压力的概念、分类及其计算方法；介绍静水压强及流体流动的特征，给出静水压力和流水压力的计算方法；介绍波浪荷载的基本概念，并给出波浪作用力的计算方法；简述冻胀力及冰压力对结构的影响及其近似计算方法。要求理解土压力的基本概念，掌握基于朗金理论的土压力计算方法，了解水压力、波浪荷载、冻胀力及冰压力等荷载的近似计算方法。

3.1 土的侧向压力

3.1.1 基本概念

土建工程中有一些构筑物如挡土墙、隧道和基坑围护结构，如图 3-1（a）、3-1（b）和 3-1（d）所示，这些构筑物都起着支撑土体，保持土体稳定，不致坍塌的作用，其中挡土墙在工业与民用建筑、水利工程、铁路、桥涵工程中有着非常广泛的应用。还有一些构筑物如桥台［如图 3-1（c）所示］等则受到土体的支撑，土体对这些构筑物起着提供反力的作用。

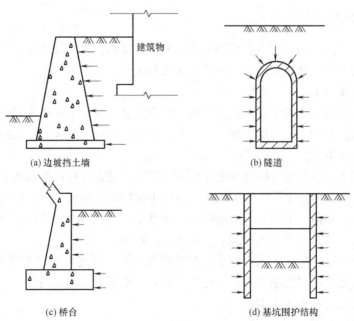

(a) 边坡挡土墙　　　　　　　　　　　　　(b) 隧道

(c) 桥台　　　　　　　　　　　　　　(d) 基坑围护结构

图 3-1　工程中的挡土墙

按建筑材料划分，挡土墙可分为由砖石、素混凝土或钢筋混凝土挡土墙等；按结构形式不同，可分为重力式（依靠自身重力来平衡土压力产生的倾覆力矩）、悬臂式、锚拉式和扶壁式等挡土墙类型，如图 3-2 所示。

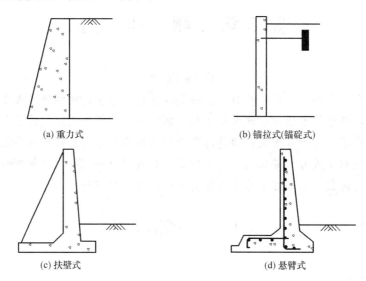

(a) 重力式   (b) 锚拉式(锚碇式)

(c) 扶壁式   (d) 悬臂式

图 3-2　挡土墙的类型

土的侧向压力一般简称为土压力，它是指上述构筑物与土体的接触面处存在的侧向压力。土的侧压力一般由填土自重或外荷载引起，是作用在挡土结构上的主要荷载。土的侧压力大小及分布与墙身的位移、墙体材料、高度及结构形式、墙后填土性质、墙和地基之间的摩擦特性等因素有关。

3.1.2　土压力分类

作用在挡土结构上的土压力，按挡土结构的位移方向、大小及土体所处的三种极限平衡状态，可分为三种：静止土压力、主动土压力和被动土压力。

（1）静止土压力 E_0

挡土结构在土压力作用下，不产生任何位移或转动，其后土体处于弹性平衡状态，此时作用在挡土结构上的土压力称为静止土压力，如图 3-4（a）所示，一般用 E_0 表示。

（2）主动土压力 E_a

挡土结构在土压力作用下向离开土体的方向移动，随着这种位移的增大，作用在挡土结构上的土压力将从静止土压力逐渐减小。当挡土结构移动达到一定量值时，土体开始下滑，土压力达到最小值，土体处于主动极限平衡状态，此时作用在挡土结构上的土压力，称为主动土压力，如图 3-4（b）所示，一般用 E_a 表示。

在进行挡土墙设计时，土压力越小，对结构越有利，修建挡土墙所需要的材料越省。但是土压力不可能无限制地小下去，因此需要规定一个下限值用来设计挡土墙，防止土体坍塌，这个值就是主动土压力 E_a。

（3）被动土压力 E_p

挡土结构在外荷载作用下向土体的方向移动，作用在挡土结构上的土压力将从静止土压力逐渐增大。当增大到某一个量值时，土体开始隆起，土压力达到最大值，土体处于被动极限平衡状态，此时作用在挡土结构上的土压力，称为被动土压力，如图 3-4（c）所示，一般用 E_p 表示。

在进行拱桥结构设计时，土压力越大，对结构越有利。但是土压力也不可能无限制地放大，因此需要有一个上限值用来设计挡土墙，为了经济合理，这个值就是被动土压力 E_p。

在相同墙高和填土强度下，静止土压力最小，被动土压力最大，主动土压力居中，即满足 $E_a < E_0 < E_p$，挡土墙位移与三种土压力之间的关系曲线如图 3-3 所示。

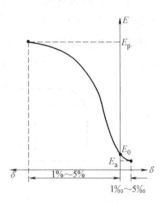

图 3-3 挡土墙位移与三种
土压力的关系

在实际工程中，大部分情况下的土压力值均介于上述三种极限状态下的土压力值之间。土压力的大小及分布与作用在挡土结构上的土体性质、挡土结构本身的材料及挡土结构的位移有关。在挡土结构设计中，应根据它在外力作用下可能的位移情况来判断土压力类型，挡土墙不动为静载土压力，土推着墙动为主动土压力，墙推着土动则为被动土压力。例如地下室外墙由于受到内侧楼面支撑可认为没有位移发生，这时作用在墙体外侧回填土的侧压力可按静止土压力计算，如图 3-4（a）所示；当基础开挖时的围护结构，由于土体开挖，基础内侧失去支撑，围护墙体向基坑内产生位移，这时作用在墙体外侧的土压力可按主动土压力计算，如图 3-4（b）所示；而拱桥在桥面荷载作用下，拱圈将水平推力传至桥台，挤压桥台背后土体，这时作用在桥台背后的侧向土压力可按被动土压力计算，如图 3-4（c）所示。

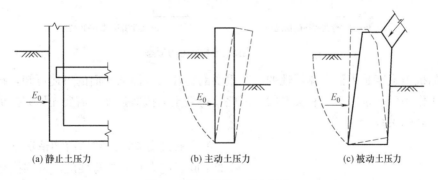

(a) 静止土压力   (b) 主动土压力   (c) 被动土压力

图 3-4 挡土墙的三种土压力

3.1.3 土压力的基本理论

土压力理论的兴起可追溯到 18 世纪末。1776 年法国科学家库仑（C. A. Coulomb）发表了建立在滑动土楔平衡条件分析基础上的土压力理论，称为库仑土压力理论。1857 年英国学者朗金（W. J. M. Rankine）提出了建立在土体的极限平衡条件分析基础上的土压力理论，即朗金土压力理论，它与库仑土压力理论被后人并称为古典土压力理论。本章只研究最基本的朗金土压力理论。

　　土压力的计算是一个十分复杂的问题，它涉及填料、墙身以及土层三者之间的共同作用。土压力不仅与墙身的粗糙度以及填料的物理、力学性质、填土的顶面形状和顶部的外荷载有关，而且还与墙和地基的刚度，以及填土的施工方法有关，它们之间的相互关系，还需作进一步深入研究。

3.1.3.1　朗金土压力理论的基本原理

　　关于土体的破坏模式，可以通过下面的小例子予以说明：如果一根方管里装满砂子，移去方管后砂子会滑下，而不是裂开。这说明砂子之间发生了怎样的相对运动呢？

　　由简单的力学知识可知，如果砂子滑下，则砂子之间发生了相对剪切运动，即剪切破坏；如果砂子开裂，则发生弯曲破坏，如图 3-5 所示。

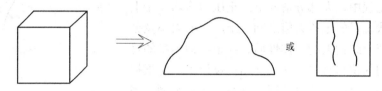

图 3-5　砂子的形态

　　由生活常识可知：土体的破坏属于剪切破坏，而不是弯曲破坏，也即挡土墙发生侧移时，墙后土体不会垂直开裂，而是沿着某个角度滑落，在土体滑落的表面，存在剪应力 τ，垂直于该面存在正应力 σ，如图 3-6 所示。

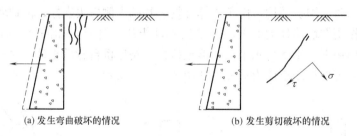

(a) 发生弯曲破坏的情况　　　　　　(b) 发生剪切破坏的情况

图 3-6　墙后土体的运功形态

　　土的抗剪强度是表征土体特性的一个重要的物理量，而从上面的讲述可知，抗剪强度和垂直于作用面的正应力是有关系的，因此要得到土的抗剪强度，需要先研究抗剪强度与正应力之间的关系。

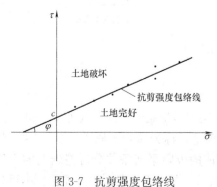

图 3-7　抗剪强度包络线

　　朗金通过实验，研究纯剪切情况下，在土上施加不同正应力时的抗剪强度，得到抗剪强度包络线，并且尝试分析墙后土体的几种应力状态，即弹性静止状态、塑性主动状态和塑性被动状态，从而推导出了主动土压力和被动土压力的计算公式。

　　将实验结果画在坐标系中，并连成曲线，得到抗剪强度包络线，如图 3-7 所示，该曲线有以下特点：

① $\sigma=0$ 时，$\tau=c$（c 为土的黏聚力）；

② 随着正应力的增加，土的抗剪强度线性提高；

③ 抗剪强度包络线与横轴的夹角 φ 即为土的内摩擦角，是土的基本力学参数之一；

④ 抗剪强度包络线方程：$\tau=c+\sigma\tan\varphi$，是朗金土压力理论的基础；

⑤ 包络线下方的区域表示土体完好；包络线上方的区域表示土体已破坏。

（1）弹性静止状态

朗金土压力理论的基本假定为：①土体为半空间弹性体；②挡土墙背竖直光滑；③填土表面水平。

在半无限土体中取一竖直切面，如图 3-8（a）所示，在切面上深度 z 处取一单元土体，单元体的法向应力为 σ_z 和 σ_x，因为切面上无剪应力，故 z 和 x 均为主应力，如图 3-8（b）所示。当土体处于弹性平衡状态时，其中微元体对应的两个主应力为：

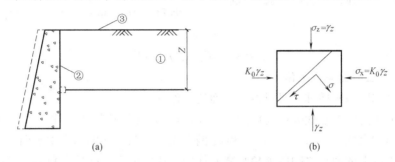

图 3-8　半无限土体中的单元体

竖向应力　　　　　　　　　　　　　　$\sigma_z=\gamma z$

水平应力　　　　　　　　　　　　　　$\sigma_x=K_0\gamma z$

式中 K_0 为静止土压力系数，$K_0<1$，也称侧压力系数，γ 为土的重度。

由材料力学中摩尔应力圆理论：

如果在土中取一个微元体，则微元体任意一个面上的应力状态可以写为：

$$[\sigma-(\sigma_x+\sigma_z)/2]^2+\tau^2=(\sigma_x-\sigma_z)^2/4+\tau_{xz}^2 \text{（其中剪应力 } \tau_{xz} \text{ 为0）}$$

这个方程反映了任一平面内正应力和剪应力之间的关系，实际上就是在正应力和剪应力坐标系中，以 $[(\sigma_x+\sigma_z)/2,\ 0]$ 为圆心，$[(\sigma_x-\sigma_z)^2/4]^{0.5}$ 为半径的圆。由于剪应力大于 0，所以画在图上是一个半圆，如图 3-9 所示。土体处于静止状态时，应力圆如图 3-10 中的圆①，与土的强度包线不相交。

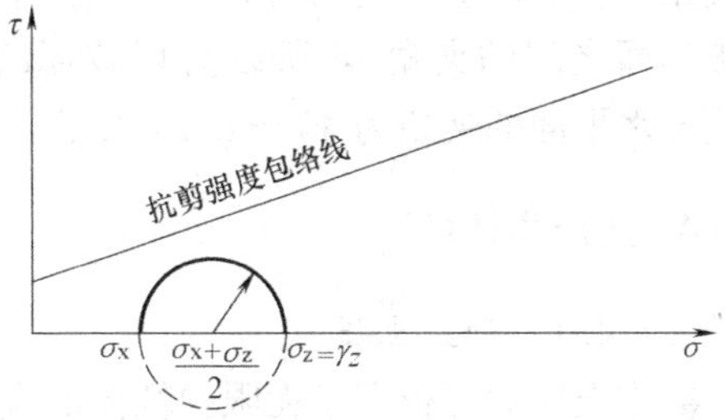

（2）塑性主动状态

如果挡土墙在土压力作用下发生位移，土压力会逐渐减小，即在 σ_z 不变的条件下，σ_x 逐渐减小。反映在图中，就是应力圆的半径会增大。直到土体达到极限平衡时，则其应力圆将与强度包线相切，此时土体发生剪切破坏，达到塑性主体极限平衡状态，如图 3-10 中的应力圆②。其中

竖向应力　　　　　　　　　　　　　　$\sigma_z=\gamma z$

图 3-9　正应力与切应力的关系图

水平应力 $\qquad\sigma_x = \sigma_a = K_a \gamma z$

式中 K_a 为主动土压力系数，$K_a < 1$，γ 为土的重度。

（3）塑性被动状态

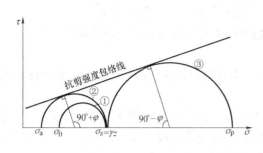

图 3-10 三种应力状态对应的应力圆

与塑性主动状态原理相同，如果挡土墙被外力推动向土体一侧移动，土压力会逐渐增大，即在 σ_z 不变的条件下，使 σ_x 逐渐增大，首先接近 σ_z，在这个过程中，土离破坏状态越来越远；超过 σ_z 后，会逐渐增大直至 σ_p 点。当应力圆与抗剪强度包络线相切时，土体就发生了剪切破坏，达到塑性被动极限平衡状态，如图 3-10 中的应力圆③。其中

竖向应力 $\qquad\qquad\sigma_z = $ 常数

水平应力 $\qquad\qquad\sigma_x = \sigma_p = K_p \gamma z, K_p > 1$

3.1.3.2 应力圆与微元体

根据"摩尔应力圆原理"可以得到下面的结论：

（1）应力圆上一个点代表微元体的一个面，点的坐标分别为所分析平面上的正应力和剪应力。应力圆上的 σ_x（σ_a，σ_0，σ_p）和 σ_z 两个点代表微元体的两个主平面（$\tau = 0$）。

（2）应力圆上的两点之间的夹角是微元体两个相应的面之间的夹角的 2 倍，例如在微元体上 σ_a 和 σ_z 作用的两个平面之间相差 90°，在应力圆上差 180°。

（3）代表塑性极限平衡状态（塑性主动状态）的切点与 σ_z 作用的主平面（水平面）的夹角在应力圆上的夹角为 90°+φ（从竖向到破坏面之间的夹角），所以剪切破坏的斜截面与水平面的夹角为 45°+$\varphi/2$。塑性被动状态的切点与 σ_z 作用的主平面（水平面）的夹角在应力圆上的夹角为 90°－φ（从竖向到破坏面之间的夹角），所以剪切破坏的斜截面与水平面的夹角为 45°－$\varphi/2$，如图 3-11 所示。

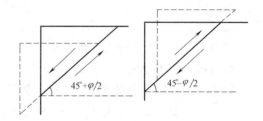

图 3-11 剪切破坏的斜截面与水平面的夹角

3.1.4 土压力计算

3.1.4.1 静止土压力

静止土压力可根据半无限弹性体的应力状态进行计算。在土体表面下任意深度 z 处取一微小单元体，其上作用着竖向自重应力和侧压力，如图 3-12 所示，这个侧压力的反作用力就是静止土压力。根据半无限弹性体在无侧移的条件下侧压力与竖向应力之间的关系，该处的静止土压力强度 σ_0 可按下式计算（其中土的竖向应力计算可参考 2.2 节）：

$$\sigma_0 = K_0 \gamma z \qquad\qquad (3-1)$$

式中：K_0——静止土压力系数，也称侧压力系数，与土的性质、土的结构和形成条件等有关；

γ——墙后填土重度（kN/m^3），地下水位以下采用有效重度，$\gamma' = \gamma_{sat} - \gamma_w$。

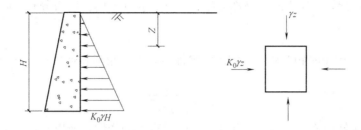

图 3-12 静止土压力的计算

土的静止土压力系数 K_0 值可在室内用 K_0 三轴仪测得；在原位则可用自钻式旁压仪测试得到。在缺乏试验资料时，我国《公路桥涵地基与基础设计规范》（JTG D63—2007）给出了静止土压力系数 K_0 的计算值：

正常固结土 $\qquad\qquad\qquad K_0 = 1 - \sin\varphi'$

超固结黏土 $\qquad\qquad\qquad K_0 = \sqrt{1 - \sin\varphi'}$

式中：φ'——计算点处土层的有效内摩擦角（°），一般由勘察部门给出。

由式（3-1）可知，静止土压力与深度成正比，沿墙高呈三角形分布，如图 3-13 所示。如取单位挡土结构长度，则作用在挡土结构上的静止土压力为：

$$E_0 = \frac{1}{2}\gamma H^2 K_0 \qquad\qquad (3-2)$$

式中：H——挡土结构高度，m；

$\quad$ E_0——作用点在墙内侧，距墙底 $h/3$ 处。

3.1.4.2 主动土压力

根据半无限土体应力状态与朗金土压力的关系，土体处于朗金主动状态时，其主动土压力强度为：

（1）无黏性土： $\qquad \sigma_a = K_a \gamma z \qquad (3-3)$

由式（3-3）可知，无黏性土的主动土压力与 z 成正比，沿墙高的压力分布为三角形，如图 3-14（a）所示，如取单位墙长计算，则主动土压力 E_a 为：

$$E_a = \frac{1}{2}\gamma H^2 K_a \qquad\qquad (3-4)$$

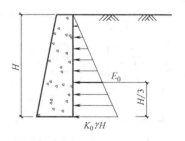

图 3-13 静止土压力分布

E_a 通过三角形的形心，其作用点在离墙底 $H/3$ 处。

（2）黏性土： $\qquad\qquad\qquad\qquad \sigma_a = \gamma z K_a - 2c\sqrt{K_a} \qquad (3-5)$

式中：K_a——主动土压力系数，$K_a < 1$，近似公式 $K_a = \tan^2(45° - \varphi/2)$，更精确的公式可按《建筑地基基础设计规范》（GB 50007—2012）附录 L 确定；

$\quad$ c——填土的黏聚力（kPa）；

$\quad$ φ——填土的内摩擦角。

当土有黏性时，土压力较小时，黏聚力能够完全平衡掉土压力；但当土压力较大时，黏聚力只能平衡掉一部分土压力。因此，黏性土的主动土压力包括两部分：一部分是由土自重引起的土压力 $K_a \gamma Z$；另一部分是由黏聚力 c 引起的负侧压力 $2c\sqrt{K_a}$，这两部分土压力叠加后的作用效果如图 3-14 （b） 所示，图中三角形 ade 区域，土对墙是拉力，意味着墙与土已分离，计算土压力时，该部分略去不计，黏性土的土压力分布实际上仅是三角形 abc 的部分。

设 a 点离填土面的深度为 z_0，称为临界深度，由三角形相似可得 $\dfrac{2c\sqrt{K_a}}{K_a\gamma H}=\dfrac{z_0}{H}$，推出

$$z_0=\frac{2c}{\gamma\sqrt{K_a}} \tag{3-6}$$

图中虚线部分是拉力，意味着墙和土之间没有力的作用，所以黏性土的主动土压力只是图中的阴影部分。如取单位墙长计算，则主动土压力 E_a 为：

$$E_a=\frac{1}{2}(H-z_0)(\gamma HK_a-2c\sqrt{K_a})=\frac{1}{2}\gamma H^2K_a-2cH\sqrt{K_a}+\frac{2c^2}{\gamma} \tag{3-7}$$

E_a 通过三角形 abc 的形心，其作用点在离墙底 $(H-z_0)/3$ 处。

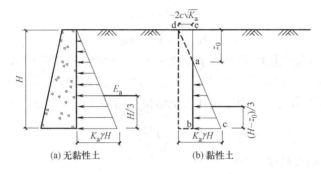

图 3-14　主动土压力强度分布

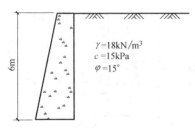

图 3-15　例 3.1 物理力学指标

【例 3.1】　有一挡土墙高 6m，墙背竖直、光滑，墙后填土面水平，填土的物理力学指标为：$c=15$kPa（kN/m²），$\varphi=15°$，$\gamma=18$kN/m³，如图 3-15 所示。求主动土压力 E_a 及其作用点并绘出主动土压力分布图。

解：（1）主动土压力系数

$$K_a=\tan^2(45°-\varphi/2)=\tan^2(45°-15°/2)=0.59$$

（2）主动土压力

表面：$\sigma_a=-2c\sqrt{K_a}=-2\times15\times\sqrt{0.59}=-23.0$kPa

底面：$\sigma_a=\gamma HK_a-2c\sqrt{K_a}=18\times6\times0.59-2\times15\times\sqrt{0.59}=40.6$kPa

（3）计算临界深度 z_0

$$z_0=\frac{2c}{\gamma\sqrt{K_a}}=\frac{2\times15}{18\times\sqrt{0.59}}=2.17\text{m}$$

（4）主动土压力合力

$$E_a=\frac{1}{2}\gamma H^2K_a-2cH\sqrt{K_a}+\frac{2c^2}{\gamma}$$

$$=\frac{1}{2}\times18\times6^2\times0.59-2\times15\times6\sqrt{0.59}+\frac{2\times15^2}{18}$$

$$=77.8\text{kN/m}$$

（5）E_a 作用点离墙底距离

$$z=(H-z_0)/3=(6-2.17)/3=1.28\text{m}$$

（6）绘出主动土压力的分布图

主动土压力计算解题思路如下：

（1）主动土压力系数 K_a，按近似公式 $K_a=\tan^2(45°-\varphi/2)$ 确定；

（2）主动土压力 σ_a，分别求出各土层上、下表面的主动土压力；

（3）主动土压力合力 E_a，非黏性土按公式 $E_a=\gamma H^2 K_a/2$ 计算主动土压力合力；黏性土按公式 $E_a=\gamma H^2 K_a/2-2cH\sqrt{K_a}+2c^2/\gamma$ 计算；

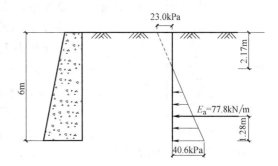

图 3-16　主动土压力的分布图

（4）合力作用点，非黏性土的合力作用点离墙底距离 $H/3$；黏性土需要先计算临界深度 $z_0=2c/\gamma\sqrt{K_a}$，再求出合力作用点 $z=(H-z_0)/3$；

（5）绘出主动土压力的分布图。

3.1.4.3　被动土压力

土体处于朗金被动状态时，其被动土压力强度为：

无黏性土：　　　　　　　　　　$\sigma_p=\gamma z K_p$　　　　　　　　　　（3-8）

黏性土：　　　　　　　　　　$\sigma_p=\gamma z K_p+2c\sqrt{K_p}$　　　　　　　（3-9）

式中：K_p——被动土压力系数，$K_a=\tan^2(45°+\varphi/2)$。

由式（3-8）和式（3-9）可知，黏性土的被动土压力包括两部分：一部分是由土自重引起的土压力 $\gamma z K_p$；另一部分是由黏聚力 c 引起的侧压力 $2c\sqrt{K_p}$，这两种力均阻碍桥台向土的方向移动，土压力强度呈梯形分布，其中无黏性土的被动土压力强度呈三角形分布，如图 3-17 所示。作用在单位长度挡土墙上的土压力合力 E_p 同样可由土压力实际分布面积计算，E_p 的作用线通过土压力强度分布图的形心，E_p 的作用位置可以用求一次矩的方法得到，有

无黏性土：　　　　　　　　　$E_p=\dfrac{1}{2}\gamma H^2 K_p$　　　　　　　　（3-10）

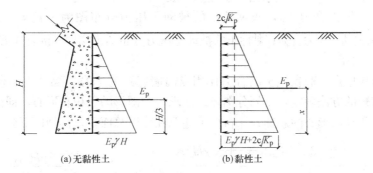

图 3-17　被动土压力分布

黏性土： $$E_p = \frac{1}{2}H(2c\sqrt{K_p} + \gamma H K_p) \tag{3-11}$$

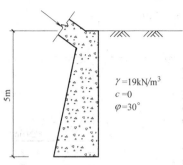

图 3-18   例 3.2 物理力学指标

【例 3.2】   挡土墙高 5m，墙背直立、光滑，填土面水平。墙后填土为无黏性砂土，内摩擦角 $\varphi = 30°$，重度 $\gamma = 19\text{kN/m}^3$，如图 3-18 所示。试求挡土墙的被动土压力 E_p 及其作用点并绘出被动土压力分布图。

解：（1）被动土压力系数

$$K_p = \tan^2(45° + \varphi/2) = \tan^2(45° + 30°/2) = 3.0$$

（2）被动土压力

表面： $\sigma_p = 2c\sqrt{K_p} = 2 \times 0 \times \sqrt{3.0} = 0\text{kPa}$

底面： $\sigma_p = \gamma H K_p + 2c\sqrt{K_p} = 19 \times 5 \times 3.0 + 0 = 285\text{kPa}$

（3）被动土压力合力

$$E_p = \frac{1}{2}\gamma H^2 K_p = \frac{1}{2} \times 19 \times 5^2 \times 3.0 = 712.5\text{kN/m}$$

（4）E_p 作用点离墙底距离

$$z = H/3 = 5/3 = 1.67\text{m}$$

（5）绘出被动土压力的分布图

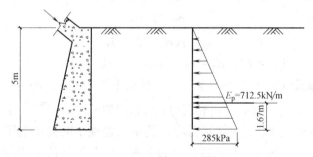

图 3-19   被动土压力的分布图

被动土压力计算解题思路如下：

（1）被动土压力系数 K_p，按公式 $K_p = \tan^2(45° + \varphi/2)$ 确定；

（2）被动土压力 σ_p，分别求出各土层上下表面的被动土压力；

（3）被动土压力合力 E_p，非黏性土的被动土压力分布图为三角形，按公式 $E_p = \gamma H^2 K_p/2$ 求出被动土压力合力；黏性土的被动土压力分布图为梯形，按公式 $E_p = (2c\sqrt{K_p} + \gamma H K_p)H/2$ 求出。

（4）合力作用点，非黏性土的合力作用点离墙底距离 $H/3$；黏性土的合力作用点位置，用一次求矩的方法确定：①划分图形；②求每个图形的面积和形心，即荷载大小和作用点；③求面积乘以形心的总和；④再由上述总和除以总面积，得到以下公式：

$$z = \frac{2c\sqrt{K_p} \times \frac{H^2}{2} + \frac{1}{6}\gamma H^3 K_p}{\left[\left(2c\sqrt{K_p} + \gamma H K_p + 2c\sqrt{K_p} \times \frac{H}{2}\right)\right]} = \frac{6cH\sqrt{K_p} + \gamma H^2 K_p}{12c\sqrt{K_p} + 3\gamma H K_p}$$

（5）绘出被动土压力的分布图。

3.1.4.4 特殊情况下的土压力计算

（1）成层土体中的土压力计算

一般情况下墙后土体均由几层不同性质的水平土层组成。在计算各点的土压力时，可先计算其相应的竖向压力，再乘以相应土层主动土压力系数，如图 3-20 所示。

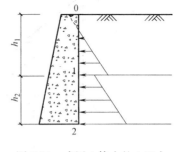

第 1 层土：上表面：$\sigma_{a0} = -2c_1\sqrt{K_{a1}}$

下表面：$\sigma_{a1} = \gamma_1 h_1 K_{a1} - 2c_1\sqrt{K_{a1}}$

第 2 层土：上表面：$\sigma_{a1} = \gamma_1 h_1 K_{a2} - 2c_2\sqrt{K_{a2}}$

下表面：$\sigma_{a2} = (\gamma h_1 + \gamma h_2)K_{a2} - 2c_2\sqrt{K_{a2}}$

图 3-20　成层土体中的土压力

值得注意的是，在进行成层土体土压力的计算时，计算哪一层土的土压力就运用哪一层土的参数，例如，图 3-20 中第 2 层土上表面土压力的计算，需要用上层土的重量 $\gamma_1 h_1$ 乘以该层土的主动土压力系数 K_{a2}。

【**例 3.3**】挡土墙高 5m，墙背直立、光滑，墙后土体表面水平，共分两层，各层土的物理力学指标如图 3-21 所示，求主动土压力合力并绘出土压力分布图。

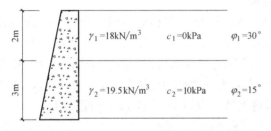

图 3-21　例 3.3 物理力学指标

解：（1）主动土压力系数

第 1 层：$K_{a1} = \tan^2(45° - \varphi_1/2) = \tan^2(45° - 30°/2) = 0.33$

第 2 层：$K_{a2} = \tan^2(45° - \varphi_2/2) = \tan^2(45° - 15°/2) = 0.59$

（2）主动土压力

第 1 层顶面：$\sigma_{a0} = \gamma_1 z K_{a1} = 0\text{kPa}$

第 1 层底面：$\sigma_{a1} = \gamma_1 h_1 K_{a1} = 18 \times 2\sqrt{0.33} = 12\text{kPa}$

第 2 层顶面：$\sigma'_{a1} = \gamma_1 h_1 K_{a2} - 2c_2\sqrt{K_{a2}} = 18 \times 2 \times 0.59 - 2 \times 10 \times \sqrt{0.59} = 5.85\text{kPa}$

第 2 层底面：

$\sigma_{a2} = (\gamma_1 h_1 + \gamma_2 h_2)K_{a2} - 2c_2\sqrt{K_{a2}} = (18 \times 2 + 19.5 \times 3) \times 0.59 - 2 \times 10 \times \sqrt{0.59} = 40.32\text{kPa}$

（3）主动土压力合力

$E_a = \dfrac{1}{2}\sigma_{a1}h_1 + (\sigma'_{a1} + \sigma_{a2})\dfrac{1}{2}h_2 = \dfrac{1}{2} \times 12 \times 2 + (5.85 + 40.32) \times \dfrac{1}{2} \times 3 = 81.26\text{kN/m}$

（4）E_a 作用点离墙底距离

$$z = \frac{\sigma_{a1} \cdot \dfrac{h_1}{2} \cdot \left(\dfrac{h_1}{3} + h_2\right) + \sigma'_{a1} \cdot h_2 \cdot \dfrac{h_2}{2} + (\sigma_{a2} - \sigma'_{a1}) \cdot \dfrac{h_2}{2} \cdot \dfrac{h_2}{3}}{E_a}$$

$$= \frac{12 \times \dfrac{2}{2} \times \left(\dfrac{2}{3} + 3\right) + 5.85 \times 3 \times \dfrac{3}{2} + (40.32 - 5.85) \times \dfrac{3}{2} \times \dfrac{3}{3}}{81.26} = 1.50\text{m}$$

（5）绘出主动土压力的分布图

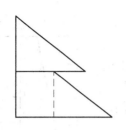 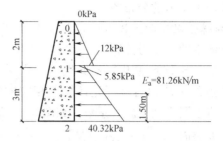

图 3-22　土压力分布图

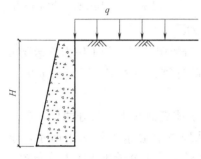

图 3-23　受连续均布荷载 q
作用下的土体

（2）土体表面有均布荷载作用

① 土体表面有连续均布荷载 q 作用。当墙后土体表面有连续均布荷载 q 作用时，如图 3-23 所示，均布荷载 q 会在土中产生竖向应力，进而影响挡土墙的土压力分布。

受连续均布荷载 q 作用下土压力的计算方法有两种思路：

第一种思路是先求相应的竖向应力，再乘以相应的土压力系数；对无黏性土，填土表面的竖向压力为 q，土压力则为 qK_a；对挡土墙底面，竖向压力为 $q+\gamma H$，相应的土压力为 $(q+\gamma H)K_a$，如图 3-24（a）所示。所以计算主动土压力强度时将上覆压力项 γz 换以 $\gamma z+q$ 计算即可，

无黏性土的主动土压力强度 σ_a 为：$\sigma_a = K_a(\gamma z + q)$ （3-12）

黏性土的主动土压力强度 σ_a 为：$\sigma_a = K_a(\gamma z + q) - 2c\sqrt{K_a}$ （3-13）

第二种思路是用假想的土层代替均布荷载，即假想土层厚度为 $h = q/\gamma$，这样填土的总高度就变成了 $(h+H)$，挡土墙底面的土压力为 $\gamma(h+H)K_a$，如图 3-24（b）所示。

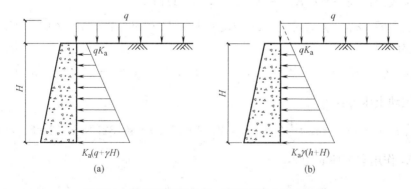

图 3-24　受连续均布荷载 q 作用下的土压力计算

【例 3.4】　用朗金土压力公式计算图 3-25 所示挡土墙上的主动土压力分布及其合力。已知填土为砂土，填土面作用均布荷载 $q=20\text{kPa}$。

解：（1）主动土压力系数

第 1 层：$K_{a1} = \tan^2(45° - \varphi_1/2) = \tan^2(45° - 30°/2) = 0.333$

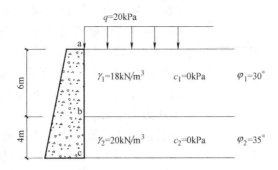

图 3-25　例 3.4 物理力学指标条件图

第 2 层：$K_{a2} = \tan^2(45° - \varphi_2/2) = \tan^2(45° - 35°/2) = 0.271$

（2）主动土压力

a 点：$\sigma_{a1} = qK_{a1} = 20 \times 0.333 = 6.67\text{kPa}$

b 点上（在第一层土中）：$\sigma_{a2} = (\gamma_1 h_1 + q)K_{a1} = (18 \times 6 + 20) \times 0.333 = 42.6\text{kPa}$

b 点上（在第二层土中）：$\sigma'_{a2} = (\gamma_1 h_1 + q)K_{a2} = (18 \times 6 + 20) \times 0.271 = 34.7\text{kPa}$

c 点：$\sigma_{a3} = (\gamma_1 h_1 + \gamma_2 h_2 + q)K_{a2} = (18 \times 6 + 20 \times 4 + 20) \times 0.271 = 56.4\text{kPa}$

（3）主动土压力合力

$$E_a = \frac{1}{2}(\sigma_{a1} + \sigma_{a2})h_1 + \frac{1}{2}(\sigma'_{a2} + \sigma_{a3})h_2 = \frac{1}{2} \times (6.67 + 42.6) \times 6 + \frac{1}{2} \times (34.7 + 56.4) \times 4 = 330\text{kN/m}$$

（4）E_a 作用点离墙底距离 z

$$z = \frac{(\sigma_{a2} - \sigma_{a1}) \cdot \frac{h_1}{2} \cdot \left(\frac{h_1}{3} + h_2\right) + \sigma_{a1} \cdot h_1 \cdot \left(\frac{h_1}{2} + h_2\right) + \sigma'_{a2} \cdot h_2 \cdot \frac{h_2}{2} + (\sigma_{a3} - \sigma'_{a2}) \cdot \frac{h_2}{2} \cdot \frac{h_2}{3}}{330}$$

$$= \frac{(42.6 - 6.67) \times \frac{6}{2} \times \left(\frac{6}{3} + 4\right) + 6.67 \times 6 \times \left(\frac{6}{2} + 4\right) + 34.7 \times 4 \times \frac{4}{2} + (56.4 - 34.7) \times \frac{4}{2} \times \frac{4}{3}}{330}$$

$$= 3.82\text{m}$$

（5）绘出主动土压力分布图

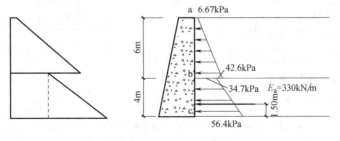

图 3-26　土压力分布图

② 土体表面有局部均布荷载 q 作用。当墙后土体表面有局部均布荷载 q 作用时，如图 3-27 所示，该均布荷载只对一定范围内挡土墙后的土压力的分布产生影响。

墙后土体表面有局部均布荷载 q 作用的土压力计算，需要运用经验公式法。由经验公式可得当土达到塑性主动状态时，破坏面与水平面的夹角 $45° + \varphi/2$。填土表面的均布荷

61

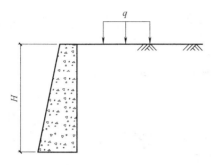

图 3-27 受局部均布荷载 q 作用下的土体

载在一定宽度范围内分布，离开挡土墙顶的距离为 m，荷载的分布宽度为 n，从荷载的首尾各做两条辅助线，均与破坏面平行，与水平面夹角为 $45°+\varphi/2$，交墙背于 a、b 两点，如图 3-28（a）所示。认为 a 点以上及 b 点以下（①、③区域）墙背面的土压力不受荷载影响，a、b 之间（②区域）按有均布荷载影响计算。土压力分布图如图 3-28（b）所示，其中凸出的阴影部分面积便是局部均布荷载引起的主动土压力。

【例 3.5】 用朗金土压力公式计算图 3-29 所示挡土墙上的主动土压力分布及其合力。已知填土为砂土，填土面作用局部均布荷载 $q=20\text{kPa}$。

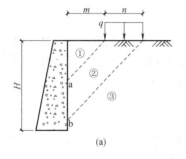 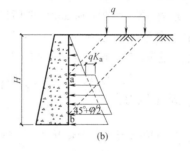

(a)   (b)

图 3-28 受局部均布荷载 q 作用下的土压力计算

解：（1）破坏面与水平面的夹角
$$45°+\varphi/2=45°+30°/2=60°$$

从荷载的首尾各做两条辅助线，均与破坏面平行，与水平面夹角为 $60°$，交墙背于 b、c 两点，如图 3-30（a）所示。

（2）主动土压力系数
$$K_a=\tan^2(45°-\varphi_1/2)=\tan^2(45°-30°/2)=0.333$$

（3）主动土压力

a 点：$\sigma_a=-2c\sqrt{K_a}=0\text{kPa}$；

d 点：$\sigma_d=\gamma HK_a-2c\sqrt{K_a}=18\times10\times0.333=60\text{kPa}$

突变部分：$\sigma_{ef}=qK_a=20\times0.333=6.66\text{kPa}$

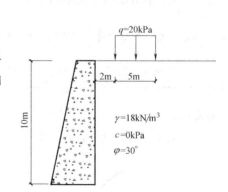

图 3-29 例 3.5 物理力学指标条件图

（4）主动土压力合力
$$E_a=\frac{1}{2}\sigma_d H+\sigma_{ef}h_{bc}=\frac{1}{2}\times60\times10+6.66\times5\sqrt{3}=357.7\text{kN/m}$$

（5）E_a 作用点离墙底距离 z

$$z=\frac{\frac{1}{2}\sigma_d H\cdot\frac{1}{3}H+\sigma_{ef}h_{bc}\left(H-h_{ab}-\frac{1}{2}h_{bc}\right)}{E_a}=\frac{\frac{1}{2}\times60\times10\times\frac{1}{3}\times10+6.66\times5\sqrt{3}\times(10-2\sqrt{3}-\frac{1}{2}\times5\sqrt{3})}{357.7}$$

$$=3.15\text{m}$$

（6）绘出主动土压力分布图

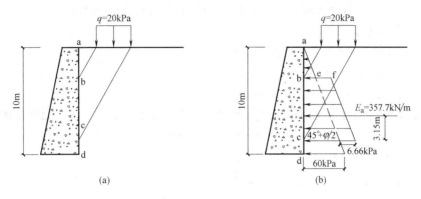

图 3-30　土压力分布图

（3）墙后土体有地下水的土压力计算

当墙后土体中有地下水存在时，墙体除受到土压力的作用外，还将受到水压力的作用。通常所说的土压力是指土粒有效应力形成的压力，可分别采用"水土压力分算"或"水土压力合算"的计算方法。水土压力合算法即对地下水位以下的土压力采用饱和重度和总应力抗剪强度指标计算，在理论上存在缺陷，但实施比较容易。水土压力分算法即分别计算有效土压力和静水压力，然后叠加即得土压力，根据比较充分，但实际操作困难比较大。由于"水土压力合算"或多或少还存在一些问题，从而本章只介绍"水土压力分算"的计算方法。水土分算法采用有效重度 γ' 计算土压力，按静压力计算水压力。

黏性土
$$\sigma_a = \gamma' H K_a' - 2c' \sqrt{K_a'} + \gamma_w h_w \tag{3-14}$$

砂性土
$$\sigma_a = \gamma' H K_a' + \gamma_w h_w \tag{3-15}$$

式中：γ'——土的有效重度；

K_a'——按有效应力强度指标计算的主动土压力系数 $K_a' = \tan^2(45° - \varphi'/2)$；

c'——有效内聚力，kPa；

φ'——有效内摩擦角（°）；

γ_w——水的重度，kN/m^3；

h_w——以墙底起算的地下水位高度，m。

在实际使用时，上述公式中的有效强度指标 c'，φ' 常用总应力强度指标 c，φ 代替。

【例 3.6】　用水土分算法计算图 3-31 所示挡土墙上的主动土压力及水压力的分布图及其合力。已知填土为砂土。

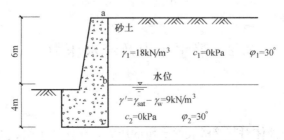

图 3-31　例 3.6 物理力学性质指标

63

解: (1) 主动土压力系数

$$K_a = \tan^2(45° - \varphi/2) = \tan^2(45° - 30°/2) = 0.333$$

(2) 主动土压力

按公式（3-3）计算墙上各点的主动土压力为

a 点：$\sigma_{a1} = \gamma_1 z K_a = 0\text{kPa}$

b 点：$\sigma_{a2} = \gamma_1 h_1 K_a = 18 \times 6 \times 0.333 = 36\text{kPa}$

由于水下土的抗剪强度指标与水上土相同，故在 b 点的主动土压力无突变现象。

c 点：$\sigma_{a3} = (\gamma_1 h_1 + \gamma' h_2) K_a = (18 \times 6 + 9 \times 4) \times 0.333 = 48\text{kPa}$

(3) 主动土压力合力

$$E_a = \frac{1}{2}\sigma_{a2} h_1 + \frac{1}{2}(\sigma_{a2} + \sigma_{a3}) h_2 = \frac{1}{2} \times 36 \times 6 + \frac{1}{2} \times (36 + 48) \times 4 = 276\text{kN/m}$$

(4) E_a 作用点离墙底距离 z

$$z = \frac{\sigma_{a2} \cdot \dfrac{h_1}{2} \cdot \left(\dfrac{h_1}{3} + h_2\right) + \sigma_{a2} \cdot h_2 \cdot \dfrac{h_2}{2} + (\sigma_{a3} - \sigma_{a2}) \cdot \dfrac{h_2}{2} \cdot \dfrac{h_3}{3}}{E_a}$$

$$= \frac{36 \times \dfrac{6}{2} \times \left(\dfrac{6}{3} + 4\right) + 36 \times 4 \times \dfrac{4}{2} + (48 - 36) \times \dfrac{4}{2} \times \dfrac{4}{3}}{276} = 3.51\text{m}$$

(5) 水压力计算

c 点水压力 $\quad\quad\quad \sigma_{wc} = \gamma_w h_2 = 9.81 \times 4 = 39.2\text{kPa}$

作用在墙上的水压力合力如图 3-32 所示，其合力 E_w 为

$$E_w = \frac{1}{2}\sigma_{wc} h_2 = \frac{1}{2} \times 39.2 \times 4 = 78.4\text{kN/m}$$

E_w 作用在距墙脚 $\quad\quad\quad h_2/3 = 4/3 = 1.33\text{ m}$

(6) 绘制土压力及水压力的分布图

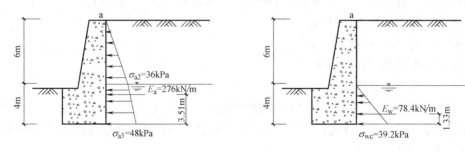

图 3-32　土压力及水压力分布图

3.2　静水压力及流水压力

3.2.1　静水压力

静水压力是指静止液体对其接触表面产生的压力，在建造水闸、堤坝、桥墩、围堰和码头等工程时，必须考虑水在结构物表面产生的静水压力。

3.2.1.1 静水压强的特征

静水压强具有两个特征：一是静水压强指向作用面内部并垂直于作用面；二是静止液体中任一点处各方向的静水压强都相等，与作用面的方位无关。

3.2.1.2 静水压强的分布规律

静止液体任意点的压强由两部分组成：一部分是液体表面压强 p_0，另一部分是在重力作用下，液体的内部压强，即该点在液面以下深度 h 与液体重度 γ 的乘积。任意点静水压强可用静止液体的基本方程表示：

$$p = p_0 + \gamma h \qquad (3\text{-}16)$$

通常情况下，液体表面与大气接触，其表面压强 p_0 即为大气压强。由于液体性质受大气影响不大，水面及挡水结构周围都有大气压力作用，处于相互平衡状态，在确定液体压强时常以大气压强为基准点。以大气压强为基准起算的压强称为相对压强，工程中计算水压力作用时，只考虑相对压强，即液体内部压强。液体内部压强与深度成正比，即

$$p = \gamma h \qquad (3\text{-}17)$$

式中：p——自由水面下作用在结构物任一点 a 的压强；

h——结构物上的水压强计算点 a 到水面的距离（m）；

γ——水的重度（kN/m^3）。

静水压力随水深度按比例增加与水深呈线性关系，并总是作用在结构物表面的法线方向，水压力分布与受压面形状有关。图 3-33 列出了几种常见的受压面的压强分布规律。

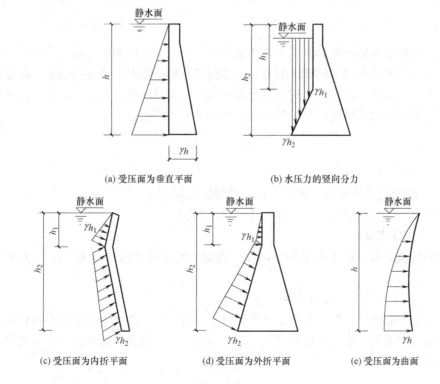

(a) 受压面为垂直平面　　　　　　(b) 水压力的竖向分力

(c) 受压面为内折平面　　(d) 受压面为外折平面　　(e) 受压面为曲面

图 3-33　静水压力在结构物上的分布

3.2.2 流水压力

3.2.2.1 流体流动特征

在等速平面流场中，流线是一组相互平行的水平线，若在流场中放置一个固定的圆柱体，如图 3-34 所示，则流线在接近圆柱体时流动受阻，流速将减小而压强将增大。当流线到达圆柱体表面时，该流线流速为零，压强达到最大；随后从 a 点开始形成边界层内流动，即流到 a 点的流体质点在较高压强作用下，改变原来流动方向沿圆柱面两侧向前流动；在圆柱面 a 点到 b 点之间，柱面弯曲导致该区段流线密集，边界层内流动处于加速减压状态。过 b 点后流线扩散，边界层内流动呈现相反势态，即处于减速加压状态。过 c 点后继续流来的流体质点脱离边界向前流动，出现边界层分离现象。边界分离后，c 点下游水压较低，必有新的流体反向回流，出现漩涡区，如图 3-35 所示。边界层分离现象及回流漩涡区的产生，在流体流动中遇到河流截面突然改变，或遇到桥墩等结构物等是常见的现象。

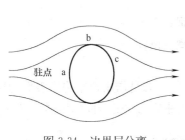

图 3-34　边界层分离

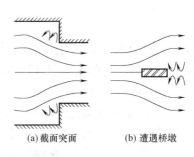

(a) 截面突面　　　(b) 遭遇桥墩

图 3-35　涡流区产生

流体在桥墩边界层产生分离现象，还会导致绕流阻力对桥墩的作用。绕流阻力是结构物在流场中受到流动方向上的流体阻力，由摩擦阻力和压强阻力两部分组成。起主导作用的压强阻力是当边界层出现分离现象且分离漩涡区较大时，迎水面的高压区与背水面的低压区的压力差形成的。根据试验结果绕流阻力可由下式计算：

$$p = C_D \frac{\rho v^2}{2} A \tag{3-18}$$

式中：v——来流流速；

A——绕流物体在垂直于来流方向上的投影面积；

C_D——绕流阻力系数，主要与结构物形状有关；

ρ——流体密度。

为减小绕流阻力，在实际工程中，常将桥墩、闸墩设计成流线型，以缩小边界层分离区。

3.2.2.2 桥墩流水压力的计算

位于流水中的桥墩，其上游迎水面受到流水压力作用。流水压力的大小与桥墩平面形状、墩台表面粗糙度、水流速度和水流形态等因素有关。因此，桥墩迎水面水流单元体的压强 p 为：

$$p = \frac{\rho v^2}{2} = \frac{\gamma v^2}{2g} \tag{3-19}$$

式中：v——水流未受桥墩影响时的流速；

ρ——水的密度。

若桥墩迎水面受阻面积为 A，再引入考虑墩台平面形状的系数 C，桥墩上的流水压力按下式计算：

$$p = CA \frac{\gamma v^2}{2g} \tag{3-20}$$

式中：p——作用在桥墩上的流水压力，kN；

γ——水的重度，kN/m³；

v——设计流速，m/s；

A——桥墩阻力面积，一般算至冲刷线处；

C——由试验测得的桥墩形状系数，按表 3-1 取用；

g——重力加速度，取 9.8m/s²。

桥墩形状系数 C 表 3-1

桥墩形状	方形桥墩	矩形桥墩(长边与水流平行)	圆形桥墩	尖端形桥墩	圆端形桥墩
C	1.5	1.3	0.8	0.7	0.6

流速随深度呈曲线变化，河床底面处流速接近于零。为了简化计算，流水压力的分布可近似取为倒三角形，故其着力点位置取在设计水位以下 1/3 水深处。

3.3 波浪荷载

3.3.1 波浪特性

波浪是液体自由表面在外力作用下产生的周期性起伏波动，它是液体质点振动的传播现象。

3.3.1.1 波浪分类

不同性质的外力作用于液体表面所形成的波浪在形状和特性上存在一定的差异，可按干扰力的不同对波浪进行分类。

（1）风成波：由风力引起的波浪称为风成波。在风力直接作用下，静水表面形成的波称强制波；当风渐止后，波浪依靠其惯性力和重力作用继续运动的波称自由波。若自由波的外形是向前推进的称推进波，而不再向前推进的波称驻波。

（2）潮汐波：由太阳和月球引力引起的波浪称潮汐波。

（3）船行波：由船舶航行引起的波浪称船行波。

对港口建筑和水工结构来说，风成波影响最大，工程设计主要考虑风成波对结构的作用。还可根据水域底部对波浪运动有无影响将波浪分为深水波和浅水波，当水域底部对波浪运动无影响时形成的波称为深水波，有影响形成的波称为浅水波。

3.3.1.2 波浪要素

（1）波浪要素

描述波浪运动性质及形态的物理量称为波浪要素。波浪要素主要包括波峰、波谷、波

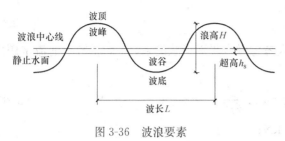

图 3-36　波浪要素

高、波长、波陡、波速、波周期等，如图 3-36 所示。

① 波峰：波浪在静水面以上的部分称为波峰，它的最高点称为波顶；

② 波谷：波浪在静水面以下的部分称为波谷，它的最低点称为波底；

③ 浪高：波顶与波底之间的垂直距离称为浪高，用 H 表示；

④ 波长：两个相邻的波顶（或波底）之间的水平距离称为波长，用 L 表示；

⑤ 波陡：波高和波长的比值称为波陡，即为 H/L；

⑥ 波浪中心线：平分波高的水平线称为波浪中心线；

⑦ 超高：波浪中心线到静止水面的垂直距离称为超高，用 h_s 表示；

⑧ 波浪周期：波顶向前推进一个波长所需的时间称为波浪周期，用 T 表示。

（2）波浪要素的计算

波浪要素一般根据拟建水库的具体条件，按下述 3 种情况进行计算。

① 对于平原、滨海地区水库，推荐采用莆田试验站公式计算

$$\frac{gh_m}{v_0^2}=0.13\tanh\left[0.7\left(\frac{gH_m}{v_0^2}\right)^{0.7}\right]\tanh\left\{\frac{0.0018(gD/v_0^2)^{0.45}}{0.13\tanh\left[0.7(gH_m/v_0^2)^{0.7}\right]}\right\} \tag{3-21}$$

$$\frac{gT_m}{v_0}=13.9\left(\frac{gh_m}{v_0^2}\right)^{0.5} \tag{3-22}$$

式中：h_m——平均波高，m；

T_m——平均波周期，s；

v_0——计算风速，m/s；设计情况采用 50 年一遇风速，校核情况采用多年平均最大风速；

D——风吹长度，即计算点至对岸的直线距离，m；当水域特别狭长时，以 5 倍平均水面宽为限；

H_m——水域平均水深，m；

g——重力加速度，9.8m/s²。

② 对于丘陵、平原地区水库，推荐采用鹤地水库公式计算

$$\frac{gh_{2\%}}{v_0^2}=0.00625v_0^{1/8}\left(\frac{gD}{v_0^2}\right)^{1/3} \tag{3-23}$$

$$\frac{gL_m}{v_0^2}=0.0386\left(\frac{gD}{v_0^2}\right)^{1/2} \tag{3-24}$$

式中：$h_{2\%}$——累积频率为 2% 的波高，m；

L_m——平均波长，m。

鹤地水库公式的适用条件为库水较深，$v_0<26.5$m/s 及 $D<7.5$km。

③ 对于山区、峡谷水库，推荐采用官厅水库公式计算

$$\frac{gh}{v_0^2}=0.0076v_0^{-1/12}\left(\frac{gD}{v_0^2}\right)^{1/3} \tag{3-25}$$

$$\frac{gL_m}{v_0^2}=0.331v_0^{1/2.15}\left(\frac{gD}{v_0^2}\right)^{1/3.75}$$

(3-26)

式中：h——当 $gD/v_0^2=20\sim250$ 时，为累积频率 5% 的波高 $h_{5\%}$，当 $gD/v_0^2=250\sim1000$ 时，为累积频率 10% 的波高 $h_{10\%}$。

官厅水库公式适用于 $v_0<20\text{m/s}$ 及 $D<20\text{km}$ 的情况。

不同累积频率的波高之间的换算可按表 3-2 进行。

累积频率为 p 的波高与平均波高的比值（%）　　　　　　表 3-2

$\dfrac{h_m}{H_m}$	p									
	0.1	1	2	3	4	5	10	13	20	50
0	2.97	2.42	2.23	2.11	2.02	1.95	1.71	1.61	1.43	0.94
0.1	2.70	2.26	2.09	2.00	1.92	1.87	1.65	1.56	1.41	0.96
0.2	2.46	2.09	1.96	1.88	1.81	1.76	1.59	1.51	1.37	0.98
0.3	2.23	1.93	1.82	1.76	1.70	1.66	1.52	1.45	1.34	1.00
0.4	2.01	1.78	1.68	1.64	1.60	1.56	1.44	1.39	1.30	1.01
0.5	1.80	1.63	1.56	1.52	1.49	1.46	1.37	1.33	1.25	1.01

平均波长 L_m 与平均波周期 T_m 可按下式换算：

$$L_m=\frac{gT_m^2}{2\pi}\tanh\frac{2\pi H}{L_m}$$

(3-27)

对于深水波，即当 $H\geqslant0.5L_m$ 时，式（3-27）可简化为：

$$L_m=\frac{gT_m^2}{2\pi}$$

(3-28)

3.3.1.3　波浪推进过程

波浪发生于水面上，然后向岸边传播。在深水区（水深大于半波长，即 $d>L/2$ 时），波浪运动不受水域底部摩擦阻力影响，水域底部水质点几乎不动，处于相对宁静状态，这种波浪称为深水推进波。当波浪推进到浅水区（水深小于半波长，即 $d<L/2$ 时），波浪运动受到水域底部摩擦阻力的影响，水域底部水质点前后摆动，这种波浪称为浅水推进波。

由于水域底部的摩擦阻力作用，浅水波的波长和波速都比深水波略有缩减，而波高有所增加，波峰也较尖突，波陡也比深水区大。当浅水波继续向岸边推进时，水深不断减小，波陡相应增大，一旦波陡增大到波峰不能保持平衡时，波峰发生破碎，波峰破碎处的水深称为临界水深，用 d_e 表示。临界水深随波长、波高变化而不同，波浪破碎区域位于一个相当长的范围内，这个区域称为波浪破碎带。浅水波破碎后，又重新组成新的波浪向前推进，由于波浪破碎后波的能量消耗较多，其波长及波高均比原波显著减小。新波继续推进到一定水深后有可能再度破碎，甚至几度破碎，破碎后的波仍含有较多能量。在推进过程中，水域逐渐变浅，波浪受水域底部摩擦阻力影响增大，表层波浪传播速度大于底层部分，使得波浪更为陡峭，波高有所增大，波谷变得坦长，并逐渐形成一股水流向前推移，而底层则产生回流，这种波浪称为击岸波。击岸波形成的冲击水流冲击岸滩，对岸边的水工建筑物施加的冲击作用，即为波浪荷载。波浪冲击岸滩或建筑物后，水流顺岸滩上涌，波形不再存在，上涌一定高度后回流，这个区域称为上涌带。图 3-37 为波浪推进过程的示意图。

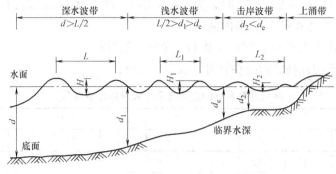

图 3-37　波浪推进

3.3.2　波浪作用力计算

波浪作用力不仅与波浪本身特征有关，还与建筑物形式和海底坡度有关。在实际工程中，直立式防波堤等直立式构筑物常设置抛石明基床或暗基床。对于作用于直墙式构筑物（图 3-38）上的波浪分为立波、远堤破碎波和近堤破碎波三种波态。立波是原始推进波冲击垂直墙面后与反射波互相叠加形成的一种干涉波；远堤破碎波是距直墙半个波长以外发生破碎的波；近堤破碎波是距直墙半个波长以内发生破碎的波。在工程设计时，应根据基床类型、水底坡度 i、波高 H 及水深 d 判别波态（表 3-3），再进行波浪作用力的计算。

直墙式构筑物前波态判别 表 3-3

基床类型	产生条件	波态
暗基床和低基床 $\left(\dfrac{d_1}{d}>\dfrac{2}{3}\right)$	$d\geqslant 2H$	立波
	$d<2H\quad i\leqslant 1/10$	远破波
中基床 $\left(\dfrac{2}{3}\geqslant\dfrac{d_1}{d}>\dfrac{1}{3}\right)$	$d_1\geqslant 1.8H$	立波
	$d_1<1.8H$	近破波
高基床 $\left(\dfrac{d_1}{d}\leqslant\dfrac{1}{3}\right)$	$d_1\geqslant 1.5H$	立波
	$d_1<1.5H$	近破波

3.3.2.1　立波波压力

波浪行进遇到直墙反射后，形成波高 $2H$、波长 L 的立波。我国《港工规范》规定，当满足下列条件时，即 $d/L=0.1\sim 0.2$，波陡 $H/L\geqslant 1/30$ 时，可按下面方法计算直墙各转折点压强，再将各点用直线相连，即得直墙上立波压强分布。

（1）波峰时（图 3-39）

水底处波压力强度 p_d 为：

$$P_d=\frac{\gamma H}{\operatorname{ch}\dfrac{2\pi d}{L}}\qquad(3\text{-}29)$$

式中：γ——水的重度。

静水面上 $H+h_s$ 处（即波浪中线上 H 处）的波浪压力强度为零，静水面处的波浪压

70

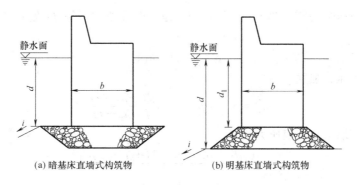

(a) 暗基床直墙式构筑物　　　　　　(b) 明基床直墙式构筑物

图 3-38　直墙式构筑物

力强度 p_s 为：

$$P_s = (P_d + \gamma d)\left(\frac{H + h_s}{d + H + h_s}\right) \tag{3-30}$$

式中：h_s——波浪中线超出静水面的高度，按下式确定：

$$h_s = \frac{\pi H^2}{L}\coth\frac{2\pi d}{L} \tag{3-31}$$

墙底处波浪压力强度 p_b 为：

$$p_b = p_s - (p_s - p_d)\frac{d_1}{d} \tag{3-32}$$

单位长度直墙上总波浪压力 p 为：

$$p = \frac{(H + h_s + d_1)(p_d + \gamma d_1)}{2} - \frac{\gamma d_1^2}{2} \tag{3-33}$$

墙底波浪浮托力 p_u 为：

$$p_u = \frac{b p_b}{2} \tag{3-34}$$

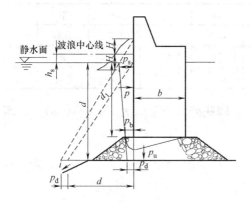

图 3-39　波峰时立波波压力分布图

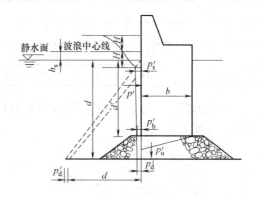

图 3-40　波谷时立波波压力分布图

（2）波谷时（图 3-40）

水底处波压力强度 p_d' 为：

$$p_d' = \frac{\gamma H}{\mathrm{ch}\dfrac{2\pi d}{L}} \tag{3-35}$$

静水面处波压强为零，静水面下 $H-h_s$ 处（即波浪中线下 H 处）的波浪压力强度 p_s' 为：

$$p_s' = \gamma(H-h_s) \tag{3-36}$$

墙底处波浪压力强度 p_b' 为：

$$p_b' = p_s' - (p_s'-p_d')\frac{d_1+h_s-H}{d+h_s-H} \tag{3-37}$$

单位长度直墙上总波浪压力 p' 为：

$$p' = \frac{(\gamma d_1 - p_b')(d_1-H+h_s)}{2} - \frac{\gamma d_1^2}{2} \tag{3-38}$$

墙底波浪浮托力（方向向下）p_u' 为：

$$p_u' = \frac{bp_b'}{2} \tag{3-39}$$

3.3.2.2 远破波波压力

远破波波压力不仅与波高有关，而且与波陡、堤前海底坡度有关，波陡越小或底坡越陡，波压力越大。

（1）波峰时（图 3-41）

静水面以上高度 H 处波压强为零，静水面处的波压强 p_s 为：

$$p_s = \gamma k_1 k_2 H \tag{3-40}$$

式中：k_1——水底坡度 i 的函数，按表 3-4 取用；

k_2——坡坦 L/H 的函数，按表 3-5 取用。

表 3-4

k_1 值表

海底坡度 i	1/10	1/25	1/40	1/50	1/60	1/80	1/100
k_1 值	1.89	1.54	1.40	1.37	1.33	1.29	1.25

表 3-5

k_2 值表

坡坦 L/H	14	15	16	17	18	19	20	21	22
k_2 值	1.01	1.06	1.12	1.17	1.21	1.26	1.30	1.34	1.37
坡坦 L/H	23	24	25	26	27	28	29	30	
k_2 值	1.41	1.44	1.46	1.49	1.50	1.52	1.54	1.55	

静水面以下高度 $H/2$ 处，波压强取为 $0.7p_s$，墙底处波压强取为 $(0.5\sim0.6)p_s$，墙底波浪浮托力 p_u 为：

$$p_u = (0.5\sim0.6)\frac{bp_s}{2} \tag{3-41}$$

（2）波谷时（图 3-42）

静水面处波压强为零。从静水面以下 $H/2$ 处至水底处的波压强 p 为：

$$p = 0.5\gamma H \tag{3-42}$$

墙底波浪浮托力（方向向下）p_u' 为：

$$p_u' = \frac{bp}{2} \tag{3-43}$$

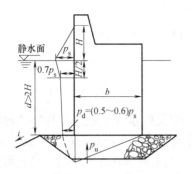

图 3-41　波峰时远破波波压力分布图

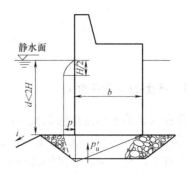

图 3-42　波谷时远破波波压力分布

3.3.2.3　近破波波压力

当墙前水深 $d_1 \geqslant 0.6H$ 时，可按下述方法计算，如图 3-43 所示。

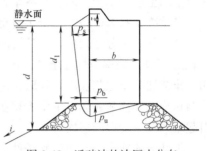

图 3-43　近破波的波压力分布

静水面以上 z 处的波压强为零，z 按下式计算：

$$z = \left(0.27 + 0.53\frac{d_1}{H}\right)H \tag{3-44}$$

静水面处波压强 p_s 为：

当 $\dfrac{2}{3} \geqslant \dfrac{d_1}{d} > \dfrac{1}{3}$ 时：

$$p_s = 1.25\gamma H\left(1.8\frac{H}{d_1} - 0.16\right)\left(1 - 0.13\frac{H}{d_1}\right) \tag{3-45}$$

当 $\dfrac{1}{3} \geqslant \dfrac{d_1}{d} > \dfrac{1}{4}$ 时：

$$p_s = 1.25\gamma H\left[\left(13.9 - 36.4\frac{d_1}{d}\left(\frac{H}{d_1} - 0.67\right)\right) + 1.03\right]\left(1 - 0.13\frac{H}{d_1}\right) \tag{3-46}$$

墙底处波压强：

$$p_b = 0.6p_s \tag{3-47}$$

单位长度墙身上的总波浪力 p 为：

当 $\dfrac{2}{3} \geqslant \dfrac{d_1}{d} > \dfrac{1}{3}$ 时：

$$p = 1.25\gamma H d_1\left(1.9\frac{H}{d_1} - 0.17\right) \tag{3-48}$$

当 $\dfrac{1}{3} \geqslant \dfrac{d_1}{d} > \dfrac{1}{4}$ 时：

$$p = 1.25\gamma H d_1\left[\left(14.8 - 38.8\frac{d_1}{d}\right)\left(\frac{H}{d_1} - 0.67\right) + 1.1\right] \tag{3-49}$$

墙底波浪浮托力：

$$p_u = 0.6\frac{bp_s}{2} \tag{3-50}$$

3.4 冻 胀 力

3.4.1 冻土的概念和性质

含有水分的土体温度降低到 0℃ 和 0℃ 以下时，土中孔隙水冻结成冰，且伴随着析冰（晶）体的产生，并将松散的土颗粒胶结在一起形成冻土。因此，把具有负温度或零温度，其中含有冰，且胶结着松散固体颗粒的土，称为冻土。冻土根据其存在的时间长短可分为多年冻土、季节冻土和瞬时冻土三类，其中多年冻土（或称永冻土）是指冻结状态持续三年以上的土层；季节性冻土是冬季冻结，夏季融化，每年冻融交替一次的土层；瞬时冻土是指冬季冻结状态仅持续几个小时至数日的土层。

我国的冻土分布较广，从长江两岸开始，经黄河上下遍及北方十余省市，约占全国总面积的 75%，而季节性冻土分布占总分布的 53.5%。季节性冻土与结构物的关系非常密切，季节性冻土地基在冻结和融化过程中，往往产生冻胀和融陷，过大的冻融变形，将造成结构物的损伤和破坏。主要表现在冬季低温时结构物开裂、断裂，春融期间地基沉降，引起结构发生变形产生内力。

地基土的冻胀与当地气候条件有关，还与土的类别和含水量有关，土的冻融主要是土中粘结水从未冻结区向冻结区转移形成的，对于不含和少含粘结水的土层，冻结过程中由于没有水分转移，土的冻胀仅是土中原有水分冻结时产生的体积膨胀，可被土的骨架冷缩抵消，实际上不呈现冻胀。碎石类土、中粗砂在天然情况下含黏土和粉土颗粒很少，其冻胀效应微弱，冻胀效应在黏性土和粉土地基中表现较强。

3.4.2 土的冻胀原理及对结构物的作用

所谓冻胀，是指土体在冻结过程中，土中水分冻结成冰，并形成冰层、冰透镜体、多晶体冰晶等形式的冰侵入体，引起土颗粒间的相对位移，使土体积产生不同程度的冻胀现象。土体冻胀一般应具备三个条件：具有冻胀敏感性的土，初始水分及外界水分的供给，以及适宜的冻结条件和时间。

在封闭体系中，由于土体初始含水量冻结，体积膨胀产生向四面扩张的内应力，这个力称为冻胀力，冻胀力随着土体温度的变化而变化。在开放体系中，分凝冰的劈裂作用，使地下水源不断地补给孔隙水而浸入到土颗粒中间，并冻结成冰，使土颗粒被迫移动而产生冻胀力。当冻胀力使土颗粒位移受到约束时，这种反约束的冻胀力就表现出来，约束力越大，冻胀力也就越大。当冻胀力达到一定界限时，冻胀力将不再增加，这时的冻胀力就是最大冻胀力。

建筑在冻胀土上的工程结构物，使地基土的冻胀变形受到约束，使得地基土的冻结条件发生改变，进而改变着基础周围土体温度，并且将外部荷载传递到地基土中改变地基土冻结时的约束力。

在进行工程结构设计时必须考虑冻深的影响，影响冻深的因素很多，除气温外尚有地质（岩性）条件、水分状况以及地貌特征等。标准冻深是在下述标准条件下取得的，即地下水位与冻结锋面之间的距离大于 2m，非冻胀黏性土，地表平坦、裸露，在城市之外的空旷场地中多年实测（不少于 10 年）最大冻深的平均值。

3.4.3　冻胀性类别及冻胀力分类

　　地基土的冻胀性可根据平均冻胀率来分类，平均冻胀率即地面最大冻胀量（冻胀量是指冻结前后的地基表面的高低差值，大致等于地基产生霜柱的冰晶体厚度总和）与土的冻结深度之比，根据冻胀率的不同，地基土可分为不冻胀、弱冻胀、冻胀、强冻胀和特强冻胀五类。有关地基土的冻胀性分类，可查阅《建筑地基基础设计规范》（GB 50070—2011）表 G.0.1。

　　根据土的冻胀力对结构物的不同作用方式，还可把冻胀力分为切向冻胀力、法向冻胀力和水平冻胀力。

　　切向冻胀力平行于结构的基础侧面，通过基础与冻土之间的粘结强度，使基础随着土体的冻胀变形产生上拔力，图 3-44 中基础侧面作用的侧向力 T，即为切向冻胀力。法向冻胀力垂直于结构的基础底面，当基础埋深超过冻结深度时，土体冻结膨胀会产生把基础向上抬起的法向冻胀力 N，见图 3-44，如果基础上作用的荷载 P 和基础自重 G 不足以平衡切向和法向冻胀力，基础将被顶起。水平冻胀力垂直于基础或结构的侧面，当水平冻胀力对称地作用于基础两侧时，侧向力相互平衡，对结构没有不利影响；当水平冻胀力作用于图 3-45 所示挡土墙的侧壁时，会产生水平方向的推力，类似于挡土墙土压力的作用，但其压力分布与土压力不同，水平冻胀力近似呈倒三角形分布，作用于墙背填土面上。

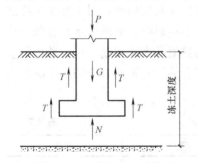

图 3-44　切向与法向冻胀力

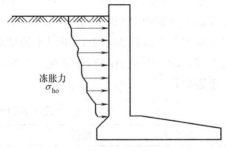

图 3-45　水平冻胀力

3.4.4　冻胀力计算

　　（1）切向冻胀力

　　切向冻胀力可按基础侧面单位面积上的平均切向冻胀力 q_f 给出，影响切向冻胀力大小的因素有冻胀程度、土质条件和水分状态，国内外学者在试验研究的基础上给出了许多经验值，我国《建筑桩基技术规范》（JGJ 94—2008）给出的单位切向冻胀力取值列于表 3-6。

　　总的切向冻胀力按下式计算：

$$T = q_f A \tag{3-51}$$

式中：T——总的切向冻胀力，kN；

　　　　q_f——单位切向冻胀力，kPa；

　　　　A——与冻土接触的基础侧面积，m^2。

土类	冻胀性分类	弱冻胀	冻胀	强冻胀	特强冻胀
黏性土、粉土		30～60	60～80	80～120	120～150
砂土、砾（碎）石（粘、粉粒含量>15%）		<10	20～30	40～80	90～200

单位切向冻胀力值（kPa） 表 3-6

（2）法向冻胀力

法向冻胀力的大小除了受到冻结程度、土质条件、水分含量等因素影响外，还与土体自由冻胀变形受到压抑的程度有关，即与冻土层下未冻土的压缩性、冻土层基础的外部压力等制约条件有关。因此，法向冻胀力随诸多因素变化，至今尚没有一个完善的计算方法。

根据冻胀力与冻胀率成正比的关系，可有如下经验公式：

$$\sigma_{no} = \eta E \tag{3-52}$$

式中：σ_{no}——法向冻胀力，kPa；

η——冻胀率，可按《建筑地基基础设计规范》（GB 50007—2011）表 G.0.1 取值；

E——冻土的压缩模量，kPa。

（3）水平冻胀力

根据其形成条件和作用特点，水平冻胀力可分为对称和非对称两种，对称性水平冻胀力施加于基础或结构物两侧，对称作用相互平衡，不产生不利影响；非对称水平冻胀力作用于基础一侧或挡土墙上，相当于施加单向水平推力，其数值常大于主动土压力数倍甚至数十倍，设计时应引起充分重视。水平冻胀力与土的类型有关，几种典型土的水平冻胀力列于表 3-7。

几种典型土的水平冻胀力（kPa） 表 3-7

土的类型	粉质黏土	黏质粉土	砾石土	粗砂
平均值	304	129	134	58
最大值	430	371	281	78

【例 3.7】 在黑龙江地区，某结构下的钢筋混凝土钻孔灌注桩，桩径 70cm，该地区的土为特强季节性冻胀土，标准冻深为 2.2m，求作用在桩上的总切向冻胀力。

解：根据式（3-51）

$$T = q_f A$$

由于是特强冻土，根据表 3-6 取单位切向冻胀力 q_f 为 150kPa，则有：

$$T = 150 \times 3.14 \times 0.7 \times 2.2 = 725.34 kN$$

3.5 冰 压 力

位于冰凌河流和水库中的结构物，例如闸、坝和桥梁墩台，由于冰层的作用对结构产生冰压力，在工程设计中，应根据当地冰凌的具体情况及结构形式考虑冰荷载。冰荷载按照其作用性质的不同，可分为静冰压力和动冰压力。静冰压力包括：①冰堆整体推移的静压力；②风和水流作用于大面积冰层引起的静压力；③冰覆盖层受温度影响膨胀时产生的静压力；④另外冰层因水位升降还会产生竖向作用力。动冰压力主要指河流流冰产生的冲击动压力。

3.5.1 冰堆整体推移的静压力

当大面积冰层以缓慢的速度接触墩台时，受阻于桥墩而停滞在墩台前，形成冰层或冰堆现象。墩台受到流冰挤压，并在冰层破碎前的一瞬间对墩台产生最大压力，基于作用在墩台的冰压力不能大于冰的破坏力这一原理，考虑到冰的破坏力与结构物的形状、气温及冰的抗压极限强度等因素有关，可导出极限冰压力计算公式：

$$p = mAR_ybh \tag{3-53}$$

式中：p——极限冰压力合力，N；

h——计算冰厚（m），可取发生频率为 1% 的冬季冰的最大厚度的 0.8 倍，当缺乏观测资料时，可用勘探确定的最大冰厚；

b——墩台或结构物在流水作用高程处的宽度，m；

m——墩台形状系数，与墩台水平截面形状有关，可按表 3-8 取值；

R_y——冰的抗压极限强度（Pa），采用相应流冰期冰块的实际强度，当缺少试验资料时，取开始流冰的 $R_y = 735\text{kPa}$，最高流冰水位时 $R_y = 441\text{kPa}$；

A——地区系数，气温在零上解冻时为 1.0；气温在零下解冻且冰温为 -10℃ 及以下者为 2.0；其间用线性差值求得。

墩台形状系数 m 值　　　　　　　　　　　表 3-8

墩台平面形状	三角形夹角 $2\alpha(°)$					圆形	矩形
	45	60	75	90	120		
形状系数 m	0.60	0.65	0.69	0.73	0.81	0.9	1.0

3.5.2 大面积冰层的静压力

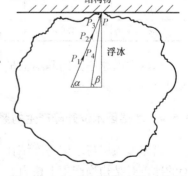

由于水流和风的作用，推动大面积浮冰移动对结构物产生静压力，可根据水流方向和风向，考虑冰层面积来计算，如图 3-46 所示，计算公式如式（3-54）所示。

$$p = \Omega[(p_1 + p_2 + p_3)\sin\alpha + p_4\sin\beta] \tag{3-54}$$

式中：p——作用于结构物的正压力，N；

Ω——浮冰冰层面积（m²），取有史以来有记载的最大值；

p_1——水流对冰层下表面的摩阻力（Pa），可取为

图 3-46　大面积冰层静压力示意图

$0.5v_s^2$，v_s 为冰层下的流速，m/s；

p_2——水流对浮冰边缘的作用力（Pa），可取为 $50\dfrac{h}{l}v_s^2$，h 为冰厚（m），l 为冰层沿水流方向的平均长度（m），在河中不得大于两倍河宽；

77

p_3——由于水面坡降对冰层产生的作用力（Pa），等于$920hi$，i为水面坡降；

p_4——风对冰层上表面的摩阻力（Pa），等于$(0.001\sim0.002)V_F$，V_F为风速，采用历史上有冰时期与水流方向基本一致的最大风速，m/s；

α——结构物迎冰面与冰流方向间的水平夹角；

β——结构物迎冰面与风向间的水平夹角。

3.5.3 冰覆盖层受到温度影响膨胀时产生的静压力

温度升高冰层膨胀，当冰场的自由膨胀受到坝体、桥墩等结构物的约束时，则冰层对约束体产生静压力。冰的膨胀压力与冰面温度、升温速率、冰盖厚度以及冰与结构物之间的距离有关。

确定冰与结构物接触面的静压力时，其中冰面初始温度、冰温上升速率、冰覆盖层厚度及冰盖约束体之间的距离，由下式确定：

$$p=3.1\frac{(t_0+1)^{1.67}}{t_0^{0.881}}\eta^{0.33}hb\varphi \tag{3-55}$$

式中：p——冰覆盖层升温时，冰与结构物接触面产生的静压力，Pa；

t_0——冰层初始温度（℃），取冰层内温度的平均值，或取$0.4t$，t为升温开始时的气温；

η——冰温上升速率（℃/h），采用冰层厚度内的温升平均值，即$\eta=t_1/s=0.4t_2/s$，其中s为气温变化的时间（h），t_1为期间s内冰层平均温升值，t_2为期间s内气温的上升值；

h——冰覆盖层计算厚度（m），当$h>0.5$m时，取0.5m，当$h<0.5$m时，取冰层实际厚度；

b——墩台宽度，m；

φ——系数，视冰盖层的长度L而定，见表3-9。

系数 φ					表3-9
L(m)	<50	50~75	75~100	100~150	>150
φ	1.0	0.9	0.8	0.7	0.6

冰压力沿冰厚方向基本上呈上大下小的倒三角形分布，可认为冰压力的合力作用点在冰面以下1/3冰厚处。

3.5.4 冰层因水位升降产生的竖向作用力

当冰覆盖层与结构物冻结在一起时，若水位升高，水通过冻结在桥墩、桩群等结构物上的冰盖对结构物产生上拔力。可按照桥墩四周冰层有效直径为50倍冰层厚度的平板应力来计算：

$$V=\frac{300h^2}{\ln\dfrac{50h}{d}} \tag{3-56}$$

式中：V——上拔力，N；

h——冰层厚度，m；

d——桩柱或桩群直径（m），当桩柱或桩群周围有半径不小于 20 倍冰层厚度的连续冰层，且桩群中各桩距离在 1m 以内；当桩群或承台为矩形，则采用 $d=\sqrt{ab}$（a、b 为矩形边长）。

3.5.5 流冰冲击力

当冰块运动时，对结构物前沿的作用力与冰块的抗压强度、冰层厚度、冰块尺寸、冰块运动速度及方向等因素有关。由于这些条件不同，冰块碰到结构物时可能发生破碎，也可能只有撞击而不破碎。

（1）当冰块的运动方向大致垂直于结构物的正面，即冰块运动方向与结构物正面的夹角 $\varphi=80°\sim90°$时：

$$p=Kvh\sqrt{\Omega} \tag{3-57}$$

（2）当冰块的运动方向与结构物正面所成夹角 $\varphi<80°$时，作用于结构物正面的冲击力按下式计算：

$$P=Cvh^2\sqrt{\frac{\Omega}{\mu\cdot\Omega+\lambda\cdot h^2}\sin\varphi} \tag{3-58}$$

式中：P——流冰冲击力，N；

v——冰块流动速度（m/s），宜按资料确定，当无实测资料时，对于河流可采用水流速度；对于水库可采用历年冰块运动期内最大风速的 3%，但不大于 0.6m/s；

h——流冰厚度（m），可采用当地最大冰厚的 0.7～0.8 倍，流冰初期取最大值；

Ω——冰块面积（m²），可由当地或邻近地点的实测或调查资料确定；

C——系数，可取为 136，s·kN/m³；

K，λ——与冰的计算抗压极限强度 F_y 有关的系数，按表 3-10 采用；

μ——随 φ 角变化的系数，按表 3-11 采用。

系数 K，λ 值　　　　　　　　　　　　　　　　　　表 3-10

F_y(kPa)	441	735	980	1225	1471
K(s·kN/m³)	2.9	3.7	4.3	4.8	5.2
λ	2220	1333	1000	800	667

注：表中 F_y 为其他值时，K、λ 可用插入法求得。

系数 μ 值　　　　　　　　　　　　　　　　　　　表 3-11

φ	20°	30°	45°	55°	60°	65°	70°	75°
μ	6.70	2.25	0.50	0.16	0.08	0.04	0.016	0.005

本 章 小 结

1. 土的侧压力是工程中广泛应用的挡土墙的主要荷载，因此明确土压力的性质、大小、方向和作用点是极其重要的。本章主要介绍了朗金土压力理论，并由这种基本理论得出的静止土压力、主动土压力和被动土压力计算方法。设计时，应首先确定土压力的类型及墙后填土的具体情况（土的物理力学性质、分层、是否有地下水及上部是否作用荷载等），然后根据不同的计算方法得出土压力值。

2. 静水压力和流水压力都是水工建筑物设计时必须考虑的荷载，本章给出了其分布规律、作用特征和计算公式。

3. 波浪荷载是水工建筑物设计时重要的活荷载之一。本章给出了描述波浪的要素及其计算公式，并按立波、远破波和近破波的分类给出了在波峰和波谷处的波浪压力强度的计算公式。

4. 在冻土地区，因土体冻胀而对结构物产生冻胀力，根据冻胀力对结构物的不同作用方向和作用效果，将冻胀力分为切向冻胀力、法向冻胀力和水平冻胀力。本章给出了三种冻胀力的计算方法。

5. 冰荷载按照其作用性质的不同，可分为静冰压力和动冰压力。本章给出了这两种冰压力的计算公式。

习　题

1. 土压力有几种，各种土压力的大小及分布的主要影响因素是什么？
2. 如何计算土压力？
3. 朗金土压力理论的适用条件是什么？
4. 试用应力圆理论解释土体的三种应力状态。
5. 水中构筑物为什么要设计成流线型？
6. 确定波浪荷载计算理论的依据是什么，如何计算？
7. 简述土的冻胀机理。设计中如何考虑有关因素？如何减小冻胀对结构的影响？
8. 试举例说明哪些工程结构应考虑冰压力？
9. 某钢筋混凝土挡土墙，墙高 6m，墙背直立、光滑，填土面水平。试按下列三种情况计算挡土墙的静止土压力 E_0、主动土压力 E_a 和被动土压力 E_p：

(1) 墙后填土为无黏性砂土，内摩擦角 $\varphi=30°$，重度 $\gamma=18kN/m^3$；

(2) 墙后填土为黏性土，内摩擦角 $\varphi=25°$，$c=10kN/m^2$，重度 $\gamma=18kN/m^3$；

(3) 墙后填土为黏性土，内摩擦角 $\varphi=25°$，$c=10kN/m^2$，重度 $\gamma=18kN/m^3$，且填土表面有连续均布荷载 $q=10kN/m^2$。

第4章 风 荷 载

内 容 提 要

　　本章介绍风的形成、台风和季风的特点以及风力等级的基本概念；推导风速与风压的关系，给出一般地区、山区及海面基本风压的确定方法，介绍非标准条件下风压和基本风压的换算关系；介绍普通结构、高层结构和高耸结构顺风向风效应的计算，其中对风压高度变化系数、风荷载体型系数和风振系数、阵风系数、脉动风荷载共振分量因子、脉动风荷载背景分量因子等关键参数，不仅要求能够准确查表、计算，还要求理解其物理意义；讨论横风向风振产生的原因及其在结构设计中的考虑方法；最后给出桥梁风荷载的计算方法。本章要求掌握结构顺风向风荷载效应的计算，理解各主要参数的物理意义，并能区分普通结构、高层结构、高耸结构和桥梁结构风荷载计算方法的不同。

4.1 风的基本知识

4.1.1 风的形成

　　风是空气流动的现象，在地球表面空气从气压高的地方向气压低的地方流动，就形成了风。

　　由于地球是一个球体，阳光辐射到地球上的能量随纬度不同而有差异。近赤道地区，气温高，空气密度小，气压低，且空气因加热膨胀由地表向高空上升；而在极地附近地区，气温低，空气密度大，气压高，且空气因冷却收缩由高空向地表下沉。因此，在地表附近，空气从高纬度地区流向低纬度地区；而在高空，空气则由低纬度地区流向高纬度地区，这样就形成了图4-1所示的全球性南北向环流。

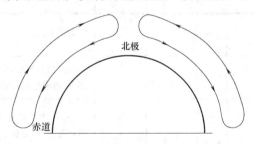

图 4-1　大气热力学环流模型

　　需要说明的是，图4-1所示的大气环流模型是在理想情况下获得的，实际上由于地球自转和地球表面大陆与海洋吸热存在差异等原因，大气环流相当复杂。

4.1.2 两类性质的大风

　　根据风的形成，可以将自然界常见的风分为以下几类：热带气旋、台风、飓风、季风和龙卷风等。以下，仅对我国建筑物和构筑物设计中主要考虑的台风和季风加以说明。

4.1.2.1 台风

　　台风主要由太阳辐射在海洋表面所产生的大量热能转化为动能（风能和海浪能）而产

生。近赤道地区海洋水面受日照影响较大，湿热的水汽上升，形成巨大的水汽柱，热低压区和稳定的高压区之间将产生空气流动，由平衡产生的相互补充的力使之呈螺旋状流动，称之为热带气旋。气压高低相差越大，旋转速度就越快，旋转的结果使旋涡内部的空气密度减小，下部的气压下降，更多的空气从高压区传来，如此循环不止，能量逐渐增强，最终形成台风。

影响我国的热带气旋都发生在西北太平洋的热带洋面上（包括中国南海），在离开发源地后，向偏北、西北、偏西或东北方向活动，并逐渐加强，其中大部分可达到台风的强度。在我国登陆的台风占整个西北太平洋台风总数的35%。

4.1.2.2 季风

地表面可分为大陆和海洋，太阳的辐射对这两种地表所引起的反应是不同的。冬季大陆上的辐射热冷却很快，温度低，形成大陆高压；与之相邻的海洋，由于水的热容量大，其辐射冷却比大陆缓慢，温度比大陆高，形成海洋低压。因此，风从大陆吹向海洋；到了夏天，风向正好相反，从海洋吹向大陆，因为这种风受季节的影响较大，故称为季风。我国处于地域辽阔的欧亚大陆，且紧邻太平洋，因此受季风影响较大。

4.1.3 风级

在没有风速仪测定风速大小时，人们根据风对地面（或海面）物体的影响程度来确定风的等级，称为蒲福风力等级，共分13级。风速越大，风级也越大，如表4-1所示。

风力等级表 表4-1

风力等级	名称	海面状况		海岸渔船征象	陆地地面物征象	距地面10m处相当风速		
		浪高(m)				km/h	mile/h	m/s
		一般	最高					
0	静风	—	—	海面平静	静，烟直上	<1	<1	0～0.2
1	软风	0.1	0.1	微波如鱼鳞状，没有浪花，一般渔船正好能使舵	烟能表示风向，树叶略有摇动	1～5	1～3	0.3～1.5
2	轻风	0.2	0.3	小波，波长尚短，但波形显著。渔船张帆时，可随风移行每小时1～2海里	人面感觉有风，树叶有微响，旗子开始飘动。高的草开始摇动	6～11	4～6	1.6～3.3
3	微风	0.6	1.0	小波加大，波峰开始破裂；浪沫光亮，有时有散见的白浪花。渔船开始簸动，张帆随风移行每小时3～4海里	树叶及小枝摇动不息，旗子展开，高的草摇动不息	12～19	7～10	3.4～5.4
4	和风	1.0	1.5	小浪，波长变长；白浪成群出现。渔船满帆时，可使船身倾于一侧	能吹起地面灰尘和纸张，树枝动摇。高的草波浪起伏	20～28	11～16	5.5～7.9

风力等级	名称	海面状况		海岸渔船征象	陆地地面物征象	距地面10m处相当风速		
		浪高(m)				km/h	mile/h	m/s
		一般	最高					
5	清劲风	2.0	2.5	中浪,具有较显著的长波形状;许多白浪形成(偶有飞沫)。渔船需缩帆一部分	有叶的小树摇摆,内陆的水面有小波。高的草波浪起伏明显	29~38	17~21	8.0~10.7
6	强风	3.0	4.0	轻度大浪开始形成;到处都有更大的白沫峰(有时有些飞沫)。渔船缩帆大部分,并注意风险	大树枝摇动,电线呼呼有声,撑伞困难。高的草不时倾伏于地	39~49	22~27	10.8~13.8
7	疾风	4.0	5.5	轻度大浪,碎浪而成白沫沿风向呈条状。渔船不再出港,在海者下锚	全树摇动,大树枝弯下来,迎风步行感觉不便	50~61	28~33	13.9~17.1
8	大风	5.5	7.5	有中度大浪,波长较长,波峰边缘开始破碎成飞沫片;白沫沿风向呈明显的条带。所有近海渔船都要靠港,停留不出	可折毁小树枝,人迎风前行感觉阻力甚大	62~74	34~40	17.2~20.7
9	烈风	7.0	10.0	狂浪,沿风向白沫呈浓密的条带状,波峰开始翻滚,飞沫可影响能见度。机帆船航行困难	草房遭受破坏,屋瓦被掀起,大树枝可折断	75~88	41~47	20.8~24.4
10	狂风	9.0	12.5	狂涛,波峰长而翻卷;白沫成片出现,沿风向呈现白色浓密条带;整个海面呈白色;海面颠簸加大有震动感,能见度受影响,机帆船航行颇危险	大树可被吹倒,一般建筑物遭破坏	89~102	48~55	24.5~28.4
11	暴风	11.5	16.0	异常狂涛(中小船只可一时隐没在浪后);海面完全被沿风向吹出的白沫片所掩盖;波浪到处破成泡沫;能见度受影响,机帆船遇之极危险	大树可被吹倒,一般建筑物遭严重破坏	103~117	56~63	28.5~32.6
12	飓风	14.0	—	空中充满了白色的浪花和飞沫;海面完全变白,能见度严重地受到影响	陆上少见,其摧毁力极大	118~133	64~71	32.7~36.9

4.2 风　压

设计中直接应用的是基本风压，而气象台测量的多为风速。为此，我们需要先介绍基本风速，再介绍风压与风速之间的关系，最后再介绍基本风压。

4.2.1　基本风速

由于风速在地面附近受到物体的阻碍（或称摩擦），造成其值随离地面高度不同而变化，离地面高度越近风速越小；而且地貌环境（如建筑物的密集程度和高低状况）不同，对风的阻碍或摩擦也会不同，导致同样高度处不同环境风速不同；再者，统计时间的长短也会影响所得到的风速值。所以应用时必须规定一个标准条件，非标准条件下（不同高度、不同地貌等）的风速或风压可依据一定的关系式进行换算。

标准条件下确定的风速称为基本风速，基本风速通常应符合以下 5 条规定。

4.2.1.1　标准高度的规定

风速随高度变化。离地面越近，由于地表摩擦耗能大，平均风速越小。因此，为了比较不同地点的风速大小，必须规定统一的标准高度。

由于我国气象台记录风速仪高度大都安装在 8m～12m 之间，因此我国《荷载规范》规定以 10m 高为标准高度，并定义标准高度处的最大风速为基本风速。

4.2.1.2　地貌的规定

同一高度的风速还与地貌或地面粗糙程度有关。例如海岸附近由于能量消耗小，风速较大；大城市市中心，建筑物密集，地面粗糙程度高，风能消耗大，风速则低。

目前风速仪大多安装在气象台，而气象台一般不在城市中心，设在周围空旷平坦地区的居多。因此，我国及世界上大多数国家都规定，基本风速或基本风压按空旷平坦地貌而定。在具体执行时，对于城市郊区，房屋较为低矮的小城市，也作标准地貌处理。

4.2.1.3　平均风的时距

风速随时间不断变化，因此时距如何取值对平均风速的分析有很大影响。平均风速实

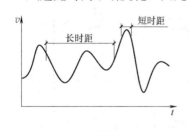

图 4-2　平均风时距

际上是一定时间间隔内（称为时距）的平均风速，如图4-2所示。平均风速与时距的大小有密切关系。如果时距取的很短，例如 3s，则在相同时间会得到更多数据，以突出风的脉动峰值的作用，而较低风速在平均风速中难以体现，致使平均风速较高；相反，如果时距取的很长，例如 1d，则必定将一天中大量的小风平均进去，致使平均风速值较低。一般来说，时距越大，平均风速越小；反之，时距越小，则平均风速越大。

风速记录表明，10min 至 1h 的平均风速基本上是一个稳定值，若时距太短，则容易突出风的脉动峰值作用，使风速值不稳定。另外，风对结构产生破坏作用需要一定长度的时间或一定次数的往复作用，因此我国《荷载规范》所规定的基本风速的时距是 10min。

值得说明的是，不同国家对时距的取值是不同的，有的取值较短，如美国取 3s，有的取值较长，如加拿大取 1h。还有的国家对不同的建筑物或构筑物取不同的时距，如英

国规范对所有围护构件、玻璃及屋面都采用 3s 的阵风速度；对竖向最大尺寸大于 50m 的房屋或结构物，采用 15s 的平均风速。再如，我国桥梁结构设计时要进行阵风荷载作用下的内力计算，而阵风风速确定时采用的时距为 1～3s。事实上，时距取值的合理性与结构自身的动力特性有关，好的取值方法应既能反映设计主旨，又不使设计工作过于繁琐。

4.2.1.4 最大风速的样本时间

样本时间对最大风速值的影响较大。以时距为 10min 的风速为例，若样本时间为 1h，则最大风速为 6 个风速样本中的最大值，若样本为 1d，为 144 个风速样本中的最大值，显然 1d 的最大风速要大于 1h 的最大风速。

由于对我国建筑物影响较大的台风和季风均是每年季节性地重复，所以以年最大风速最具有代表性。因此，目前世界各国基本上都取 1 年作为统计最大风速的样本时间。

4.2.1.5 基本风速的重现期

实际工程中，一般需考虑几十年（30 年、50 年或 100 年等）的时间范围内的最大风速所产生的风压，则该时间范围内的最大风速定义为基本风速，而该时间范围可理解为基本风速出现一次所需要的时间，即重现期。

设基本风速的重现期为 T_0 年，则 $1/T_0$ 为每年实际风速超过基本风速的概率，因此每年不超过基本风速的概率或保证率 p_0 为

$$p_0 = 1 - \frac{1}{T_0} \tag{4-1}$$

显然，基本风速的重现期越长，其年保证率 p_0 越高，相应的基本风速也越大。我国建筑结构设计中的基本风速重现期已由过去的 30 年延长到了 50 年；桥梁结构由于是交通命脉，安全度更高一些，基本风压重现期为 100 年。

4.2.2 风压与风速的关系

当风以一定的速度向前运动遇到阻碍时，会使阻碍物产生压力，即风压。一般来讲，风速越大，风压也越大。风速仪所测定的是风的速度，而进行结构计算时，设计人员需要的是风对结构的压力，即风压。所以必须了解风速和风压之间的转换关系。

设速度为 v 的一定截面的气流冲击面积较大的建筑物时，由于受到阻碍，气流向四周扩散，形成压力气幕，如图 4-3 所示。如果气流原来的压强为 w_b，气流冲击建筑物后速度逐渐减小，其界面中心点的速度减小至零时，在该点产生的压强最大，记为 w_m，则建筑物受气流冲击的最大压强为 w_m-w_b，此即工程上定义的风压，记为 w。

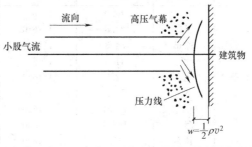

图 4-3 风压的产生

为求得风压 w 与风速 v 的关系，可根据流体力学中的伯努利方程得到：

$$w = \frac{1}{2}\rho v^2 = \frac{\gamma}{2g}v^2 \tag{4-2}$$

式中：w——单位面积上的风压，kN/m^2；

ρ——空气密度，t/m^3；

γ——空气重度，即空气单位体积重力，kN/m^3；

g——重力加速度，m/s^2；

v——风速，m/s。

在气压为101.325kPa、常温15℃和绝对干燥的情况下，$\gamma=0.012018kN/m^3$，在纬度45°处，海平面上的重力加速度为$g=9.8m/s^2$，代入式（4-2）得此条件下的风压公式为

$$w=\frac{\gamma}{2g}v^2=\frac{0.012018}{2\times9.8}v^2=\frac{v^2}{1630}kN/m^2 \tag{4-3}$$

由于各地的地理位置不同，因而γ和g值不同。受地球自转影响，重力加速度g不仅随高度变化，还随纬度变化。而空气重度γ与当地气压、气温和湿度有关。因此，各地的$\gamma/(2g)$值均不同，如表4-2所示。从表中可以看出，我国东南沿海地区$\gamma/(2g)$值约为1/1750；内陆地区$\gamma/(2g)$值随高度增加而减少，对于海拔500m以下地区该值约为1/1600，对于海拔3500m以上的高原或高山地区，该值减小至1/2600左右。

各地风压系数 γ/(2g) 值 表 4-2

地区	地点	海拔高度(m)	γ/(2g)	地区	地点	海拔高度(m)	γ/(2g)
东南沿海	青岛	77.0	1/1710	内陆	承德	375.2	1/1650
	南京	61.5	1/1690		西安	416.0	1/1689
	上海	5.0	1/1740		成都	505.9	1/1670
	杭州	7.2	1/1740		伊宁	664.0	1/1750
	温州	6.0	1/1750		张家口	712.3	1/1770
	福州	88.4	1/1770		遵义	843.9	1/1820
	永安	208.3	1/1780		乌鲁木齐	830.5	1/1800
	广州	6.3	1/1740		贵阳	1071.2	1/1900
	韶关	68.7	1/1760		安顺	1392.9	1/1930
	海口	17.6	1/1740		酒泉	1478.2	1/1890
	柳州	97.6	1/1750		毕节	1510.6	1/1950
	南宁	123.2	1/1750		昆明	1891.3	1/2040
内陆	天津	16.0	1/1670		大理	1990.5	1/2070
	汉口	22.8	1/1610		华山	2064.9	1/2070
	徐州	34.3	1/1660		五台山	2895.8	1/2140
	沈阳	41.6	1/1640		茶卡	3087.6	1/2250
	北京	52.3	1/1620		昌都	3176.4*	1/2550
	济南	55.1	1/1610		拉萨	3658.0	1/2600
	哈尔滨	145.1	1/1630		日喀则	3800.0*	1/2650
	萍乡	167.1	1/1630		五道梁	4612.2*	1/2620
	长春	215.7	1/1630				

*非实测高度。

4.2.3 基本风压

根据规定的高度、地貌、时距和样本时间所确定的最大风速的概率分布，按规定的重现期确定基本风速，然后依据风速与风压的关系即可确定基本风压，基本风压应采用附录

2 中所规定的 50 年重现期的风压，但不得小于 0.30kN/m^2。根据《高层建筑混凝土结构技术规程》（JGJ 3—2010）4.2.2 条规定，对风荷载比较敏感的高层建筑，承载力设计时应按基本风压的 1.1 倍采用。

应该说明的是，对风荷载是否敏感，主要与高层建筑的体型、结构体系和自振特性有关，目前尚无实用的划分标准。一般情况下，对于房屋高度大于 60m 的高层建筑，可按基本风压的 1.1 倍采用；对于房屋高度不超过 60m 的高层建筑，其基本风压取值是否提高，可由设计人员根据实际情况确定。本条规定，对设计使用年限为 50 年和 100 年的高层建筑结构都是适用的。例如，哈尔滨 50 年一遇的基本风压为 0.55kN/m^2，100 年一遇的基本风压为 0.70kN/m^2，对于该地区某一高度大于 60m、设计使用年限为 50 年的高层建筑，在计算风荷载作用下构件的承载力时，风压值取基本风压的 1.1 倍，即 $1.1\times 0.55=0.605\text{kN/m}^2$；在计算风荷载作用下结构或构件的变形时，风压值仍取基本风压，即 0.55kN/m^2。同样是该地区该高层建筑，若设计使用年限为 100 年，则在计算风荷载作用下构件的承载力时，风压值取基本风压（设计使用年限为 100 年时）的 1.1 倍，即 $1.1\times 0.70=0.77\text{kN/m}^2$；在计算风荷载作用下结构或构件的变形时，风压值仍取基本风压（设计使用年限为 100 年时），即 0.70kN/m^2。

4.2.4 非标准条件下的风速或风压的换算

前面所述的基本风速和基本风压是在标准条件下得到的，但并不是所有的风速数据都是在标准条件下测得的，如非标准高度、地貌、时距和重现期等，因此有必要了解非标准条件与标准条件之间的风速或风压的换算关系。

4.2.4.1 非标准高度换算

即使在同一地区，高度不同，风速也会不同。根据实测分析，平均风速沿高度的变化规律可用指数函数来描述

$$\frac{\overline{v}}{v_\text{s}}=\left(\frac{z}{z_\text{s}}\right)^{\alpha} \tag{4-4}$$

式中：$\overline{v}$、z——任一点的平均风速和高度；

$\overline{v}_\text{s}$、z_s——标准高度处的平均风速和高度，大多数国家所规定的标准高度为 10m；

α——与地貌或地面粗糙度有关的指数，地面粗糙程度越大，α 值越大，表 4-3 列出了根据实测数据确定的国内外几个大城市及其邻近郊区的 α 值。

国内外大城市中心及其近邻的实测 α 值   表 4-3

地区	上海近邻	南京	广州	圣路易斯	蒙特利尔	上海	哥本哈根
α 值	0.16	0.22	0.24	0.25	0.28	0.28	0.34
地区	东京	基辅	伦敦	莫斯科	纽约	圣彼得堡	巴黎
α 值	0.34	0.36	0.36	0.37	0.39	0.41	0.45

根据风压与风速的关系式 (4-2) 可知，在确定的地貌条件下（设此时的地貌粗糙度指数为 α_a），非标准高度处风压 $w_\text{a}(z)$ 与标准高度处的风压 $w_{0\text{a}}$ 间的关系为

$$\frac{w_\text{a}(z)}{w_{0\text{a}}}=\frac{\overline{v}^2}{\overline{v}_\text{s}{}^2}=\left(\frac{z}{z_\text{s}}\right)^{2\alpha_\text{a}} \tag{4-5}$$

4.2.4.2 非标准地貌的换算

基本风压是按空旷平坦地面处所测得的数据求得的。若地貌不同，则由于地面建筑物的影响，使得相同高度处的风速和风压也不相同。图 4-4 是加拿大风工程专家 Davenport 根据多次观测资料整理出的不同地貌下平均风速沿高度的变化规律，称之为风剖面。可以看出，在大气边界层内，风速随离地面高度增大而增大。当气压场随高度不变时，风速随高度增大的规律，主要取决于地面粗糙度和温度垂直梯度，通常认为在离地面高度为300m～550m 时，风速不再受地表的影响，达到所谓的"梯度风速"，该高度称为梯度风高度，用 H_G 表示。

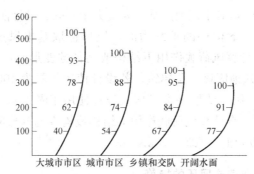

图 4-4   不同粗糙度影响下的风剖面（平均风速分布型）

地表粗糙度不同，近地面风速变化的快慢也不同。地面越粗糙，风速变化越慢（α 值越大），梯度风高度越高；反之，地面越平坦，风速变化越快（α 值越小），梯度风高度也越低。现行《荷载规范》将地面粗糙度分为 A、B、C、D 四类：A 类指近海海面和海岛、海岸、湖岸及沙漠地区；B 类指田野、乡村、丛林、丘陵以及房屋比较稀疏的乡镇；C 类指有密集建筑群的城市市区；D 类指有密集建筑群且房屋较高的城市市区。

表 4-4 是各地貌条件下风速剖面指数 α 及梯度风高度 H_G 的取值。

不同地貌的 α 值及 H_G 值 表 4-4

地貌	海面	空旷平坦地面	城市	大城市中心
α	0.12	0.15	0.22	0.30
$H_G(m)$	300	350	450	550

设标准地貌的基本风速及其测定高度、梯度风高度和风速变化指数分别为 v_{0s}、z_s、H_{Gs}、α_s，另一任意地貌上述各值分别为 v_{0a}、z_a、H_{Ga}、α_a。由于在同一大气环境中各地貌梯度风速相同，由式（4-4）有

$$v_{0s}\left(\frac{H_{Gs}}{z_s}\right)^{\alpha_s}=v_{0a}\left(\frac{H_{Ga}}{z_a}\right)^{\alpha_a} \tag{4-6}$$

或

$$v_{0a}=v_{0s}\left(\frac{H_{Gs}}{z_s}\right)^{\alpha_s}\left(\frac{H_{Ga}}{z_a}\right)^{-\alpha_a} \tag{4-7}$$

再由式（4-5），可得任意地貌的基本风压 w_{0a} 与标准地貌的基本风压 w_{0s} 的关系为

$$w_{0a}=w_{0s}\left(\frac{H_{Gs}}{z_s}\right)^{2\alpha_s}\left(\frac{H_{Ga}}{z_a}\right)^{-2\alpha_a} \tag{4-8}$$

4.2.4.3 不同时距的换算

平均风速的大小与时距的选取有很大关系，一方面，各个国家选用的时距并不相同，

另一方面，我国过去的记录资料中也有瞬时、1min、2min 等时距，因此在一些情况下需要进行不同时距之间的平均风速换算。

根据国内外学者所得到的各种不同时距间平均风速的比值，经统计得出各种不同时距与 10min 时距风速的平均比值，如表 4-5 所示。

各种不同时距与 10min 时距风速的平均比值 表 4-5

风速时距	1h	10min	5min	2min	1min	0.5min	20s	10s	5s	瞬时
统计比值	0.94	1	1.07	1.16	1.20	1.26	1.28	1.35	1.39	1.50

应该指出，表 4-5 中所列出的是平均比值。实际上有许多因素影响该比值，资料表明，10min 平均风速越小，该比值越大；天气变化越剧烈，该比值越大，如雷暴大风时的比值最大。

4.2.4.4 不同重现期的换算

重现期不同，最大风速的保证率就不同，相应的最大风速值也不同。由于不同结构的重要性不同，设计时需采用不同重现期的基本风压。

根据国外规范和我国各地的风压统计资料，可得出风压的概率分布，然后根据重现期与超越概率或保证率的关系，可得出不同重现期的风压，由此得出不同重现期与常规 50 年重现期风压比值的计算公式为

$$\mu_r = 0.336 \lg T_0 + 0.429 \tag{4-9}$$

为了便于应用，上式也可列成表格，如表 4-6 所示。

不同重现期风压与 50 年重现期风压的比值 表 4-6

重现期 T_0(年)	100	50	30	20	10	5	3	1	0.5
μ_r	1.114	1.000	0.916	0.849	0.734	0.619	0.535	0.353	0.239

4.2.5 山区的基本风压

山区地势起伏多变，对风速影响较为显著，因而山区的基本风压与邻近平坦地区的基本风压有所不同。通过对比观测和调查分析，山区风速有如下特点。

(1) 山间盆地、谷地等闭塞地形，由于四周高山对风的屏障作用，一般比空旷平坦地面风速减小 10%～25%，相应风压减小 20%～40%。

(2) 谷口、山口等开敞地形，当风向与谷口或山口趋于一致时，气流由开敞区流入狭窄区，风速必然增大，风速比一般空旷平坦地面增大 10%～20%。

(3) 山顶、山坡等弧尖地形，由于风速随高度增加和气流越过山峰时的抬升作用，山顶和山坡的风速比山麓要大。

因此，《荷载规范》规定：对于山区的建筑物，应考虑地形条件的修正，修正系数 η 可按下列规定采用。

(1) 对于山峰和山坡，其顶部 B 处的修正系数可按下述公式采用

$$\eta_B = \left[1 + \kappa \tan\alpha \left(1 - \frac{z}{2.5H} \right) \right]^2 \tag{4-10}$$

式中：$\tan\alpha$——山峰或山坡在迎风面一侧的坡度；当 $\tan\alpha > 0.3$ 时，取 0.3；

κ——系数，对山峰取 2.2，对山坡取 1.4；

H——山顶或山坡全高（m）；

z——建筑物计算位置离建筑物地面的高度（m），当 $z>2.5H$ 时，取 $z=2.5H$。

对于山峰和山坡的其他部位，可按图 4-5 所示，取 A、C 处的修正系数 η_A、η_C 为 1，AB 间和 BC 间的修正系数按 η 的线性插值确定。

新规范将山峰修正系数计算公式中的系数 κ 由 3.2 修改为 2.2，这是因为原规范规定的修正系数在 z/H 值较小的情况下，与国外规范相比偏大，结果偏于保守。

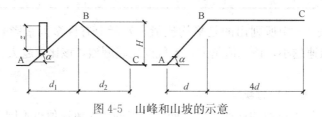

图 4-5　山峰和山坡的示意

（2）山间盆地、谷地等闭塞地形，取 $\eta=0.75\sim0.85$；对于与风向一致的谷口、山口，取 $\eta=1.20\sim1.50$。

【例 4.1】 某房屋修建在山坡高处，其位置如图 4-6 所示，山麓附近的基本风压为 0.35kN/m^2，山坡水平投影 $d=83\text{m}$，高差 $H=30\text{m}$，离坡顶 200m 处有一房屋，地面粗糙度为 B 类。求房屋地表处（D 处）的风压。

图 4-6　房屋位置

解：（1）山坡顶部 B 处的地形条件修正系数 η_B

由式（4-17）计算 η_B 值。其中，$\tan\alpha=30/83=0.36>0.3$ 时，取 $\tan\alpha=0.3$；对于山坡，$\kappa=1.4$；故

$$\eta_B=\left[1+\kappa\tan\alpha\left(1-\frac{z}{2.5H}\right)\right]^2=\left[1+1.4\times0.3\times\left(1-\frac{0}{2.5\times30}\right)\right]^2=2.02$$

（2）山坡顶部 C 处的地形条件修正系数 η_C

由图 4-5 可知，$\eta_C=1$，此时，BC 两点之间的距离为 $4\times83=332\text{m}$。

（3）山坡顶部 D 处的地形条件修正系数 η_D

修正系数 η_D 通过 BC 两点的修正系数内插得到

$$\eta_D=1+\frac{332-200}{332}\times(2.02-1)=1.41$$

则 D 处的风压为 $w_D=\eta_D w_0=1.41\times0.35=0.49\text{kN/m}^2$

4.2.6　远海海面和海岛基本风压

风在海面上吹过时，受到的摩擦力比陆地小，所以海上的风速比陆地大。另外，沿海地区存在一定的海陆温差，促使空气对流，这也增大了海边的风速。因此，远海海面和海岛的基本风压大于陆地平坦地区的基本风压，并随海面和海岛距海岸距离的增大而增大。对远海海面和海岛的建筑物或构筑物，确定基本风压时，应考虑修正系数，如表 4-7 所示。

远海海面和海岛的修正系数 η 　　　　　表 4-7

距海岸距离(km)	<40	40～60	60～100
修正系数 η	1.0	1.0～1.1	1.1～1.2

4.2.7 我国基本风压分布

我国夏季受太平洋热带气旋影响，形成的台风多在东南沿海登陆；冬季受西伯利亚和蒙古高原冷空气侵入，冷锋过境常伴有大风出现。全国基本风压值分布呈如下特点：

（1）东南沿海为我国大陆上最大风压区。这一地区面临海洋，正对台风的来向，台风登陆后环流遇到山和陆地，摩擦力和阻塞力加大，台风强度很快减弱，风压等值线从沿海向内陆递减很快。这一区域内，大致有三个特大风压区：一是湛江到琼海一线以东特大风压区，这一地区受太平洋和南海台风影响频繁，加之这里的海岸线本身呈圆弧状，成为天然的兜风地形，加大风速，风压值在 $0.8kN/m^2$ 以上。其他两个特大风压区分别在浙江与福建的交界处和广东与福建的交界处，这是由于台湾地区对台风的屏障作用所造成的，当台风穿过台湾岛在大陆登陆时，福建中部沿海地区受到台湾岛的屏障阻挡，风速大为减弱，因此两侧风速较大。

（2）西北、华北和东北地区的北部为我国大陆上的风压次大区。这一地区的大风主要由冬季强冷空气入侵造成的，在冷锋过境之处都有大风出现。强大冷空气向南或东南方向吹去，风速逐渐减弱，风压也逐渐减小。

（3）青藏高原为风压较大地区，这主要是由于海拔高度较高所造成的。这一地区除了冷空气侵袭造成大风外，高空动量下传也能造成大风。每年冬季西风带南移到该地区，高空常维持强劲的偏西气流，如有使乱流交换发展的天气条件，引起高空动量下传，即能形成地面偏西大风。

（4）云贵高原、四川盆地和长江中下游地区风压较小，其中四川中部、贵州、湘西和鄂西等地为我国风压最小区域。东南沿海台风和寒潮到此地区均大为减弱，该地区风压值在 $0.35kN/m^2$ 以下。

（5）台湾是我国风压最大地区，主要受太平洋台风的影响，风压值可达 $1.50kN/m^2$。台风由东岸登陆，由于中央山脉的屏障作用，西岸风压小于东岸。海南岛主要受南海台风的袭击，故东岸偏南有较大风压。太平洋台风有时在岛的东北端登陆，因此该地区的风压值也较大。西沙群岛受南海台风的影响，风力较大，风压值达到 $1.40kN/m^2$。南海其余诸岛的风压略小于西沙群岛，但仍相当可观。

我国的具体风压分布情况可参看《荷载规范》附图 E.6.3，全国基本风压分布图。

4.3　顺风向结构风效应

水平流动的气流作用在结构物的表面上，会在其表面产生风压，将风压沿表面积分，将得到三种力的成分，即顺风向力 F_{Dk}、横风向力 F_{Lk} 及扭力矩 T_{Tk}，如图 4-7 所示。由风力产生的结构位移、速度、加速度响应等称为结构风效应。一般情况下，不对称气流产生的风扭力矩数值很小，工程上可不予考虑，仅当结构有较大偏斜时，才计及风扭力矩的影响。顺风向和横风向的结构风效应是结构设计时主要考虑的内容，本节将讨论顺风向的结构风效应，横风向结构风效应将在下节讨论。

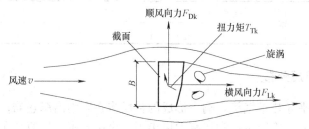

图 4-7　流经任意截面物体所产生的力

4.3.1　风压高度变化系数

由前述知，离地面越高，风速越大，风压也越大。设任意粗糙度任意高度处的风压力为 $w_a(z)$，将其与标准粗糙度下标准高度（一般为 10m）处的基本风压之比定义为风压高度变化系数 μ_z，即

$$\mu_z = \frac{w_a(z)}{w_0} \tag{4-11}$$

将式（4-12）、式（4-15）代入上式，得

$$\mu_z = \left(\frac{H_{Gs}}{z_s}\right)^{2\alpha_s} \left(\frac{H_{Ga}}{z_a}\right)^{-2\alpha_a} \left(\frac{z}{z_a}\right)^{-2\alpha_a} \tag{4-12}$$

风压高度变化系数 μ_z 反映了高度及地面粗糙度对风荷载大小的影响，根据 4.2.4.2 节所述的地面粗糙度类别划分，查表 4-4 中各类风速剖面指数 α 及梯度风高度 H_G 即可得出各类地面粗糙度下风压高度变化系数的计算公式，即：

$$\mu_z^A = 1.284(z/10)^{0.24}$$
$$\mu_z^B = 1.000(z/10)^{0.30}$$
$$\mu_z^C = 0.544(z/10)^{0.44}$$
$$\mu_z^D = 0.262(z/10)^{0.60} \tag{4-13}$$

根据式（4-13）可求出各类地面粗糙度下的风压高度变化系数，如表 4-8 所示。

风压高度变化系数 μ_z 　　　　　　　　　　　　　　表 4-8

离地面或海平面高度(m)	地面粗糙度类别			
	A	B	C	D
5	1.09	1.00	0.65	0.51
10	1.28	1.00	0.65	0.51
15	1.42	1.13	0.65	0.51
20	1.52	1.23	0.74	0.51
30	1.67	1.39	0.88	0.51

离地面或海平面高度(m)	地面粗糙度类别			
	A	B	C	D
40	1.79	1.52	1.00	0.60
50	1.89	1.62	1.10	0.69
60	1.97	1.71	1.20	0.77
70	2.05	1.79	1.28	0.84
80	2.12	1.87	1.36	0.91
90	2.18	1.93	1.43	0.98
100	2.23	2.00	1.50	1.04
150	2.46	2.25	1.79	1.33
200	2.64	2.46	2.03	1.58
250	2.78	2.63	2.24	1.81
300	2.91	2.77	2.43	2.02
350	2.91	2.91	2.60	2.22
400	2.91	2.91	2.76	2.40
450	2.91	2.91	2.91	2.58
500	2.91	2.91	2.91	2.74
≥550	2.91	2.91	2.91	2.91

4.3.2 风荷载体型系数

4.3.2.1 单体房屋和构筑物的风荷载体型系数

在 4.2.2 节中，式（4-2）所给出的风速与风压的关系，是在空气流动因建筑物的阻碍而完全停滞的条件下得到的，实际情况下，气流并不能理想地停滞在建筑物的表面，而是以不同的途径从其表面绕过。风在建筑物表面引起的实际压力或吸力（$w_{实际}$）与按式（4-2）计算的来流风压（$w_{计算}$）的比值称为风荷载体型系数 μ_s，这个系数反映了建筑物形状对风荷载大小的影响，由下式计算

$$\mu_s = w_{实际} / w_{计算} \tag{4-14}$$

土木工程中的建筑物，不像汽车、飞机那样具有流线型的外形，多为带有棱角的钝体。当风作用在钝体上，其周围气流通常呈分离型，并形成多处涡流，如图 4-8 所示。风力在建筑物表面上的分布是不均匀的，一般取决于建筑物的平面形状、立面体型和房屋高宽比。在风的作用下，迎风面由于气流正面受阻产生风压力，侧风面和背风面由于旋涡作用引起风吸力。迎风面的风压力在房屋中部最大，向两侧逐渐减小；侧风面的风吸力在房屋前端较大，后端较小；背风面的风吸力在建筑物两端最大，中间最小，如图 4-9 所示。

图 4-10 为一单体建筑物立面流线分布图。可以看到，建筑物受到风的作用后，在其迎风面大约 2/3 高度处，气流有一个正面停滞点，气流从该点向外扩散分流。停滞点以上，气流上升并越过建筑物顶面；停滞点以下，气流流向地面，在紧靠地面处水平滚动，成为驻涡区；另一部分气流则绕过建筑物两侧向背后流去。在钝体建筑物的背后，由于屋

93

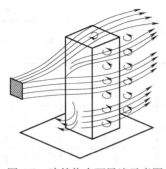

图 4-8　建筑物表面风流示意图

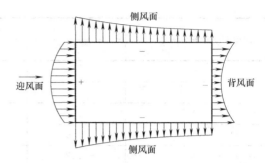

图 4-9　风压在房屋平面上的分布

面上部的剪切层产生的环流,形成背风涡旋区,涡旋气流的风向与来流风向相反,在背风面产生吸力;背风涡旋区以外是尾流区,建筑物的阻碍作用在此区域逐渐消失。

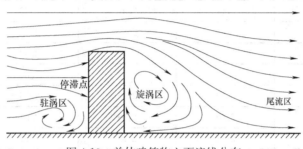

图 4-10　单体建筑物立面流线分布

图 4-11 为一单体建筑物平面流线分布图。可以看到,当气流遇到钝体建筑物的阻碍后,在迎风面的两个角隅处产生分离流线,分离流线将气流分隔成两部分,外区气流不受黏性影响,可按理想气体的伯努利方程来确定气流压力与速度的关系。而分离流线以内是个尾涡区,在建筑物背后靠下部位形成一对近尾回流,尾涡区的形状和近尾回流的分布取决于分离流线边缘的气流速度结构物的截面形状。尾涡区旋涡脱落会引起结构的横向振动,这一点将在下一节详述。

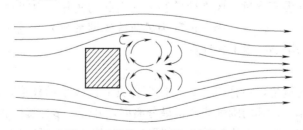

图 4-11　单体建筑物平面流线分布

建筑物顶面的压力分布规律与屋顶坡度有关,倾斜屋面压力的正负号取决于气流在屋面上的分离状态和气流再附着的位置。不同倾斜屋面的平均风流线如图 4-12 所示。屋面倾角为负时,气流分离后一般不会产生再附着现象,分离流线下产生涡流引起吸力。屋面倾角较小时,可推迟再附着现象的发生,屋面仍承受负风压;屋面向上和向下压力的改变大致在 30°倾角处,此时屋面的风压值趋于零。屋面倾角大于 45°时,屋面气流不再分离,屋面受到压力作用。

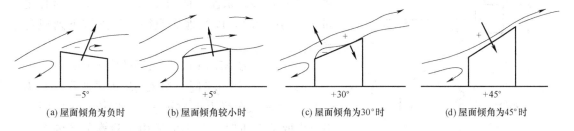

| (a) 屋面倾角为负时 | (b) 屋面倾角较小时 | (c) 屋面倾角为30°时 | (d) 屋面倾角为45°时 |

图 4-12　气流绕倾斜屋面流动

确定水平气流影响下的任意形状物体表面的风压分布有三种方法，即理论分析、现场实测和风洞试验。目前通过理论分析和有限元模拟来确定风压分布尚不成熟；若通过大风时现场实测会花费较多的时间和财力，且只能在已建的结构物中进行，因而也受到限制；因此，风荷载体型系数一般均通过风洞试验的方法确定。进行风洞试验时，首先测得建筑物表面上任一点顺风向的静风压力，再将此压力除以建筑物前方来流风压，即得该点的风压力系数。由于同一面上各测点的风压力分布是不均匀的，通常对各测点数值进行加权平均。

根据国内外风洞试验资料，《荷载规范》给出了不同类型的建筑物和构筑物的风荷载体型系数，见附录 5。当结构物与表中列出的体型类同时可参考取用，若结构物的体型与表中不符，一般应由风洞试验确定。

这里需要说明的是，一般建筑的风荷载体型系数，可按附录 5 来确定，对于高层混凝土建筑，由于它的重要性及其对风荷载的敏感性，《高层建筑混凝土结构技术规程》（JGJ 3-2010）对风荷载体型系数 μ_s 进行了更为详细规定：

（1）圆形平面建筑取 0.8。

（2）正多边形及截面三角形平面建筑，由下式计算：

$$\mu_s = 0.8 + 1.2/\sqrt{n} \tag{4-15}$$

式中：n——多边形的边数。

（3）高宽比 H/B 不大于 4 的矩形、方形、十字形平面建筑取 1.3。

（4）V 形、Y 形、弧形、双十字形、井字形平面建筑；L 形、槽形和高宽比大于 4 的十字形平面建筑；高宽比 H/B 大于 4，长宽比 L/B 不大于 1.5 的矩形、鼓形平面建筑均取 1.4。

（5）在需要更细致地进行风荷载计算的场合，风荷载体型系数可按《高层建筑混凝土结构技术规程》（JGJ 3—2010）的附录 B 采用，或由风洞试验确定。

实际设计中，若为一般建筑，则根据附录 5 确定风荷载体型系数即可；若为混凝土高层建筑，则需要同时考虑附录 5 和上述要求。

4.3.2.2　群体风压体型系数

当多个建筑物，特别是群集的高层建筑，相互间距较近时，宜考虑风力相互干扰的群体效应；一般可将单独建筑物的风荷载体型系数 μ_s 乘以相互干扰增大系数，该系数可参考类似条件的试验资料确定；必要时宜通过风洞试验得出。对于布置规则，高差不超过30%的高层建筑群，增大系数可根据图 4-13 中相邻建筑物之间的距离 L 与建筑物迎风面

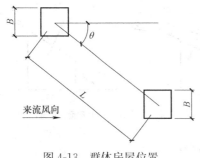

图 4-13　群体房屋位置

宽度 B 的比值、来流风向与相邻建筑物平面形心之间连线的夹角 θ，以及地面粗糙度类别按下列规定确定：

（1）当 $L/B \geqslant 7.5$ 时，增大系数取 1.0；

（2）当 $L/B \leqslant 3.5$ 时，顺风向增大系数及当 $L/B \leqslant 2.25$ 时横风向增大系数按表 4-9 取值，表中同一格给出取值范围时，较小值适用于验算范围内有两幢高层建筑，较大值适用于验算范围内有两幢以上的高层建筑。

群体建筑相互干扰增大系数　　　　　　　　　　表 4-9

风向	L/B	粗糙度类别	$\|\theta\|$								
			10°	20°	30°	40°	50°	60°	70°	80°	90°
顺风向	$\leqslant 3.5$	A、B	1.35	1.45	1.50	1.45~1.75	1.40	1.40	1.30	1.25	1.15
		C、D	1.15	1.25	1.30	1.25~1.50	1.20	1.20	1.10	1.10	1.10
	$\geqslant 7.5$	A、B、C、D	1.00								
横风向	$\leqslant 2.25$	A、B	1.30~1.50								
		C、D	1.10~1.30								
	$\geqslant 7.5$	A、B、C、D	1.00								

此外，新规范也给出了相互干扰系数的确定原则：

（1）矩形平面高层建筑，当单个施扰建筑与受扰建筑高度相近时，根据施扰建筑的位置，对顺风向风荷载可在 1.00~1.10 范围内选取，对横风向风荷载可在 1.00~1.20 范围内选取；

（2）其他情况可比照类似条件的风洞试验资料确定，必要时宜通过风洞试验确定。

值得说明的是，同经验表格表 4-9 相比，新规范中的建筑群体相互干扰系数规定略显模糊，且数值偏小。

【例 4.2】　某地区有 A、B 两幢钢筋混凝土框架-剪力墙正方形截面房屋，其相对位置如图 4-14 所示，其中 $L=150\text{m}$，$\theta=50°$，房屋总高度均为 $H=100\text{m}$，迎风面宽度 $B=45\text{m}$，建于 C 类地区，基本风压为 0.55kN/m^2，已知风振系数 $\beta_z=1.41$。求建筑物顶部的风荷载标准值。

解：由于该房屋的总高度为 100m，故该建筑为高层建筑（10 层及 10 层以上或房屋高度大于 28m 的住宅建筑和房屋高度大于 24m 的其他高层民用建筑），根据 4.2.3 节，基本风压应按 50 年一遇风压值的 1.1 倍取用，即 $w_0=1.1\times0.55=0.605\text{kN/m}^2$。

（1）风荷载体形系数

两幢高层建筑平面均为正方形，$D/B=1$，由附录 5 第 31 项，取 $\mu_s=1.4$。

（2）风压高度变化系数

由 C 类场地，房屋总高度为 100m，查表 4-8 可

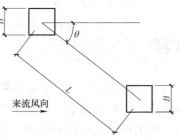

图 4-14　A、B 两房屋的位置

知，风压高度变化系数 $\mu_z = 1.50$。

（3）风振系数

由已知给出 $\beta_z = 1.41$。

（4）建筑物顶部的风荷载标准值

由于两建筑物相互间距较近，需考虑群体风压系数，$L/B = 150/45 = 3.33$，$\theta = 50°$，查表 4-9 可得建筑群体相互干扰系数为 1.20。

$$w_k = \beta_z \mu_s \mu_z w_0 = 1.41 \times (1.20 \times 1.4) \times 1.50 \times 0.605 = 2.15 \text{kN/m}^2$$

4.3.2.3 局部风压体型系数

风力作用在建筑物表面上，压力分布是很不均匀的，在角隅、檐口、边棱处和在附属结构的部位（如阳台、雨篷等外挑构件），局部风压会超过按风荷载体型系数计算出的平均风压。此时应采用局部风压体型系数 μ_{sl} 进行计算，所谓的局部风压体型系数是考虑建筑物表面风压分布不均匀而导致局部部位的风压超过全表面平均风压的实际情况而做出的调整，按如下规定采用。

（1）计算围护构件及其连接的风荷载时，可按下列规定采用局部体型系数 μ_{sl}：

①封闭式矩形平面房屋的墙面及屋面可按表 4-10 的规定采用；

②檐口、雨篷、遮阳板、边棱处的装饰条等突出构件，取-2.0；

③其他房屋和构筑物可按一般建筑风荷载体型系数的 1.25 倍取值。

封闭式矩形平面房屋的局部体型系数　　　　　　　　　　表 4-10

项次	类别	体型及局部体型系数					备　注
1	封闭式矩形平面房屋的墙面	迎风面：1.0；侧面：S_a = −1.4，S_b = −1.0，−0.6					E 取 $2H$ 和风面宽度和 B 中的较小者
2	封闭式矩形平面房屋的双坡屋面	a	≤5	15	30	≥45	1. E 取 $2H$ 和风面宽度 B 中的较小者； 2. 中间值按线性插值法计算（应对相同符号项插值）； 3. 同时给出两个值的区域应分别考虑正负风压的作用； 4. 风沿纵轴吹来时，靠近山墙的屋面可参照表中 $\alpha≤5$ 时的 R_a 和 R_b 取值
		R_a 　$H/D≤0.5$	−1.8 0.0	−1.5 +0.2	−1.5	0.0 0.0	
		R_a 　$H/D≥1.0$	−2.0 0.0	−2.0 +0.2	+0.7	+0.7	
		R_b	−1.8 0.0	−1.5 +0.2	−1.5 +0.7	0.0 +0.7	
		R_c	−1.8 0.0	−0.6 +0.2	−0.3 +0.4	0.0 +0.6	
		R_d	−0.6 +0.2	−1.5 0.0	−0.5 0.0	−0.3 0.0	
		R_e	−0.6 0.0	−0.4 0.0	−0.4 0.0	−0.2 0.0	

项次	类别	体型及局部体型系数		备　注
3	封闭式矩形平面房屋的单坡屋面		a | $\leqslant 5$ | 15 | 30 | $\geqslant 45$ R_a | -2.0 | -2.5 | -2.3 | -1.2 R_b | -2.0 | -2.0 | -1.5 | -0.5 R_c | -1.2 | -1.2 | -0.8 | -0.5	1. E 取 $2H$ 和风面宽度 B 中的较小者； 2. 中间值可按线性插值法计算； 3. 迎风坡面可参考第 2 项取值

值得说明的是，对比图 4-9 及表 4-10 中项次 1 可以发现，迎风面的局部风压简化为均匀分布，只是系数由风荷载体型系数的 0.8 提高到了 1.0；侧风面的局部风压简化成阶梯形分布，前、后的系数分别为 -1.4 和 -1.0，均比风荷载体型系数 -0.7 大；背风面的局部也简化成均匀分布，系数由风荷载体型系数的 -0.5，提高到 -0.6（新规范中，高度 $>$ 45m 的矩形高层建筑也有 -0.6 的情况）。项次 2 和项次 3 分别给出了双坡和单坡屋面的局部风压体型系数，分区相对比较细，设计时可对照位置直接查用。

（2）计算非直接承受风荷载的围护构件风荷载时，局部体型系数 μ_{sl} 可按构件的从属面积折减，折减系数按下列规定采用：当从属面积不大于 $1m^2$ 时，折减系数取 1.0；当从属面积大于或等于 $25m^2$ 时，对墙面折减系数取 0.8，对局部体型系数绝对值大于 1.0 的屋面区域折减系数取 0.6，对其他屋面区域折减系数取 1.0；当从属面积大于 $1m^2$ 小于 $25m^2$ 时，墙面和绝对值大于 1.0 的屋面局部体型系数可采用对数插值，即按下式计算局部体型系数：

$$\mu_{sl}(A) = \mu_{sl}(1) + [\mu_{sl}(25) - \mu_{sl}(1)]\log A / 1.4 \qquad (4\text{-}16)$$

（3）计算围护构件风荷载时，建筑物内部压力的局部体型系数可按下列规定采用：

① 封闭式建筑物，按其外表面风压的正负情况取 -0.2 或 0.2。

② 对于仅一面墙有主导洞口的建筑物，按下列规定采用：

当开洞率大于 0.02 且小于或等于 0.10 时，取 $0.4\mu_{sl}$；

当开洞率大于 0.10 且小于或等于 0.30 时，取 $0.6\mu_{sl}$；

当开洞率大于 0.30 时，取 $0.8\mu_{sl}$。

③ 其他情况，应按开放式建筑物的 μ_{sl} 取值。

本条中的主导洞口指的是开孔面积较大且大风期间也不关闭的洞口。主导洞口的开洞率是指单个主导洞口面积与该墙面全部面积之比；μ_{sl} 应取主导洞口对应位置的值。根据本条第②款进行计算时，应注意考虑不同风向下内部压力的不同取值；本条第③款所称的开放式建筑是主导洞口面积过大或不止一面墙存在大洞口的建筑物。

同老规范相比，新规范进行了如下调整：（1）细化了对局部体型系数的规定，补充了封闭式矩形平面房屋墙面及屋面的分区域局部体型系数，反映了建筑物高宽比和屋面坡度对局部体型系数的影响；（2）考虑了从属面积对局部体型系数的影响，并将折减系数的应用限于验算非直接承受风荷载的围护构件，如檩条、幕墙骨架等。最大的折减从属面积由 $10m^2$ 增加到 $25m^2$，屋面的最小折减系数由 0.8 减小到 0.6；（3）增加了建筑物某一面有主导洞口的情况。

4.3.3 顺风向风振

4.3.3.1 平均风与脉动风

大量风的实测资料表明，在风的顺风向风速时程曲线中，包括两种成分，如图 4-15 所示。一种是长周期成分，其值一般在 10min 以上；另一种是短周期成分，一般只有几秒钟左右。根据风的这一特点，应用上常把顺风向的风分解为平均风（即稳定风）和脉动风（也称阵风脉动）来加以分析。

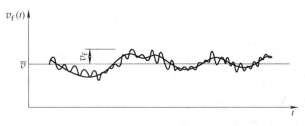

图 4-15　平均风速 $\overline{v}$ 和脉动风速 v_f

平均风相对稳定，由于其周期较长，远大于一般结构的自振周期，所以尽管平均风本质上是动力的，但其对结构的动力影响很小，可以忽略，可将其等效为静力荷载。

脉动风是由于风的不规则性引起的，其强度随时间不断变化。由于脉动风周期较短，与一些工程结构的自振周期较接近，将使结构产生动力响应。所以，脉动风是引起结构顺风向振动的主要原因。

4.3.3.2 风振系数

（1）需考虑风振影响的结构

结构的顺风向作用可分解为平均风和脉动风，平均风的作用可通过基本风压来反映，基本风压是根据 10min 平均风速来确定的，虽然它已从统计的角度体现了平均重现期为 50 年的最大风压值，但它没有反映风速中的脉动成分。

参考国外规范及我国建筑工程抗风设计和理论研究的实践情况，对于结构基本自振周期 $T \geqslant 0.25s$ 的各种高耸结构，以及高度超过 30m 且高宽比大于 1.5 的高柔房屋，由风引起的结构振动比较明显，而且随着结构自振周期的增长，风振也随之增强，因此在设计中应考虑风振的影响，而且原则上还应考虑多个振型的影响，对于前几个频率比较密集的结构，例如桅杆、屋盖等结构，需要考虑的振型可能多达 10 个及以上，此时应按结构的随机振动理论进行计算；对于比较简单的结构，也可以采用《荷载规范》所提供的风振系数法来计算结构的顺风向风荷载。

对于 $T < 0.25s$ 的结构和高度小于 30m 或高宽比小于 1.5 的房屋，原则上也应考虑风振影响，但经计算表明，对这类结构，往往按构造要求进行设计，结构已有足够的刚度，所以可以不考虑风振影响。

对于风敏感或跨度大于 36m 的柔性屋盖结构，也应考虑风压脉动对结构产生风振的影响。屋盖结构的风振响应宜依据风洞试验结果按随机振动理论计算确定，不宜采用与高层建筑和高耸结构相同的风振系数计算方法。这是因为，高层或高耸结构的顺风向风振系数方法，本质上是直接采用风速谱估计风压谱（准定常方法），然后计算结构的顺风向振动响应。对于高层（耸）结构的顺风向风振，这种方法是合适的。但是屋盖结构的脉动风压除了和风速脉动有关外，还和流动分离、再附、漩涡脱落等复杂流动现象有关，所以风压谱不能用风速谱来表示。此外，屋盖结构的多阶模态及模态耦合效应比较明显，难以直接采用风振系数方法。

（2）风振系数计算公式

对于一般竖向悬臂型结构，例如高层建筑和构架、塔架、烟囱等高耸结构，均可仅考虑结构第一振型的影响，结构的顺风向风荷载标准值为 $w_k = \beta_z \mu_s \mu_z w_0$ 计算，z 高度处的风振系数 β_z 可按下式计算：

$$\beta_z = 1 + 2g I_{10} B_z \sqrt{1 + R^2} \tag{4-17}$$

式中：g——峰值因子，可取 2.5；

I_{10}——10m 高名义湍流强度，A、B、C、D 类地面粗糙度可分别取 0.12、0.14、0.23 和 0.39；

R——脉动风荷载的共振分量因子；

B_z——脉动风荷载的背景分量因子。

（3）脉动风荷载的共振分量因子 R 的确定

$$R = \sqrt{\frac{\pi}{6\zeta_1} \frac{x_1^2}{(1 + x_1^2)^{4/3}}} \tag{4-18}$$

$$x_1 = \frac{30 f_1}{\sqrt{k_w w_0}} \quad (x_1 > 5) \tag{4-19}$$

式中：f_1——结构第一阶自振频率（Hz）；

k_w——地面粗糙度修正系数，对 A、B、C、D 类地面粗糙度分别取 1.28、1.0、0.54 和 0.26；

ζ_1——结构阻尼比，对钢结构可取 0.01，对有填充墙的钢结构房屋可取 0.02，对钢筋混凝土及砌体结构可取 0.05，对其他结构可根据工程经验确定。

（4）脉动风荷载的背景分量因子 B_z 的确定

① 对于体型和质量沿高度均匀分布的高层建筑和高耸结构，可按下式计算

$$B_z = k H^{\alpha_1} \rho_x \rho_z \frac{\varphi_1(z)}{\mu_z} \tag{4-20}$$

式中：$\varphi_1(z)$——结构第一阶振型系数；

H——建筑总高度（m），对 A、B、C、D 类地面粗糙度，H 的取值分别不大于 300m、350m、450m 和 550m；

ρ_x——脉动风荷载水平方向相关系数；

ρ_z——脉动风荷载竖直方向相关系数；

k，α_1——系数，按表 4-11 取值。

系数 k 和 α_1 表 4-11

粗糙度类别		A	B	C	D
高层建筑	k	0.944	0.670	0.295	0.112
	α_1	0.155	0.187	0.261	0.346
高耸建筑	k	1.276	0.910	0.404	0.155
	α_1	0.186	0.218	0.292	0.376

② 对迎风面和侧风面的宽度沿高度按直线或接近直线变化，而质量沿高度按连续规律变化的高耸结构，式（4-20）计算的背景分量因子 B_z 应乘以修正系数 θ_B 和 θ_v。θ_B 为构筑物在 z 高度处的迎风面宽度 $B(z)$ 与底部宽度 $B(0)$ 的比值。θ_v 可按表 4-12 确定。

修正系数 θ_v 表 4-12

$B(z)/B(0)$	1	0.9	0.8	0.7	0.6	0.5	0.4	0.3	0.2	$\leqslant 0.1$
θ_v	1.00	1.10	1.20	1.32	1.50	1.75	2.08	2.53	3.30	5.60

（5）脉动风荷载竖直方向相关系数 ρ_z、ρ_x 的确定

① 竖直方向的相关系数可按下式计算：

$$\rho_z = \frac{10\sqrt{H + 60e^{-H/60} - 60}}{H} \tag{4-21}$$

式中：H——建筑总高度（m）；

e——自然对数的底数，手算时可近似取 $e = 2.718$。

② 水平方向的相关系数可按下式计算：

$$\rho_x = \frac{10\sqrt{B + 50e^{-B/50} - 50}}{B} \tag{4-22}$$

式中：B——为结构迎风面宽度（m），$B \leqslant 2H$。对迎风面宽度较小的高耸结构，可取 $\rho_x = 1$。

（6）结构振型系数的确定

一般情况下，对顺风向响应可仅考虑第 1 振型的影响，对横风向的共振响应，一般考虑 4 个振型。振型系数理应通过结构的动力分析来确定，设计中为了简化，在确定风荷载时，可采用近似公式。按结构变形的特点，对高耸结构（或剪力墙结构）可按弯曲型考虑，采用下述近似公式：

$$\varphi_z = \frac{6z^2 H^2 - 4z^3 H + z^4}{3H^4} \tag{4-23}$$

对高层建筑结构，当以剪力墙的工作为主时，可按弯剪型考虑，采用下述近似公式：

$$\varphi_z = \tan\left[\frac{\pi}{4}\left(\frac{z}{H}\right)^{0.7}\right] \tag{4-24}$$

对于低层建筑结构，可按剪切型考虑，取

$$\varphi_z = \sin\frac{\pi z}{2H} \tag{4-25}$$

对外形、质量、刚度沿高度按连续规律变化的竖向悬臂型高耸结构及沿高度比较均匀的高层建筑，振型系数也可根据相对高度 z/H 按附录 6 确定。

（7）结构基本周期经验公式

在考虑风压脉动引起的风振效应时，常常需要计算结构的基本周期。结构的自振周期

应按照结构动力学的方法求解，无限自由度或多自由度体系基本周期的计算十分复杂。在实际工程中，结构基本自振周期 T_1 常采用实测基础上回归得到的经验公式近似求解。

高耸结构

一般情况

$$T_1 = (0.007 \sim 0.013)H \tag{4-26}$$

钢结构取高值，钢筋混凝土结构取低值。对于具体的高耸结构，如烟囱和石油化工塔架，其基本自振周期的计算有更为精确的公式，可参考《荷载规范》附录F。

高层结构

一般情况

$$钢结构 \quad T_1 = (0.10 \sim 0.15)n \tag{4-27}$$

$$混凝土结构 \quad T_1 = (0.05 \sim 0.10)n \tag{4-28}$$

式中：n——建筑总层数。

对于钢筋混凝土框架和框剪结构

$$T_1 = 0.25 + 0.53 \times 10^{-3} \frac{H^2}{\sqrt[3]{B}} \tag{4-29}$$

对于钢筋混凝土剪力墙结构

$$T_1 = 0.03 + 0.03 \frac{H}{\sqrt[3]{B}} \tag{4-30}$$

式中：H——房屋总高度（m）；

$\quad\quad B$——房屋宽度（m）。

4.3.3.3 阵风系数

对于围护结构，由于其刚度较大，在结构效应中可不必考虑其共振分量，此时可仅在平均风压的基础上，近似考虑脉动风瞬间的增大因素，即在平均风的基础上乘以阵风系数。阵风系数 β_{gz} 可按如下公式确定：

$$\beta_{gz} = 1 + 2g I_{10} \left(\frac{z}{10} \right)^{-\alpha} \tag{4-31}$$

其中，A、B、C、D四类粗糙度类别的截断面高度分别为5m、10m、15m、30m，即对应的阵风系数不大于1.65，1.70，2.05和2.40。

阵风系数 β_{gz} 表 4-13

离地面高度(m)	地面粗糙度类别				离地面高度(m)	地面粗糙度类别			
	A	B	C	D		A	B	C	D
5	1.65	1.70	2.05	2.40	100	1.46	1.50	1.69	1.98
10	1.60	1.70	2.05	2.40	150	1.43	1.47	1.63	1.87
15	1.57	1.66	2.05	2.40	200	1.42	1.45	1.59	1.79
20	1.55	1.63	1.99	2.40	250	1.41	1.43	1.57	1.74
30	1.53	1.59	1.90	2.40	300	1.40	1.42	1.54	1.70
40	1.51	1.57	1.85	2.29	350	1.40	1.41	1.53	1.67
50	1.49	1.55	1.81	2.20	400	1.40	1.41	1.51	1.64
60	1.48	1.54	1.78	2.14	450	1.40	1.41	1.50	1.62
70	1.48	1.52	1.75	2.09	500	1.40	1.41	1.50	1.60
80	1.47	1.51	1.73	2.04	550	1.40	1.41	1.50	1.59
90	1.46	1.50	1.71	2.01					

新规范不再区分幕墙和其他构件，统一查表即可。按新规范调整后的极值速度压（阵风系数乘以高度变化系数）与原规范相比约降低了 5%～10%。对幕墙以外的其他围护结构，由于原规范不考虑阵风系数，因此极值动风压有明显提高，这是考虑近几年来轻型屋面发生风灾破坏的事件较多的情况。但对低矮房屋非直接承受风荷载的围护结构，如檩条等，由于其最小局部体型系数由 -2.2 修改为 -1.8，按面积的最小折减系数由 0.8 减小到 0.6，因此整体取值与原规范相当。

4.3.3.4　顺风向风荷载标准值

当已知拟建工程所在地的地貌环境和工程结构的基本条件后，可按前述方法逐一确定工程结构的基本风压 w_0、风压高度变化系数 μ_z，风荷载体型系数 μ_s 和局部风压体型系数 μ_{sl}，风振系数 β_z 和阵风系数 β_{gz}，即可计算垂直于建筑物表面的顺风向风荷载标准值。

当计算主要承重结构时，风荷载标准值 w_k 按如下公式计算：

$$w_k = \beta_z \mu_s \mu_z w_0 \qquad (4\text{-}32)$$

当计算围护结构时，风荷载标准值 w_k 按如下公式计算：

$$w_k = \beta_{gz} \mu_{sl} \mu_z w_0 \qquad (4\text{-}33)$$

风荷载标准值的计算过程如下：

（1）确定基本风压。按 50 年一遇取值，对于高层混凝土结构，应根据具体情况，适当提高。同时要注意在山区、远海海面及海岛，应对基本风压进行调整。

（2）确定风荷载体型系数或局部风压体型系数。对一般结构按附录 5 确定，对高层混凝土结构，按 4.3.2.1 节确定。同时要注意周边建筑物的影响。局部风压体型系数按 4.3.2.3 节确定。

（3）确定风压高度变化系数。按表 4-8 确定。

（4）确定结构基本周期。按 4.3.3.2 节确定。

（5）确定脉动风荷载的空间相关系数。竖直方向按式（4-22），水平方向按式（4-23）确定。

（6）确定振型系数。一般情况下可按式（4-23）～式（4-25）确定，对于外形、质量、刚度沿高度按连续规律变化的竖向悬臂型高耸结构及沿高度比较均匀的高层建筑，振型系数也可根据相对高度 z/H 按附录 6 确定。

（7）确定脉动风荷载的背景分量因子。按式（4-20）确定。

（8）确定脉动风荷载的共振分量因子。按式（4-18）、式（4-19）确定。

（9）确定风振系数。按式（4-17）确定。

（10）确定风荷载标准值。主要承重结构按式（4-32）确定；围护结构按式（4-33）确定。

同 01 版规范相比，如图 4-16 所示，按新规范计算出的风荷载标准值在大多数情况下有如下规律：当结构高度越小时，风荷载标准值所引起的基底剪力相应增加越多；随着结构高度增加，基底剪力的增加相应减小；超过一定高度后，按新规范的计算得到数值小于 01 版规范。这也就是说，新规范增加了高度较低结构的风荷载，而相对减小了较高结构的风荷载。

值得注意的是，对于低矮房屋，其风荷载尽管在《荷载规范》中已有规定，但是考虑到近年来轻型房屋钢结构在国内工业建筑领域内的应用十分流行，而且轻型房屋钢结构对

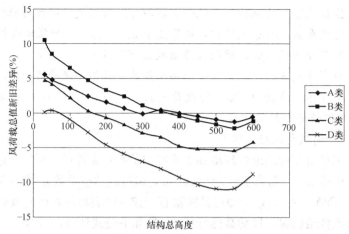

图 4-16 不同高度结构风荷载总值的新旧差异 $(w_{2012} - w_{2001})/w_{2001}$

风荷载的响应又比较敏感，因此关于低矮房屋风荷载的确定便成为众所关注的问题。进行相关结构的设计时，要根据设计经验，结合相关结构设计规范来综合考虑，进而确定结构上作用的风荷载。

例如，我国工程建设标准化协会发布的《门式刚架轻型房屋钢结构技术规程》CECS 102：2012 主要参照美国金属房屋制造商协会 MBMA 的《低矮房屋体系手册》（1996）中有关小坡度房屋的规定，并考虑到我国的基本风压标准与美国不同的特点，提出低矮房屋门式刚架结构的风荷载规定。

根据《门式刚架轻型房屋钢结构技术规程》规定，对风荷载标准值仍按公式（4-32）或式（4-33）计算，但在计算时不考虑风振系数和阵风系数（即 β_z、β_{gz} 取 1），并且应将基本风压乘以 1.05。此外，对于门式刚架结构，当其屋面坡度 α 不大于 10°、屋面平均高度不大于 18m、房屋高宽比不大于 1、檐口高度不大于房屋的最小水平尺寸时，风荷载的体型系数 μ_s 有单独的规定，具体可见《门式刚架轻型房屋钢结构技术规程》4.2.2 条，而不能再按照本书附录 5 查阅。

【例 4.3】 某一钢筋混凝土框架-剪力墙结构，质量和外形沿高度均匀分布，截面为正方形，房屋总高度 $H=100$m，迎风面宽度 $B=45$m，建于 C 类地区，基本风压值 $w_0 = 0.55$kN/m²，求垂直于该建筑物表面上的风荷载标准值及建筑物基底弯矩。

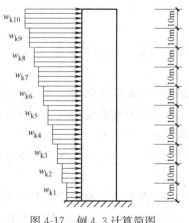

图 4-17 例 4.3 计算简图

解： 风荷载标准值按式（4-32）计算，即 $w_k = \beta_z \mu_s \mu_z w_0$，为简化起见，将建筑物沿高度分为 10 个区段，如图 4-17 所示，每个区段的高度均为 10m，取其中点位置的风荷载作为该区段的平均风荷载。由于该建筑的总高度为 100m，根据 4.2.3 节，基本风压应按 50 年一遇风压值的 1.1 倍取用，即 $w_0 = 1.1 \times 0.55 = 0.605$kN/m²。

（1）风荷载体型系数

该高层建筑平面为正方形，厚宽比 $D/B=1$，由附录 5 第 31 项知，$\mu_s=1.4$。

（2）风压高度变化系数

由表 4-8，根据场地粗糙度类别为 C 类，可查出各区段中点位置的风压高度变化系数，列于表 4-14。

（3）风振系数

风振系数 β_z 按式 $\beta_z = 1 + 2gI_{10}B_z\sqrt{1+R^2}$ 确定。

其中，取峰值因子 $g = 2.5$，对 C 类场地，10m 高名义湍流强度 $I_{10} = 0.23$。

脉动风荷载的共振分量因子 R：

$$R = \sqrt{\frac{\pi}{6\zeta_1}\frac{x_1^2}{(1+x_1^2)^{4/3}}}$$

结构自振周期：

$$T_1 = 0.25 + 0.53 \times 10^{-3}\frac{H^2}{\sqrt[3]{B}} = 0.25 + 0.53 \times 10^{-3}\frac{100^2}{\sqrt[3]{45}} = 1.740$$

结构第一阶自振频率 $f_1 = 1/T_1 = 1/1.740 = 0.575\text{Hz}$

对钢筋混凝土结构，阻尼比 $\zeta_1 = 0.05$，C 类场地地面粗糙度修正系数 $k_w = 0.54$。

$$x_1 = \frac{30f_1}{\sqrt{k_w w_0}} = \frac{30 \times 0.575}{\sqrt{0.54 \times 0.605}} = 30.18 > 5$$

$$R^2 = \frac{\pi}{6\zeta_1}\frac{x_1^2}{(1+x_1^2)^{4/3}} = \frac{3.14}{6 \times 0.05} \times \frac{30.18^2}{(1+30.18^2)^{4/3}} = 1.078$$

动风荷载的背景分量因子 B_z：

$$B_z = kH^{\alpha_1}\rho_x\rho_z\frac{\phi_1(z)}{\mu_z}$$

其中 $H = 100\text{m}$，由 C 类场地，查表 4-11 得，$k = 0.295$，$\alpha_1 = 0.261$

竖直方向相关系数：

$$\rho_z = \frac{10\sqrt{H+60\text{e}^{-H/60}-60}}{H} = \frac{10\sqrt{100+60 \times 2.718^{-100/60}-60}}{100} = 0.716$$

水平方向的相关系数：

$$\rho_x = \frac{10\sqrt{B+50\text{e}^{-B/50}-50}}{B} = \frac{10\sqrt{45+50 \times 2.718^{-45/50}-50}}{45} = 0.870$$

其中，$B = 45\text{m} \leqslant 2H = 200\text{m}$，满足条件。

本例为高层框剪结构，按弯剪型考虑其振型系数，即取 $\varphi_z = \tan\left[\frac{\pi}{4}\left(\frac{z}{H}\right)^{0.7}\right]$，各区段中点处的振型系数列于表 4-14 中。

各区段中点位置的风振系数计算   表 4-14

计算点离地高度(m)	5	15	25	35	45	55	65	75	85	95
风压高度变化系数 μ_z	0.65	0.65	0.81	0.94	1.05	1.15	1.24	1.32	1.395	1.465
振型系数 φ_z	0.097	0.211	0.307	0.395	0.482	0.568	0.656	0.747	0.843	0.945
背景分量因子 B_z	0.091	0.199	0.231	0.257	0.280	0.302	0.323	0.346	0.370	0.394
风振系数 β_z	1.151	1.329	1.384	1.426	1.465	1.501	1.536	1.574	1.613	1.654

（4）各区段中点高度处的风荷载标准值

各区段中点高度处的风压标准值，按式 $w_k = \beta_z \mu_s \mu_z w_0$ 计算，计算结果列于表 4-15 中。

各区段中点位置的风荷载标准值（kN/m²） 表 4-15

计算点离地高度(m)	5	15	25	35	45	55	65	75	85	95
风荷载体型系数 μ_s	1.40	1.40	140	1.40	1.40	1.40	1.40	1.40	1.40	1.40
风压高度变化系数 μ_z	0.65	0.65	0.81	0.94	1.05	1.15	1.24	1.32	1.395	1.465
风振系数 β_z	1.151	1.329	1.384	1.426	1.465	1.501	1.536	1.574	1.613	1.654
风荷载标准值 w_k	0.63	0.73	0.95	1.14	1.30	1.46	1.61	1.76	1.91	2.05

（5）风荷载引起的基底弯矩，可由图 4-16 所示计算简图求出。

$$M = \sum_{i=1}^{10} w_{ki} z_i A_i = (0.63 \times 5 + 0.73 \times 15 + 0.95 \times 25 + 1.14 \times 35 + 1.30 \times 45 +$$
$$1.46 \times 55 + 1.61 \times 65 + 1.76 \times 75 + 1.91 \times 85 + 2.05 \times 95) \times 10 \times 45$$
$$= 3.647 \times 10^5 \text{ kN} \cdot \text{m}$$

【例 4.4】 某城市郊区有一 30 层的一般钢筋混凝土封闭式高层建筑，如图 4-18 所示。采用玻璃幕墙作为围护结构，地面以上高度为 100m，迎风面宽度为 25m，按 50 年重现期的基本风压 $w_0 = 0.55 \text{kN/m}^2$。试确定高度 100m 处迎风面围护结构的风荷载标准值（围护结构的从属面积＞25m²）。

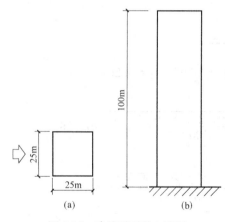

图 4-18 建筑平面及立面图

解： 由于该建筑的总高度为 100m，根据 4.2.3 节，基本风压应按 50 年一遇风压值的 1.1 倍取用，即 $w_0 = 1.1 \times 0.55 = 0.605 \text{kN/m}^2$。

（1）由 4.2.4.2 节，城市郊区属于 B 类地面粗糙度。

（2）相关系数确定

查表 4-13 得，本例中的高层建筑的阵风系数 $\beta_{gz} = 1.50$。

查表 4-8 得，风压高度变化系数 $\mu_z = 2.00$。

对于玻璃幕墙，采用局部风压体型系数进行计算。对建筑物外表面正压区按表 4-10 采用，即取 1.0；对于封闭式建筑的内表面，按外表面风压的正负情况取 -0.2 或 0.2，即取 0.2，故局部风压体型系数 $\mu_{sl} = 1 + 0.2 = 1.2$。

（3）风荷载标准值

$$w_k = \beta_{gz} \mu_{sl} \mu_z w_0 = 1.50 \times 1.2 \times 2.00 \times 0.605 = 2.18 \text{kN/m}^2$$

【例 4.5】 一大雨篷中间主钢梁与框架柱相连，柱距为 9m，主钢梁悬挑长度为 6m，如图 4-19 所示。钢梁顶面标高为 5m。在 10m 高度处的基本风压 $w_0 = 0.55 \text{kN/m}^2$，地面粗糙度为 A 类。要求计算主钢梁上由负风压（吸力）标准值所产生的线荷载 q_{wk}。

解： 10m 高度处的基本风压 $w_0 = 0.55 \text{kN/m}^2$，根据式（4-4）可得，5m 高度处的基本风压 $w_0 = 0.55 \times \left(\dfrac{5}{10}\right)^{2 \times 0.12} = 0.466 \text{kN/m}^2$。

（1）相关系数确定

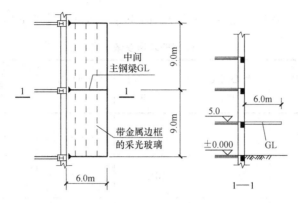

图 4-19 雨篷中间主钢梁 GL 平面及剖面图

雨篷不属于直接承受风压的幕墙构件,故其阵风系数 $\beta_{gz}=1.0$。

查表 4-8,风压高度变化系数 $\mu_z=1.09$。

对于建筑物外表面的负压区,檐口、雨篷、遮阳板等突出构件取 -2.0。考虑到围护结构的从属面积 $>25m^2$,计算 μ_{sl} 时要乘以折减系数 0.8,故 $\mu_{sl}=0.8\times(-2.0)=-1.6$。

(2) 风荷载标准值

$$w_k=\beta_{gz}\mu_{sl}\mu_z w_0=1.0\times(-1.6)\times1.09\times0.47=-0.82kN/m^2$$

(3) 主钢梁上由负风压(吸力)标准值所产生的线荷载 $q_{wk}=-0.82\times9=-7.38kN/m^2$

【例 4.6】 某钢筋混凝土烟囱高度为 100m,上口外径为 4m,底部外径为 8m,坡度为 2%,如图 4-20 所示,已知该地区 50 年重现期的基本风压为 $0.45kN/m^2$,地面粗糙度类别为 B 类,将烟囱沿高度分为五段。求:(1) 各段的平均风荷载;(2) 底部截面产生的弯矩和剪力标准值。

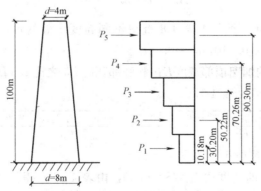

图 4-20 烟囱风荷载计算简图

解:由于该烟囱的总高度为 100m<200m,根据《烟囱设计规范》第 4.1.4 条知,其安全等级为二级。因此,根据该规范的第 5.2.1 条知,基本风压应按 50 年一遇风压值的 1.0 倍取用,即 $w_0=0.45kN/m^2$。

(1) 相关几何参数

第 5 段的形心高度:$h_5=\dfrac{20\times4\times90+20\times0.4\times(80+20\times2/3)}{20\times4+20\times0.4}=90.30m$。其他各段

形心距底部截面的高度及相应宽度（外径）、面积等几何参数见表 4-16。

烟囱的几何参数   表 4-16

标高 z (m)	外径 B (m)	形心高度 (m)	风荷载作用 面积(m²)	形心处的外径 $B(z)$(m)	$\dfrac{z}{H}$	$\theta_\mathrm{B}=\dfrac{B(z)}{B_0}$
100	4.0					
		90.30	88.0	4.39	0.90	0.55
80	4.8					
		70.26	104.0	5.19	0.70	0.65
60	5.6					
		50.22	120.0	5.99	0.50	0.75
40	6.4					
		30.20	136.0	6.79	0.30	0.85
20	7.2					
		10.18	152.0	7.59	0.10	0.95
0	8.0					

注：B_0 为底部外径。

（2）风荷载体型系数

烟囱总高度为 100m，平均直径为 $\overline{d}=6.0\mathrm{m}$，$\mu_z w_0 \overline{d}^2 = \mu_z \times 0.45 \times 6.0^2 = 16.2\mu_z > 0.015$，$H/\overline{d}=16.67$，又因钢筋混凝土表面属表面"光滑"条件，由附录 5 第 37 项知，$\mu_\mathrm{s}=0.554$。

（3）风压高度变化系数和脉动风荷载背景分量因子

$$B_z = kH^{\alpha_1}\rho_\mathrm{x}\rho_z\frac{\phi_1(z)}{\mu_z}$$

按照地面粗糙度为 B 类，由表 4-8 查得不同高度 z 处的风压高度变化系数，见表 4-17。由表 4-11 查得 $k=0.910$，$a_1=0.218$。

由相对高度 z/H 的烟囱顶部宽度 B_H 和底部宽度 B_0 之比 $B_0/B_\mathrm{H}=4/8=0.5$，由附录 6 查得第 1 振型系数 φ_z，见表 4-17。

$$\rho_z = \frac{10\sqrt{H+60\mathrm{e}^{-H/60}-60}}{H} = \frac{10\sqrt{100+60\times 2.718^{-100/60}-60}}{100}=0.716$$

因该烟囱迎风面宽度较小，故取 $\rho_\mathrm{x}=1$。

由烟囱顶部和底部的宽度比为 4/8=0.50，由表 4-12 查得修正系数 $\theta_\mathrm{v}=1.75$。另一修正系数 $\theta_\mathrm{B}=\dfrac{B(z)}{B(0)}$，$B(z)$ 为 z 高度处的外径，B_0 为底部外径。修正后的脉动风荷载背景分量因子的数值见表 4-17。

（4）风振系数

烟囱的自振周期参照《荷载规范》附录 F 公式计算。

$$T_1 = 0.41 + 0.10 \times 10^{-2}\frac{H^2}{d} = 0.41 + 0.10 \times 10^{-2} \times \frac{100^2}{6} = 2.077\mathrm{s} > 0.25\mathrm{s}$$

由 4.3.3.2 节可知，需考虑风振影响。结构的一阶自振频率 $f_1 = 1/T_1 = 1/2.077 = 0.481\mathrm{Hz}$。

标高(m)	z/H	μ_z	ϕ_z	$\theta_B=\dfrac{B(z)}{B(0)}$	θ_v	B_z	修正后的 B_z
90.30	0.90	1.93	0.840	0.55	1.75	0.77	0.741
70.26	0.70	1.79	0.530	0.65	1.75	0.53	0.603
50.22	0.50	1.62	0.275	0.75	1.75	0.30	0.394
30.20	0.30	1.39	0.100	0.85	1.75	0.13	0.193
10.18	0.10	1.00	0.010	0.95	1.75	0.02	0.033

对钢筋混凝土结构，阻尼比 $\zeta_1=0.05$，B 类场地地面粗糙度修正系数 $k_w=1.0$。则：

$$x_1=\frac{30f_1}{\sqrt{k_w w_0}}=\frac{30\times0.481}{\sqrt{1.0\times0.45}}=21.51>5$$

$$R^2=\frac{\pi f_1}{6\zeta_1}\frac{x_1^2}{(1+x_1^2)^{4/3}}=\frac{3.14\times0.481}{6\times0.05}\times\frac{21.51^2}{(1+21.51^2)^{4/3}}=0.65$$

由 $\beta_z=1+2gI_{10}B_z\sqrt{1+R^2}$ 求得 β_z，列于表 4-18。

标高(m)	修正后的 B_z	R^2	β_z
90.30	0.741	0.65	1.666
70.26	0.603	0.65	1.542
50.22	0.394	0.65	1.354
30.20	0.193	0.65	1.174
10.18	0.033	0.65	1.030

（5）计算各分段的风荷载和集中力

由公式 $w_k=\beta_{gz}\mu_{sl}\mu_z w_0$ 求风荷载。由公式 $P_i=w_k A_w$ 求各分段的集中力，其中，A_w 为风荷载作用面积。计算结果见表 4-19。

z_i (m)	A_{wi} (m^2)	μ_s	w_0(kN/m^2)	μ_z	β_z	w_k (kN/m^2)	集中力 P_k(kN)
90.30	88.0	0.554	0.45	1.93	1.666	0.802	70.56
70.26	104.0	0.554	0.45	1.79	1.542	0.688	71.57
50.22	120.0	0.554	0.45	1.62	1.354	0.547	65.62
30.20	136.0	0.554	0.45	1.39	1.174	0.407	55.32
10.18	152.0	0.554	0.495	1.00	1.030	0.257	39.03

（6）底部截面产生的弯矩和剪力标准值

$V_k=70.56+71.57+65.62+55.32+39.03=302.10kN$

$M_k=70.56\times90.30+71.57\times70.26+65.62\times50.22+55.32\times30.20+39.03\times10.18$

$=16763.22kN \cdot m$

4.4 横风向结构风效应

4.4.1 横风向风振

大多数情况下，横风向风力较顺风向风力小得多，当结构对称时，横风向风力更是可以忽略。然而，对于高层建筑、高耸塔架、烟囱等结构物，横风向作用引起的结构共振会产生很大的动力效应，甚至对工程设计起着控制作用。横风向风振是由不稳定的空气动力作用造成的，它与结构的截面形状及雷诺数有关，现以圆柱体结构为例，导出雷诺数的定义。

在空气流动中，对流体质点起主要作用的是两种力，即惯性力和黏性力。空气流动时自身质量产生的惯性力等于单位面积上的压力 $\rho v^2 / 2$ 乘以面积，其量纲为 $\rho v^2 L^2$（L 为长度）。黏性力反映流体抵抗剪切变形的能力，黏性越大，其抵抗剪切变形的能力就越大。黏性力的大小可通过黏性系数 μ 来衡量，流体中的黏性应力为黏性系数 μ 乘以速度梯度 dv/dy 或剪切角 γ 的时间变化率，而黏性力等于黏性应力乘以面积，其量纲为 $(\mu v/L) L^2$。

工程科学家雷诺在 19 世纪 80 年代，通过大量实验，首先给出了以惯性力与黏性力之比为参数的动力相似定律，该参数后来被命名为雷诺数。只要雷诺数相同，流体动力特性便相似。后来人们还发现，雷诺数也是衡量平滑流动的层流（laminar flow），向混乱无规则的湍流（turbulence）转换的尺度。

因为惯性力的量纲为 $\rho v^2 L^2$，而黏性力的量纲为 $(\mu v/L) L^2$，用圆形截面的直径 D 代替 L，可得雷诺数定义为

$$Re = \frac{\rho v^2 D^2}{(\mu v/D) D^2} = \frac{\rho v D}{\mu} = \frac{v D}{x} \tag{4-34}$$

式中：ρ——空气密度（kg/m^3）；

$\quad\quad v$——计算高度处的风速（m/s）；

$\quad\quad D$——结构截面的直径（m），或其他形状物体表面特征尺寸；

$\quad\quad \mu$——空气黏性系数；

$\quad\quad x$——运动黏性系数，$x = \mu/\rho$。

对于空气，运动黏性系数为 $1.45 \times 10^{-5} m^2/s$，则雷诺数 Re 可写为

$$Re = 69000 v D \tag{4-35}$$

雷诺数的定义是惯性力与黏性力之比，当雷诺数很小时，如小于 1/1000，则惯性力与黏性力相比可以忽略，即意味着高黏性行为。相反，如果雷诺数很大，如大于 1000，则意味着黏性力影响很小，空气流动的作用一般是这种情况，即惯性力起主要作用。

当空气绕过圆柱体时，如图 4-21（a）所示，沿上风面 AB 速度逐渐增大，到 B 点压力逐渐达到最低值，再沿下风面 BC 速度又逐渐降低，压力重新增大。实际上，由于在边界层内气流对柱体表面的摩擦要消耗部分能量，因此气流实际上是在 BC 中间的某一点 S 处速度停滞，旋涡就在 S 点生产，并在外流的影响下，以一定的周期脱落，如图 4-21（b）所示，这种现象称为旋涡脱落或卡门（karman）涡街。

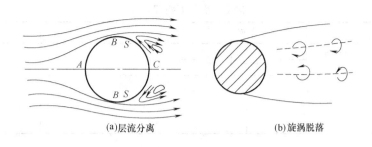

(a)层流分离   (b)旋涡脱落

图 4-21　圆柱体旋涡的产生和脱落

　　矩形柱体（如高层建筑）有另一种旋涡脱落现象，如图 4-22 所示。在低风速时由于脱落在建筑物两侧同时发生，不会引起建筑物的横向振动，仅有平行于风向的振动。在较高风速时，旋涡依次从两侧脱落。此时，除顺风方向有冲击力外在横风向也有冲击力。此横向冲击在建筑物左右轮流作用，其频率恰好是顺风向冲击频率的一半。后来斯托罗哈（Strouhal）在研究的基础上指出旋涡脱落现象可以用一个无量纲的参数来描述，此参数即为斯托罗哈数 St，可表示为

$$St = f_s D / v \qquad (4\text{-}36)$$

式中：f_s——旋涡脱落频率；

　　　　v——平均风速；

　　　　D——圆柱截面的直径。

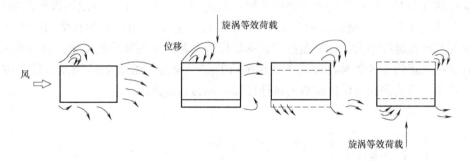

图 4-22　矩形截面柱体旋涡的产生和脱落

　　试验表明，旋涡脱落的频率或斯托罗哈数 St 与气流的雷诺数 Re 有关。如图 4-23 所示，当 $3.0 \times 10^2 \leqslant Re < 3.0 \times 10^5$ 时，周期性脱落很明显，且周期接近于常数，$St \approx 0.2$；当 $3.0 \times 10^5 \leqslant Re < 3.5 \times 10^6$ 时，脱落具有随机性，St 的离散性很大；而当 $Re \geqslant 3.5 \times 10^6$ 时，脱落又重新出现大致的规则性，$St = 0.27 \sim 0.3$。当旋涡脱落频率 f_s 与结构横向自振频率接近时，结构会发生剧烈的共振，即产生横风向风振。

　　对于其他截面的结构，也会产生横风向振动效应，但斯托罗哈数有所不同，表 4-20 给出了一些常见截面的斯托罗哈数。

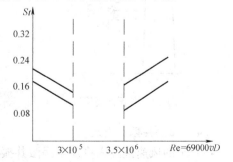

图 4-23　斯托罗哈数 St 与雷诺数 Re 的关系

常见截面的斯托罗哈数		表 4-20
截面		St
→ □ — ⊔ ⊢⊣ ⌐ ⌐ ⊥		0.15
→ ○	$3.0\times10^2\leqslant Re<3.0\times10^5$	0.2
	$3.0\times10^5\leqslant Re<3.5\times10^6$	$0.2\sim0.3$
	$Re\geqslant3.5\times10^6$	0.3

工程上雷诺数 $Re<3.0\times10^2$ 极少遇到。因而根据上述旋涡脱落的三段现象，可划分为三个临界范围，即：亚临界范围，$3.0\times10^2\leqslant Re<3.0\times10^5$；超临界范围，$3.0\times10^5\leqslant Re<3.5\times10^6$；跨临界范围，$Re\geqslant3.5\times10^6$。

应该指出，由于雷诺数与风速 v 的大小成比例，因而跨临界范围的横风向验算应成为结构抗风设计中应该特别注意的问题。特别是当旋涡周期性脱落的频率与结构的自振频率一致时，将产生共振反应。当结构处于亚临界范围时，虽然也有可能发生横风向共振，但由于风速小，对结构的作用不如跨临界范围严重，通常可以采用构造方法加以处理。而对于超临界范围，由于不会产生共振响应，且风速也不大，此时工程上常不考虑横风向风振。

4.4.2 锁定现象和共振区高度

4.4.2.1 锁定现象

实验研究表明，一旦结构产生涡激共振，结构的自振频率就会控制旋涡脱落的频率。当旋涡脱落的频率 f_s 与结构横向自振基本频率 f_1 接近时，结构就会在横向产生共振反应，此时若风速继续增大，旋涡脱落的频率仍保持常数，不再随风速变化。只有当风速大于结构共振风速约 1.3 倍时，旋涡才重新按新的频率脱落，如图 4-25 所示。这种现象称为锁定现象，而旋涡脱落保持常数的风速区域，称为锁定区域。

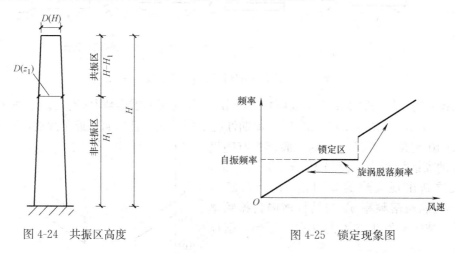

图 4-24　共振区高度　　　　　　　　图 4-25　锁定现象图

4.4.2.2 共振区高度

在一定的风速范围内将发生涡激共振现象，涡激共振发生的初始风速为临界风速 v_{cr}，可表达为

$$v_{cr} = \frac{D}{T_i St} \qquad (4\text{-}37)$$

式中：D——结构截面的直径（m），当结构沿高度截面缩小时（倾斜度不大于 0.02），可近似取 2/3 结构高度处的直径；

T_i——结构第 i 振型的自振周期，验算亚临界微分共振时取基本自振周期 T_1（s）；

St——斯托罗哈数，对圆截面结构取 0.2。

由锁定现象可知，在一定的风速范围内将发生涡激共振，对圆柱体结构，可沿高度方向取 $(1.0\sim1.3)v_{cr}$ 的区域为锁定区，即共振区。对应于共振区起点高度 H_1 的风速为临界风速 v_{cr}。根据式（4-4）所给出的平均风速沿高度的变化规律可以得到

$$H_1 = H\left(\frac{v_{cr}}{1.2 v_H}\right)^{1/\alpha} \qquad (4\text{-}38)$$

$$v_H = \sqrt{\frac{2000 \mu_H w_0}{\rho}} \qquad (4\text{-}39)$$

式中：H——结构总高度（m）；

v_H——结构顶部风速（m/s）；

α——地面粗糙度指数，对 A、B、C 和 D 类分别取 0.12、0.15、0.22 和 0.30；

μ_H——结构顶部风压高度变化系数；

w_0——基本风压（kN/m²）；

ρ——空气密度（kg/m³）。

这里需要说明的是，式（4-38）中的系数 1.2 是在考虑跨临界强风共振时，为了在设计中不致低估横风向的风振影响而设置的，主要是考虑结构在强风共振时的严重性及试验资料的局限性。此外，一些国外规范如 ISO 4354 也要求考虑增大验算风速。

同理，对应于共振区终点，也即 $1.3 v_{cr}$ 的高度 H_2 的高度为

$$H_2 = H\left(\frac{1.3 v_{cr}}{v_H}\right)^{1/\alpha} \qquad (4\text{-}40)$$

上式计算出的 H_2 值有可能大于结构的总高度 H，也有可能小于结构的总高度 H，实际工程中一般近似取 $H_2 = H$，即共振区高度范围为（$H - H_1$）。

4.4.3 圆形截面横风向风振验算

根据横向风振的特点和规律，《荷载规范》提出，对圆形截面的结构，应按下列规定对不同雷诺数 Re 的情况进行横风向风振（旋涡脱落）的校核。雷诺数 Re 可采用式（4-35）计算，其中风速 v 沿着结构高度是变化的，对亚临界微风共振验算，v 取得越小越不利，但对于跨临界强风共振验算，v 取得越大越容易发生强风共振。但是为了设计上的方便，通常将二者统一取为 v_{cr} 值。当在应用时如有需要提高要求时，也可对跨临界强风共振将 v 取为 v_H 值。

（1）当 $Re < 3.0 \times 10^5$ 且结构顶部风速 v_H 大于 v_{cr} 时，可发生亚临界的微风共振。此时，可在构造上采取防振措施，或控制结构的临界风速 v_{cr} 不小于 15m/s。

（2）当雷诺数为 $3.0 \times 10^5 \leqslant Re < 3.5 \times 10^6$ 时，则发生超临界范围的风振，旋涡脱落没有明显的周期，结构的横向振动也呈随机性，可不作处理。

（3）当 $Re \geqslant 3.5 \times 10^6$ 且结构顶部风速 v_H 的 1.2 倍大于 v_{cr} 时，处于跨临界范围，此时，重新出现规则的周期性旋涡脱落，一旦与结构自振频率接近，结构将发生强风共振，必须进行横向风振验算。

跨临界强风共振引起在 z 高度处振型 j 的等效风荷载可由下列公式确定：

$$w_{Lk,j} = |\lambda_j| v_{cr}^2 \phi_j(z) / 12800 \zeta_j \qquad (4\text{-}41)$$

式中：λ_j——计算系数，按表 4-21 确定；

    v_{cr}——临界风速，按式（4-44）计算；

    $\phi_j(z)$——结构的第 j 振型系数，由计算确定或参考附录 6 确定；

    ζ_j——结构第 j 振型的阻尼比；对第 1 振型，钢结构取 0.01，房屋钢结构取 0.02，混凝土结构取 0.05；对高阶振型的阻尼比，若无相关资料，可近似按第 1 振型的值取用。

λ_j 计算用表   表 4-21

结构类型	振型序号	H_1/H										
		0	0.1	0.2	0.3	0.4	0.5	0.6	0.7	0.8	0.9	1.0
高耸结构	1	1.56	1.55	1.54	1.49	1.42	1.31	1.15	0.94	0.68	0.37	0.
	2	0.83	0.82	0.76	0.60	0.37	0.09	−0.16	−0.33	−0.38	−0.27	0
	3	0.52	0.48	0.32	0.06	−0.19	−0.30	−0.21	0.00	0.20	0.23	0.
	4	0.30	0.28	0.02	−0.20	−0.23	0.03	0.16	0.15	−0.05	−0.18	0.
高层建筑	1	1.56	1.56	1.54	1.49	1.41	1.28	1.12	0.91	0.65	0.35	0.
	2	0.73	0.72	0.63	0.45	0.19	−0.11	−0.36	−0.52	−0.53	−0.36	0.

临界风速起始点高度 H_1 按下式计算：

$$H_1 = H \times \left(\frac{v_{cr}}{1.2 v_H} \right)^{1/\alpha} \qquad (4\text{-}42)$$

式中：α——地面粗糙度指数，A、B、C、D 四类地面粗糙度分别取 0.12、0.15、0.22、0.30；

    v_H——结构顶部风速（m/s），按式（4-39）计算。

对跨临界的强风共振，设计时必须按不同振型对结构予以验算，式（4-41）中的计算系数 λ_j 是对 j 振型情况下考虑与共振区分布有关的折减系数，若临界风速起始点在结构底部，整个高度为共振区，它的效应最为严重，系数值最大；若临界风速起始点在结构顶部，不发生共振，也不必验算横风向的风振荷载。根据国外资料和国内的计算研究，认为一般考虑前 4 个振型就足够了，但以前两个振型的共振最为常见。

值得注意的是，上述描述均是针对圆形截面进行展开的，对于矩形截面横风向风振的验算，可参考《荷载规范》中附录 H.2。

【例 4.7】 某钢筋混凝土烟囱，圆形截面，底部直径 9m，顶部直径 6m，总高度 100m，烟囱倾斜度为 0.015；自振周期 $T_1 = 1.074$s，$T_2 = 0.504$s，阻尼比 $\zeta_1 = 0.05$；建于 B 类地区，地面粗糙度指数 $\alpha = 0.15$，基本风压值 $w_0 = 0.55$kN/m²，基本风速 $v = 29.67$m/s，求横风向风振等效风荷载。

解：（1）横风向风振判别

114

根据风速沿高度变化的指数规律，即式（4-4），可求出烟囱顶部风速：
$$v_H = v_{10}(H/10)^a = 29.67 \times (100/10)^{0.15} = 41.91 \text{m/s}$$
取结构 2/3 高度处计算共振风速，该处直径 $D = 7$m。

对应于 T_1 的临界风速为：
$$v_{cr1} = 5D/T_1 = 5 \times 7/1.074 = 32.59 \text{m/s} < v_H$$

对应于 T_2 的临界风速为：
$$v_{cr2} = 5D/T_1 = 5 \times 7/0.504 = 69.44 \text{m/s} > v_H$$

只有第 1 自振周期对应的临界风速小于烟囱顶部风速，故仅需对第一振型进行横风向风振验算。

（2）临界范围确定

偏于安全地取烟囱顶点处的风速和直径计算雷诺数，有
$$Re = 69000vD = 69000 \times 41.91 \times 7 = 20.24 \times 10^6 > 3.50 \times 10^6$$

属跨临界范围，会出现强风共振。

（3）共振区范围

临界风速起始点高度 H_1 按式（4-38）确定，终点高度 H_1 按（4-40）计算，有：
$$H_1 = H(v_{cr}/1.2v_H)^{1/a} = 100 \times (32.59/1.2 \times 41.91)^{1/0.15} = 5.55 \text{m}$$
$$H_2 = H(1.3v_{cr}/v_H)^{1/a} = 100 \times (1.3 \times 32.59/41.91)^{1/0.15} = 107.50 \text{m}$$

对于一般工程，取 $H_2 = H$，即该烟囱共振区范围为 5.55m～100m。

（4）强风共振等效风荷载

跨临界强风共振引起的在 z 高度处第 1 振型的等效风荷载可由下列式（4-41）确定，即：
$$w_{Lk,j} = |\lambda_j| v_{cr}^2 \phi_j(z)/12800\zeta_j$$

计算系数 λ_1，由 $H_1/H = 0.056$，查表 4-21 可得 $\lambda_1 = 1.554$。

该烟囱截面沿高度规律变化，第 1 振型的振型系数可由附录 6 确定。由 $B_H/B_0 = 0.67$，对应于共振起始点 H_1 的振型系数为 0.01，烟囱顶部的振型系数为 1.00。再将 $v_{cr} = 32.59$m/s，$\zeta_1 = 0.05$ 代入上式，可得：

共振起始点处的等效风荷载 $w_{cH1} = 1.554 \times 32.59^2 \times 0.01/12800/0.05 = 0.026 \text{kN/m}^2$

烟囱顶部的等效风荷载 $w_{cH} = 1.554 \times 32.59^2 \times 1/12800/0.05 = 2.579 \text{kN/m}^2$

共振区范围等效风荷载按指数规律变化。

4.5 扭 转 风 振

扭转风荷载是由于建筑各个立面风压的非对称作用产生的，受截面形状和湍流度等因素的影响较大。判断高层建筑是否需要考虑扭转风振的影响，主要考虑建筑的高度、高宽比、深宽比、结构自振频率、结构刚度与质量的偏心等多种因素。

对于扭转风振作用效应明显的高层建筑及高耸结构，即：建筑高度超过 150m，同时满足：$H/\sqrt{BD} \geqslant 3$、$D/B \geqslant 1.5$、$T_{T1}v_H/\sqrt{BD} \geqslant 0.4$（$T_{T1}$ 为第一阶扭转周期）的高层建筑，扭转风振效应明显，宜考虑扭转风振的影响。

对于质量和刚度较对称的矩形截面高层建筑，其扭转风振等效风荷载 w_{Tk} 可根据

《荷载规范》中附录 H.3 确定；对于体型较复杂以及质量或刚度有显著偏心的高层建筑，扭转风振等效风荷载 w_{Tk} 宜通过风洞试验确定，也可比照有关资料确定。

根据前面几节及本节的叙述，我们可以大致总结出：对于低层结构，一般不考虑风振影响；对于高层结构，一般只考虑顺风向风振影响；对于高柔结构，既要考虑顺风向风振影响，又要考虑横风向风振影响；对于高柔且扭转明显的结构，需同时考虑顺、横向风振及扭转风振影响。一般而言，随着结构刚度的减小，结构振动越显著，风对结构的影响也越大。

4.6　风荷载组合工况

高层建筑和高耸结构在脉动风荷载作用下，其顺风向荷载、横风向风振和扭转风振等效风荷载一般是同时存在的，但三种风荷载的最大值并不一定同时出现。一般情况下顺风向风振响应与横风向风振响应的相关性接近零，对于顺风向风荷载为主的情况（工况1），横风向风荷载不参与组合；对于横风向风荷载为主的情况（工况2），顺风向风荷载仅静力部分参与组合，简化为在顺风向风荷载标准值前乘以折减系数 0.6 加以考虑。虽然横风向和扭转方向风振响应之间相关性较大，但影响因素较多，在目前研究尚不成熟情况下，暂不考虑扭转风振等效风荷载与另外两个方向的风荷载的组合。如表 4-22 所示。

风荷载工况　　　　　　　　　　　　　　　　　　　表 4-22

工　　况	顺风向风荷载	横风向风振等效风荷载	扭转风振等效风荷载
1	F_{Dk}	—	—
2	$0.6F_{Dk}$	F_{Lk}	—
3	—	—	T_{Tk}

$$F_{Dk}=(w_{k1}-w_{k2})B \tag{4-43}$$
$$F_{Lk}=w_{Lk}B \tag{4-44}$$
$$T_{Tk}=w_{Tk}B^2 \tag{4-45}$$

式中：F_{Dk}——顺风向单位高度风力标准值（kN/m）；

　　　F_{Lk}——横风向单位高度风力标准值（kN/m）；

　　　T_{Tk}——单位高度风致扭矩标准值（kN·m/m）；

w_{k1}、w_{k2}——迎风面、背风面风荷载标准值（kN/m²）；

w_{Lk}、w_{Tk}——横风向风振和扭转风振等效风荷载标准值（kN/m²）；

　　　B——迎风面宽度。

【例 4.8】　某钢筋混凝土高层建筑，方形截面，房屋总高为 81m，迎风面宽度 B 为 18m。迎风面、背风面风荷载标准值 w_{k1}、w_{k2} 分别为 0.93kN/m²、0.44kN/m²，横风向风振和扭转风振等效风荷载标准值 w_{Lk}、w_{Tk} 分别为 0.38kN/m²、0.49kN/m²。试求该房屋风荷载组合工况。

解：根据式（4-43）、式（4-44）知：
$$F_{Dk}=(w_{k1}-w_{k2})B=(0.93-0.44)\times18=8.82\text{kN/m}$$
$$F_{Lk}=w_{Lk}B=0.38\times18=6.84\text{kN/m}$$

因该房屋总高为 81m＜150m，所以不再考虑扭转风振的影响。

又根据表 4-22，因 $F_{Dk}=8.82kN/m＞F_{Lk}=6.84kN/m$，所以按工况 1 进行考虑，即仅考虑顺风向风振的影响，$F_{Dk}=8.82kN/m$。

4.7 桥梁风荷载

风荷载是桥梁结构的重要设计荷载，尤其是对于大跨径的斜拉桥和悬索桥，风荷载往往起着决定性的作用。风对桥梁结构的作用是复杂的空气动力学问题，除了考虑风的静力作用外，对于大跨度桥梁还必须考虑结构的风致振动。

在顺风向平均风的作用下，结构上的风压值不随时间发生变化，风的周期远离结构的自振周期，可将其视为静力作用。作用于桥梁上的风力可能来自任一方向，其中横桥向水平风力最为危险，是主要计算对象。除桁架式上部构造应计算纵向风力外，其余类型上部构造一般不计纵向风力。桥梁墩台应计算纵向风力，此外，风对桥面的升力也应考虑。《公路桥涵设计通用规范》（JTG D60—2004）给出了计算桥梁的强度和稳定时，横向及纵向风力的计算方法。

4.7.1 横桥向风荷载的计算

横桥向风荷载假定水平地垂直作用于桥梁各部分迎风面积的形心上，其标准值按下式计算：

$$F_{wh}=k_0k_1k_3W_dA_{wh} \tag{4-46}$$

$$W_d=\gamma V_d^2/2g \tag{4-47}$$

$$W_0=\gamma V_{10}^2/2g \tag{4-48}$$

$$V_d=k_2k_5V_{10} \tag{4-49}$$

$$\gamma=0.012017e^{-0.0001Z} \tag{4-50}$$

式中：F_{wh}——横桥向风荷载标准值（kN）；

W_0——基本风压（kN/m^2），全国各主要气象台站 10 年、50 年、100 年一遇的基本风压可按相关规范的有关数据经实地核实后采用；

W_d——设计基准风压（kN/m^2）；

A_{wh}——横向迎风面积（m^2），按桥跨结构各部分的实际尺寸计算；

V_{10}——桥梁所在地区的设计基本风速（m/s），系按平坦空旷地面，离地面 10m 高，重现期为 100 年 10min 平均最大风速计算确定；当桥梁所在地区缺乏风速观测资料时 V_{10} 可按相关规范的有关数据并经实地调查核实后采用；

V_d——高度 Z 处的设计基准风速（m/s）；

Z——距地面或水面的高度（m）；

γ——空气重力密度（kN/m^3）；

k_0——设计风速重现期换算系数，对于单孔跨径指标为特大桥和大桥的桥梁，$k_0=1.0$，对其他桥梁，$k_0=0.90$；对施工架设期桥梁，$k_0=0.75$；当桥梁位于台风多发地区时，可根据实际情况适度提高 k_0 值；

k_3——地形、地理条件系数，按表 4-23 取用；

k_5——阵风风速系数，对 A、B 类地表 $k_5=1.38$，对 C、D 类地表 $k_5=1.70$，A、B、C、D 地表类别对应的地表状况见表 4-24；

k_2——考虑地面粗糙度类别和梯度风的风速高度变化修正系数，可按表 4-25 取用；位于山间盆地、谷地或峡谷、山口等特殊场合的桥梁上、下部结构的风速高度变化修正系数 k_2 按 B 类地表类别取值；

k_1——风载阻力系数，由表 4-26～表 4-28 确定；

g——重力加速度，$g=9.81\text{m/s}^2$。

地形、地理条件系数 k_3 表 4-23

地形、地理条件	一般地区	山间盆地、谷地	峡谷口、山口
地形、地理条件系数 k_3	1.00	0.75～0.85	1.20～1.40

地表分类   表 4-24

地表粗糙度类别	地 表 状 况
A	海面、海岸、开阔水面
B	田野、乡村、丛林及低层建筑物稀少地区
C	树木及低层建筑物等密集地区、中高层建筑物稀少地区、平缓的丘陵地
D	中高层建筑物密集地区、起伏较大的丘陵地

风速高度变化修正系数 k_2 表 4-25

离地面或水面高度(m)	地 表 类 别			
	A	B	C	D
5	1.08	1.00	0.86	0.79
10	1.17	1.00	0.86	0.79
15	1.23	1.07	0.86	0.79
20	1.28	1.12	0.92	0.79
30	1.34	1.19	1.00	0.85
40	1.39	1.25	1.06	0.85
50	1.42	1.29	1.12	0.91
60	1.46	1.33	1.16	0.96
70	1.48	1.36	1.20	1.01
80	1.51	1.40	1.24	1.05
90	1.53	1.42	1.27	1.09
100	1.55	1.45	1.30	1.13
150	1.62	1.54	1.42	1.27
200	1.73	1.62	1.52	1.39
250	1.75	1.67	1.59	1.48
300	1.77	1.72	1.66	1.57
350	1.77	1.77	1.71	1.64
400	1.77	1.77	1.77	1.71
≥450	1.77	1.77	1.77	1.77

风载阻力系数应按下列规定确定：

(1) 普通实腹桥梁上部结构的风载阻力系数可按下式计算：

$$k_1 = \begin{cases} 2.1 - 0.1B/H & 1 \leqslant B/H < 8 \\ 1.3 & 8 \leqslant B/H \end{cases} \quad (4\text{-}51)$$

式中：B——桥梁宽度（m）；

H——梁高（m）。

（2）桁架桥上部结构的风载阻力系数 k_1 规定见表 4-26。上部结构为两片或两片以上桁架时，所有迎风桁架的风载阻力系数均取 ηk_1，η 为遮挡系数，按表 4-27 采用；桥面系构造的风载阻力系数取 $k_1 = 1.3$。

桁架的风载阻力系数　　　　　　　　　　　表 4-26

实 面 积 比	矩形与 H 形截面构件	圆柱形构件(D 为圆柱直径)	
		$D\sqrt{W_0} < 5.8$	$D\sqrt{W_0} \geqslant 5.8$
0.1	1.9	1.2	0.7
0.2	1.8	1.2	0.8
0.3	1.7	1.2	0.8
0.4	1.7	1.1	0.8
0.5	1.6	1.1	0.8

注：1. 实面积比=桁架净面积/桁架轮廓面积；

　　2. 表中圆柱直径 D 以 m 计，基本风压以 kN/m² 计。

桁架遮挡系数 η　　　　　　　　　　　　表 4-27

间距比	实 面 积 比				
	0.1	0.2	0.3	0.4	0.5
≤1	1.0	0.90	0.80	0.60	0.45
2	1.0	0.90	0.80	0.65	0.50
3	1.0	0.95	0.80	0.70	0.55
4	1.0	0.95	0.80	0.70	0.60
5	1.0	0.95	0.85	0.75	0.65
6	1.0	0.95	0.85	0.80	0.70

注：间距比=两桁架中心距/迎风桁架高度。

（3）桥墩或桥塔的风载阻力系数 k_1 可依据桥墩或桥塔的断面形状、尺寸比及高宽比值的不同由表 4-28 查得。表中没有包括的断面，其 k_1 值宜由风洞试验确定。

桥墩或桥塔的阻力系数 k_1　　　　　　　　　表 4-28

断 面 形 状	t/b	桥墩或桥塔的高宽比						
		1	2	4	6	10	20	40
风向 → [矩形 t,b]	≤1/4	1.3	1.4	1.5	1.6	1.7	1.9	2.1
→ [矩形]	1/3、1/2	1.3	1.4	1.5	1.6	1.6	2.0	2.2
→ [矩形]	2/3	1.3	1.4	1.5	1.6	1.8	2.0	2.2
→ [正方形]	1	1.2	1.3	1.4	1.5	1.6	1.8	2.0

断 面 形 状	t/b	桥墩或桥塔的高宽比						
		1	2	4	6	10	20	40
→□（矩形）	3/2	1.0	1.1	1.2	1.3	1.4	1.5	1.7
→□（矩形）	2	0.8	0.9	1.0	1.1	1.2	1.3	1.4
→□（矩形）	3	0.8	0.8	0.8	0.9	0.9	1.0	1.2
→□（矩形）	≥4	0.8	0.8	0.8	0.8	0.8	0.9	1.1
→◇ →⬡（菱形、八边形）		1.0	1.1	1.1	1.2	1.2	1.3	1.4
12 边形 →⬡		0.7	0.8	0.9	0.9	1.0	1.1	1.3
光滑表面圆形且 $D\sqrt{W_0}\geq5.8$ →○		0.5	0.5	0.5	0.5	0.5	0.6	0.6
1. 光滑表面圆形且 $D\sqrt{W_0}<5.8$ →○ 2. 粗糙表面或有凸起的圆形		0.7	0.7	0.8	0.8	0.9	1.0	1.2

注：1. 上部结构架设后，应按高度比为 40 计算 k_1 值；
　　2. 对于带有圆弧角的矩形桥墩，其风载阻力系数应从表中查得 k_1 值后，再乘以折减系数 $(1-1.5r/b)$ 或 0.5，取其二者之较大值，在此 r 为圆弧角的半径；
　　3. 对于沿桥墩高度有锥度变化的情形，k_1 值应按桥墩高度分段计算，每段的 t 及 b 取各段的平均值，高度比则应以桥墩总高度对每段的平均宽度之比计算；
　　4. 对于带三角尖端的桥墩，其 k_1 值应按包括该桥墩外边缘的矩形截面计算。

4.7.2　其他情况下风荷载的考虑

桥梁顺桥向可不计桥面系及上承式梁所受的风荷载，下承式桁架顺桥向风荷载标准值按其横桥向风压的 40%乘以桁架迎风面积计算。桥墩上的顺桥向风荷载标准值可按横桥向风压的 70%乘以桥墩迎风面积计算。悬索桥、斜拉桥桥塔上的顺桥向风荷载标准值可按横桥向风压乘以迎风面积计算。桥台可不计算纵、横向风荷载。上部构造传至墩台的顺桥向风荷载，其在支座的着力点及墩台上的分配，可根据上部构造的支座条件，按汽车制动力的规定处理。

对风敏感且可能以风荷载控制设计的桥梁，应考虑桥梁在风荷载作用下的静力和动力失稳，必要时应通过风洞试验验证，同时可采取适当的风致振动控制措施。

对于更复杂的情况，如桥梁的脉动风作用、抗风稳定性验算、风致振动及其控制等，可参考《公路桥梁抗风设计规范》（JTG/T D60—01—2004），这里不再赘述。

【**例 4.9**】 某桥按单孔跨径分类属于中桥，坐落在峡谷口，地表粗糙度类别为 B 类，桥梁所在地区的设计基本风压为 0.65kN/m^2，其桥墩几何尺寸如图 4-26 所示，求该桥墩横桥向风荷载标准值大小。（沿桥梁高度方向分 5 段进行计算）

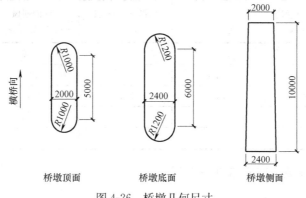

图 4-26 桥墩几何尺寸

解：（1）相关几何参数

截面形心高度，横向迎风面积 A_{wh}，空气重力密度 γ，见表 4-29。

桥墩几何参数 表 4-29

截面形心高度（m）	横向迎风面积 A_{wh}（m²）	空气重力密度 γ
8.99	4.08	0.012
6.99	4.24	0.012
4.98	4.40	0.012
2.99	4.56	0.012
0.99	4.72	0.012

由式 4-50 可知，$\gamma_{10}=0.012017\text{e}^{-0.0001\times10}=0.012$，由式 4-48 可得 $V_{10}=W_0=\gamma V_{10}{}^2/2g=32.60\text{m/s}$。按 B 类地面粗糙度，查表 4-24 和表 4-25，可得 $k_2=1.00$；对 B 类地面粗糙度，$k_5=1.38$。由式（4-49）$V_d=k_2k_5V_{10}$，得 $V_{d1}=V_{d2}=V_{d3}=V_{d4}=V_{d5}=44.988\text{m/s}$。由式（4-47）得 $W_d=1.24\text{kN/m}^2$。

（2）k_1 和 k_3 系数的取值

由长宽比 3.5 查表 4-28 得 k_1（未列出部分按线性内插查得），由于桥墩有圆弧角，所以应乘以折减系数，折减系数取（$1-1.5r/b$）或 0.5 二者的较大值，5 段高度中 r/b 均为 0.5，所以（$1-1.5r/b$）$=0.25$，取折减系数为 0.5。k_1 的计算过程见表 4-30。

影响 k_1 取值的有关系数和 k_1 表 4-30

桥墩高宽比	桥墩横桥向平均长度 t（m）	桥墩纵桥向平均宽度 b（m）	桥墩每段圆弧平均半径 r（m）	风载阻力系数 k_1
4.90	7.14	2.04	1.02	0.425
4.72	7.42	2.12	1.06	0.420
4.55	7.70	2.20	1.10	0.415
4.39	7.98	2.28	1.14	0.410
4.23	8.26	2.36	1.18	0.405

由桥梁坐落在峡谷口，查表4-23，得 $k_3 = 1.30$。

（3）根据式（4-46）可求出桥墩横桥向风荷载标准值，具体系数和结果见表4-31。

桥墩横桥向风荷载标准值 表 4-31

截面形心高度(m)	设计风速重现期换算系数 k_0	风载阻力系数 k_1	地形、地理条件系数 k_3	横向迎风面积 A_{wh}(m²)	桥墩横桥向风荷载标准值(kN)
8.99	0.90	0.425	1.30	4.08	2.516
6.99	0.90	0.420	1.30	4.24	2.584
4.98	0.90	0.415	1.30	4.40	2.649
2.99	0.90	0.410	1.30	4.56	2.712
0.99	0.90	0.405	1.30	4.72	2.773

桥墩横桥向风荷载标准值如图4-27所示。

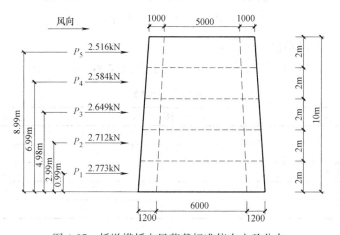

图 4-27 桥墩横桥向风荷载标准值大小及分布

本 章 小 结

1. 风是由空气从气压（大气压力）大的地方向气压小的地方流动而形成的，我国较为常见的两类风是台风和季风。在没有风速仪测定风速大小时，人们根据风对地面（或海面）物体的影响程度来确定风的等级，亦称蒲福风力等级，共分13级。

2. 风速仪所测定的是风的速度，而进行结构计算时，设计人员需要的是风压。所以必须了解风速和风压之间的转换关系，二者之间的关系是 $w = \dfrac{\gamma}{2g}v^2$，一般情况下可进一步简化为 $w = \dfrac{v^2}{1630}$。

3. 基本风压是在离地10m高度，空旷平坦地面，取10min平均风速作为一个样本，取一年内最大的一个样本作为年最大风速，取设计基准期内具有一定保证率的风速作为基本风速，根据风速与风压的关系换算得到的。上述条件称为标准条件，如果所测风速的高度、地貌、时距和重现期不符合标准条件，可进行换算。

4. 风压高度变化系数是任一高度、任一地面粗糙度下的风压与标准高度、标准地面粗糙度风压的比值；风荷载体型系数是建筑物表面平均风压与理论计算风压的比值；风振系数是把风振这种动力效应转换成静力荷载进行计算时所考虑的一个增大系数。

5. 顺风向的风可分解为平均风和脉动风。平均风相对稳定，可等效为静力荷载，通过基本风压来反映；脉动风周期较短，与一些工程结构的自振周期较接近，将使结构产生动力响应，是引起结构顺风向振动的主要原因。

6. 建筑物风压分布不均匀，角隅、檐口、边棱处和在附属结构部位的局部风压比平均风压要大，此时应采用局部风压体型系数代替风荷载体型系数进行计算；阵风系数是考虑瞬时风压比平均风压大所乘的增大系数。

7. 当计算主要承重结构时，风荷载标准值按公式 $w_k = \beta_z \mu_s \mu_z w_0$ 计算；当计算围护结构时，风荷载标准值按公式 $w_k = \beta_{gz} \mu_{sl} \mu_z w_0$ 计算。

8. 结构受到风力作用时，不仅会发生顺风向风振，还会发生横风向风振及扭转风振。横风向风振是由旋涡不对称脱落造成的，它与结构的截面形状及雷诺数有关，雷诺数是惯性力与黏性力之比，当雷诺数很小时，则惯性力与黏性力相比可以忽略，即意味着高黏性行为。相反，如果雷诺数很大，则意味着黏性力影响很小，空气流动的作用一般是这种情况，即惯性力起主要作用。

9. 根据旋涡脱落情况，可分为三种临界范围。在亚临界范围内，旋涡周期性脱落明显，且周期接近于常数，此时风速小，只需构造处理；在超临界范围内，旋涡脱落具有随机性，此时结构不共振，不需处理；在跨临界范围内，旋涡脱落又重新出现大致的规则性，当旋涡脱落频率与结构横向自振频率接近时，结构会发生剧烈的共振，要进行横风向风振验算。

10. 风荷载是桥梁结构的重要设计荷载，尤其是对于大跨径的斜拉桥和悬索桥，风荷载往往起着决定性的作用。风对桥梁结构的作用是复杂的空气动力学问题，除了考虑风的静力作用外，对于大跨度桥梁还必须考虑结构的风致振动。

11. 横桥向风荷载假定水平地垂直作用于桥梁各部分迎风面积的形心上，其标准值按公式 $F_{wh} = k_0 k_1 k_3 W_d A_{wh}$ 计算；桥梁顺桥向可不计桥面系及上承式梁所受的风荷载，下承式桁架顺桥向风荷载标准值按其横桥向风压的 40% 乘以桁架迎风面积计算，桥墩上的顺桥向风荷载标准值可按横桥向风压的 70% 乘以桥墩迎风面积计算，悬索桥、斜拉桥桥塔上的顺桥向风荷载标准值可按横桥向风压乘以迎风面积计算；对风敏感且可能以风荷载控制设计的桥梁，应考虑桥梁在风荷载作用下的静力和动力失稳，必要时应通过风洞试验验证，同时可采取适当的风致振动控制措施。

习　题

1. 风是如何形成的？
2. 风速和风压有什么关系？二者之间的换算关系受哪些因素的影响？
3. 确定基本风压的标准条件是什么？非标准条件如何进行换算？
4. 如何确定山区的基本风压？
5. 如何确定远海海面和海岛的基本风压？

6. 风压高度变化系数、风荷载体型系数和风振系数的物理意义是什么？

7. 如何考虑群体间风压的相互干扰？

8. 平均风和脉动风有什么区别？哪一个是引起结构风振的主要原因？

9. 什么是阵风系数？什么是局部风压体型系数？

10. 对各种常规结构形式，如何近似计算结构的振型系数和基本周期？

11. 计算主要承重结构和围护结构时，风荷载标准值的确定有什么不同？

12. 计算高层结构和高耸结构时，风荷载标准值的确定有什么不同？

13. 什么是雷诺数？雷诺数的大小对应什么样的流体特性？

14. 三种临界范围都是什么？旋涡脱落有什么特点？设计上如何处理？

15. 桥梁风荷载标准值的计算和结构有什么区别？

16. 如何考虑顺桥向风荷载？

17. 建于广州市的六层框架结构平面及剖面如习题17图所示，底层层高5.0m，其余各层层高4.5m，女儿墙顶高出屋面1.0m。试计算该结构横向受到的水平风荷载，并绘出荷载作用简图。

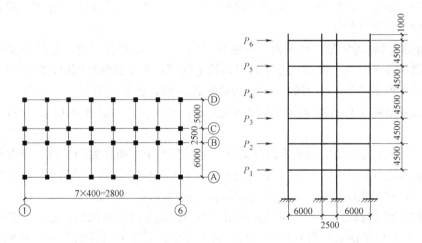

习题 17 图

18. 某三层钢筋混凝土框架结构，平面为矩形，纵向各轴线间距为3.9m，横向总宽13.2m，层高均为3.4m，室内外高差0.45m，屋顶女儿墙高0.6m，地面粗糙度类别为B类，所在地区基本风压值 $w_0 = 0.60 \text{kN/m}^2$。求顺风向风对一榀横向中框架各层节点产生的风荷载标准值。

第5章 地震作用

内容提要

本章介绍地震的成因及分布、震级及烈度的基本概念；阐述抗震设防烈度、抗震性能水准及目标、地震反应谱理论等基本知识；给出单质点体系和多质点体系的水平地震作用的计算方法，即底部剪力法和振型分解反应谱法；简单介绍结构竖向地震作用的计算方法以及对结构扭转地震效应的考虑，最后介绍桥梁结构水平地震作用计算方法。本章要求理解地震及抗震设防的相关概念；领会地震作用计算方法建立过程中的简化思想，掌握单质点、多质点体系地震作用的计算方法及适用范围，并能区分砌体、多层及高层混凝土结构、钢结构及桥梁等结构体系的地震作用计算差异。

5.1 地震基本知识

地震是一种突发性的自然灾害，会对人们的生命和财产造成极大损失。根据多年来的统计结果，全世界每年大约发生 500 万次地震，但约 99％的地震，由于发生在地球深处或其释放的能量太小而不被察觉，有感地震只占 1％，其中，造成严重破坏的大地震每年发生 20 次左右，毁灭性地震约 2 次。

5.1.1 地球构造与地震成因

5.1.1.1 地球构造

地球是一个平均半径为 6400km 的椭圆球体，主要由地壳、地幔和地核构成，如图 5-1所示。

外层为很薄的地壳，厚度约 5km～40km，地壳分上下两层，上部主要为花岗岩，下部主要为玄武岩，绝大多数地震发生在这一层；中间层是地幔，厚约 2900km，地幔主要由橄榄岩构成，地幔上部温度为 1000℃，其中存在几百公里的软流层，此时岩石呈黏弹性的塑性状态，也就是所谓的岩浆；内层为地核，厚约 3500km，其主要成分为铁和镍，温度高达 4000℃～5000℃，地核又可分为外核和内核，外核厚约 2100km，据推测为液态，内核则可能为固态。

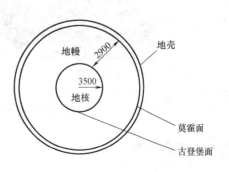

图 5-1 地球构造示意图

地壳与地幔之间为莫霍面，由南斯拉夫地震学家莫霍洛维奇于 1909 年发现，在莫霍面上，地震波的纵波和横波传播速度明显增大；地幔与地核之间为古登堡面，由德国地球物理学家古登堡于 1914 年发现，通过古登堡面向下，纵波速度突然下降，横波完全消失，到达内核时，横波重新出现。

5.1.1.2　地震类型

地震按其产生的原因，可分为火山地震、塌陷地震和构造地震。

由于岩浆冲击、火山喷发而引起的地震称为火山地震，火山地震约占全球地震的7%，一般情况下其影响范围和破坏程度较小，主要分布在环太平洋、地中海及东非地带。

由于地表或地下岩层突然大规模陷落和崩塌而造成的地震称为塌陷地震，塌陷地震约占全球地震的 3%，其破坏程度很小，主要分布在具有地下溶洞或古旧矿坑地质条件的地区。

由于地壳运动，造成地下岩层的断裂或错动而引起的地震称为构造地震，构造地震约占全球地震的 90%，它释放的能量大，破坏作用和影响范围也较大，主要分布在太平洋板块、欧亚板块、美洲板块等六大板块交界地区，发生频繁。所以，通常在研究工程抗震时，主要考虑构造地震的影响。

5.1.1.3　地震成因

地球内部的岩浆并不是静止不动的，而是随着地球的自转和万有引力的作用，在不断流动。岩浆的流动会引起大陆漂移，导致板块之间的相对运动，会使岩石相互接触碰撞，产生挤压变形，随着挤压变形的发展，附近的岩石所积聚的应力也逐渐增大，当这种应力超过某些薄弱部位岩石的极限强度时，这些部位的岩层就会突然断裂并猛烈错动，此时，岩层中累积的能量释放出来，再以地震波的形式传到地面，就产生了地震，如图 5-2 所示。岩层的破裂通常不是沿一个平面发展，而是形成一系列裂缝组成的破碎带，沿该破碎带的岩层不可能同时达到平衡，因此在一次强烈的地震后，由于岩层的变形和不断调整，会产生一系列的余震。

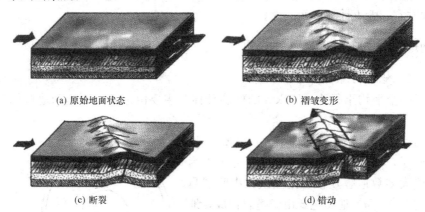

(a) 原始地面状态　　　　　　　　　　(b) 褶皱变形

(c) 断裂　　　　　　　　　　　　(d) 错动

图 5-2　构造运动与地震成因示意图

5.1.2　地震分布

5.1.2.1　世界地震分布

由于构造地震是由于地壳岩层应力累积而造成的岩层破裂引起的，因此震源总是位于岩层的最薄弱处。一般地壳岩层总有一些断层，而断层处抵抗应力的能力比非断层处要低，故地震一般发生在岩层断裂处。地球表面的岩石层由六大板块和若干小板块组成，这六大板块即欧亚板块、美洲板块、非洲板块、太平洋板块、澳洲板块和南极板块。由于地幔的对流，这些板块在地幔软流层上异常缓慢而又持久地相互运动着，又由于它们的边界是相互制约的，因而板块之间处于张拉、挤压和剪切状态，从而产生了应力。地球上的主要地震带就是在这些大板块的交界地区。

地球上的地震分布主要有四个地震带，如图 5-3 所示，分别为欧亚地震带、环太平洋地震带、沿北冰洋、大西洋和印度洋中主要山脉的狭窄浅震活动带，据统计，世界上 75％的地震发生在环太平洋地震带上，其他大部分地震则发生在欧亚地震带上。

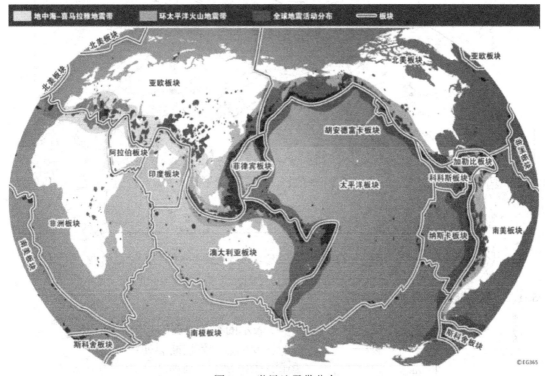

图 5-3　世界地震带分布

5.1.2.2　我国地震分布

图 5-4 为我国境内六级及其以上地震分布及主要地震带。我国东临环太平洋地震带，南接欧亚地震带，位于世界两大地震带的交汇处，不仅地震区分布广，而且地震发生频繁。东面受到环太平洋板块的挤压，南面受到澳洲板块的挤压是导致我国地震较多的原因。我国主要地震带有两条：第一条为南北地震带，北起贺兰山，向南经六盘山，穿越秦岭沿川西至云南省东北，纵贯南北。地震带宽度各处不一，大致在数十至百余公里左右，分界线是由一系列规模很大的断裂带及断线盆地组成，构造十分复杂。第二条为东西地震带，主要的东西构造带有两条，北面的一条沿陕西、山西、河北北部向东延伸，直至辽宁北部的千山一带；南面的一条自帕米尔起经昆仑山、秦岭，直到大别山区。据此，我国大致可划分为六个地震活动区：台湾及其附近海域、喜马拉雅山脉活动区、南北地震带、天山地震活动区、华北地震活动区和东南沿海地震活动区。其中台湾地区东部是我国地震活动最强，频率最高的地区。

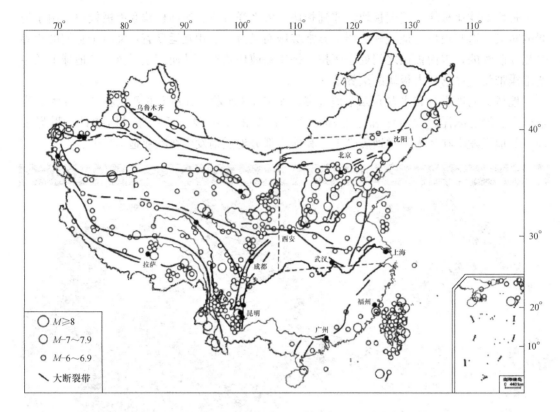

图 5-4　我国境内震级≥6 的强震震中分布

5.1.3　常用地震术语及地震划分

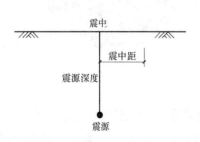

图 5-5　地震的几个常用术语

图 5-5 表示的有关地震的几个常用术语。

震源：发震点，岩层断裂处；

震中：震源正上方地面处；

震源深度：震源至震中的距离；

震中距：某地面处到震中的距离。

根据震源深度不同，地震可分为浅源地震、中源地震和深源地震。全世界所有地震释放的能量中约 85％ 来自浅源地震，其震源深度一般在 60km 以内，浅源地震发生的次数最多，造成的危害也最大。地震释放的能量中约 12％ 来自中源地震，其震源深度为 60km～300km。地震释放的能量中剩下的约 3％ 来自深源地震，其震源深度超过 300km。震源深度对地震所造成的危害有直接影响，如 1976 年的唐山大地震是 7.8 级，震源深度为 12km，由于震源深度非常小，此次地震损伤特别严重；而 2002 年吉林延边发生 7.2 级大地震，震源深度 540km，其释放的能量相当于 300 多颗在广岛爆炸的原子弹，但由于其震源深度很深，所以人们毫发未伤。

近年来从地震研究和抗震研究的角度又提出了近断层地震的说法，近断层地震一般由地壳或者岩石圈发生断层引起，震源深度小于 20km，由于震源深度很小，地震运动特性又受到断层方向等因素影响，破坏非常严重。而且从大量的地震记录得到，房屋的破坏情况和断裂带的走向有直接的关系，后果比较严重。如 2008 年汶川 8.0 级大地震，震源深度 19km，处于断裂带上的北川震害十分严重，而距离更近且不位于断裂带上的成都则震害较轻。如图 5-6 所示。

5.1.4 地震波和地面运动

5.1.4.1 地震波

地震引起的振动以波的形式从震源向各个方向传播并释放能量，称为地震波。地震波是一种弹性波，它包含在地球内部传播的体波和只限于在地面附近传播的面波。

体波又包括两种形式的波，即纵波与横波。纵波在传播过程中，其质点的振动方向与波的前进方向一致，故又称为压缩波，也叫 P 波（Primary wave）；横波的传播过程，其质点的振动方向与波的前进方向垂直，故又称为剪切波，也叫 S 波（Secondary wave）。体波在地球内部的传播速度随深度的增加而增大，而且纵波的传播速度比横波的传播速度快。所以，发生地震时，在地震仪上先记录到的地震波是纵波，随后才是横波。其速度大小关系为：

$$v_p = \sqrt{3} v_s \qquad (5-1)$$

式中：v_p——纵波波速；

$\quad\quad v_s$——横波波速。

面波是体波经地层界面多次反射、折射所形成的次声波。面波也有两种形式，一种是瑞雷波，也叫 R 波（Rayleigh wave），一种是乐甫波，也叫 L 波（Love wave），如图 5-7 所示。瑞雷波传播时，质点在与地面垂直的平面内沿波的前进方向做椭圆运动，类似于滚动前行运动；乐甫波传播时，质点在地平面内做与波的前进方向垂直的振动，类似于蛇形运动。

面波的传播速度比 S 波慢，其速度约为 S 波传播速度的 92%。

一般来说，波的传播速度越快，其振动周期和振幅越小。由此得出各种波的特点：纵波传播速度快、周期短、振幅小；横波传播速度较快、周期较短、振幅较小；面波速度慢、周期长、而振幅大。如图 5-8 所示，在一般情况下，纵波在地壳中的传播速度是 5km/s～7km/s，最先达到震中，使地面发生上下震动，破坏性较弱；横波在地壳中的传播速度是 3.2km/s～4.0km/s，第二个到达震中，使地面发生前后、左右抖动，破坏性较强；面波的能量比体波大，而且只能沿地表传播，所以造成建筑物和地表的破坏最为严重。

5.1.4.2 地震地面运动

当地震波到达地面上的某一点时，就会引起该点往复运动，即地震地面运动。

如将地面任一观测点与震中的连线方向定义为前进方向，将地面上与上述连线垂直的方向定义为左右，将垂直于地面的方向定义为上下方向，则 P 波主要引起地面上下运动，S 波主要引起地面前后、左右运动，R 波主要引起地面上下、前后运动，L 波主要引起左右运动。综上所述，地震地面运动总是三维运动，其中 P 波和 R 波主要引起地面竖直运动，S 波、R 波和 L 波引起地面水平向运动。

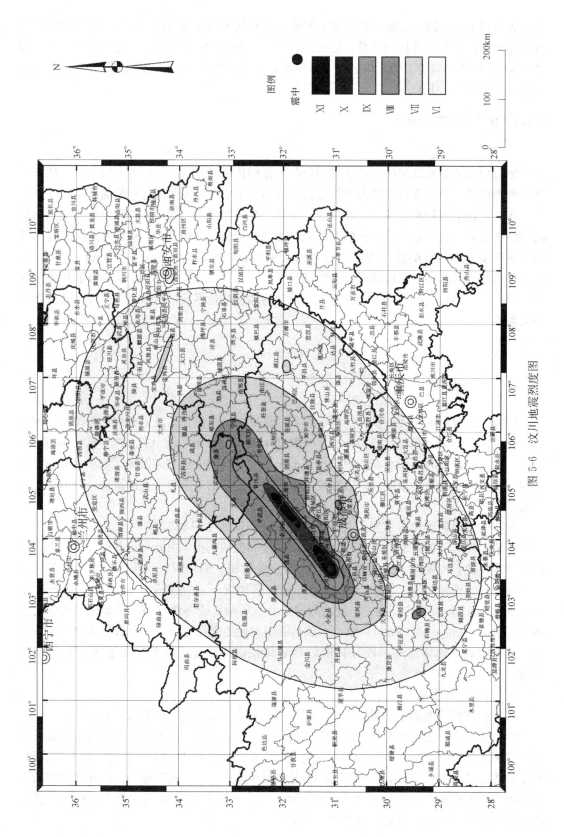

图 5-6 汶川地震烈度图

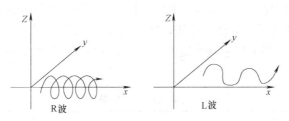

图 5-7　瑞雷波与乐甫波

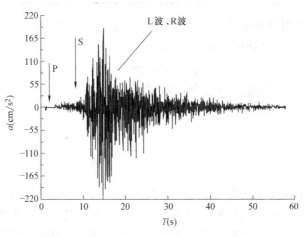

图 5-8　地震波记录图

5.2　震级与烈度

5.2.1　震级

震级是衡量一次地震释放能量大小的指标,一次地震只有一个震级。

目前,国际上比较通用的是里氏震级,1935 年由 C. F. Richter 给出其定义:标准地震仪(指周期为 0.8s,阻尼系数为 0.8,放大倍数为 2800 的地震仪)在距震中 100 km 处记录的最大水平地面位移 A(单位 μm,10^{-6} m)的常用对数 M:

$$M=\lg A \tag{5-2}$$

式中:M——里氏震级;

　　　A——标准地震仪记录到的最大振幅,μm。

当非标准情况(如地震仪不标准,或震中距不是 100km),则需按修正系数计算,此时里氏震级可表达为:

$$M=\lg A-\lg A_0 \tag{5-3}$$

式中:A_0——被选为标准的某一特定地震的最大振幅。

根据里氏震级的大小,可对地震进行初步分类,见表 5-1。另外,从地震的破坏性来说,一般对于 $M<2$ 的地震,人们感觉不到,称为微震;对于 $M=2\sim4$ 的地震,人体有所感觉,称为有感地震;对于 $M>5$ 的地震,会引起地面工程结构的破坏,称为破坏性地震。另外，将 $M>7$ 的地震习惯称为大地震，将 $M>8$ 的地震称为特大地震。如 1976 年 7 月 28 日在我国唐山发生的 7.8 级大地震，2008 年 5 月 12 日在我国汶川发生的 8.0 级特大地震，到目前为止，世界上记录到的最大地震是 1960 年 5 月 22 日在智利中部海域发生的里氏 9.5 级特大地震。

地震按震级的分类　　　　　　　　　　　　　　　表 5-1

类别	大地震	中地震	小地震	微小地震	极微小地震
震级(M)	$M \geqslant 7$	$5 \leqslant M < 7$	$3 \leqslant M < 5$	$1 \leqslant M < 3$	$M < 1$

地震是由岩层破裂释放能量引起的，因此一次地震释放的能量是一定的。经大量统计，震级 M 与地震能 E 之间的关系可表示为：

$$\lg E = 11.8 + 1.5M \tag{5-4}$$

式中：E——地震释放的能量，单位为 erg（尔格），$E = 10^{11.8+1.5M}$。

地震的震级是衡量一次地震释放能量大小的尺度，震级每差一级，地震释放的能量大约相差 32 倍。

5.2.2 烈度

烈度是指某一地区的地面和各类建、构筑物遭到一次地震影响的平均强弱程度。对于一次确定的地震，其释放的能量是一定的，故只有一个震级。但是由于各地区距震中的远近不同，地质情况不同，所以遭受到的损坏程度也有很大的差别，因此一次地震可以有多个烈度。除了震级、震中距外，地震烈度还与震源深度、地震传播介质、表层土性质，以及建、构筑物的动力特性等多种因素有关。

我国根据房屋建筑震害指数、地表破坏程度及地面运动加速度指标将地震烈度划分为十二个等级，制定了《中国地震烈度表》，表 5-2 为我国 2008 年修订公布的地震烈度表。

中国地震烈度表　　　　　　　　　　　　　　　表 5-2

地震烈度	人的感觉	房屋震害			其他震害现象	水平向地震动参数	
		类型	震害程度	平均震害指数		峰值加速度（m/s²）	峰值速度（m/s）
Ⅰ	无感	—					
Ⅱ	室内个别静止的人有感觉	—					
Ⅲ	室内少数静止的人有感觉	—	门、窗轻微作响		悬挂物微动		
Ⅳ	室内多数人、室外少数人有感觉，少数人梦中惊醒	—	门、窗作响		悬挂物明显摆动，器皿作响		
Ⅴ	室内绝大多数、室外多数人有感觉，多数人梦中惊醒		门窗、屋顶、屋架颤动作响，灰土掉落，个别房屋墙体抹灰出现细微裂缝，个别屋顶烟囱掉砖	—	悬挂物大幅度晃动，不稳定器物摇动或翻倒	0.31（0.22~0.44）	0.03（0.02~0.04）

地震烈度	人的感觉	房屋震害			其他震害现象	水平向地震动参数	
		类型	震害程度	平均震害指数		峰值加速度（m/s²）	峰值速度（m/s）
VI	多数人站立不稳，少数人惊逃户外	A	少数中等破坏，多数轻微破坏和/或基本完好	0.00～0.11	家具和物品移动；河岸和松软土出现裂缝，饱和砂层出现喷砂冒水；个别独立砖烟囱轻度裂缝	0.63（0.45～0.89）	0.06（0.05～0.09）
		B	个别中等破坏，少数轻微破坏，多数基本完好				
		C	个别轻微破坏，大多数基本完好	0.00～0.08			
VII	大多数人惊逃户外，骑自行车的人有感觉，行驶中的汽车驾乘人员有感觉	A	少数毁坏和/或严重破坏，多数中等破坏和/或轻微破坏	0.09～0.31	物体从架子上掉落；河岸出现塌方，饱和砂层常见喷水冒砂，松软土上地裂缝较多；大多数独立砖烟囱中等破坏	1.25（0.90～1.77）	0.13（0.10～0.18）
		B	少数中等破坏，多数轻微破坏和/或基本完好				
		C	少数中等和/或轻微破坏，多数基本完好	0.07～0.22			
VIII	多数人摇晃颠簸，行走困难	A	少数毁坏，多数严重和/或中等破坏	0.29～0.51	干硬土上亦出现裂缝，饱和砂层绝大多数喷砂冒水；大多数独立砖烟囱严重破坏	2.50（1.78～3.53）	0.25（0.19～0.35）
		B	个别毁坏，少数严重破坏，多数中等和/或轻微破坏				
		C	少数严重和/或中等破坏，多数轻微破坏	0.20～0.40			
IX	行动的人摔跤	A	多数严重破坏和/或毁坏	0.49～0.71	干硬土上多处出现裂缝，可见基岩裂缝、错动，滑坡、塌方常见；独立砖烟囱多数倒塌	5.00（3.54～7.07）	0.50（0.36～0.71）
		B	少数毁坏，多数严重和/或中等破坏				
		C	少数毁坏和/或严重破坏，多数中等和/或轻微破坏	0.38～0.60			
X	骑自行车的人会摔倒，处不稳状态的人会摔出，有抛起感	A	绝大多数毁坏	0.69～0.91	山崩和地震断裂出现，基岩上拱桥破坏；大多数砖烟囱从根部破坏或倒毁	10.00（7.08～14.14）	1.00（0.72～1.41）
		B	大多数毁坏				
		C	多数毁坏和/或严重破坏	0.58～0.80			
XI	—	A	绝大多数毁坏	0.89～1.00	地震断裂延续很长；大量山崩滑坡	—	—
		B					
		C		0.78～1.00			

地震烈度	人的感觉	房屋震害			其他震害现象	水平向地震动参数	
		类型	震害程度	平均震害指数		峰值加速度 (m/s²)	峰值速度 (m/s)
Ⅻ		A	几乎全部毁坏	1.00	地面剧烈变化,山河改观	—	—
		B					
		C					

注：表中给出的"峰值加速度"和"峰值速度"是参考值，括弧内给出的是变动范围。

1. Ⅰ～Ⅴ度应以地面上以及底层房屋中的人的感觉和其他震害现象为主；Ⅵ～Ⅹ度应以房屋震害为主，参照其他震害现象，当用房屋震害程度与平均震害指数评定结果不同时，应以震害程度评定结果为主，并综合考虑不同类型房屋的平均震害指数；Ⅺ和Ⅻ度应综合房屋震害和地表震害现象。

2. 以下三种情况的地震烈度评定结果，应做适当调整：

当采用高楼上人的感觉和器物反应评定地震烈度时，适当降低评定值；

当采用低于或高于Ⅷ度抗震设计房屋的震害程度和平均震害指数评定地震烈度时，适当降低或提高评定值；

当采用建筑质量特别差或特别好房屋的震害程度和平均震害指数评定地震烈度时，适当降低或提高评定值。

3. 当计算的平均震害指数值位于表中地震烈度对应的平均震害指数重叠搭接区间时，可参照其他判别指标和震害现象综合判定地震烈度。

4. 各类房屋平均震害指数 D 可按下式计算：

$$D = \sum_{i=1}^{5} d_i \lambda_i \tag{5-5}$$

式中　d_i——房屋破坏等级为 i 的震害指数；

　　　　λ_i——破坏等级为 i 的房屋破坏比，用破坏面积与总面积之比或破坏栋数与总栋数之比表示。

5. 农村可按自然村，城镇可按街区为单位进行地震烈度评定，面积以 $1 km^2$ 为宜。

6. 当有自由场地强震记录时，水平向地震动峰值加速度和峰值速度可作为综合评定地震烈度的参考指标。

7. 表中数量词：个别为 10% 以下；少数为 10%～50%；大多数为 70%～90%；绝大多数为 90% 以上。

5.2.3　震级与烈度的关系

震级表示一次地震释放能量的大小，烈度表示一次地震对某一地区的影响程度，二者所表达的意义是不同的。但是一般情况下，对于受地震影响的同一地点，震级越大，对应的烈度也越大。一次地震只有一个震级，但是可以有多个烈度。离震中远，震中距大，震级小，场地的虑震效果越显著，则对应的烈度就越小。如 2008 年发生的汶川地震，震级为 8.0 级，北川离汶川远，但烈度 11 度，成都离汶川近，烈度 6～7 度，因为成都不位于地震带，且为冲积平原，地震释放的能量在传递的过程中有很大的削弱，所以成都的烈度较小。如图 5-5 所示。

震中一般是地震烈度最大的地区，对应的损坏情况就越严重，其烈度与震级和震源深度有关。在环境条件基本相同的情况下，震级越大，震源深度越小，则地震烈度越高。根据全国范围内有仪器测定震级的 35 次地震资料和既有的宏观数据资料，经统计分析，给出了震级的经验公式：

$$M = 0.58 I_0 + 1.5 \tag{5-6}$$

式中：M——地震震级；

　　　　I_0——震中烈度，其大致的对应关系如表 5-3 所示。

震中烈度与震级的大致对应关系								表 5-3
震级 M	2	3	4	5	6	7	8	8以上
震中烈度 I_0	1～2	3	4～5	6～7	7～8	9～10	11	12

5.3 工程抗震设防

5.3.1 地震烈度区划

国家根据抗震设防需要和当前的科学技术水平，按照长时期内各地可能遭受的地震危险程度对国土进行划分，简称地震烈度区划。地震烈度区划是抗震设计的主要参考依据。

目前，为适应地震发生的地点、时间和强度不确定性，采用基于概率含义的地震预测方法。该方法根据区域性地质构造、地震活动性和历史地震资料，划分潜在的震源区。依据我国《建筑工程抗震设防分类标准》（GB 50223—2008）的定义，抗震设防烈度是指按国家规定的权限批准作为一个地区抗震设防依据的地震烈度，简称基本烈度，即 50 年内，一般场地条件下，超越概率是 10% 的烈度。《中国地震烈度区划图》给出的就是我国主要城镇的基本烈度。

但是一个地区的烈度并不是一成不变的，根据地质勘查、地震资料也会做出调整，例如，《建筑抗震设计规范》（GB 50011—2010）中表明，汶川 2008 年以前是 7 度设防烈度，但经过 2008 年的汶川大地震后，其抗震设防烈度提高到 8 度，相应的其建筑物的安全性能也有所提高。

值得一提的是，虽然地震区划对减轻地震灾害有一定的作用，但是，由于地震的时间、地点、方位和强度的不确定性，我国地震工作者的工作重心正逐渐由地震预测、地震区划调整到提高房屋的抗震性能方面。

5.3.2 设计地震分组

根据以往的震害经验，如果两个场地的震级和震中距不同，即使烈度相同，场地上的房屋破坏也不一样。这是因为震中距不同的场地具有不同的振动特性，因此，具有不同动力特性的结构也表现出不同的破坏特征和破坏程度。一次地震的地震波含有多个周期成分，如果离震源比较近，高频起控制作用，此时刚度较大的短周期结构破坏严重，如砌体结构、低层结构等；如果离震源比较远，土体把地震波中的高频成分滤掉了，此时，低频起控制作用，刚度较小的长周期结构破坏严重，如高层、大跨结构等。所以要根据某个城市距离潜在震源距离的远近，进行设计地震分组。

设计地震分组是新规范新提出来的概念，用以代替旧规范中近震、远震的概念。《抗震规范》将拟建工程划分为三组，来近似反映近、中、远震的影响，不同的设计地震分组，采用不同的设计特征周期。我国主要城镇设计地震分组参见附录 5。

5.3.3 抗震设防

对于一般荷载，要求结构在荷载作用下处于或基本处于弹性状态；但地震作用随机性很大，而且在房屋的使用期可能都不会发生，一旦发生破坏性又很强；如果要求结构在所有强度的地震作用下都保持弹性，是不经济，也是不可能的，因此，针对可能发生的不同强度的地震，要采取不同的设计原则，这就是所谓的抗震设防目标。

5.3.3.1 抗震设防目标——三水准

近年来，国内外抗震设防目标的发展总趋势是要求建筑物在使用期间内，对不同强度的地震，具有不同的抵抗能力。我国的抗震设防的目标可以概括为"小震不坏、中震可修、大震不倒"，简称"三水准"。多遇地震，也称"小震"，主要是指结构设计基准期内超越概率为63%烈度水平的地震影响；设防烈度地震，也称为"中震"，是指结构设计基准期内超越概率为10%烈度水平的地震影响，当结构设计基准期为50年时，即为基本地震烈度的影响；预估的罕遇地震，也称为"大震"，是指结构设计基准期内超越概率为2%～3%烈度水平的地震影响，如图5-9所示。

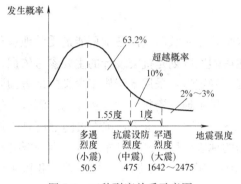

图 5-9 三种烈度关系示意图

具体而言，小震不坏，指当遭受低于本地区抗震设防烈度的多遇地震影响时，一般不受损坏或不需修理可继续使用，这时结构尚处于弹性状态下的受力阶段，房屋还处在正常使用状态，计算可采用弹性反应谱理论进行弹性分析；中震可修，指当遭受相当于本地区抗震设防烈度的地震影响时，可能损坏，但经一般修理或不需修理仍可继续使用，这时结构已进入非弹性工作阶段，要求这时的结构体系损坏或非弹性变形应控制在可修复的范围内；大震不倒，指当遭受高于本地区抗震设防烈度预估的罕遇地震影响时，不致倒塌或发生危及生命的严重破坏，这时结构将出现较大的非弹性变形，但要求结构变形控制在房屋免于倒塌的允许范围内。

值得一提的是，"小震不坏、中震可修、大震不倒"是一般情况的性能设计目标；对于比较重要的结构、部位，或者业主有较高要求时，满足上述性能设计目标是不够的，需要将性能设计目标规定的更高、更细，即所谓的建筑抗震性能化设计；但是，考虑到当前技术和经济条件，要慎重发展性能化目标设计方法结构。

《高层建筑混凝土结构技术规程》（JGJ 3—2010）给出了高层混凝土结构的抗震性能化设计方法：结构抗震性能目标应综合考虑抗震设防类别、设防烈度、场地条件、结构的特殊性、建造费用、震后损失和修复难易程度等各项因素选定。具体的结构看着性能目标可分为 A、B、C、D 四个等级，结构抗震性能分为1、2、3、4、5 五个水准，如表5-4所示，每个性能目标均与一组在指定地震地面运动下的结构抗震性能水准相对应。

结构抗震性能目标　　　　　　　　　　　　　　　　　　　　　表 5-4

性能目标 性能水准 地震水准	A	B	C	D
多遇地震	1	1	1	1
设防烈度地震	1	2	3	4
预估的罕遇地震	2	3	4	5

其中，结构的抗震性能的五个水准可按表 5-5 进行宏观判别。

各性能水准结构预期的震后性能状况 表 5-5

结构抗震性能水准	宏观损坏程度	损坏部位			继续使用的可能性
		普通竖向构件	关键构件	耗能构件	
第 1 水准	完好、无损坏	无损坏	无损坏	无损坏	一般不需修理即可继续使用
第 2 水准	基本完好、轻微损坏	无损坏	无损坏	轻微损坏	稍加修理即可继续使用
第 3 水准	轻度损坏	轻微损坏	轻微损坏	轻度损坏、部分中度损坏	一般修理后才可继续使用
第 4 水准	中度损坏	部分构件中度损坏	轻度损坏	中度损坏、部分比较严重损坏	修复或加固后才可继续使用
第 5 水准	比较严重损坏	部分构件比较严重损坏	中度损坏	比较严重损坏	需排险大修

注："普通竖向构件"是指"关键构件"之外的竖向构件；"关键构件"是指该构件的失效可能引起结构的连续破坏或危及生命安全的严重破坏；"耗能构件"包括框架梁、剪力墙连梁及耗能支撑等。

5.3.3.2 抗震设计方法——两阶段

为了实现"三水准"的抗震设防目标，一般采用两阶段的抗震设计方法。

第一阶段为结构设计阶段，即对结构进行承载力计算和弹性变形验算，并根据规范采取抗震构造措施。这里，进行承载力计算和弹性变形验算主要是保证"小震不坏"，采取构造措施可以实现"中震可修"。

第二阶段为验算阶段，即对不规则且具有明显薄弱部位，可能导致重大地震破坏的建筑结构进行弹塑性变形验算。

第一阶段的抗震设计，是所有建筑结构都必须遵守的，而且绝大多数结构只需要进行第一阶段的抗震设计。这里隐含的意思是，如果结构比较规则，在满足了"小震不坏"和"中震可修"后，即使没有进行弹塑性阶段的变形验算，也认为可以满足"大震不倒"；第二阶段的抗震设计，仅对那些对抗震有特殊要求或在地震时易倒塌的不规则建筑才需考虑，也即认为这样的不规则建筑，必须满足弹塑性变形验算以后，才认为能够满足"大震不倒"的要求。

这里需要说明的是，对规则结构，不验算弹塑性变形也能够实现"大震不倒"，但是，对于很不规则的结构，即使验算了弹塑性变形，甚至是进行了振动台模型试验，仍然有可能倒塌。这是因为很多因素都会影响人们对房屋抗震性能的评价，如弹塑性分析时地震波的选取是否得当，本构关系是否正确；振动台试验受规模、模型制作偏差及振动台振动模拟方式（一般的振动台只能模拟平动，不能模拟扭转）等。优秀的结构设计师应该首先从结构的整体角度出发，进行抗震概念设计，然后才是两个阶段的抗震设计，并采取合理的构造措施，合理规则的结构远比所谓精确的分析和模型试验更为重要。例如 1972 年在中美洲发生的大地震中，由结构大师林同炎设计的，位于尼加拉瓜首都马拉瓜美洲银行大厦，虽然仅按 6 度设防，但在 9 度地震来临的时候安然无恙，在当时弹塑性分析和振动台模型试验的水平都很有限，这栋建筑之所以表现出如此优秀的抗震性能，很大程度上取决于先进的抗震设计理念和规则的整体结构布置。

5.4 单质点体系水平地震作用

5.4.1 地震的计算方法

通俗地讲，地震作用就是地震时结构所受到的力；地震作用所产生的效应就是所谓的地震反应；结构地震反应就是结构在地震作用下产生的动力响应，包括地震引起的结构内力、变形、位移、加速度等。

工程上用以求解结构地震反应的方法可以分为三类：第一类称为静力弹性分析法，也称为等效荷载法，即将地震对结构的作用，用等效荷载来表示，然后根据这一荷载用静力分析方法对结构进行内力计算，以校核结构的抗震强度，如底部剪力法、振型分解反应谱法；第二类称为静力弹塑性分析法，也称为 Pushover 分析法，即在结构上逐级加力，直至屈服，求出每个力对应的周期，以周期为横轴，地震影响系数 α 为纵轴，形成能力曲线，与抗震设计反应谱进行对比，如相交则说明结构能抵抗相应的反应谱对应的地震作用，根据交点可以求出结构在此时所对应的周期和地震影响系数，进而求出结构的变形情况和底部剪力，如图 5-10 所示；第三类为直接动力分析法，也

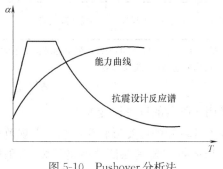

图 5-10 Pushover 分析法

称为时程分析法，即对动力方程直接进行积分，求出各个时间的结构反应，得到时程曲线。

5.4.2 结构动力计算简图及体系自由度

实际工程中的结构，严格地讲都是无限自由度体系，如果想准确地求解一个真实结构，就需要通过有限元法进行建模分析，模型的单元取得越小，分析结果越接近于真实结果。

但设计时，不可能把每个结构都建立一个有限元模型，尤其是在手算的时候，就更加不允许，因此通常会把结构一定范围内的质量集中起来，形成一个质点，这样，根据简化后的质点个数，可以分为单质点体系和多质点体系。这种模型俗称"糖葫芦串"模型，是简化分析的常用模型。

5.4.2.1 单自由度体系

在计算水平地震作用时，如果结构的主要质量集中在一个高度上，就可以简化成单质点体系。当该体系只在一个方向进行运动时，就成为一个单自由度体系。

比如，高度相等的单层工业厂房，大部分质量是集中在屋盖处，在进行此结构的动力分析时，就可以把屋盖质量和墙、柱都集中在柱顶标高的位置，然后将厂房排架柱的刚度合并，简化成一根没有质量的弹性杆，这样就形成了一个单质点体系，分析它在一个方向（横向）的水平振动时，就是单自由度体系，如图 5-11 (a) 所示。

再比如水塔结构，上部的水箱重量是主要的，这样就可以把水箱质量和一部分（通常

是上半部分的支架）支架质量集中到水箱的质心位置，从而也形成了一个单自由度体系，如图 5-11（b）所示。

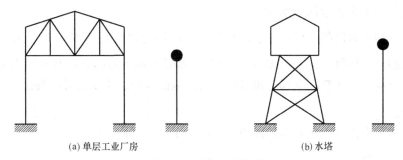

(a) 单层工业厂房   (b) 水塔

图 5-11　单自由度体系

5.4.2.2　多自由度体系

在计算水平地震作用时，如果结构的主要质量没有集中在一个高度上，通常要简化成多质点体系。无论质点是沿一个方向进行运动，还是沿两个或三个方向运动，多质点体系都是多自由度体系。但实际设计中，都是先计算一个方向的地震反应，然后再进行组合，有时候还要考虑扭转影响；现行教材中的多自由度体系计算理论，也是建立在所有质点沿一个方向运动的基础上的。因此，我们一般说的多自由度体系，还是指沿一个方向运动的多质点体系。

比如多层或高层结构，主要质量集中于楼盖处，因此可以把每层楼盖（屋盖）上下各一半楼层高度的墙、柱质量集中到楼盖处，形成多个质点（顶层：屋盖＋半层墙、柱；最下面的半层墙、柱受地面约束，认为不振动，所以不考虑），再把墙、柱刚度汇总，简化成各质点间没有质量的弹性杆，最终就形成了多质点体系，如图 5-12（a）所示。

再比如高度不同的单层工业厂房，每个柱顶标高位置形成一个质点，最终简化为一个双自由度体系，如图 5-12（b）所示。

对于像烟囱这种质量比较分散的结构，可以沿着高度方向把结构划分成若干区域，每个区域的质量集中在这个区域的质心，这样也形成了一个多质点体系，如图 5-12（c）所示。

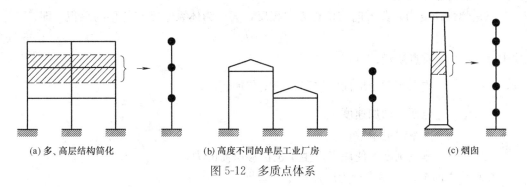

(a) 多、高层结构简化   (b) 高度不同的单层工业厂房   (c) 烟囱

图 5-12　多质点体系

5.4.3　单质点体系的运动方程

将前面提到的水塔简化成单自由度体系进行分析，如图 5-13 所示，如果地震过程中，

地面位移为 x_g，质点位的相对位移为 x，这两个位移都是随时间变化的，是时间 t 的函数，所以也可以写成 $x_g(t)$ 和 $x(t)$，其中地面位移 x_g 可以从地震台测得的地震记录中获得，质点位移 x 是待求的未知量。

因为质点的相对位移（相对于地面）为 x，则质点速度为位移的一阶导数 $\dot{x}$，质点加速度为位移的二阶导数 $\ddot{x}$，很显然 x，$\dot{x}$ 和 $\ddot{x}$ 都是时间 t 的函数，并且因为质点位移是相对值，所以速度和加速度也都是相对值；同理地面运动加速度也可以表达为地面位移的二阶导数 $\ddot{x}_g$。

根据力学基本原理，在振动过程中，质点上作用有三种力：

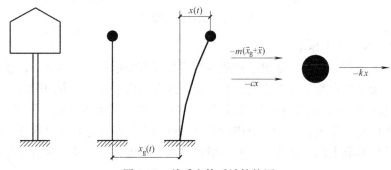

图 5-13　单质点体系计算简图

一是惯性力，其方向与质点的加速度方向相反，大小为质点质量和绝对加速度的乘积，即

$$f_I = -m(\ddot{x}_g + \ddot{x}) \tag{5-7a}$$

二是阻尼力，其方向与质点的速度方向相反，大小为体系的阻尼系数与速度的乘积，即

$$f_c = -c\dot{x} \tag{5-7b}$$

在这里，阻尼表示的是振动系统在振动中，由于外界作用和系统本身固有的原因引起的振动幅度逐渐下降的特性。

三是弹性恢复力，其方向与位移方向相反，大小为体系刚度与位移的乘积，即

$$f_k = -kx \tag{5-7c}$$

式中　　m——质点质量；

x，$\dot{x}$，$\ddot{x}$——质点相对于地面的位移、速度和加速度；

$\ddot{x}_g$——地面运动加速度；

c——体系阻尼系数；

k——体系刚度（使质点产生单位位移所需的力）。

在水平方向上，上述三种力应保持平衡，即

$$f_I + f_c + f_k = 0 \tag{5-8}$$

把式（5-7）带入式（5-8）得

$$m\ddot{x} + c\dot{x} + kx = -m\ddot{x}_g \tag{5-9}$$

式中的 $-m\ddot{x}_{g}$ 可以看成是地震时，地面加速度所产生的外力，是迫使结构发生振动的原因。如果地面加速度为 0，上式即为自由振动方程；如果地面加速度不为 0，上式就是受迫振动，质点在单向水平地面运动下的运动方程，是一个二阶线性微分方程。

把式（5-9）的左右两边同时除以质点的质量 m，可得

$$\ddot{x} + \frac{c}{m}\dot{x} + \frac{k}{m}x = -\ddot{x}_{g} \tag{5-10}$$

此时，引入两个变量

$$\omega = \sqrt{\frac{k}{m}} \tag{5-11}$$

$$2\omega\zeta = \frac{c}{m} \tag{5-12}$$

式中：ω——无阻尼体系自由振动圆频率，其物理意义为 2π 秒时间内体系的振动次数；

ζ——称为阻尼比，指阻尼系数 c 与临界阻尼系数 c_{r}（使局部发生位移体系回复原位而不发生振动的最小阻尼系数）之比 $\zeta = c/c_{r}$，表达结构标准化的阻尼大小。

阻尼比是反应结构阻尼大小的一个重要指标，对结构的振动有直接影响，当 $\zeta > 1$ 时，体系不产生振动，称为过阻尼状态；$\zeta < 1$ 时，体系产生振动，称为欠阻尼状态；$\zeta = 1$ 时，体系也产生振动，称为临界阻尼状态，如图 5-14 所示；一般工程结构都处于欠阻尼状态，阻尼比在 $0.01 \sim 0.2$ 之间，混凝土结构的阻尼比一般取 0.05。

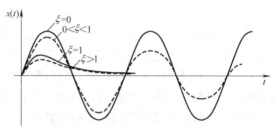

图 5-14 不同阻尼比所对应的振动曲线

将式（5-11）和式（5-12）代入式（5-10），则单自由度体系的运动方程也可以表达成圆频率和阻尼比的形式，即

$$\ddot{x} + 2\omega\zeta\dot{x} + \omega^2 x = -\ddot{x}_{g} \tag{5-13}$$

式（5-9）、式（5-10）、式（5-13）虽然表达形式不同，但它们都是质点在单向水平地面运动下的运动方程，是一个二阶线性微分方程。这个方程的求解过程可以参考李国强编写的《建筑结构抗震》（第三版），此处从略。

单自由度体系的运动方程是一个关于质点位移的方程，求出来的解是对应于不同时间的质点位移的大小，即位移时程，如果把时间作为横轴，位移作为纵轴，就得到了位移时程曲线。通过对位移时程求导，可以得到速度时程和加速度时程。这样就可以得到单自由度体系的地震响应了。

5.4.4 单质点体系的地震作用

通过求解单自由度体系的运动方程，可以得到质点在水平方向的位移、速度和加速度时程曲线，这些曲线对结构设计固然重要，但为了得到这些曲线往往需要进行大量的积分运算，这个过程也就是所谓的时程分析，运算成本是比较高的。

对于一般结构，我们更加关注的是它的最大反应，也就是质点在整个地震过程中的最大位移、最大速度和最大加速度等，因此在进行地震反应分析时，将质点所受到的最大惯性力定义为单自由度体系的地震作用 F，即 $F = |m\ddot{x}_g + m\ddot{x}|_{max} = m|\ddot{x}_g + \ddot{x}|_{max}$，此时，把单自由度体系的运动方程 $m\ddot{x} + c\dot{x} + kx = -m\ddot{x}_g$，改写为 $m(\ddot{x} + \ddot{x}_g) = -(c\dot{x} + kx)$，当方程的左边达到最大时，右边也会达到最大，即有 $m|\ddot{x}_g + \ddot{x}|_{max} = |c\dot{x} + kx|_{max}$，从单自由度体系的运动规律可知，位移达到最大时，加速度也达到最大，则可得到 $m|\ddot{x}_g + \ddot{x}|_{max} = k|x|_{max} + c\dot{x}$，因为阻尼力相对于弹性恢复力来说也很小，可以忽略不计，得 $m|\ddot{x}_g + \ddot{x}|_{max} = k|x|_{max}$。

这里的 $m|\ddot{x}_g + \ddot{x}|_{max}$ 为地震过程中的最大惯性力，也就是我们所说的地震作用 F，它等于体系刚度与最大位移的乘积，也就是说，在体系达到最大加速度的那一时刻，动力问题可以简化为静力问题。因此，只要确定了地震作用 F，就可以按静力分析的方法计算结构的内力、位移，进而进行结构设计了。

接下来的问题就转化为如何求解地震作用了。再回到地震作用的公式，$F = m|\ddot{x}_g + \ddot{x}|_{max}$，如果令 $S_a = |\ddot{x}_g + \ddot{x}|_{max}$，称为单质点体系的绝对最大加速度，则地震作用可以写成：

$$F = mS_a \tag{5-14}$$

即，地震作用等于质点质量和质点最大加速度的乘积，因为结构设计时直接给出的通常不是结构质量，而是结构的重力，对公式 $F = mS_a$ 进行转化，$F = mgS_a/g = G\alpha$，这里的 G 就是质点的重力，α 为质点最大加速度与重力加速度的比值，或者可以理解为用重力加速度来度量的质点最大加速度，称之为地震影响系数，这个系数会在后面的小节详细介绍。以下，将从质点重量和地震影响系数两个方面入手，来实现对单自由度体系地震作用的求解。

5.4.5 重力荷载代表值

从前面的讲述中可知，质点的重力荷载越大，地震作用也越大，那么在进行抗震设计时，考虑多大的重力荷载合适呢？一般而言永久荷载是必须全部考虑的，因为地震的过程中，永久荷载也一直存在，而可变荷载在地震时不一定达到最大值，所以不必全部考虑，要乘以一个折减系数。

在进行结构的抗震设计时，所考虑的实际重力荷载，称为重力荷载代表值，说白了，这个值代表的是地震发生时，结构上可能存在的总重力荷载的大小。《建筑结构可靠度设计统一标准》（GB 50068—2001）给出，把地震发生时永久荷载与其他重力荷载的可能遇合结果总称为"抗震设计的重力荷载代表值 G_E"。表示发生地震时，结构上可能存在的总重力荷载的大小。

总的重力荷载代表值 G_E 应按下式计算

$$G_E = D_k + \Sigma\psi_i L_{ki} \tag{5-15}$$

式中：G_E——重力荷载代表值；

D_k——结构恒荷载标准值；

ψ_i——各可变荷载的组合值系数，按表 5-6 采用；

L_{ki}——各可变荷载的标准值。

<table>
<tr><td colspan="3" style="text-align:center">组合值系数</td><td style="text-align:right">表 5-6</td></tr>
<tr><td colspan="2">可变荷载种类</td><td colspan="2">组合值系数</td></tr>
<tr><td colspan="2">雪荷载</td><td colspan="2">0.5</td></tr>
<tr><td colspan="2">屋面积灰荷载</td><td colspan="2">0.5</td></tr>
<tr><td colspan="2">屋面活荷载</td><td colspan="2">不计入</td></tr>
<tr><td colspan="2">按实际情况计算的楼面活荷载</td><td colspan="2">1.0</td></tr>
<tr><td rowspan="2">按等效均布荷载计算的楼面活荷载</td><td>藏书库、档案库</td><td colspan="2">0.8</td></tr>
<tr><td>其他民用建筑</td><td colspan="2">0.5</td></tr>
<tr><td rowspan="2">吊车悬吊物重力</td><td>硬钩吊车</td><td colspan="2">0.3</td></tr>
<tr><td>硬钩吊车</td><td colspan="2">不计入</td></tr>
</table>

注：1. 如果楼面活荷载是按实际情况确定的，比如楼面上真实存在着某些设备，这种情况下，地震时这些荷载也必然全部存在，所以组合值系数取 1.0，也即取活荷载的标准值来计算重力荷载代表值；

2. 如果楼面荷载是按等效均布荷载计算的，比如教室的活荷载是 2.5kN/m², 实际地震发生时，一般是达不到这个数的（标准值的含义是设计基准期内的具有一定概率意义的最大值），所以要乘以组合值系数，这个系数根据房屋功能不同而不同，一般取 0.5；

3. 对于屋面雪荷载和积灰荷载，认为地震发生时，会有可能堆积，但不会堆积到最厚，所以也乘以 0.5 的组合值系数；

4. 对于屋面活荷载，考虑到屋面上有人的时间很少，所以组合值系数取 0，也就是在计算重力荷载代表值时，不考虑屋面活荷载。这种做法其实是值得商榷的，因为近年来，屋面的功能也在发生着变化，由单纯的屋面，正逐渐向屋顶花园、屋顶运动场等多功能屋顶过渡，这些功能的屋面，组合值系数都取 0 其实是不合适的，设计人员应该根据具体情况来进行分析判断。

5.4.6 反应谱理论

由 5.4.4 节可知，地震作用可以表达为结构的重力荷载代表值与地震影响系数的乘积，即 $F=G\alpha$，在 5.4.5 节中，给出了重力荷载代表值的求解办法，本节将给出地震影响系数（以重力加速度来度量的质点最大加速度）的求法。那么，在地震地面运动不可预知的情况下，如何才能准确得到质点的最大加速度呢？这就需要用到反应谱理论。

所谓的反应谱，是指单质点体系的最大反应（位移反应、速度反应和加速度反应）随质点自振周期变化的曲线。结构设计中，应用最多的是加速度反应谱，以下以加速度反应谱为例，阐述反应谱的基本原理。对给定的单质点体系输入一条特定的地震波，如图5-15（a）、（b）所示，能够得到单质点体系在该地震波激励下的加速度时程曲线（不同时刻单质点体系的加速度），如图 5-15（c）所示；取这条加速度时程曲线上的最大值，得到该地震波激励下单质点体系的最大加速度反应；随后，对不同周期的单质点体系输入这条地震波，如图 5-15（d）所示，就会得到多个单质点体系的最大加速度反应，把周期作为横轴，最大加速度反应作为纵轴，即可得到单质点体系在这条特定地震波激励下的加速度反应谱，如图 5-15（e）所示。

上述加速度反应谱，体现的是单自由度体系的自振周期和特定地震波激励下的质点最大绝对加速度之间的关系，二者是一一对应的。也就是说，已知自振周期，就能求出最大加速度。

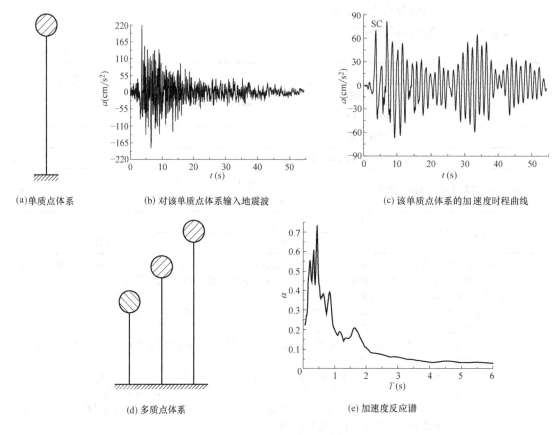

(a)单质点体系 (b) 对该单质点体系输入地震波 (c) 该单质点体系的加速度时程曲线

(d) 多质点体系 (e) 加速度反应谱

图 5-15　加速度反应谱

　　加速度反应谱和体系的阻尼比有关，阻尼比越大，加速度反应谱越小，如图 5-16（a）所示；场地不同，加速度反应谱也是不同的，这是因为场地土存在滤波作用，土越软，场地土本身的周期（卓越周期）越长，体系的长周期的反应也越大，因此不同场地发生的地震的地震波，频谱特性也是不一样的，如图 5-16（b）所示；加速度反应谱还和震中距有关，对同一烈度，不同震级，不同震中距的三次地震进行比较，震中距越远，反应谱的长周期成分越显著，这是因为近震中的高频成分较多，所以短周期成分显著，而远震在传播过程中，土将地震波的高频成分滤掉了，所以长周期成分更加显著，如图 5-16（c）所示。

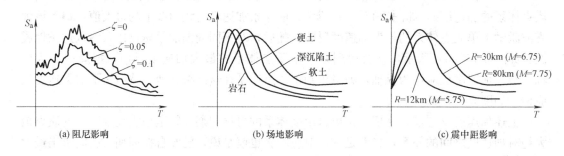

(a) 阻尼影响 (b) 场地影响 (c) 震中距影响

图 5-16　影响加速度反应谱形状的因素

144

5.4.7 地震系数与动力系数

加速度反应谱包含了两方面的信息：体系加速度的大小和反应谱的形状。研究时，分别对两方面的信息进行分析，以便于能够更准确地抓住问题的实质。在式（5-14）中引入能反映地面运动强弱的地面运动加速度绝对值的最大值，并将其表达为

$$F = mS_a = mg \left(\frac{|\ddot{x}_g|_{\max}}{g} \right) \left(\frac{S_a}{|\ddot{x}_g|_{\max}} \right) = Gk\beta \tag{5-16}$$

式中：$G = mg$——重力荷载代表值；

   g——重力加速度；

   k——地震系数；

   β——动力系数。

1）地震系数 k

地震系数是地面运动最大加速度与重力加速度的比值，是用重力加速度来表征的地面运动最大加速度。可表示为

$$k = \frac{|\ddot{x}_g|_{\max}}{g} \tag{5-17}$$

地震系数反应的是地面运动的剧烈程度。一般来说，地面运动加速度峰值越大，地震烈度也越大，也就是说地震系数和地震烈度之间存在着一定的对应关系，根据统计分析，烈度每增加一度，地震系数大致增大一倍。《抗震规范》给出了地面运动的最大加速度（也叫设计基本加速度）与抗震设防烈度之间的关系，如表 5-7 所示。

抗震设防烈度与设计基本地震加速度的对应关系   表 5-7

抗震设防烈度	6	7	8	9
设计基本地震加速度	$0.05g$	$0.10(0.15)g$	$0.20(0.30)g$	$0.40g$

注：1. 括号中数值分别用于设计基本地震加速度为 $0.15g$ 和 $0.30g$ 的地区。

  2. 设计基本地震加速度为 $0.15g$ 和 $0.30g$ 地区内的建筑，除《抗震规范》另有规定外，应分别按抗震设防烈度为 7 度和 8 度的要求进行抗震设计。

  3. g 为重力加速度。

需要说明的是，地震烈度的大小不仅取决于地面运动加速度，还与地震波的持续时间、频谱特性等因素有关；表 5-7 中给出的加速度的大小，是地面运动的最大加速度，对应的抗震设防烈度，也即"中震"。

2）动力系数 β

动力系数是单质点体系质点最大加速度与地面运动最大加速度的比值，反映由于动力效应，质点最大绝对加速度比地面运动最大加速度放大的倍数，反映了结构对地震动的放大效果，是一个无量纲的数。

可表示为：

$$\beta = \frac{S_a}{|\ddot{x}_g|_{\max}} \tag{5-18}$$

将加速度反应谱除以地面运动最大加速度，会得到 β 谱，图 5-17 为根据 1940 年埃尔森特罗（Elcentro）地震地面加速度记录做出的 β-T 曲线。由此可见，当 T 小于某一数值

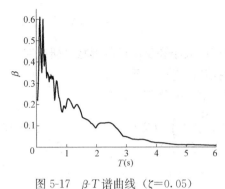

图 5-17　β-T 谱曲线（$\zeta=0.05$）

T_g 时，曲线随 T 的增大波动增大；当 $T=T_g$ 时 β 到达峰值；当 T 大于 T_g 时，曲线波动下降。这里 T_g 的是对应反应谱曲线峰值的结构自振周期，当次周期与场地卓越周期相近时，结构地震反应最大。在抗震设计中，应使结构自振周期避开场地卓越周期，以免发生类共振现象。

由式（5-18）和图 5-17 可知，β 谱实际上是规则化的加速度反应谱，滤掉烈度或加速度大小对反应谱的形状影响，但仍包含地面运动频谱——场地类型和震中距等对地震反应谱的影响。因此，β 谱能够更好地体现反应谱的性质，也就是能更好地反应地震波的频谱特性。

综上所述，加速度反应谱中包含了大小和形状，大小由地震系数 k 来体现，形状由 β 谱来体现。

5.4.8　抗震设计反应谱

地震是随机的，每次地震的地震波都不相同，所以，用特定地震求出的加速度反应谱来作为求解地震作用的依据是不合适的。应该考虑多条地震波，按照 5.4.6 节中的方法求出多条加速度反应谱，然后再对多条反应谱求某一特征值（使按照这条反应谱求出的地震作用具有一定的保证率），并进行平滑处理，就是我们进行抗震设计所依据的抗震设计反应谱，如图 5-18 所示。

上一节中，将地震作用表达成地震系数和动力系数的形式，也即 $F=mS_a=mgk\beta=Gk\beta$，是为了明确物理意义，方便研究地震波的频谱特性（β 谱中不包含地震烈度的影

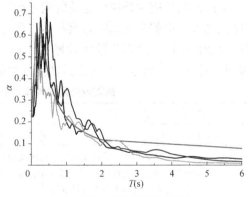

图 5-18　抗震设计反应谱

响），但为了设计方便，在求解地震作用时，将地震系数和动力系数合并，引入一个新的参数即

$$\alpha=k\beta \qquad (5\text{-}19)$$

式中：α——地震影响系数（计算水平地震时，叫水平地震影响系数）。

若令 $\alpha=k\beta=\dfrac{S_g}{g}=\dfrac{|\ddot{x}_g(t)+\ddot{x}(t)|_{\max}}{g}$，并将 F 记为 F_{Ek}，则式（5-14）可写为：

$$F_{Ek}=mS_a=mgk\beta=Gk\beta=G\alpha \qquad (5\text{-}20)$$

上式即为《抗震规范》中对于单质点体系的水平地震作用计算表达式。

式中：　F_{Ek}——水平地震作用标准值；

$\alpha=k\beta=S_a/g$——地震影响系数，表示的是质点加速度与重力加速度的比值，以重力加速度来表征的质点加速度。

可见，只要求得地震影响系数 α 和重力荷载代表值 G，就可确定地震作用 F_{Ek}，再将

地震作用像水平力一样施加在结构上，就可像求解结构静力问题一样求解结构在地震作用下的响应了。而这一节中所介绍的抗震设计反应谱，恰恰是一条结构周期 T 和地震影响系数 α 的相关曲线，有了抗震设计反应谱，就可以根据结构的周期，直接求得地震影响系数，进而求出结构的地震作用。

《抗震规范》中的抗震设计反应谱以结构周期 T 为横轴，以地震影响系数 α 为纵轴，如图 5-19 所示，具体可分为四个区段：

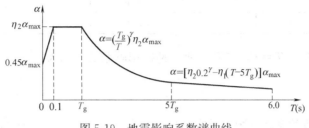

图 5-19 地震影响系数谱曲线

（1）直线上升段：$T=0\sim0.1\mathrm{s}$，当 $T=0$ 时，$\alpha=0.45\alpha_{\max}$，$T=0.1\mathrm{s}$ 时，$\alpha=\eta_2\alpha_{\max}$，达到最大值；

这里的 $\alpha_{\max}$ 为地震影响系数最大值，在计算水平地震时，即为水平地震影响系数最大值，见表 5-8；

水平地震影响系数最大值 $\alpha_{\max}$　　　表 5-8

地震影响	6 度	7 度	8 度	9 度
多遇地震	0.04	0.08(0.12)	0.16(0.24)	0.32
设防地震	0.12	0.23(0.34)	0.45(0.68)	0.90
罕遇地震	0.28	0.50(0.72)	0.90(0.20)	1.40

注：7、8 度时括号内数值分别用于设计基本地震加速度为 $0.15g$ 和 $0.30g$ 的地区。

$T=0$ 时，$\alpha=0.45\alpha_{\max}$，这是因为结构的基本周期为 0 时，为刚性体系，结构本身对地面振动没有放大作用，结构的振动和地面振动一致，也即动力系数 $\beta=1$，地震影响系数 $\alpha=k$。抗震设计反应谱是以地震影响系数最大值 $\alpha_{\max}$ 为基本参数的，也即整条曲线都是 $\alpha_{\max}$ 的函数。对于某一烈度的地震，地震系数 k 是定值（参见表 5-7），而地震影响系数 α 和动力系数 β 都可以表达为谱的形式，所以地震影响系数的最大值 $\alpha_{\max}=k\beta_{\max}$，得到地震系数 $k=\alpha_{\max}/\beta_{\max}$。地震资料的统计结果表明，动力系数的最大值 $\beta_{\max}$ 受地震烈度、地震环境的影响不大，可以取一个定值，《抗震规范》取 $\beta_{\max}=2.25$，因此 $T=0$ 时，$\alpha=k=\alpha_{\max}/\beta_{\max}=\alpha_{\max}/2.25=0.45\alpha_{\max}$。

（2）水平段：$T=0.1\mathrm{s}\sim T_\mathrm{g}$，$\alpha=\eta_2\alpha_{\max}$；

T_g 为场地土的特征周期，与场地条件（场地类型）和震中距（设计地震分组）有关，一般而言，场地土越软，震中距越远，T_g 越大，取值见表 5-9，但计算罕遇地震作用时，特征周期应增加 $0.05\mathrm{s}$。

η_2 为阻尼调整系数，是阻尼比的函数，$\eta_2=1+\dfrac{0.05-\zeta}{0.08+1.6\zeta}$，$\zeta=0.05$ 时，$\eta_2=1$；对于钢结构、预应力混凝土结构等，$\zeta<0.05$ 时，$\eta_2>1$，此时，结构的地震作用比混凝土

结构大；对于消能减震结构等，$\zeta>0.05$ 时，$\eta_2<1$，此时，结构的地震作用比混凝土结构小。

特征周期值 T_g 表 5-9

设计分组	场地类别				
	I_0	I_1	II	III	IV
第一组	0.20	0.25	0.35	0.45	0.65
第二组	0.25	0.30	0.40	0.55	0.75
第三组	0.30	0.35	0.45	0.65	0.90

（3）曲线下降段：$T=T_g\sim 5T_g$，水平地震影响系数表达为

$$\alpha=\left(\frac{T_g}{T}\right)^{\gamma}\eta_2\alpha_{max} \tag{5-21}$$

γ 为曲线下降段的衰减指数，是阻尼比的函数，$\gamma=0.9+\dfrac{0.05-\zeta}{0.3+6\zeta}$，$\zeta=0.05$ 时，$\gamma=0.9$；$\zeta<0.05$ 时，$\gamma>0.9$，抗震设计反应谱衰减得快；$\zeta>0.05$ 时，$\gamma<0.9$，抗震设计反应谱衰减得慢；

（4）直线下降段：$T=5T_g\sim 6.0s$，水平地震影响系数表达为

$$\alpha=\left[0.2^{\gamma}-\frac{\eta_1}{\eta_2}(T-5T_g)\right]\alpha_{max} \tag{5-22}$$

η_1 为斜率调整系数，是阻尼比的函数，$\eta_1=0.02+\dfrac{0.05-\zeta}{4+32\zeta}$，$\zeta=0.05$ 时，$\eta_1=0.02$；$\zeta<0.05$ 时，$\eta_1>0.02$，下降段斜率大，抗震设计反应谱衰减得快；$\zeta>0.05$ 时，$\eta_2<0.02$，下降段斜率小，抗震设计反应谱衰减得慢。

应注意的是，对于周期大于 6.0s 的建筑结构所采用的地震影响系数应专门研究。此外，对于已编制抗震设防区划的城市，应允许按批准的设计地震动参数采用相应的地震影响系数。

对于一般的钢筋混凝土结构和砌体结构，阻尼比 ζ 为 0.05，此时阻尼调整系数 $\eta_2=1.0$，衰减指数 $\gamma=0.9$，斜率调整系数 $\eta_1=0.02$，此时，水平地震影响系数的公式可进一步简化。

对曲线下降段，水平地震影响系数可表达为

$$\alpha=\left(\frac{T_g}{T}\right)^{0.9}\alpha_{max} \tag{5-23}$$

对曲线下降段，水平地震影响系数可表达为

$$\alpha=\left[0.2^{0.9}-0.02(T-5T_g)\right]\alpha_{max} \tag{5-24}$$

阻尼比、烈度和特征周期都会对抗震设计反应谱的大小或形状产生影响。结构的阻尼比越大，反应谱的数值越小，但 $T=0$ 点除外，因为该点刚度无穷大，结构不振动，因此阻尼对结构的加速度就没有影响；烈度不同，水平地震影响系数的最大值 α_{max} 也不相同，相当于反应谱的整体放大或者缩小；此外，场地土的特征周期不同，平直段结尾端横坐标就不相同，相当于反应谱变宽或者变窄，如图 5-20 所示。

以上介绍的抗震设计反应谱由《抗震规范》规定，所求出的地震影响系数 α 只对普通

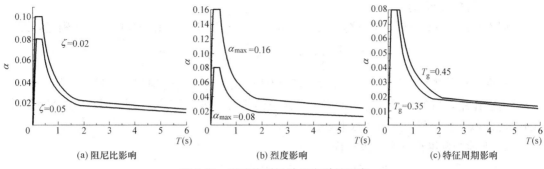

(a) 阻尼比影响　　　　　　　　(b) 烈度影响　　　　　　　　(c) 特征周期影响

图 5-20　影响抗震设计反应谱的因素

的多层、高层建筑混凝土结构（框架结构、剪力墙结构和框架-剪力墙结构等）适用。而对于多层砌体房屋，考虑到其纵向和横向承重墙体的数量较多，房屋的抗侧刚度大，周期短，因此，偏于安全地取地震影响系数 α_1 为其最大值，即 $\alpha_1 = \alpha_{max}$。

在求解高层建筑钢结构的水平地震作用时，仍采用图 5-18 所示的抗震设计反应谱，但是，钢结构的阻尼比较小。《高层民用建筑钢结构技术规程》（JGJ 99—2012）（征求意见稿）对高层建筑钢结构的阻尼比做了如下规定：在多遇地震下的阻尼比，高度不大于 50m 取 4%；高度大于 50m 且小于 200m 取 3%；高度不小于 200m 时取 2%；高层建筑钢框架-混凝土结构的阻尼比，不应大于 0.045。罕遇地震分析，阻尼比可取 0.05。

而建筑高层钢结构抗震设计所需的特征周期 T_g 和水平地震影响系数最大值 α_{max} 应和钢筋混凝土结构一样，按表 5-8 和表 5-9 取值，进行地震作用的计算。

【例 5.1】　某单层工业厂房，屋盖系统采用钢屋架（屋面坡度为 26.56°）和大型屋面板，如图 5-21 所示。该厂房位于哈尔滨，按不上人屋面考虑，积灰荷载为 0.6kN/m²，平面尺寸为 18m×60m，Ⅱ类场地，在计算该厂房的水平地震作用时，可将其简化为单自由度体系，体系的所有质量集中在柱顶标高位置，总质量为 500t，体系的基本周期为 0.4s，阻尼比为 0.02，求该厂房的水平地震作用。

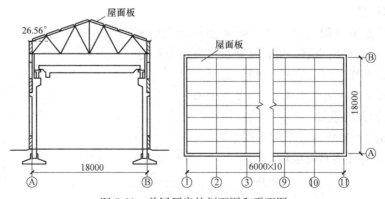

图 5-21　单层厂房的剖面图和平面图

解：（1）重力荷载代表值

1）雪荷载

① 基本雪压

由《荷载规范》表 E.5 查得哈尔滨的基本雪压为 0.45kN/m²。

② 雪荷载分布系数

屋面坡度 $\alpha = 26.56°$，由《荷载规范》表 7.2.1 项次 1，μ_r 值按线性内插法确定，即

$$\mu_{r1} = 1 - \frac{26.56 - 25}{30 - 25} \times (1.0 - 0.85) = 0.95$$

根据《荷载规范》7.2.2 条，计算框架和柱可按全跨积雪的均匀分布情况采用。本例求解地震作用，目的是验算排架抵抗水平荷载的能力，属于此项。因此，只考虑全跨积雪的均匀分布，雪荷载的分布系数取 $\mu_{r1} = 0.95$。

③ 雪荷载标准值（水平投影面）

$$S_{k1} = \mu_{r1} S_1 = 0.95 \times 0.45 = 0.43 \text{kN/m}^2$$

2）积灰荷载

① 积灰荷载增大系数

由《荷载规范》5.4.2 条条文说明，积灰荷载的增大系数可参照雪荷载的分布系数进行计算。即取积灰荷载的增大系数为

$$\mu_{r2} = 0.95$$

② 积灰荷载标准值（水平投影面）

$$S_{k2} = \mu_{r2} S_2 = 0.95 \times 0.6 = 0.57 \text{kN/m}^2$$

3）活荷载

由《荷载规范》表 5.3.1 查得不上人屋面均布活荷载标准值为 0.5kN/m^2。

4）重力荷载代表值

由《抗震规范》表 5.1.3 可知，雪荷载、积灰荷载和活荷载的组合值系数分别为 0.5，0.5，0，有（积灰荷载应与雪荷载和不上人屋面的活荷载两者中的较大值同时考虑，这句话在这里并不适用）

$$G_E = D_k + \Sigma\psi_i L_{ki} = 500 \times 10^3 \times 9.8 \times 10^{-3} + 0.5 \times 0.43 \times 18 \times 60 + 0.5 \times$$
$$0.57 \times 18 \times 60 + 0 \times 0.5 \times 18 \times 60 = 5440 \text{ kN}$$

（2）水平地震影响系数

1）基本信息

查《抗震规范》附录 A.0.7，哈尔滨抗震设防烈度为 6 度，设计基本地震加速为 $0.05g$，设计地震分组为第一组，又知场地类别为 Ⅱ 类。

查《抗震规范》表 5.1.4-1，得 $\alpha_{max} = 0.04$。

查《抗震规范》表 5.1.4-2，得 $T_g = 0.35\text{s}$。

2）阻尼相关的系数

当阻尼比 $\zeta = 0.02$ 时，求解下列系数。

① 曲线下降段的衰减系数

$$\gamma = 0.9 + \frac{0.05 - \zeta}{0.3 + 6\zeta} = 0.9 + \frac{0.05 - 0.02}{0.3 + 6 \times 0.02} = 0.971$$

② 阻尼调整系数

$$\eta_2 = 1 + \frac{0.05 - \zeta}{0.08 + 1.6\zeta} = 1 + \frac{0.05 - 0.02}{0.08 + 1.6 \times 0.02} = 1.268$$

③ 水平地震影响系数

由《抗震规范》5.1.5 条可知，$T_g = 0.35\text{s} < T = 0.4\text{s} < 5T_g = 1.75\text{s}$，所以 α 处于曲

线下降段，α 的计算公式为

$$\alpha=\left(\frac{T_{\mathrm{g}}}{T}\right)^{\gamma}\eta_2\alpha_{\max}=\left(\frac{0.35}{0.4}\right)^{0.971}\times1.268\times0.04=0.045$$

（3）水平地震作用

$$F=\alpha G_{\mathrm{E}}=0.045\times5440=244.8\mathrm{kN}$$

5.5　多质点体系水平地震作用

5.5.1　多质点体系的地震反应

由 5.4.2.2 节可知，多、高层结构以及烟囱等构筑物都需要简化成多自由度体系进行分析。以图 5-22 所示高层建筑为例，将其简化为多自由度体系进行分析，图中 x_{g} 为地震水平位移；x_i 为第 i 质点相对于地面的位移。

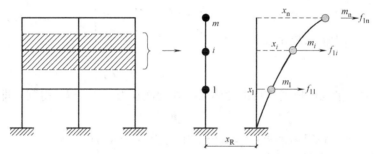

图 5-22　多自由度体系计算简图

由 5.4.3 节可知，单自由度体系的质点惯性力为 $f_{\mathrm{I}}=-m(\ddot{x}_{\mathrm{g}}+\ddot{x})$，如果多自由度体系的每个质点质量为 m_i（$i=1，2，\cdots，n$），每个质点的相对水平位移为 x_i（$i=1，2，\cdots，n$），n 为体系的自由度数（计算单一方向的水平地震作用时，也就是质点数，对高层结构而言，一般等于结构层数），则各质点受到的惯性力为：

$$\left.\begin{array}{l}f_{\mathrm{I}1}=-m_1(\ddot{x}_{\mathrm{g}}+\ddot{x}_1)\\\cdots\\f_{\mathrm{I}i}=-m_i(\ddot{x}_{\mathrm{g}}+\ddot{x}_i)\\\cdots\\f_{\mathrm{I}n}=-m_n(\ddot{x}_{\mathrm{g}}+\ddot{x}_n)\end{array}\right\}\tag{5-25}$$

式（5-25）可以表达成矩阵和向量的形式，即

$$\{\boldsymbol{F}_{\mathrm{I}}\}=-[\boldsymbol{M}](\{\ddot{\boldsymbol{x}}\}+\{\mathbf{1}\}\ddot{x}_{\mathrm{g}})\tag{5-26}$$

式中：　$\{\boldsymbol{F}_{\mathrm{I}}\}$——惯性力向量，$\{\boldsymbol{F}_{\mathrm{I}}\}=[f_{\mathrm{I}1}，f_{\mathrm{I}2}，\cdots，f_{\mathrm{I}n}]^{\mathrm{T}}$；

　　　　$\{\ddot{\boldsymbol{x}}\}$——各质点的相对加速度向量，$\{\ddot{\boldsymbol{x}}\}=[\ddot{x}_1，\ddot{x}_2，\cdots，\ddot{x}_n]^{\mathrm{T}}$；

$\{\mathbf{1}\}\ddot{x}_{\mathrm{g}}=\{\ddot{x}_{\mathrm{g}}\}$——地面运动加速度向量，各质点都是一致的，所以可以写成单位向量 $\{\mathbf{1}\}=[1，1，\cdots，1]^{\mathrm{T}}$ 与地面运动加速度的乘积；

$(\{\ddot{x}\}+\{1\}\ddot{x}_{\mathrm{g}})$——各质点的绝对加速度向量；

$$[M]——质量矩阵，[M]=\begin{bmatrix} m_1 & & & \\ & m_2 & & \\ & & \cdots & \\ & & & m_n \end{bmatrix}。$$

多自由度体系的向量表达式 $\{F_{\mathrm{I}}\}=-[M](\{\ddot{x}\}+\{1\}\ddot{x}_{\mathrm{g}})$ 和单自由度体系的表达式 $f_{\mathrm{I}}=-m(\ddot{x}_{\mathrm{g}}+\ddot{x})$ 是完全协调的，只是把多个质点采用了向量和矩阵的表达方式而已。

同理，阻尼力向量也可根据单自由度体系的阻尼力 $f_{\mathrm{c}}=-c\dot{x}$ 得到，即

$$\{F_{\mathrm{c}}\}=-[C]\{\dot{x}\} \tag{5-27}$$

式中：$\{F_{\mathrm{c}}\}$——阻尼力向量，$\{F_{\mathrm{c}}\}=[f_{\mathrm{c}1},\ f_{\mathrm{c}2},\ \cdots,\ f_{\mathrm{c}n}]^{\mathrm{T}}$；

$\{\dot{x}\}$——各质点的速度向量，$\{\dot{x}\}=[\dot{x}_1,\ \dot{x}_2,\ \cdots,\ \dot{x}_n]^{\mathrm{T}}$；

$$[C]——质点的阻尼矩阵，[C]=\begin{bmatrix} c_{11} & c_{12} & \cdots & c_{1n} \\ c_{21} & c_{22} & \cdots & c_{2n} \\ \cdots & \cdots & \cdots & \cdots \\ c_{n1} & c_{n2} & \cdots & c_{nn} \end{bmatrix}。$$

弹性恢复力向量也可根据单自由度体系的弹性恢复力 $f_{\mathrm{k}}=-kx$ 得到，即

$$\{F_{\mathrm{k}}\}=-[K]\{x\} \tag{5-28}$$

式中：$\{F_{\mathrm{k}}\}$——弹性恢复力向量，$\{F_{\mathrm{k}}\}=[f_{\mathrm{k}1},\ f_{\mathrm{k}2},\ \cdots,\ f_{\mathrm{k}n}]^{\mathrm{T}}$；

$\{x\}$——各质点的位移向量，$\{x\}=[x_1,\ x_2,\ \cdots,\ x_n]^{\mathrm{T}}$；

$$[K]——质点的阻尼矩阵，[K]=\begin{bmatrix} k_{11} & k_{12} & \cdots & k_{1n} \\ k_{21} & k_{22} & \cdots & k_{2n} \\ \cdots & \cdots & \cdots & \cdots \\ k_{n1} & k_{n2} & \cdots & k_{nn} \end{bmatrix}。$$

以上分析可知，多自由度体系的运动方程为

$$[M]\{\ddot{x}\}+[C]\{\dot{x}\}+[K]\{x\}=-[M]\{1\}\ddot{x}_{\mathrm{g}} \tag{5-29}$$

综上，多自由度体系惯性力、阻尼力、弹性恢复力及运动方程的表达形式和单自由度体系类似，只是将单自由度体系中的变量换成了向量和矩阵，如表 5-10 所示。

单自由度体系和多自由度体系对比 表 5-10

	单自由度体系	多自由度体系
惯性力	$f_{\mathrm{I}}=-m(\ddot{x}_{\mathrm{g}}+\ddot{x})$	$\{F_{\mathrm{I}}\}=-[M](\{\ddot{x}\}+\{1\}\ddot{x}_{\mathrm{g}})$
阻尼力	$f_{\mathrm{c}}=-c\dot{x}$	$\{F_{\mathrm{c}}\}=-[C]\{\dot{x}\}$
弹性恢复力	$f_{\mathrm{k}}=-kx$	$\{F_{\mathrm{k}}\}=-[K]\{x\}$
运动方程	$m\ddot{x}+c\dot{x}+kx=-m\ddot{x}_{\mathrm{g}}$	$[M]\{\ddot{x}\}+[C]\{\dot{x}\}+[K]\{x\}=-[M]\{1\}\ddot{x}_{\mathrm{g}}$

为了得到多自由度体系的动力特性（周期和振型），首先要研究多自由度体系的自由振动方程，此时地震地面运动加速度为 0。研究体系动力特性时，因为一般结构的阻尼比较小，对结构周期和振型影响不大，为了简化，可以不必考虑阻尼的影响。

此时多自由度此时多自由度体系的运动方程可简化为

$$[\boldsymbol{M}]\{\ddot{\boldsymbol{x}}\}+[\boldsymbol{K}]\{\boldsymbol{x}\}=\{\boldsymbol{0}\} \tag{5-30}$$

自由振动的解一般可以表达成简谐振动的形式，即

$$\{\boldsymbol{x}\}=\{\boldsymbol{\phi}\}\sin(\omega t+\varphi) \tag{5-31}$$

这里的$\{\boldsymbol{\phi}\}$是每个质点自由振动的振幅，对上式积分两次，得

$$\{\ddot{\boldsymbol{x}}\}=-\omega^2\{\boldsymbol{\phi}\}\sin(\omega t+\varphi) \tag{5-32}$$

将式（5-31）和式（5-32）代入式（5-30），可得

$$([\boldsymbol{K}]-\omega^2[\boldsymbol{M}])\{\boldsymbol{\phi}\}\sin(\omega t+\varphi)=\{\boldsymbol{0}\} \tag{5-33}$$

因为体系要振动，所以 $\sin(\omega t+\varphi)\neq0$，则有

$$([\boldsymbol{K}]-\omega^2[\boldsymbol{M}])\{\boldsymbol{\phi}\}=\{\boldsymbol{0}\} \tag{5-34}$$

这个方程就是自由振动微分方程的代数方程形式，称之为多自由度体系自由振动的动力特征方程。

如果方程$([\boldsymbol{K}]-\omega^2[\boldsymbol{M}])\{\boldsymbol{\phi}\}=\{\boldsymbol{0}\}$成立，要么$\{\boldsymbol{\phi}\}=\{\boldsymbol{0}\}$这说明振幅为0，体系不振动，显然不符合实际情况，所以行列式$|[\boldsymbol{K}]-\omega^2[\boldsymbol{M}]|=0$，求解这个行列式，就能够得到多自由度体系的自由振动圆频率，随后根据 $\omega=2\pi/T$，就能求出多自由度体系的周期。体系有多少个自由度，就有多少个自振频率和自振周期。

从多自由度体系的自由振动方程还可以得到，多自由度体系自由振动时，各质点在任意时刻位移幅值的比值是一定的，不随时间变化，即体系在自由振动过程中的形状保持不变。把反映体系自由振动形状的向量$\{\boldsymbol{\phi}_i\}$称为振型，把顶点位移为1的振型称之为规则化的振型，一般简称为振型。图 5-23 所示为 n 个自由度体系的 $1\sim n$ 阶振型，对于多质点体系，振型是几阶的，振型曲线和体系平衡位置（未振动时）的直线就有几个交点。

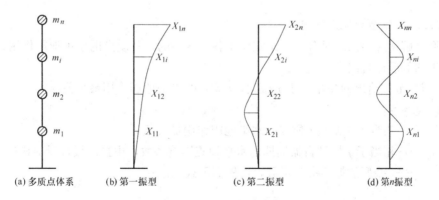

(a) 多质点体系　　(b) 第一振型　　(c) 第二振型　　(d) 第 n 振型

图 5-23　n 个自由度体系振型曲线

5.5.2　振型的正交性

对多自由度体系的动力特征方程$[\boldsymbol{M}]\{\ddot{\boldsymbol{x}}\}+[\boldsymbol{K}]\{\boldsymbol{x}\}=\{\boldsymbol{0}\}$进行变换，可以得到

$$\{\boldsymbol{\phi}_j\}^{\mathrm{T}}[\boldsymbol{M}]\{\boldsymbol{\phi}_i\}=0(i\neq j) \tag{5-35}$$

由$\{\ddot{\boldsymbol{x}}\}=-\omega^2\{\boldsymbol{\phi}\}\sin(\omega t+\varphi)$ 可知，振幅向量和圆频率的乘积，体现的是体系的加速度，加速度与质量的乘积体现的是惯性力，所以式（5-35）的物理意义是：某一振型在振

动过程中引起的惯性力不在其他振型上做功，这说明某一个振型的动能不会转移到其他振型上去，也就是说，体系按某一个振型振动时，不会激起其他振型的振动。

同理，可以得到

$$\{\boldsymbol{\phi}_j\}^{\mathrm{T}}[\boldsymbol{K}]\{\boldsymbol{\phi}_i\}=0(i\neq j) \tag{5-36}$$

由 $\{\boldsymbol{x}\}=\{\boldsymbol{\phi}\}\sin(\omega t+\varphi)$ 可知，刚度与位移的乘积为弹性恢复力，式（5-36）的物理意义是：某一振型在振动过程中所引起的弹性恢复力也不在其他振型上做功，这说明体系在按某一振型振动时，它的势能不会转移到其他振型上去。

但是，并不是所有的情况下，都有

$$\{\boldsymbol{\phi}_j\}^{\mathrm{T}}[\boldsymbol{C}]\{\boldsymbol{\phi}_i\}=0(i\neq j) \tag{5-37}$$

只有采用瑞雷阻尼 $[\boldsymbol{C}]=a[\boldsymbol{M}]+b[\boldsymbol{K}]$ 的时候，才能使上式成立，所以工程上常采用瑞雷阻尼。式（5-37）的物理意义是：某一振型在振动过程中所引起的阻尼力也不在其他振型上做功，这说明体系在按某一振型振动时，它的阻尼耗能不会转移到其他振型上去。

式（5-35）、式（5-36）、式（5-37）称之为振型的正交性，说明结构的每个振型的振动都不会影响其他的振型，也即，各振型之间是相对独立的。

既然多自由度体系各个振型之间是相对独立的，那么就可以把多自由度体系的振动，分解成是各个振型振动的线性组合，每个振型对总振动的贡献不一样，因此需要乘以一个参与系数。对于每个独立的振型，虽然有多个质点，但各质点都按一个形状振动，所以可以看成是一个自由度，这样就可以按照特定振型振动的多自由度体系简化为单自由度体系，然后按单自由度体系的方法来求解每个振型的地震反应，最后把各个振型的地震反应按一定的规则进行组合，这就是振型分解反应谱法的思想。

5.5.3　振型分解反应谱法

5.5.3.1　振型的地震作用

振型分解反应谱法就是分别求出相应于各个振型的，各质点的水平地震作用，再将各振型产生的效应进行组合。

《抗震规范》给出的多相应于 j 振型，i 质点的水平地震作用最大值为

$$F_{ji}=\alpha_j\gamma_j\varphi_{ji}G_i \tag{5-38}$$

式中：F_{ji}——相当于 j 振型 i 质点的水平地震作用最大值；

　　　α_j——相当于 j 振型自振周期的水平地震影响系数，由抗震设计反应谱确定；

　　　γ_j——j 振型的振型参与系数，可根据下式确定；

$$\gamma_j=\frac{\sum_{i=1}^{n}\varphi_{ji}m_i}{\sum_{i=1}^{n}\varphi_{ji}{}^2m_i}=\frac{\sum_{i=1}^{n}\varphi_{ji}G_i}{\sum_{i=1}^{n}\varphi_{ji}{}^2G_i}(i=1,2,\cdots,n;j=1,2,\cdots,m) \tag{5-39}$$

　　　φ_{ji}——j 振型 i 质点的振型位移；

　　　G_i——集中于质点 i 的重力荷载代表值，一般作为已知条件给出；

　　　n——结构计算总质点数，小塔楼宜每层作为一个质点参与计算。

5.5.3.2　求对应于每一振型的效应

① 层间剪力

某一层的剪力＝这一层和这一层以上所有楼层的水平地震作用的和。

$$V_{j1} = F_{j1} + F_{j2} + F_{j3}; \quad V_{j2} = F_{j2} + F_{j3}; \quad V_{j3} = F_{j3}; \quad V_{ji} = \sum_{m=i}^{n} F_{jm}$$

② 层间位移

某一层的层间位移＝这一层的层剪力/抗侧刚度。

$$\Delta_{j1} = V_{j1}/k_1; \quad \Delta_{j2} = V_{j2}/k_2; \quad \Delta_{j3} = V_{j3}/k_3; \quad \Delta_{ji} = V_{ji}/k_i$$

③ 总位移

某一层的总位移等于这一层的层间位移和这一层以下所有楼层的层间位移的和。

$$U_{j1} = V_{j1}/k_1; \quad U_{j2} = V_{j1}/k_1 + V_{j2}/k_2; \quad U_{j3} = V_{j1}/k_1 + V_{j2}/k_2 + V_{j3}/k_3; \quad U_{ji} = \sum_{m=1}^{i} \frac{V_{jm}}{k_m}$$

5.5.3.3 振型组合

求出了 F_{ji} 以后，就可以运用结构力学的方法计算各振型下地震作用在结构上产生的效应 S_j（如弯矩 M、轴力 N、剪力 V 及变形 f 等）。但根据振型分解反应谱法确定的相应各振型的地震作用 F_{ji} 均为最大值，因此 S_j 也为最大值。但各振型下的最大值（F_{ji} 和 S_j）不在同一时刻发生，如将各振型最大反应直接相加计算结构地震反应的最大值，一般结果偏大，所以需要进行振型组合。

我国《抗震设计》假定地震时地面运动为平稳随机过程。各振型反应之间相互独立，从而得到了"平方之和再开方"的组合公式，即按下式确定水平地震作用效应：

$$S_{Ek} = \sqrt{\sum S_j^2} \tag{5-40}$$

式中：S_{Ek}——水平地震作用标准值的效应；

S_j——j 振型水平地震作用标准值的效应，可只提前 $2 \sim 3$ 个振型，当基本自振周期大于 1.5s 或房屋高宽比大于 5 时，振型个数应适当增加。

式（5-40）对应的是不进行扭转耦联计算的结构，但随机振动理论分析表明，当结构体系的振型密集、两个振型的周期接近时，振型之间的耦联明显。当振型的周期比为 0.85 时，耦联系数大约为 0.27，采用式（5-40）所示的"平方和开方"（SRSS 方法）进行振型组合的误差不大；而当周期比为 0.90 时，耦联系数增大一倍，约为 0.50，两个振型之间的互相影响不可忽略。这里，计算地震作用效应不能采用 SRSS 组合方法，而应采用"完全方根"组合（CQC 方法），即

$$S_{Ek} = \sqrt{\sum_{j=1}^{m} \sum_{k=1}^{m} \rho_{jk} S_j S_k} \tag{5-41}$$

其中

$$\rho_{jk} = \frac{8\sqrt{\zeta_j \zeta_k}(\zeta_j + \lambda_T \zeta_k)\lambda_T^{1.5}}{(1-\lambda_T^2)^2 + 4\zeta_j \zeta_k(1+\lambda_T^2)\lambda_T + 4(\zeta_j^2 + \zeta_k^2)\lambda_T^2} \tag{5-42}$$

式中：S_{Ek}——地震作用标准值的扭转效应；

S_j、S_k——分别为 j、k 振型地震作用标准值的效应，可提前 $9 \sim 15$ 个振型；

ζ_j、ζ_k——分别为 j、k 振型的阻尼比；

ρ_{jk}——j 振型与 k 振型的耦联系数；

λ_T——j 振型与 k 振型的自振周期比。

必须注意，将各振型的"地震作用效应"以"平方和开方"的方法求得的结构地震作用效应，与将各振型的"地震作用"以"平方和开方"的方法进行组合，然后计算其作用效应，两者的结果是不同的。因为在高阶振型中地震作用有正有负，经平方计算后全为正值，故采取后一种方法计算时，会放大结构所受到的地震作用效应。

利用振型分解反应谱法求解结构的地震作用的步骤如下：

① 根据场地类别和设计地震分组，查表 5-9 确定特征周期 T_g（《抗震规范》5.1.4 条中表 5.1.4-2）；根据抗震设防烈度，查表 5-8 确定水平地震影响系数最大值 $\alpha_{\max}$（《抗震规范》5.1.4 条中表 5.1.4-1）。

② 根据图 5-19，计算各阶振型的水平地震影响系数 α_j（《抗震规范》5.1.5 条）。

③ 根据式（5-39）求解各阶振型的振型参与系数 γ_j（《抗震规范》5.2.2 条）。

④ 根据式（5-38）求各阶振型的水平地震作用 $F_{ji} = \alpha_j \gamma_j \varphi_{ji} G_i$（《抗震规范》5.2.2 条）。

⑤ 根据本章 5.5.3.2 节求解各振型地震作用下的结构效应。

⑥ 根据式（5-40）对求出的效应进行组合（《抗震规范》5.2.2 条）。

【例 5.2】 某两层钢筋混凝土框架结构，其计算简图如图 5-24 所示，其中各层质量及层高已在图中标出；已知该结构所在地区的抗震设防烈度为 8 度（设计基本地震加速度为 0.2g），Ⅱ类场地，设计地震分组为第二组；一、二层抗侧刚度分别为 $k_1 = 4 \times 10^4\,\text{kN/m}$，$k_2 = 3 \times 10^4\,\text{kN/m}$；该结构的前两阶振型及其对应的周期如图所示，阻尼比 $\zeta = 0.05$。试用振型分解反应谱法求多遇地震下各层的层间剪力，并求出各层层间位移与各层总位移。

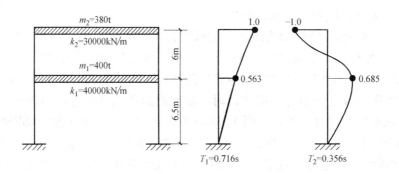

图 5-24　计算简图

解：（1）基本参数确定

查《抗震规范》表 5.1.4.1 得：8 度，多遇地震，$\alpha_{\max} = 0.16$

由Ⅱ类场地，第二组，查《抗震规范》表 5.1.4.2 得，$T_g = 0.4\text{s}$

（2）各振型的地震影响系数

第 1 振型：$T_1 = 0.716\text{s}$，$T_g < T_1 < 5 T_g$，

$$\alpha_1 = \left(\frac{T_g}{T}\right)^{0.9} \alpha_{\max} = \left(\frac{0.4}{0.716}\right)^{0.9} \times 0.16 = 0.095$$

第 2 振型：$T_2 = 0.356\text{s}$，$0.1\text{s} < T_2 < T_g$，

$$\alpha_2 = \alpha_{\max} = 0.16$$

（3）振型参与系数

$$\gamma_j = \frac{m_i \sum\limits_{i=1}^{n} \varphi_{ji} G_i}{m_i \sum\limits_{i=1}^{n} \varphi_{ji}^2 G_i} = \frac{\sum\limits_{i=1}^{n} \varphi_{ji} G_i}{\sum\limits_{i=1}^{n} \varphi_{ji}^2 G_i}$$

第 1 振型：$\gamma_1 = \dfrac{400 \times 0.563 + 380 \times 1}{400 \times 0.563^2 + 380 \times 1^2} = 1.194$

第 2 振型：$\gamma_2 = \dfrac{400 \times 0.685 + 380 \times (-1)}{400 \times 0.563^2 + 380 \times (-1)^2} = -0.187$

(4) 各振型下的楼层水平地震作用

$$F_{ji} = \alpha_j \gamma_j \varphi_{ji} G_i$$

第 1 振型：

$$F_{11} = 0.095 \times 1.194 \times 0.563 \times 400 \times 9.8 = 250.3 \text{kN}$$

$$F_{12} = 0.095 \times 1.194 \times 1 \times 380 \times 9.8 = 422.4 \text{kN}$$

第 2 振型：

$$F_{21} = 0.16 \times (-0.187) \times 0.685 \times 400 \times 9.8 = -80.3 \text{kN}$$

$$F_{22} = 0.16 \times (-0.187) \times (-1) \times 380 \times 9.8 = 111.4 \text{kN}$$

(5) 各振型的层间剪力

第 1 振型：$V_{11} = 250.3 + 422.4 = 672.7 \text{ kN}$ $V_{12} = 422.4 \text{kN}$

第 2 振型：$V_{21} = 111.4 - 80.3 = 31.1 \text{ kN}$ $V_{22} = 111.4 \text{kN}$

(6) 各层层间剪力

$$V_i = \sqrt{\sum V_{ji}^2}$$

$$V_1 = \sqrt{672.7^2 + 31.1^2} = 673.4 \text{kN}$$

$$V_2 = \sqrt{422.4^2 + 111.4^2} = 436.8 \text{kN}$$

(7) 各振型的层间位移

$$\Delta_{ji} = \frac{V_{ji}}{k_i}$$

第 1 振型：

$$\Delta_{11} = \frac{672.7}{40000} \times 1000 = 16.82 \text{mm} \quad \Delta_{12} = \frac{422.4}{30000} \times 1000 = 14.08 \text{mm}$$

第 2 振型：

$$\Delta_{21} = \frac{31.1}{40000} \times 1000 = 0.78 \text{mm} \quad \Delta_{22} = \frac{111.4}{30000} \times 1000 = 3.71 \text{mm}$$

(8) 各层层间位移

$$\Delta_i = \sqrt{\sum \Delta_{ji}^2}$$

$$\Delta_1 = \sqrt{16.82^2 + 0.78^2} = 16.84 \text{mm}$$

$$\Delta_2 = \sqrt{14.08^2 + 3.71^2} = 14.56 \text{mm}$$

(9) 各振型的各层总位移

$$u_{ji} = \sum_{m=1}^{i} \Delta_{jm}$$

第 1 振型：
$$u_{12}=16.82+14.08=30.90\text{mm} \qquad u_{11}=16.82\text{mm}$$

第 2 振型：
$$u_{22}=0.78+3.71=4.49\text{mm} \qquad u_{21}=0.78\text{mm}$$

（10）各层总位移
$$u_i=\sqrt{\sum u_{ji}^2}$$
$$u_1=\sqrt{16.82^2+0.78^2}=16.84\text{mm} \qquad u_2=\sqrt{30.9^2+4.49^2}=31.22\text{mm}$$

5.5.4 底部剪力法

采用振型分解反应谱法确定地震作用计算结构最大地震反应精度较高，但是必须先确定各阶周期和振型，这对于手算来说是很麻烦的。为了简化计算，《抗震规范》规定，对

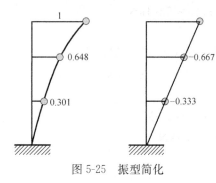

图 5-25　振型简化

高度不超过 40m，以剪切变形为主且质量和刚度沿高度分布比较均匀的结构，可采用底部剪力法计算水平地震作用。满足以上要求的结构，地震反应以第一振型为主，而结构的第一振型是接近于直线的，因此省去了振型分解反应谱法中求解振型的过程，而是直接按照倒三角的形式给出第一振型，如图 5-25 所示。

任意质点的第一振型位置与高度成正比，即
$$\varphi_{1i}=CH_i \tag{5-43}$$

式中：C——常数，其值越大，振型直线的斜率越小；

H_i——质点 i 离地面的高度。

根据振型分解反应谱法，相应于第一振型，i 质点的水平地震作用最大值 $F_i=\alpha_1\gamma_1\varphi_{1i}G_i$（这里将 F_{1i} 简写为 F_i）

其中，第一振型的振型参与系数
$$\gamma_1=\frac{\sum\limits_{i=1}^{n}\phi_{1i}G_i}{\sum\limits_{i=1}^{n}\phi_{1i}^2G_i} \tag{5-44}$$

将式（5-43）代入，得到
$$\gamma_1=\frac{\sum\limits_{j=1}^{n}CH_jG_j}{\sum\limits_{j=1}^{n}C^2H_j^2G_j}=\frac{\sum\limits_{j=1}^{n}H_jG_j}{\sum\limits_{j=1}^{n}CH_j^2G_j} \tag{5-45}$$

则 i 质点的水平地震作用最大值
$$F_i=\alpha_1\frac{\sum\limits_{j=1}^{n}H_jG_j}{\sum\limits_{j=1}^{n}CH_j^2G_j}CH_iG_i=\alpha_1\frac{\sum\limits_{j=1}^{n}H_jG_j}{\sum\limits_{j=1}^{n}H_j^2G_j}H_iG_i \tag{5-46}$$

此时，底部剪力可以表示为

$$F_{\mathrm{Ek}} = \sum_{i=1}^{n} F_i = \alpha_1 \frac{\sum\limits_{j=1}^{n} H_j G_j}{\sum\limits_{j=1}^{n} H_j^2 G_j} \sum_{i=1}^{n} H_i G_i \qquad (5\text{-}47)$$

进一步化简得到

$$F_{\mathrm{Ek}} = \alpha_1 \frac{\sum\limits_{j=1}^{n} H_j G_j}{\sum\limits_{j=1}^{n} H_j^2 G_j} \sum_{i=1}^{n} H_i G_i = \alpha_1 \frac{\sum\limits_{j=1}^{n} (H_j G_j)^2}{\left(\sum\limits_{j=1}^{n} H_j^2 G_j\right)\left(\sum\limits_{i=1}^{n} G_i\right)} \sum_{i=1}^{n} G_i \qquad (5\text{-}48)$$

令，$\chi = \dfrac{\sum\limits_{j=1}^{n} (H_j G_j)^2}{\left[\sum\limits_{j=1}^{n} H_j^2 G_j\right]\left[\sum\limits_{i=1}^{n} G_i\right]}$，则底部剪力可以简写水平地震影响系数和重力项的

乘积，即

$$F_{\mathrm{Ek}} = \alpha_1 \chi \sum_{i=1}^{n} G_i \qquad (5\text{-}49)$$

式中：$G_{\mathrm{eq}} = \chi \sum\limits_{i=1}^{n} G_i$ ——结构等效总重力荷载；

α_1——结构基本周期 T_1 所对应的地震影响系数；

χ——等效质量系数，反映的是总等效重力荷载与真实的总重力荷载的比值。

一般建筑的各层重量和层高是大致相同的（这也是底部剪力法中适用条件中说质量和刚度沿高度分布比较均匀的原因），取 $G_i = G$，$H_i = ih$，h 为层高，则等效系数可以化简为 $\chi = \dfrac{3}{2} \dfrac{(n+1)}{(2n+1)}$，$n$ 为结构总层数，对单质点体系，$\chi = 1$，对多质点体系，$n = 2$ 时，$\chi = 0.9$；$n = \infty$ 时，$\chi = 0.75$；因此多质点体系，$\chi = 0.75 \sim 0.9$，层数为 $2 \sim 10$ 层的等效质量系数取值，见表 5-11，为了计算简便，《抗震规范》统一规定 $\chi = 0.85$。

等效质量系数　　　　　　　　　　　　　　　　　　　　表 5-11

层数	2	3	4	5	6	7	8	9	10
χ	0.900	0.857	0.833	0.818	0.808	0.800	0.794	0.789	0.786

由表 5-11 可以看出，取 $\chi = 0.85$，相当于 3 层左右，一方面暗示底部剪力法的适用范围不能太高，另一方面通过这个系数，留出一点安全度。

通过结构等效质量系数，将多质点体系的真实总重，折算成等效总重，然后，就可以像求解单自由度体系一样，很简单地求出多自由度体系的底部剪力了。

因此，底部剪力法是对不太高，又比较规则的结构，所提出的一种求解地震作用的简化算法，其表达式为：

$$F_{\mathrm{Ek}} = \alpha_1 G_{\mathrm{eq}} \qquad (5\text{-}50)$$

式中：α_1——水平地震影响系数，钢筋混凝土结构通过抗震设计反应谱进行计算，多层砌体房屋、底部框架砌体房屋周期短 $0.1s\sim0.3s$，宜取 $\alpha_1=\alpha_{max}$。

G_{eq}——总等效重力荷载，对于多层结构 $G_{eq}=0.85G_E$，对于单层结构 $G_{eq}=G_E$，G_E 为总重力荷载代表值，$G_E=\Sigma G_i$。

计算各层的地震作用时，底部剪力法假定结构以第一振型为主，计算时只考虑了第一振型，算出的水平地震作用呈倒三角形分布，如图 5-26 (a) 所示，对于刚度比较大的砌体结构来说是合适的，但对于刚度比较小的结构（$T_1>1.4T_g$），高阶振型影响比较大，水平力分布不是三角形了，如图 5-26 (b) 所示。

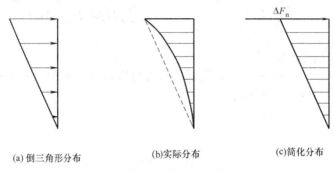

(a) 倒三角形分布　　　(b)实际分布　　　(c)简化分布

图 5-26　高阶振型对水平力的影响

这个时候把总地震作用的一部分 ΔF_n 作为集中力附加在主体结构顶层进行修正，如图 5-26 (c) 所示，其中顶部附加水平地震作用

$$\Delta F_n=\delta_n F_{Ek} \tag{5-51}$$

式中：δ_n——顶部附加地震作用系数，多层钢筋混凝土和钢结构房屋可按表 5-12 采用，多层内框架砖房可采用 0.2，其他房屋可采用 0.0；对于高层建筑钢结构，顶部附加地震作用系数 δ_n 可采用下式计算。

$$\delta_n=\frac{1}{T_1+8}+0.05 \tag{5-52}$$

顶部附加地震作用系数　　　　　　　　　　　　　　　表 5-12

$T_g(s)$	$T_1>1.4T_g$	$T_1\leqslant1.4T_g$
$T_g\leqslant0.35$	$0.08T_1+0.07$	
$0.35<T_g\leqslant0.55$	$0.08T_1+0.01$	0.0
$T_g>0.55$	$0.08T_1-0.07$	

注：T_1 为结构基本自振周期。

则中间层的水平地震作用可用下式表示：

$$F_i=\frac{G_iH_i}{\sum\limits_{j=1}^{n}G_jH_j}F_{Ek}(1-\delta_n)=\frac{G_iH_i}{\sum\limits_{j=1}^{n}G_jH_j}(F_{Ek}-\Delta F_n) \tag{5-53}$$

顶层的水平地震作用可表示为：

$$F_i=F_n+\Delta F_n \tag{5-54}$$

建筑物顶部的小突出部分［屋顶间（电梯间）、女儿墙、烟囱］，由于质量和刚度都比较小，在振动过程中，会形成较大的速度和位移，就和鞭子的尖一样，这种现象称为鞭梢效应。我国《抗震规范》规定，采用底部剪力法时，突出屋面的屋顶间、女儿墙、烟囱等的地震作用效应，宜乘以增大系数3，此增大部分不应往下传递，但与该突出部分相连的构件应予计入。

突出屋面的小建筑，一般按重力荷载<标准层的1/3控制。顶部带有空旷大房间或轻钢结构房屋时，刚度虽然有较大削弱，重力也有可能<标准层的1/3，但不宜视为突出屋面的小房间，应按振型分解反应谱法确定地震作用。

如图5-27所示，屋顶间的水平地震作用为100，2层800，1层400，计算屋顶或与屋顶间直接相连的构件（梁柱）间时，屋顶间的层剪力（屋顶间传给顶层的剪力）是300，底部剪力是1300。

运用底部剪力法求解结构的地震作用的步骤如下：

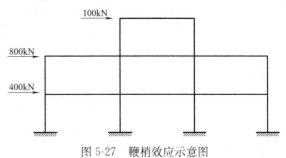

图 5-27　鞭梢效应示意图

① 根据场地类别和设计地震分组，查表5-9确定特征周期 T_g（《抗震规范》5.1.4条中表5.1.4-2）；根据抗震设防烈度，查表5-8确定水平地震影响系数最大值 α_{max}（《抗震规范》5.1.4条中表5.1.4-1）。

② 根据图5-19求解各阶振型的水平地震影响系数 α_j（《抗震规范》5.1.5条）。

③ 结合表5-6，求总等效重力荷载，对于多层结构 $G_{eq}=0.85G_E$，对于单层结构 $G_{eq}=G_E$，G_E 层为总重力荷载代表值，$G_E=\Sigma G_i$（《抗震规范》5.2.1条）。

④ 用式（5-50）求底部剪力，$F_{Ek}=\alpha_1 G_{eq}$（《抗震规范》5.2.1条）。

⑤ 用式（5-51）求顶部附加地震作用，$\Delta F_n=\delta_n F_{Ek}$（《抗震规范》5.2.1条）。

⑥ 用式（5-53）和式（5-54）求各层水平地震作用，对于中间层：$F_i=\dfrac{G_i H_i}{\sum\limits_{j=1}^{n} G_j H_j}F_{Ek}(1-\delta_n)=\dfrac{G_i H_i}{\sum\limits_{j=1}^{n} G_j H_j}(F_{Ek}-\Delta F_n)$；对于顶层：$F_i=F_n+\Delta F_n$（《抗震规范》5.2.1条）。

⑦ 计算地震作用效应（参考本章5.5.3.2节）。

【例5.3】已知条件同例题5.2，计算简图如图5-28所示。试用底部剪力法求解结构各层剪力，层间位移与各层的总位移。

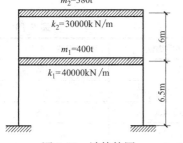

图 5-28　计算简图

解：1）基本参数的确定

根据《抗震规范》表5.1.4.1得：8度（0.2g），多遇地震，$\alpha_{max}=0.16$；由表5.1.4.2得：Ⅱ类场地，第二组，$T_g=0.4s$。

2）水平地震作用

$$T_1=0.716s, T_g<T_1<5T_g$$

对应于 T_1 的水平地震影响系数：

$$\alpha_1=\left(\frac{T_g}{T}\right)^{0.9}\alpha_{max}=\left(\frac{0.4}{0.716}\right)^{0.9}\times 0.16=0.095$$

3）总等效重力荷载

$$G_{\text{eq}} = 0.85 \Sigma G_i = 0.85 \times (380 + 400) \times 9.8 = 6497.4 \text{kN}$$

4）底部剪力标准值

$$F_{\text{Ek}} = \alpha_1 G_{\text{eq}} = 0.095 \times 6497.4 = 617.3 \text{kN}$$

5）顶部附加水平地震作用

$$T_1 = 0.716 \text{s} > 1.4 T_{\text{g}} = 0.56 \text{s}, \text{因为 } T_{\text{g}} = 0.4 \text{s},$$

$$\text{故 } \delta_{\text{n}} = 0.08 T_1 + 0.01 = 0.08 \times 0.716 + 0.01 = 0.067$$

$$\Delta F_{\text{n}} = \delta_{\text{n}} F_{\text{Ek}} = 0.067 \times 617.3 = 41.4 \text{kN}$$

6）水平地震作用

底层：

$$F_i = \frac{G_i H_i}{\sum\limits_{j=1}^{n} G_j H_j} (F_{\text{Ek}} - \Delta F_{\text{n}})$$

顶层：

$$F_i = F_{\text{n}} + \Delta F_{\text{n}}$$

$$\Sigma G_j H_j = 400 \times 9.8 \times 6.5 + 380 \times 9.8 \times 11.5 = 25480 + 42826 = 68306 \text{kN}$$

$$F_{\text{Ek}} - \Delta F_{\text{n}} = 617.3 - 41.4 = 575.9 \text{kN}$$

$$F_1 = \frac{25480}{68306} \times 575.9 = 214.8 \text{kN} \quad F_2 = \frac{42826}{68306} \times 575.9 + 41.4 = 402.5 \text{kN}$$

7）各层地震剪力

$$V_2 = F_2 = 402.5 \text{kN} \quad V_1 = F_{\text{Ek}} = 617.3 \text{kN}$$

8）各层层间位移

$$\Delta_i = \frac{V_i}{k_i}$$

$$\Delta_1 = \frac{617.3}{40000} \times 1000 = 15.43 \text{mm} \quad \Delta_2 = \frac{402.5}{30000} \times 1000 = 13.42 \text{mm}$$

9）各层层间总位移

$$u_i = \sum_{j=1}^{i} \Delta_j$$

$$u_1 = 15.43 \text{mm} \quad u_2 = 15.43 + 13.42 = 28.85 \text{mm}$$

对比振型分解反应谱法和底部剪力法的计算结果见表 5-13。

计算结果对比　　　　　　　　　　　　　　表 5-13

地震反应		振型分解反应谱法	底部剪力法	相差百分比
层间剪力（kN）	V_1	673.4	617.3	9.08%
	V_2	436.8	402.5	8.52%
层间位移（mm）	Δ_1	16.84	15.43	9.14%
	Δ_2	14.56	13.42	8.50%
层间总位移（mm）	u_1	16.84	15.43	9.14%
	u_2	31.22	28.85	8.21%

对比结果得，振型分解反应谱法计算的地震反应普遍变大，约大8%～9%，这是因为对于两层结构，质量参与系数 $\chi=0.9$，规范是按0.85算的，所以底部剪力法算小了6%，可见对于这样的低层结构，的确是以第1振型为主，底部剪力法的精度还是足够的。

5.5.5　结构基本周期的近似计算方法

在确定地震影响系数 α 时，需要用到结构自振周期 T，一般情况下，应按照结构动力学的方法求解结构自振周期，而对于多自由度体系和无限自由度体系来讲，结构自振周期的计算过程十分复杂，因此，实际工程中，往往采用实测基础上的经验公式近似求得结构的基本自振周期 T，以适应底部剪力法等手算方法。

5.5.5.1　能量法

能量法，又称瑞利法，是将每一个质点的重力荷载代表值水平作用在质点处，得到的弹性曲线作为振型，简化为无阻尼的弹性体系在自由振动，根据振动过程中的能量守恒原理，即在任一时刻动能和势能之和为一常数，分别求出体系位移达到最大时的势能（此时动能为0，势能即是总能量），速度达到最大时的动能（此时势能为0，动能即是总能量），再根据上述势能和动能相等，求解结构的基本周期。

5.5.5.2　等效质量法

等效质量法是设法找到一个单自由度体系，让它的基本周期和原来的多自由度体系相同，同时保证二者的约束条件和刚度也相同，这样的单自由度体系的质量称为等效质量。

根据单自由度体系和多自由度体系周期相等，最大动能相等两个条件，找到等效质量和多自由度体系各质点质量之间的关系，然后再按单自由度体系求解基本周期，$\omega=\sqrt{k/m}$，$T=2\pi/\omega$，这个周期就是多自由度体系的周期。

5.5.5.3　顶点位移法

顶点位移法的思想是，找到一根悬臂杆，求出将结构的重力荷载作为水平荷载作用在结构上所产生的顶点位移 u_T，然后运用动力学知识，建立悬臂杆基本周期 T_1 和顶点位移 u_T 的关系。

对于质量沿高度均匀分布的弯曲型悬臂杆，$T_1=1.6\sqrt{u_T}$；

对于质量沿高度均匀分布的剪切型悬臂杆，$T_1=1.8\sqrt{u_T}$；

对于质量沿高度均匀分布的弯剪型悬臂杆，$T_1=1.7\sqrt{u_T}$；

对于质量和刚度沿高度比较均匀的框架-剪力墙结构，其变形曲线为弯剪型，因此基本周期的计算公式为

$$T_1=1.7\varphi_T\sqrt{u_T} \tag{5-55}$$

式中：u_T——假想的顶点位移，单位为 m，将各质点的重力荷载代表值 G_i 作为水平荷载，施加在结构上，顶点位移为各层层间位移的和，即 $u_T=\sum G_i/k_i$；

φ_T——考虑非承重墙刚度对结构自振周期影响的折减系数，根据《高规》，可按下列规定取值：框架结构可取0.6～0.7；框架-剪力墙结构可取0.7～0.8；框架-核心筒结构可取0.8～0.9；剪力墙结构可取0.8～1.0。

对于其他结构体系或采用其他非承重墙体时，可根据工程情况确定周期折减系数。

值得注意的是，φ_T 取值越小，结构刚度越大，地震作用越强，所以不考虑这个折减

系数，计算结果偏于不安全。

实际结构设计中，地震作用的估算一般需要自行求出重力荷载代表值和周期，进而求地震作用，如例题 5.4。

【例 5.4】 某三层钢筋混凝土框架结构教学楼，底层层高 4.5m，其余层层高均为 3.9m，结构平面尺寸为 15.3m×27.3m，如图 5-29 所示。集中于各层楼处的永久荷载标准值分别为 $G_{k1}=3200kN$，$G_{k2}=G_{k3}=3000kN$。建筑所在地区的抗震设防烈度为 7 度，设计基本地震加速度值为 0.15g，设计地震分组为第一组，Ⅲ类场地，阻尼比为 0.05。假想把集中在楼面处的重力荷载代表值视作水平荷载，按弹性阶段计算所得的结构顶点侧移为 0.198m。屋面活荷载按不上人考虑，50 年一遇的基本风压值为 0.55kN/m²，基本雪压为 0.40kN/m²。试按底部剪力法计算结构在多遇地震时的水平地震作用及层间地震剪力。

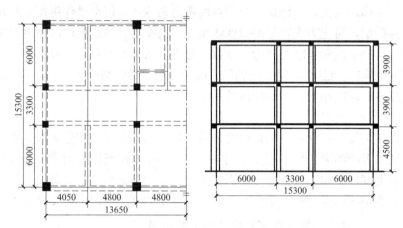

图 5-29 结构平面图、剖面图及计算简图

解： 将该结构简化为多质点体系。

（1）重力荷载代表值

1）活荷载

由《荷载规范》表 5.1.1 查得教室楼面活荷载标准值为 2.5kN/m²，由表 5.3.1 查得不上人屋面均布活荷载标准值为 0.5kN/m²。

2）重力荷载代表值

$$G_E = G_k + \sum \psi_{Ei} Q_{ki}$$

式中：G_E——结构或构件永久荷载标准值；

$\quad\quad Q_{ki}$——结构或构件第 i 个可变荷载标准值；

$\quad\quad \psi_{Ei}$——第 i 个可变荷载的组合值系数；

由《抗震规范》表 5.1.3 可知，雪荷载、按等效均布荷载计算的楼面活荷载和屋面活荷载的组合值系数分别为 0.5，0.5，0，因此有：

$$G_1 = 3200 + 0.5 \times 2.5 \times 15.3 \times 27.3 = 3722kN$$

$$G_2 = 3000 + 0.5 \times 2.5 \times 15.3 \times 27.3 = 3522kN$$

$$G_3 = 3000 + 0.5 \times 0.55 \times 15.3 \times 27.3 + 0 \times 0.5 \times 15.3 \times 27.3 = 3115kN$$

（2）结构等效总重力荷载

$$G_{eq} = 0.85 \sum G_i = 0.85 \times (3722 + 3522 + 3115) = 8805.15kN$$

（3）结构基本自振周期

$$T_1 = 1.7 \psi_T \sqrt{u_T}$$

式中：u_T——假想的结构顶点水平位移（m）；

ψ_T——考虑非承重墙刚度对结构自振周期影响的折减系数。

由《高规》4.3.17 条规定，取 ψ_T 为 0.7，因此有：

$$T_1 = 1.7 \times 0.7 \times \sqrt{0.198} = 0.53s$$

（4）水平地震影响系数

设防烈度为 7 度，设计基本地震加速度值为 0.15g，多遇地震，由《抗震规范》表 5.1.4-1 知，$\alpha_{max} = 0.12$；设计地震分组为第一组，Ⅲ类场地，由《抗震规范》表 5.1.4-2 知，$T_g = 0.45s$。因 $T_g = 0.45s < T_1 = 0.53s < 5T_g = 2.25s$，位于地震影响系数曲线的曲线下降段。阻尼比 $\zeta = 0.05$，此时 $\gamma = 0.9$，$\eta_2 = 1.0$。

则：

$$\alpha_1 = \left(\frac{T_g}{T}\right)^\gamma \eta_2 \alpha_{max} = \left(\frac{0.45}{0.53}\right)^{0.9} \times 1.0 \times 0.12 = 0.104$$

（5）底部总剪力

$$F_{Ek} = \alpha_1 G_{eq} = 0.104 \times 8805.15 = 915.7kN$$

（6）各质点水平地震作用

因 $T_1 = 0.53s < 1.4T_g = 1.4 \times 0.45 = 0.63s$，故不必考虑高阶振型的影响。

$$\sum G_j H_j = 3722 \times 4.5 + 3522 \times 8.4 + 3115 \times 12.3 = 16749 + 29584.8 + 38314.5 = 84648kN \cdot m$$

$$F_1 = \frac{G_1 H_1}{\sum G_j H_j} F_{Ek} = \frac{16749}{84648} \times 915.7 = 181.2kN$$

$$F_2 = \frac{G_2 H_2}{\sum G_j H_j} F_{Ek} = \frac{29584.8}{84648} \times 915.7 = 320.0kN$$

$$F_3 = \frac{G_3 H_3}{\sum G_j H_j} F_{Ek} = \frac{38314.5}{84648} \times 915.7 = 414.5kN$$

（7）各层层间剪力

$$V_1 = F_{Ek} = 915.7kN$$

$$V_2 = F_2 + F_3 = 320.0 + 414.5 = 734.5kN$$

$$V_3 = F_3 = 414.5kN$$

5.6 竖向地震作用

在一般的抗震设计中，人们对竖向地震作用的影响往往不予考虑，理由是竖向地震作用相当于竖向荷载的增减，结构物在竖向具有良好的承载能力和一定的安全储备，其潜力足以承受竖向地震力，因此不再考虑这一对设计不起控制作用的情况。但是震害分析表明，对于某些高层建筑，楼层越高，竖向地震作用越大，当烈度较高时，甚至会在顶部的某些楼层中使柱子产生拉力，此时应该考虑竖向地震的影响。

研究表明竖向地震作用对结构物的影响至少在以下几方面予以考虑：

（1）高耸结构、高层建筑和对竖向运动敏感的结构物；

（2）以竖向地震作用为主要地震作用的结构物，如大跨度结构，水平悬臂结构；

（3）位于大震震中区的结构物，特别是有迹象表明竖向地震动分量可能很大的地区的结构物。

因此，《抗震规范》5.1.1 条规定，8、9 度时的大跨度和长悬臂结构及 9 度时的高层建筑应计算竖向地震作用。《高规》4.3.2 条规定，高层建筑中的大跨度、长悬臂结构，7 度（0.15g）、8 度抗震设计时，应计入竖向地震作用；9 度抗震设计时，应计算竖向地震作用。

总的来说，抗震设防烈度为 9 度地区的高层结构，8、9 度地区的大跨度、长悬臂结构，以及 7 度半高层中的大跨度和长悬臂结构在设计时应考虑竖向地震作用的影响。此处大跨度是指 9 度及以上地区，跨度大于 24m 的楼盖结构，以及 8 度地区，跨度大于 18m 的楼盖结构；长悬臂指的是 9 度及以上地区，1.5m 以上的悬挑阳台和走廊，以及 8 度地区，2m 以上的悬挑阳台和走廊。

5.6.1　高层建筑的竖向地震作用

在用底部剪力法计算水平地震作用时，$F_{Ek}=\alpha_1 G_{eq}$，其中水平地震影响系数可以由抗震设计反应谱得到，但是竖向地震没有相应的抗震设计反应谱，如何求解竖向地震影响系数呢？

根据大量实际地震波的统计分析，竖向地震反应谱和水平地震反应谱的形状比较接近（用 β 谱来表征），如图 5-30 所示，只是大小有所差别（体现在地震系数 k 上），地面竖向最大加速度约为水平最大加速度的 1/2～2/3，因此，取

$$\alpha_v=0.65\alpha \tag{5-56}$$

式中：α_v——竖向地震影响系数；

α——水平地震影响系数。

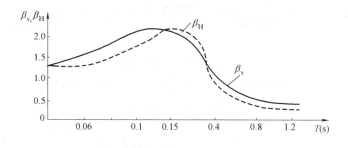

图 5-30　竖向、水平平均反应谱曲线

因为竖向地震的基本周期 T_{v1} 大概在 0.1s～0.2s 之间，因此竖向地震影响系数不必再按抗震设计反应谱计算，而是直接取最大值，即

$$\alpha_v=\alpha_{vmax}=0.65\alpha_{max} \tag{5-57}$$

故，《抗震规范》规定：9 度设防的高层建筑，结构总竖向地震作用标准值的表达式为：

$$F_{Evk}=\alpha_{vmax}G_{eq} \tag{5-58}$$

式中：F_{Evk}——结构总竖向地震作用标准值；

α_{vmax}——竖向地震影响系数最大值，一般可取水平地震影响系数最大值的65%；

G_{eq}——结构等效总重力荷载，可取其重力荷载代表值 G_E 的75%；

F_{vi}——质点 i 的竖向地震作用标准值。

这里之所以取等效总重力荷载 G_{eq} 为重力荷载代表值之和的75%，是因为考虑竖向地震的一般都是层数较高的高层建筑，因此等效质量系数 $\chi=0.75$。

则楼层的竖向地震作用可表示为：

$$F_{vi} = \frac{G_i H_i}{\sum_{j=1}^{n} G_j H_j} F_{Evk} \tag{5-59}$$

算出楼层竖向地震作用以后，即可求解竖向地震作用的效应，此效应按照各构件承受重力荷载代表值的比例（一般指负载面积）进行分配，并宜乘以增大系数1.5。比如某结构，竖向地震产生的12层轴力为500kN，方向向上，结构平面面积为1000m²，柱1的负载面积为50m²，则柱1在竖向地震作用下的轴力为 $500 \times 50/1000 \times 1.5 = 37.5$kN，方向向上。

5.6.2 大跨度、长悬臂结构的竖向地震作用

用振型分解反应谱法、时程分析法进行结构竖向地震反应分析，结果表明，对一般尺度的平板型网架和大跨度屋架，竖向地震引起的内力和重力荷载引起的内力，二者的比值比较稳定，因此，可以认为竖向地震作用的分布与重力荷载的分布相同，只是在重力荷载代表值的基础上乘以一个系数，这样就把动力问题，简化为静力问题。

（1）大跨度

《抗震规范》规定：跨度≤120m，长度≤300m，且规则的平板型网架屋盖（超过上述数值需要进行时程分析），和跨度>24m的屋架、屋盖横梁及托架的竖向地震作用标准值按下式计算 $F_v = \delta_v G_E$，其中 δ_v 为竖向地震作用系数，如表5-14所示。

竖向地震作用系数的一般取值 　　　　　　　　表5-14

结构类别	烈度	场地类别		
		Ⅰ	Ⅱ	Ⅲ、Ⅳ
平板型网架屋盖、钢屋架	8度	不考虑(0.10)	0.08(0.12)	0.10(0.15)
	9度	0.15	0.15	0.20
钢筋混凝土屋架	8度	0.10(0.15)	0.13(0.19)	0.13(0.19)
	9度	0.20	0.25	0.25

注：括号中数值用于设计基本地震加速度为0.30g的地区。

（2）长悬臂

长悬臂构件和上面没有提到的大跨结构的竖向地震作用标准值，仍可按公式 $F_v = \delta_v G_E$，只是系数 δ_v 有所不同。《抗震规范》规定，长悬臂构件和不属于表5-14的大跨结构的竖向地震作用标准值，8度和9度可分别取该结构、构件重力荷载代表值的10%和20%，设计基本地震加速度为0.30g时，可取该结构、构件重力荷载代表值的15%。

除此之外，2011年版的《高规》规定，高层建筑中的大跨度结构、悬挑结构、转换结构、连体结构的连接体，其竖向地震作用系数可按表5-15采用。

竖向地震作用系数在的补充取值（高层建筑中）   表 5-15

设防烈度	7 度	8 度		9 度
设计基本地震加速度	0.15g	0.20g	0.30g	0.40g
竖向地震作用系数	0.08	0.10	0.15	0.20

注：g 为重力加速度。

5.7 桥梁地震作用

5.7.1 桥梁结构抗震的基本规定

桥梁跨越河流、山谷及其他障碍，为车辆和行人提供通道。桥梁种类繁多，按照结构形式可分为梁桥、拱桥、悬索桥和斜拉桥，各类桥梁结构的地震作用按以下原则考虑：

（1）一般情况下，公路桥梁可只考虑水平向地震作用，分别考虑顺桥向和横桥向的地震作用并进行抗震验算。

（2）设防烈度为 7 度以上的拱式结构、长悬臂桥梁结构和大跨度结构，应同时考虑竖向地震作用。

（3）墩高超过 30m 的桥梁，应同时考虑竖向地震作用。

本节仅以梁桥为例介绍地震作用的确定方法。

常见梁桥由上部结构和下部结构两部分组成，如图 5-31 所示。上部结构指桥梁支座以上的桥跨结构，多采用混凝土或预应力混凝土装配式构件，其断面常为 T 形、Π 形或箱形截面，这部分直接承受桥上传来的荷载；下部结构指桥梁支座以下的桥墩、桥台和基础，这部分主要承受上部桥跨传来的荷载，并将它及本身自重传给地基。桥墩位于桥梁中间部位，支承相邻的两孔桥跨；桥台位于全桥尽端，它一侧支承桥跨，承受桥跨传来的荷载，另一侧与路基衔接，承受台背填土侧压力。梁桥地震作用计算主要是针对桥梁墩台、支座及其基础进行，对一般简支梁桥的上部构造可不作抗震验算，但对 9 度区的大跨径悬臂梁桥，应考虑竖向及水平向地震荷载的不利组合。

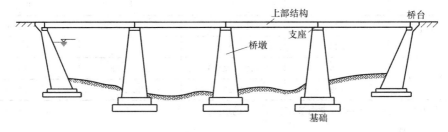

图 5-31 梁桥示意

震害调查表明，桥梁的震害主要发生在下部结构，桥墩在纵、横向水平地震力作用下，会发生剪切破坏或弯曲破坏，使得桥墩错位倾斜，引起桥面垮塌。桥台背后土体易在地震作用下失稳，推动桥台向河心滑移，并伴有沉陷和倾斜，梁体沿纵向挤压桥台，重则支座剪坏桥台断裂，造成边跨落梁桥面断裂。桥梁支座在地震力作用下，破坏形式主要表现为支座锚杆剪断、活动支座脱落、支座连接破坏等，支座破坏常常导致梁落。震害资料同时显示，梁桥上部结构一般具有良好的抗震性能，震害主要是梁端撞损、梁片分离等，不影响梁的承载能力，震后也不难修复。

因此，按照《公路工程抗震设计规范》（JTJ 004—89）规定，在桥梁抗震验算时，应分别考虑顺桥和横桥两个方向的地震作用计算墩台和支座承受的水平力及地震动水压力，并应考虑顺桥方向桥台的水平地震力和地震土压力。而对于简支梁和连续梁桥上部结构的抗震能力一般不予验算。

5.7.2 梁桥桥墩水平地震作用

梁桥墩台主要是作为梁桥的竖向承重结构，但在地震时，它又是主要的水平抗推结构，是梁桥的抗震主体。梁桥墩台的形式很多，主要有刚性及柔性两大类。石砌和混凝土墩台属于刚性墩台；排架式、柱桩式及板式等墩台属于柔性墩台。

桥墩的地震荷载分为顺桥向地震荷载和横桥向地震荷载，又称为纵向地震荷载和横向地震荷载。桥墩的地震荷载包括上部结构对支座顶面处产生的水平地震荷载及桥墩自身产生的水平地震荷载，有时还包括地震时动水压力。对于一般简单梁桥，桥墩的地震荷载有时可按单墩单梁计算。

5.7.2.1 反应谱理论

一般梁桥抗震计算仍采用反应谱理论，运用反应谱法计算地震作用时，需要知道反应谱曲线，《公路工程抗震规范》以动力系数 β 为参数给出了反应谱，如图5-32所示。β曲线按四类场地分别绘出，阻尼比取为0.05。谱曲线分成三段，短周期部分为斜直线，周期 $T=0$ 时 $\beta=1$，$T=0.1$ 时 $\beta=2.25$；平台段起点不分场地类别均为0.1s，平台段终点周期 T_g 对于Ⅰ、Ⅱ、Ⅲ、Ⅳ类场地分别取为0.2s、0.3s、0.45s、0.7s；长周期部分曲线下降速率与场地有关，场地土硬衰减较快，场地土软衰减较慢；曲线长周期部分至5.0s为止，为保证结构的安全，β 的下限值取为0.3，四条 β 曲线下降到0.3的周期值分别为1.5s、2.35s、3.8s和6.5s左右。

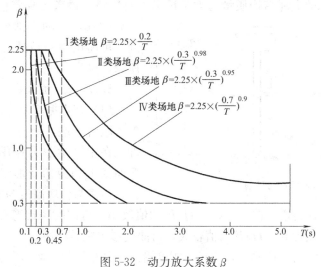

图5-32 动力放大系数 β

5.7.2.2 桥墩计算简图

梁桥下部结构和上部结构是通过支座相互连接的，当梁桥墩台受到侧向力作用时，如果支座摩阻力未被克服，则上部桥跨结构通过支座对墩台顶部提供一定的约束作用。震害表明，在强震作用下，支座均有不同程度破坏，桥跨梁也有较大的纵横向位移，墩台上部约束作用并不明显。《公路工程抗震规范》规定，计算桥墩地震作用时，不考虑上部结构对下部结构的约束作用，均按单墩确定计算简图。

（1）实体墩

计算实体墩台地震作用时，可将桥梁墩身沿高度分成若干区段，把每一区段的质量集中于相应重心处，作为一个质点。从计算角度，集中质量个数愈多，计算精度愈高，但计算工作量也愈大。一般认为，墩台高度在 50m～60m 以下，墩身划分为 4～8 个质点较为合适。对上部结构的梁及桥面，可作为一个集中质点，其作用位置顺桥向取在支座中心处，横桥向取在上部结构重心处。桥面集中质量中不考虑车辆荷载，由于车辆的滚动作用，在纵向不产生地震力；在横向最大地震惯性力也不会超过车面与桥面之间的摩阻力，一般可以忽略。实体墩的计算简图为一多质点体系，如图 5-33 所示。

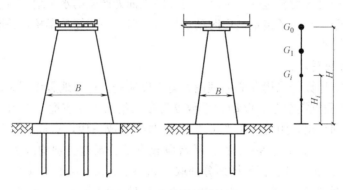

图 5-33　实体墩计算简图

（2）柔性墩

柔性墩所支承的上部结构质量远大于桥墩本身质量，桥墩自身质量约为上部结构的

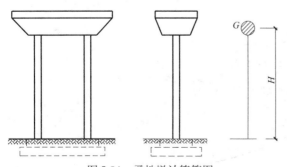

图 5-34　柔性墩计算简图

$1/5～1/8$，它的大部分质量集中于墩顶处，可简化为一单质点体系，如图 5-34 所示。

5.7.2.3　桥墩基本振型与基本周期

（1）基本振型

墩台下端，墩身可视为竖向悬臂杆件。在水平地震力作用下，墩身变形由弯曲变形和剪切变形组成，两种变形所占的份额与桥墩高度与截面宽度比值 H/B 有关。当计算实体桥墩横向变形时，H/B 的值较小，应同时考虑弯曲变形和剪切变形影响；当计算纵向变形时，H/B 的值较大，弯曲变形占主导作用。

公路梁桥桥墩墩身一般不高，质量和刚度沿高度分布均匀，实体墩在确定地震作用时一般只考虑第 1 振型影响，由于墩身沿横桥向和顺桥向的刚度不同，在计算时应分别采用不同的振型曲线。振型曲线确定之后，可以运用能量法或等效质量法将墩身各区段重量折算到墩顶，换算成单质点体系计算基本周期。但在确定地震作用时，仍将墩身按多质点体系处理，求出每一质点水平地震作用。柔性墩质量主要集中在墩顶，视为单质点体系求得周期，确定振型曲线。

《公路工程抗震规范》规定给出了实体墩基本振型表达方式，如图 5-35 所示，图中 G_0 为上部结构重力，G_i 为墩身第 i 分段集中质量。当 $H/B>5$ 时（一般为顺向桥），桥墩第 1 振型，在第 i 分段重心处的相对水平位移可按下式确定：

$$X_{1i}=X_f+\frac{1-X_f}{H}H_i \tag{5-60}$$

当 $H/B<5$ 时（一般为顺向桥），桥墩第 1 振型，在第 i 分段重心处的相对水平位移为：

$$X_{1i}=X_f+\left(\frac{H_i}{H}\right)^{1/3}(1-X_f) \tag{5-61}$$

式中：X_f——考虑地基变形时，顺桥向作用于支座顶面或横桥向作用于上部结构质量重心上的单位水平力，在一般冲刷线或基础顶面引起的水平位移与支座顶面或上部结构质量重心处的水平位移之比值；

H_i——一般冲刷线或基础顶面至墩身各分段重心处的垂直距离（m）；

H——桥墩计算高度，即一般冲刷线或基础顶面至支座顶面或上部结构质量重心的垂直距离（m）；

B——顺桥向或横桥向的墩身最大宽度（m），如图 5-33 所示。

对于柔性墩振动曲线如图 5-36 所示，图中 X_{f1} 是考虑地基变形时，顺桥向作用于支座顶面上的单位水平力在墩身计算高度 $H/2$ 处引起的水平位移与支座顶面处的水平位移之比值，若取 $X_f=0$，顺桥向可近似取 $X_{f1}=5/16$。

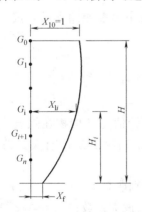

图 5-35 实体墩振型曲线

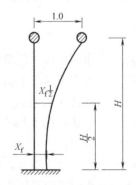

图 5-36 柔性墩振型曲线

（2）基本周期

梁桥的质量大部分集中于墩顶处，在求桥墩基本周期时，将墩身重力根据动力等效原则换算到墩顶处，而把墩顶视为单质点体系近似按下式计算桥墩的基本周期 T_1：

$$T_1=2\pi\sqrt{\frac{G_t\delta}{g}} \tag{5-62}$$

式中：G_t——支座顶面或上部结构质量重心处的换算质点重力，可按下列公式计算：

实体墩顶桥向：

$$G_t = G_{sp} + \left[X_f + \frac{1}{3}(1 - X_f)^2 \right] G_p \tag{5-63}$$

实体墩横向桥：

$$G_t = \sum_{i=0}^{n} G_i X_{1i}^2 \tag{5-64}$$

柔性墩：

$$G_t = G_{sp} + G_{cp} + \eta G_p \tag{5-65}$$

式中：G_{sp}——桥梁上部结构重力，对于简支梁桥，计算顺向桥地震作用时为相应于墩顶；固定支座的一孔梁的重力，计算横向地震作用时为相邻两孔梁重力的一半；

G_p——墩身重力，对于扩大基础和沉井基础，为基础顶面以上墩身重力，对于桩基础，为一般冲刷线以上墩身重力；

G_{cp}——盖梁重力；

η——柔性墩墩身重力换算系数：

$$\eta = 0.16 \left(X_f^2 + 2X_{f\frac{1}{2}}^2 + X_f X_{f\frac{1}{2}} + X_{f\frac{1}{2}} + 1 \right) \tag{5-66}$$

δ——在顺桥向或横桥向作用于支座顶面或上部结构质量重心处单位水平力在该点引起的水平位移，顺桥和横桥方向应分别计算。对于实体墩，计算横桥方向的基本周期时，一般应考虑剪切变形的影响；对于变截面桥墩，应采用等效截面惯性矩 I_e；

g——重力加速度。

5.7.2.4 桥墩水平地震作用

梁桥桥墩顺桥向及横桥向的水平地震作用，一般情况下可参照图 5-35，按下列公式计算：

$$E_{ihp} = C_i C_z K_h \beta_1 \gamma_1 X_{1i} G_i \tag{5-67}$$

式中 E_{ihp}——作用于梁桥桥墩质点 i 的水平地震作用（kN）；

C_i——重要性修正系数，按表 5-16 采用；

C_z——综合影响系数，主要考虑弹性反应谱的理论值与结构物在强震下处于塑性状态的实际作用值的差异，其取值与结构物的延性有关。按表 5-17 采用；

K_h——水平地震系数，设防烈度 7、8 和 9 度时分别取 0.1、0.2 和 0.4；

β_1——相应桥墩顺桥向或横桥向的基本周期的动力放大系数；

γ_1——桥墩顺桥向或横桥向的基本振型参与系数；

$$\gamma_1 = \frac{\sum_{i=0}^{n} X_{1i} G_i}{\sum_{i=0}^{n} X_{1i}^2 G_i} \tag{5-68}$$

其余符号的意义与确定方法同前。

172

重要性修正系数 C_i	表 5-16

路线等级及构造物	重要性修正系数
高速公路和一级公路上的抗震重点工程	1.7
高速公路和一级公路上的一般工程,二级公路上的抗震重点工程,二、三级公路上桥梁的桥端支座	1.3
二级公路的一般工程,二、三级公路上的抗震重点工程,四级公路上桥梁的桥端支座	1.0
三级公路的一般工程,四级公路上的抗震重点工程	0.5

综合影响系数 C_z		表 5-17

桥梁和墩、台类型			桥墩计算高度 H(m)		
			$H<10$	$10\leqslant H<20$	$20\leqslant H<30$
梁桥	柔性墩	柱式桥墩、排架桥墩、薄壁桥墩	0.30	0.33	0.35
	实体墩	天然基础和沉井基础上的实体桥墩	0.20	0.25	0.30
	多排桩基础上的桥墩		0.25	0.30	0.35
	桥台		0.35		
拱桥			0.35		

梁桥桥墩的柔性墩,其顺桥向的水平地震作用,可参照图 5-33 采用下列简化公式计算:

$$E_{htp}=C_iC_zK_h\beta_1G_t \tag{5-69}$$

式中:E_{htp}——作用于支座顶面处的顺桥向水平地震作用;

G_t——支座顶面处的换算质点重力。

其余符号的意义与确定方法同前。

5.7.3 桥台水平地震作用

作用于桥台上的水平地震作用包括台身水平地震力,台背主动土压力以及上部结构对桥台顶面处产生的水平地震,如图 5-37 所示。桥台地震作用可按静力法确定。

桥台的水平地震作用计算公式为:

$$E_{hau}=C_iC_zK_h G_{au} \tag{5-70}$$

式中:E_{hau}——作用于台身重力处的水平地震作用(kN);

G_{au}——基础顶面以上台身的重力(kN)。

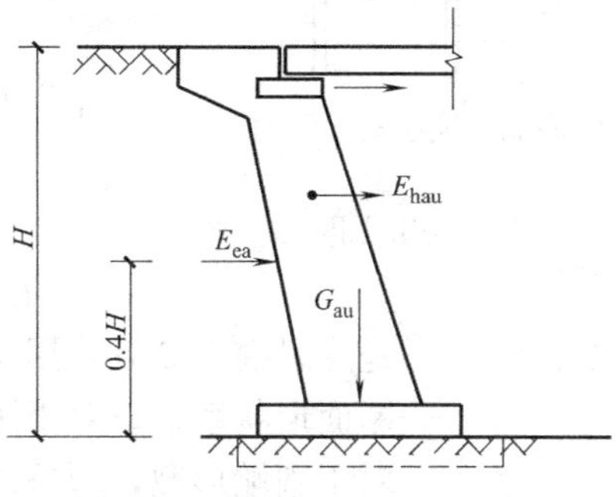

如果桥台上有固定支座与上部结构相连,还应计入上部结构所产生的水平地震力,其数值仍按上式计算,但 G_{au} 取一孔梁的重力。如果桥台修建在基岩上,其震害普遍较轻,可以适当降低桥台水平地震作用,桥台水平地震作用可按上式计算值的 80% 采用。

地震时作用于台背的主动土压力,《公路工程抗震规范》给出了建立在库仑土压力理

图 5-37 桥台水平地震作用

论上的简化方法，采用下列公式计算地震土压力：

$$E_{ea}=1/2\gamma H^2 K_A(1+3C_iC_zK_h\tan\varphi) \quad (5\text{-}71)$$

式中：E_{ea}——地震时作用于台背每延米长度上的主动土压力（kN/m），其作用点为距台底 $0.4H$ 处；

　　　　γ——土的重度（kN/m³）；

　　　　H——台身高度（m）；

　　　　K_A——非地震条件下作用于台背的主动土压力系数，按下列计算：

$$K_A=\frac{\cos^2\varphi}{(1+\sin\varphi)^2}=\tan^2(45°-\varphi/2) \quad (5\text{-}72)$$

　　　　φ——台背土的内摩擦角（°）；

　　　　C_z——综合影响系数，取 $C_z=0.35$。

当判定台址地表以下 10m 内，有液化土层或软土层时，桥台应穿过液化土层或软土层；当液化土层或软土层超过 10m 时，桥台应埋深至地表以下 10m。作用于台背的主动土压力应按下式计算：

$$E_{ea}=\frac{1}{2}\gamma H^2(K_A+2C_iC_zK_h) \quad (5\text{-}73)$$

式中：C_z——综合影响系数，取 $C_z=0.30$。

5.7.4　地震动水压力

地震动水压力，如图 5-38 所示，实质上是结构与水的相互作用问题，地震时水所产生的附加惯性力对高烈度区是相当可观的，不容忽视。《公路工程抗震规范》规定：位于常水位超过 5m 的实体桥墩、空心桥墩的抗震设计，应计入地震动水压力。

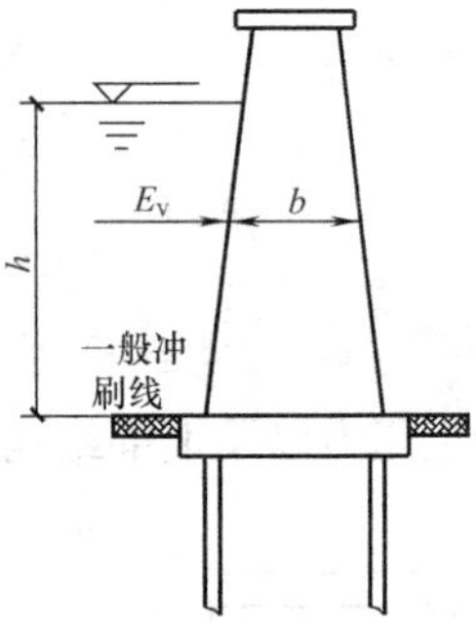

图 5-38　地震动水压力

地震时作用于桥墩上的地震动水压力应分别按下列各式进行计算：

当 $b/h\leqslant2.0$ 时

$$E_w=0.15(1-\frac{b}{4h})C_iK_h\xi_h\gamma_w b^2 h \quad (5\text{-}74)$$

当 $2.0<b/h\leqslant3.1$ 时

$$E_w=0.075C_iK_h\xi_b\gamma_w b^2 h \quad (5\text{-}75)$$

当 $b/h>3.1$ 时

$$E_w=0.24C_iK_h\gamma_w bh^2 \quad (5\text{-}76)$$

式中：E_w——地震时在 $h/2$ 处作用于桥墩的总动水压力（kN）；

　　　　ξ_h——断面形状系数。对于矩形墩和方形墩，取 $\xi_h=1$；对于圆形墩，取 $\xi_h=0.8$；对于圆端形墩，顺桥向取 $\xi_h=0.9\sim1.0$，横桥向取 $\xi_h=0.8$；

　　　　γ_w——水的重度（kN/m³）；

　　　　b——与地震作用方向相垂直的桥墩宽度，可取 $h/2$ 处的截面宽度（m），对于矩形墩，横桥向时，取 $b=a$（长边边长）；对于圆形墩，两个方向均取 $b=D$（墩的直径）；

　　　　h——从一般冲刷线算起的水深（m）。

174

比值 b/h 反映了桥墩相对刚度的大小，b/h 值大，桥墩刚度大，地震动水压力就大；b/h 值小，桥墩柔度好，地震动水压力小。

5.7.5　支座水平地震作用

桥梁上部结构的各种荷载通过支座传到桥墩，如图 5-39 所示，无地震时，支座主要承担竖向荷载；有地震时，支座还要传递上部结构产生的水平惯性力。为使支座具有足够的传力能力，在进行支座部件设计时，必须确定作用在支座上的水平力。抗震设计时，作用在支座上的水平地震力的大小与支座类型、验算方向等有关。

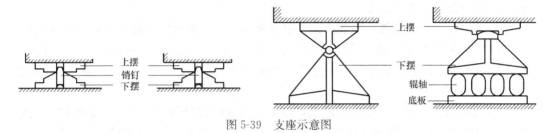

图 5-39　支座示意图

5.7.5.1　支座部件、梁与支座之间的连接、墩台锚栓和支座支挡措施的抗震强度验算

（1）顺桥向：顺桥向的水平地震荷载由固定支座承担，其所承受的地震荷载 E_{hb} 为

$$E_{hb} = C_i K_h G_{sp} - \sum \mu_d R_{fre} \tag{5-77}$$

式中：G_{sp}——上部结构重力；对于简支梁，为一孔上部结构的重量；对于连续梁，为一联上部结构的重力；

$\sum \mu_d R_{fre}$——活动支座摩阻力之和；并应符合 $\sum \mu_d R_{fre} \leqslant 0.65 C_i K_h G_{sp}$，使得固定支座承担不少于 35% 的地震荷载；

μ_d——活动支座动摩阻系数；对于聚四氟乙烯滑板支座，$\mu_d = 0.02$；弧形钢板支座 $\mu_d = 0.10$；平面钢板支座 $\mu_d = 0.15$；

R_{fre}——上部结构重力在活动支座上产生的反力。

（2）横桥向：活动支座在横桥向等于固定支座。所以，横桥向方向的水平地震作用由活动支座和固定支座共同承受，作用于固定支座或活动支座上横桥向的水平地震荷载 E_{zb} 为

$$E_{zb} = C_i K_h G_{sp} \tag{5-78}$$

5.7.5.2　验算板式橡胶支座抗滑和厚度时，板式橡胶支座上的顺向或横向水平地震荷载该顺向或横向水平地震荷载 E_{hzb} 为：

$$E_{hzb} = C_i C_z K_h \beta_l G_{sp} \tag{5-79}$$

式中　β_l——对应于基本振型的动力放大系数。

其余符号意义及确定方法同前。

本 章 小 结

1. 根据产生的原因不同，地震可分为构造地震、火山地震和陷落地震；根据震源的深浅不同，地震可分为浅源地震、中源地震和深源地震。在工程结构的抗震设计中，主要

考虑构造地震的影响。

2. 岩层断裂处，即发震点，称为震源，地表正对震源上方的点称为震中，震中到震源的垂直距离称为震源深度，结构或构件到震源之间的距离称为震源距，结构或构件到震中之间的距离称为震中距。

3. 震级与烈度概念不同。地震震级表示的是一次地震释放能量的大小，而地震烈度是一次地震时，地震对一定地区内的地面、建筑物或构筑物影响强弱程度的综合评价。一次地震仅有一个震级，可以有多个烈度，除了震级、震中距外，地震烈度还与震源深度、地震传播介质、表层土性质，以及建、构筑物的动力特性等多种因素有关。评价一次地震造成的后果的指标主要是烈度。

4. 抗震设防烈度是指按国家规定的权限批准作为一个地区抗震设防依据的地震烈度，一般情况下，取 50 年内超越概率 10％的地震烈度。我国将建筑工程的设计地震划分为三组近似反映近、中、远震的影响，不同设计地震分组，采用不同的设计特征周期和设计基本地震加速度值。

5. 针对可能发生的不同强度的地震，要采取不同的设计原则，就是所谓的抗震设防目标，我国的抗震设防目标可以概括"小震不坏、中震可修、大震不倒"。为了实现"三水准"的抗震设防目标，一般采用两阶段的抗震设计方法，第一阶段主要是进行地震作用下的承载力计算，第二阶段主要是对抗震有特殊要求或对地震特别敏感、存在大震作用时易发生震害的薄弱部位进行弹塑性变形验算。

6. 结构抗震性能水准是指对结构震后损坏状况及继续使用可能性等抗震性能的界定，结构抗震性能目标是指针对不同的地震地面运动水准设定的结构抗震性能水准。地震地面运动一般分为多遇地震（小震）、设防烈度地震（中震）及罕遇地震（大震）三个水准；在设定的地震地面运动下，结构抗震性能水准分为第 1 水准、第 2 水准……第 5 水准五个级别；依据抗震性能的五个水准，结构抗震性能目标分为 A、B、C、D 四个等级，每个性能目标均与一组在指定地震地面运动下的结构抗震性能水准相对应。

7. 目前我国同世界上绝大部分国家一样，均采用反应谱理论作为确定地震作用的主要手段。所谓的反应谱，是指单质点体系的最大反应（位移反应、速度反应和加速度反应）随质点自振周期变化的曲线。对给定的单质点体系输入一条特定的地震波，能够得到单质点体系在该地震波激励下的加速度时程曲线（不同时刻单质点体系的加速度）；取这条加速度时程曲线上的最大值，得到该地震波激励下单质点体系的最大加速度反应；随后，对不同周期的单质点体系输入这条地震波，就会得到多个单质点体系的最大加速度反应，把周期作为横轴，最大加速度反应作为纵轴，即可得到单质点体系在这条特定地震波激励下的加速度反应谱。

8. 《抗震规范》中的抗震设计反应谱以结构周期 T 为横轴，以地震影响系数 α 为纵轴，该反应谱由四个区段组成，包括直线上升段、水平段、曲线下降段和直线下降段。谱的形状与结构的阻尼比、烈度和场地土的特征周期有关。

9. 由《抗震规范》规定的地震影响系数曲线确定的 α 对混凝土结构（框架结构、剪力墙结构和框架-剪力墙结构等）适用，而对于多层砌体房屋，底部框架和多层内框架砖房及较空旷的单层大厅和附属房屋组成的公共建筑，地震影响系数均取其最大值，即取 α_{max}。此外，高层建筑钢结构的设计反应谱不再采用《建筑抗震设计规范》规定的地震影响系数曲线，而采用阻尼比为 0.02 的地震影响系数 α 曲线。

10. 既然多自由度体系各个振型之间是相对独立的，那么就可以把多自由度体系的振动，分解成是各个振型振动的线性组合，每个振型对总振动的贡献不一样，因此需要乘以一个参与系数。对于每个独立的振型，虽然有多个质点，但各质点都按一个形状振动，所以可以看成是一个自由度，这样就可以将按照特定振型振动的多自由度体系简化为单自由度体系，然后按单自由度体系的方法来求解每个振型的地震反应，最后把各个振型的地震反应按一定的规则进行组合，这就是振型分解反应谱法的思想。

11. 进行振型分解反应谱的振型组合时，是将各振型的"地震作用效应"以"平方和开方"的方法求得的结构地震作用效应，与将各振型的"地震作用"以"平方和开方"的方法进行组合，然后计算其作用效应，两者的结果是不同的。因为在高阶振型中地震作用有正有负，经平方计算后全为正值，故采取后一种方法计算时，会放大结构所受的地震作用效应。

12. 重力荷载代表值 G_E 是表示结构或构件永久荷载标准值与有关可变荷载组合值之和的物理量，是指地震发生时根据耦合概率确定的"有效重力"。结构等效总重力荷载代表值 G_{eq} 是在重力荷载代表值 G_E 的基础上折减得到。G_E 的组合及 G_{eq} 的取值，对单层、多高层建筑混凝土结构、高层建筑钢结构、砌体结构、烟囱及水塔均不同，计算时应注意区别对待。

13. 为了简化计算，《建筑抗震设计规范》规定，对高度不超过 40m，以剪切变形为主且质量和刚度沿高度分布比较均匀的建筑结构，可采用底部剪力法计算水平地震作用。底部剪力法只考虑了第一振型，并将此振型简化为直线，通过质量和层高均匀的假定，直接给出等效总重力，进而求出底部剪力，再按一定的方法把底部剪力分配到各个楼层。

14. 我国《抗震规范》规定，采用底部剪力法时，应考虑鞭梢效应的影响，对于突出屋面的屋顶间、女儿墙、烟囱等的地震作用效应，宜乘以增大系数 3，此增大部分不应往下传递，但与该突出部分相连的构件应与计入。

15. 求解结构的基本自振周期的方法有能量法、等效质量法和顶点位移法，其中比较常用的是顶点位移法。

16. 对于烈度较高区域，在抗震设计中必须考虑竖向地震作用。对于高耸结构、高层建筑和对竖向运动较敏感的结构可采用同底部剪力法类似的方法计算竖向地震作用，但其地震影响系数、结构等效总重力荷载代表值的取值同水平地震作用计算时存在区别。对于大跨结构及长悬臂结构则采用在重力荷载代表值基础上乘以对应的竖向地震作用系数得到竖向地震作用。

17. 抗震设防烈度为 9 度地区的高层结构，8、9 度地区的大跨度、长悬臂结构，以及 7 度半高层中的大跨度和长悬臂结构在设计时应考虑竖向地震作用的影响。此处大跨度是指 9 度及以上地区，跨度大于 24m 的楼盖结构，以及 8 度地区，跨度大于 18m 的楼盖结构；长悬臂指的是 9 度及以上地区，1.5m 以上的悬挑阳台和走廊，以及 8 度地区，2m 以上的悬挑阳台和走廊。

18. 一般梁桥抗震计算仍采用反应谱理论，其地震作用主要是针对桥梁墩台、支座及其基础进行计算。梁桥桥墩是梁桥的抗震主体，其地震作用可分为顺桥向地震和横桥向地震；刚性墩地震作用计算时，将其简化为多质点体系，而柔性墩地震作用计算时，则可简化为单质点体系；作用在桥台上的水平地震作用包括台身水平地震力、台背主动土压力以及上部结构对桥台顶面处产生的水平地震力，其地震作用可按静力法确定；对于位于常水位水深超过 5m 的实体桥墩、空心桥墩的抗震设计，应计入地震动水压力；抗震设计时，作用在支座上的水平地震力的大小与支座类型、验算方向等有关。

习　　题

1. 什么是地震震级？什么是地震烈度？试描述两者的关系。

2. 什么是结构抗震性能水准和结构抗震性能目标？我国《建筑抗震设计规范》结构抗震性能水准分为几个级别？与其对应的结构抗震性能目标如何？

3. 试总结各种不同结构体系的地震影响系数在水平地震、竖向地震作用下的取值异同。

4. 试描述不同结构体系的重力荷载代表值 G_E 和结构等效重力荷载代表值 G_{eq} 取值异同。

5. 试描述梁桥桥墩的水平地震作用计算方法。

6. 四层钢筋混凝土框架结构，建于基本烈度为 8 度地区，场地为 I_1 类，设计地震分组为三组，结构每层的层高 H_i 分别为 $H_1=4.36m$，$H_2=H_3=H_4=3.36m$，各层的重量为：$G_1=1122.7kN$，$G_2=G_3=1039.5kN$，$G_4=831.6kN$，结构的基本周期为 0.56s。试采用底部剪力法求各层的水平地震作用标准值。

7. 某二层钢筋混凝土框架结构，集中于楼盖和屋盖处的重力荷载代表值相等，$G_1=G_2=1200kN$，结构每层的层高相等，$H_1=H_2=4m$，自振周期 $T_1=1.028s$，$T_2=0.393s$，第一振型和第二振型为 $\left\{\dfrac{X_{11}}{X_{12}}\right\}=\left\{\dfrac{1.000}{1.618}\right\}$，$\left\{\dfrac{X_{21}}{X_{22}}\right\}=\left\{\dfrac{1.000}{-0.618}\right\}$，抗震设防烈度为 8 度，场地为 I_1 类，设计地震分组为第二组，设计基本地震加速度为 $0.1g$，结构阻尼比 $\zeta=0.05$。试用振型分解反应谱法计算该结构多遇水平地震作用。

8. 某六层砖混住宅楼，建造于基本烈度为 8 度区，场地场地为 II 类，设计地震分组为第一组，各层的重量为：$G_1=5399.7kN$，$G_2=G_3=G_4=G_5=5085.0kN$，$G_6=3856.9kN$。试用底部剪力法计算各层地震剪力标准值。

9. 高度为 95m 的某烟囱，其自重标准值 $G_k=20000kN$，建于抗震设防烈度为 8 度的地区，场地土 II 类，设计地震分组为第一组，基本自振周期 $T_1=0.55s$。试求，当采用简化法进行地震计算时，高度 45m 处由水平地震作用标准值（多遇地震）产生的地震剪力。

第6章 其 他 作 用

内 容 提 要

由于外部环境作用和人为因素影响，结构物承受的荷载与作用种类繁多，本章介绍温度作用的基本原理及其对结构的影响，温度应力和温度变形的计算方法；给出地基不均匀沉降、大面积堆载以及混凝土收缩和徐变所引起的结构裂缝，分析其特点并给出防治办法；强调偶然荷载的重要性，给出爆炸和撞击作用的确定方法；介绍在什么情况下应该考虑浮力作用；讨论行车动态作用，包括冲击力、离心力、制动力产生的原因和计算方法；最后介绍预加力的基本概念，施工方法和预应力混凝土结构的几个基本概念。本章的学习重点是掌握各种作用产生的机理，它们对结构的影响以及相应的防治办法，对于具体的计算方法只要求了解即可。

6.1 温 度 作 用

6.1.1 温度作用的基本原理

温度作用是指结构或构件内部的温度变化。当结构物所处环境温度发生变化时，结构或构件会发生温度变形，即热胀冷缩；当结构或构件的热胀冷缩受到边界条件约束或相邻部分的制约，不能自由胀缩时，则会产生温度应力。温度作用效应不仅取决于环境温度的变化，还与结构或构件的约束条件、刚度大小等因素有关，因此，温度作用是一种间接作用。

土木工程结构中会遇到大量诸如水化热、气温变化、生产热和太阳辐射等温度作用问题，因而对温度作用的研究具有十分重要的意义。各类建筑的屋面板，由于外界温度的变化，混凝土内部存在温差，从而产生温度变形和温度应力。各类结构伸缩缝的宽度和间距设置，也必须建立在对温度变形和应力准确计算的基础上。还有如板壳的热变形和热应力及相应的翘曲和稳定问题；地基低温变形引起基础的破裂问题；构件热残余应力的计算；温度变化下裂缝问题的分析；热应力下构件的合理设计；浇筑连续墙式结构、地下构筑物、水坝和高层建筑筏板基础等大体积混凝土结构时，水化热升温和散热阶段降温引起贯穿裂缝；烟囱、水池、容器、贮仓的温度应力及边缘效应等。

梁板结构中的板常出现贯穿裂缝，这种裂缝往往是由降温及混凝土收缩引起的。当结构周围的气温变化时，梁板都要产生温度变形，由于板的厚度远小于梁，全截面随气温变化较快，所以当环境温度降低时，板收缩变形较大。相反，由于梁高较大，其温度变形滞后于板，因此两种构件会产生变形差，引起约束应力。此时，板的收缩变形大于梁的收缩变形，受到梁的约束作用，故板内为拉应力，梁受到压应力，在拉应力作用下，混凝土板开裂。

    钢结构的焊接过程也是一个不均匀的温度变化过程。在施焊时，焊件上产生不均匀的温度场，焊缝附近温度最高，可达 1600℃ 以上，其邻近区域则温度急剧下降。不均匀的温度场使材料产生不均匀的膨胀。高温处的钢材膨胀最大，由于受到两侧温度较低、膨胀较小的钢材的限制，产生了热状态塑性压缩。焊缝冷却时，被塑性压缩的焊缝区收缩，但这种缩短变形受到两侧钢材的限制，使焊缝区产生纵向拉应力，这就是焊接残余应力。在低碳钢和低合金钢中，这种拉应力通常很高，甚至达到钢材的屈服强度。焊接残余应力对结构的静力强度、刚度、压杆稳定、低温冷脆及疲劳强度等都有不同程度的影响。

    火灾对于工程结构来说也是一种危害较大的温度作用，它对人们的生命财产安全，甚至是环境的破坏都是巨大的。火灾发生时，构件受室内可燃物、火焰、热气层（及顶棚射流）、壁面及通风口等因素的影响，它们之间存在复杂的相互作用。一般火灾可分为三个阶段，即火灾的初期增长阶段、充分发展阶段和衰减阶段。在前两个阶段之间，有一个温度急剧上升的区间，称为轰燃区。室内发生轰燃后，释热速率会很快增大到相当大的值，往往会造成室内出现 1000℃ 以上的高温。由于热应力的作用，某些结构构件将破坏，而部分结构构件的破坏还可能引起建筑物更严重的毁坏（如墙壁、顶棚的坍塌等），并让火区迅速蔓延到建筑物的其他部分。

    建筑结构设计时，应首先采取有效构造措施来减少或消除温度作用效应，如设置结构的活动支座或节点、设置温度缝、采用隔热保温措施等。当结构或构件在温度作用和其他可能组合的荷载共同作用下产生的效应（应力或变形）可能超过承载能力极限状态或正常使用极限状态时，比如结构某一方向平面尺寸超过伸缩缝最大间距或温度区段长度、结构约束较大、房屋高度较高等，结构设计中一般应考虑温度作用。

6.1.2　温度应力和变形的计算

    温度变化对结构内力和变形的影响，应根据不同的结构形式分别加以考虑。对于静定结构，由于温度变化引起的材料膨胀和收缩变形是自由的，即结构能够自由地产生符合其约束条件的位移，故在结构上不引起内力。

    对超静定结构，由于存在多余约束，温度变化时构件变形受到约束，从而产生内力（此内力的大小与温差幅度和结构刚度均有关系），这也是超静定结构不同于静定结构的特征之一。超静定结构中的温度作用效应，一般可根据变形协调条件，按弹性理论方法计算。

    以下给出一些常用构件的温度应力计算方法。

    （1）两端嵌固于支座的约束梁，如图 6-1（a）所示，承受一均匀温差 T，若求此梁的温度应力，可先将其一端解除约束，成为一悬臂梁，如图 6-1（b）所示，悬臂梁在温差 T 的作用下产生的自由伸长 ΔL 及相对变形 ε 可由下式求得：

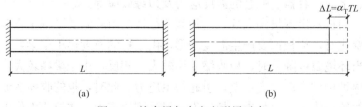

$\Delta L = \alpha_T TL$

(a)　　　　　　　　　　　(b)

图 6-1　约束梁与自由变形梁示意

$$\Delta L = \alpha_T T L \tag{6-1}$$

$$\varepsilon = \Delta L / L = \alpha_T T \tag{6-2}$$

式中的 L 为梁的跨度，α_T 见表 6-1。

常用材料的线膨胀系数 α_T 表 6-1

材料种类	线膨胀系数 $\alpha_T(\times 10^{-6}/{}^\circ\!C)$	材料种类	线膨胀系数 $\alpha_T(\times 10^{-6}/{}^\circ\!C)$
轻骨料混凝土	7	钢、锻铁、铸铁	12
普通混凝土	10	不锈钢	16
砌体	6～10	铝、铝合金	24

如果悬臂梁右端受到嵌固不能自由伸长，梁内便产生约束力，约束力 P 的大小等于将自由变形梁压回原位所施加的力（拉力为正，压力为负），即

$$P = -EA\Delta L / L \tag{6-3}$$

$$\sigma = -P/A = -EA\alpha_T T L / LA = -\alpha_T T E \tag{6-4}$$

式中：E——材料的弹性模量；

      A——材料的截面面积；

      σ——杆件的约束应力。

由式（6-4）可知，杆件约束应力只与温差、线膨胀系数和弹性模量有关，其数值等于温差引起的应变与弹性模量的乘积。

（2）排架横梁受到均匀温差 T 的作用，如图 6-2 所示，若忽略横梁在柱端反力下的弹性变形，横梁伸长为 $\Delta L = \alpha_T T L$，此即柱顶产生的水平位移。若用 K 表示柱的抗侧刚度（柱顶产生单位位移时所施加的力），由结构力学知识可知：

$$K = 3EI/H^3 \tag{6-5}$$

柱顶受到的水平剪力为：

$$V = \Delta L K = 3\alpha_T T L E I / H^3 \tag{6-6}$$

式中：I——柱截面惯性矩；

      H——柱高。

由式（6-6）可知，温度变化在柱中引起的约束内力与结构长度成正比，当结构物很长时，必然在结构中产生较大的温度应力。为了减小温度应力，需缩短结构物的长度，这就是过长的结构每隔一定距离必须设置伸缩缝的原因。

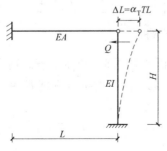

图 6-2 忽略横梁弹性变形图

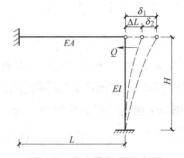

图 6-3 考虑横梁弹性变形

下面讨论考虑横梁弹性变形的情况，如图 6-3 所示，排架条件与图 6-2 相同，考虑柱顶反力使横梁产生的压缩变形，则柱顶实际位移 δ_1 是温度差引起的横梁伸长 ΔL 与横梁

压缩变形 δ_2 的和：

$$\delta_1 = \Delta L + \delta_2 \tag{6-7}$$

$$\delta_1 = VH^3/3EI \tag{6-8}$$

$$\delta_2 = VL/EA \tag{6-9}$$

将式 (6-8)、式 (6-9) 代入式 (6-7)，并由 $\Delta L = \alpha_T TL$，可得

$$\alpha_T TL = V\left(\frac{H^3}{3EI} - \frac{L}{EA}\right) \tag{6-10}$$

柱顶所受水平剪力为：

$$V = \frac{\alpha_T TL}{H^3/3EI - L/EA} \tag{6-11}$$

比较式 (6-11) 和式 (6-6)，只有当横梁轴向刚度 EA 很大时，两式得到的结果才基本相等。在实际工程中，大部分结构的变形都受到弹性约束，而不考虑结构弹性压缩计算的内力较实际内力要高，是偏于安全的。

(3) 厂房纵向排架结构柱嵌固于地面，如图 6-4 所示，排架横梁受到均匀温度差作用向两边伸长或缩短，中间有一变形不动点，变形不动点位于各柱抗侧刚度分布的中点，可由柱总抗侧刚度乘以不动点到左端第 1 根柱的距离等于各柱抗侧刚度乘以该柱到左端第 1 根柱的距离之和的条件得到（此规律也可用于计算桥梁结构中温度应力引起的桥墩变形）。变形不动点两侧横梁伸缩变形将在柱和横梁内引起应力。对于等跨布置的情况，偏移零点位置可表示为

$$x_0 = \sum_0^n iK_iL / \sum_0^n K_i \tag{6-12}$$

式中：x_0——偏移零点至最左端柱的距离（对桥梁为偏移零点至此联柔性墩左端的距离）；

i——柱（柔性墩）的序号；

L——柱距（桥梁跨径）。

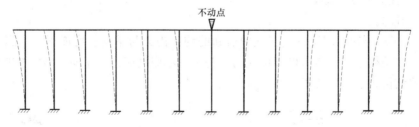

图 6-4 厂房纵向排架温度变形分析

由于结构的对称性，只需对不动点一侧进行内力分析，如图 6-5 所示，若忽略横梁弹性变形，不动点右侧第 i 根柱的柱顶位移 $\Delta L_i = \alpha_T TL_i$，第 i 根柱的抗侧刚度 $K_i = 3E_iI_i/H^3$，则第 i 根柱受到的柱顶剪力为：

$$V_i = \Delta L_i K_i = \alpha_T TL_i \frac{3E_iI_i}{H^3} \tag{6-13}$$

式中：L_i——第 i 根柱到不动点的距离。

若考虑柱端弹性恢复力使横梁产生压缩变形，则柱顶位移 ΔL_i 中尚应扣除第 i 根柱以左各开间横梁的压缩变形，其计算原理与前文相同，此处不再赘述。

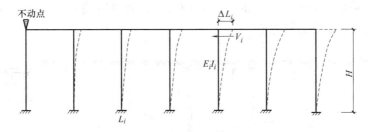

图 6-5　排架结构温度应力计算简图

【**例 6.1**】　如图 6-6（a）所示刚架，已知刚架外侧温度降低 10℃，内侧温度升高 20℃，EI 和 h 都是常数。求 BC 杆中点 D 的竖向位移 Δ_{Dv}。

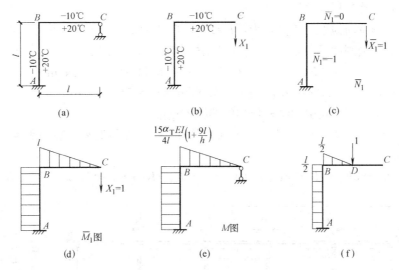

图 6-6　温度作用对刚架的影响

解：取基本结构如图 6-6（b）所示，力法典型方程为

$$\delta_{11}X_1+\Delta_{1t}=0$$

计算 $\overline{N}_1$（图 6-6c）并绘制 $\overline{M}_1$ 图 [图 6-6（d）]，各系数和自由项如下：

$$\delta_{11}=\frac{1}{EI}\left(l^2\times l+\frac{l^2}{2}\times\frac{2l}{3}\right)=\frac{4l^3}{3EI}$$

$$\Delta_{1t}=-1\times\alpha_T\times\frac{20-10}{2}\times l-\alpha_T\times\frac{20-(-10)}{2}\times\left(l^2\frac{l^2}{2}\right)=-5\alpha_T l\left(1+\frac{9l}{h}\right)$$

$$X_1=-\frac{\Delta_{1t}}{\delta_{11}}=\frac{15\alpha_T EI}{4l^2}\left(1+\frac{9l}{h}\right)$$

以 X_1 乘 $\overline{M}_1$ 图，即得最后弯矩图，如图 6-6（e）所示。欲求 BC 杆中点 D 的竖向位移，只要将图 6-6（e）与图 6-6（f）进行图乘即可

$$\Delta_{Dv}=\frac{1}{EI}\left(\frac{1}{2}\times\frac{1}{2}\times\frac{1}{2}\times\frac{5}{6}\times\frac{15\alpha_T EI}{4l}+\frac{l}{2}\times l\times\frac{15\alpha_T EI}{4l}\right)\times\left(1+\frac{9l}{h}\right)=\frac{145\alpha_T l}{64}\left(1+\frac{9l}{h}\right)$$

【**例 6.2**】　图 6-7 所示为五跨的简支梁桥，跨长 $L=20\text{m}$，采用钢筋混凝土双圆柱式墩（$D=1.0\text{m}$），混凝土强度等级为 C30，其弹性模量 $E=3\times10^7\text{kN/m}^2$，线膨胀系数

$\alpha_{\mathrm{T}} = 1 \times 10^{-5}$，采用嵌固于岩石内的扩大基础（可视为固定端）。若环境温度降低 25℃，求 $3^{\#}$ 墩承受的水平温度力标准值。

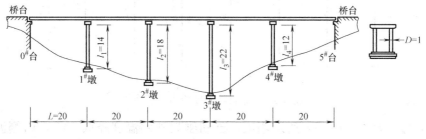

图 6-7　五跨简支梁桥布置图（尺寸单位：m）

解：（1）计算各桥墩的抗侧刚度

各桥墩的顺桥向惯性矩相同，为：$I = 2 \times \pi D^4 / 64 = 2 \times 3.14 \times 1^4 / 64 = 0.098\mathrm{m}^4$

各桥墩的抗侧刚度可由公式 $K_i = 3E_iI/l_i{}^3$ 计算，对 $1^{\#}$ 墩有：

$$K_1 = 3EI/l_1{}^3 = 3 \times 3 \times 10^7 \times 0.098/14^3 = 32140\mathrm{kN/m}$$

同理可得，$K_2 = 1512\mathrm{kN/m}$，$K_3 = 828\mathrm{kN/m}$，$K_4 = 5104\mathrm{kN/m}$。

（2）计算由温度变化引起结构位移的偏移零点位置

如图 6-8 所示，以 0-0 线为原点，令 0-0 线距离 $0^{\#}$ 桥台支座中心的距离为 x_0，由式（6-12）可知

$$x_0 = (K_1 + 2K_2 + 3K_3 + 4K_4 + 5K_5)L/(K_1 + K_2 + K_3 + K_4 + K_5) = 29138 \times 20/10658 = 54.68\mathrm{m}$$

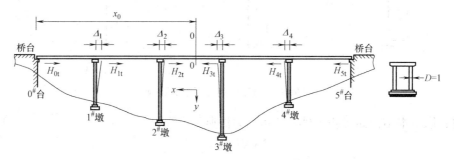

图 6-8　温度作用计算简图（尺寸单位：m）

（3）$3^{\#}$ 墩顶点的位移

$3^{\#}$ 墩顶点距温度偏移零点的距离：$x_3 = 54.68 - 3 \times 20 = -5.32\mathrm{m}$

由式（6-2）可得 $3^{\#}$ 墩顶点的位移值为：$\Delta_{3\mathrm{t}} = \alpha_{\mathrm{T}} \Delta t x_3 = 1 \times 10^{-5} \times (-25) \times (-5.32) = 1.33 \times 10^{-3}\mathrm{m}$（指向左岸）

（4）$3^{\#}$ 墩承受的水平温度力标准值

$$F_{3\mathrm{t}} = K_3 \Delta_{3\mathrm{t}} = 828 \times 1.33 \times 10^{-3} = 1.10\mathrm{kN}（指向左岸）$$

由本例可知：温度作用对桥墩所产生的水平力，在桥墩截面相同的情况下，与桥墩高度和位置有关。桥墩高度越大，水平力越小；桥墩离温度偏移零点越远，水平力越大。

6.1.3　温度变化的考虑

以往对温度作用的考虑，主要是通过构造措施体现在结构设计中的，如设置伸缩缝，

屋面板双层双向配筋等。近年来随着对温度作用的认识逐渐加深，考虑到工程上因为温度作用而使结构损坏的情况时有发生，《荷载规范》增加了第 9 章温度作用，将各地基本气温的统计结果以附录的形式给出，具体规定了计算温度作用效应时，结构或构件温度的确定方法。

6.1.3.1 温度分量

在结构构件任意截面上的温度分布，一般认为可由三个分量叠加组成：（1）均匀分布的温度分量 ΔT_u，如图 6-9（a）所示；（2）沿截面线性变化的温度分量（梯度温差）ΔT_{My}、ΔT_{Mz}，如图 6-9（b）、（c）所示，一般采用截面边缘的温度差表示；（3）非线性变化的温度分量 ΔT_E，如图 6-9（d）所示。

结构和构件的温度作用即指上述分量的变化，在某些情况下尚需考虑不同结构部件之间的温度变化。对大体积结构，尚需考虑整个温度场的变化。

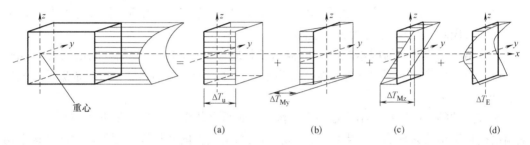

图 6-9　结构构件任意截面上的温度分布

6.1.3.2 基本气温

基本气温是气温的基准值，是确定温度作用所需最主要的气象参数。基本气温一般是以气象台站记录所得的某一年极值气温数据为样本，经统计得到的具有一定年超越概率的最高和最低气温。我国《荷载规范》将基本气温定义为 50 年一遇的月平均最高和月平均最低气温。我国各城市的基本气温值可按照附录 2 采用。当城市或建设地点的基本气温值在附录 2 中没有给出时，基本气温值可根据当地气象台站记录的气温资料，按《荷载规范》规定的方法通过统计分析确定。当地没有气温资料时，可根据附近地区规定的基本气温，通过气象和地形条件的对比分析确定；也可比照附录中的全国基本气温分布图近似确定。

对于热传导速率较慢且体积较大的混凝土及砌体结构，结构温度接近当月平均气温，可直接采用月平均最高气温和月平均最低气温。

对于热传导速率较快的金属结构或体积较小的混凝土结构，它们对气温的变化比较敏感，这些结构宜考虑极端气温，昼夜气温变化的影响，基本气温 T_{max} 和 T_{min} 可根据当地气候条件适当增加或降低。气温修正的幅度大小与地理位置相关，可根据工程经验及当地极值气温与月平均最高和月平均最低气温的差值以及保温隔热性能酌情确定。

6.1.3.3 均匀温度作用

均匀温度作用对结构影响最大，也是设计时最常考虑的。对室内外温差较大且没有保温隔热面层的结构，或太阳辐射较强的金属结构等，应考虑结构或构件的梯度温度作用，对体积较大或约束较强的结构，必要时应考虑非线性温度作用。

以结构的初始温度（合拢温度）为基准，结构的温度作用效应要考虑温升和温降两种况。这两种工况产生的效应和可能出现的控制应力或位移是不同的，温升工况会使构件产生膨胀，而温降则会使构件产生收缩，一般情况两者都应校核。

（1）对结构最大温升的工况，均匀温度作用标准值按下式计算：

$$\Delta T_k = T_{s,max} - T_{0,min}$$ (6-14)

式中：ΔT_k——均匀温度作用标准值，℃；

$T_{s,max}$——结构最高平均温度，℃；

$T_{0,min}$——结构最低初始平均温度，℃。

（2）对结构最大温降的工况，均匀温度作用标准值按下式计算：

$$\Delta T_k = T_{s,min} - T_{0,max}$$ (6-15)

式中：$T_{s,min}$——结构最低平均温度，℃。

$T_{0,max}$——结构最高初始平均温度，℃。

气温和结构温度的单位采用摄氏度（℃），零上为正，零下为负。温度作用标准值的单位也是摄氏度（℃），温升为正，温降为负。

影响结构平均温度的因素较多，应根据工程施工期间和正常使用期间的实际情况确定。对暴露于环境气温下的室外结构，最高平均温度和最低平均温度一般可依据基本气温 T_{max} 和 T_{min} 确定。

对有围护的室内结构，结构最高平均温度和最低平均温度一般可依据室内和室外的环境温度按热工学的原理确定，当仅考虑单层结构材料且室内外环境温度类似时，结构平均温度可近似地取室内外环境温度的平均值。

在同一种材料内，结构的梯度温度可近似假定为线性分布。

室内环境温度应根据建筑设计资料的规定采用，当没有规定时，应考虑夏季空调条件和冬季采暖条件下可能出现的最低温度和最高温度的不利情况。

室外环境温度一般可取基本气温，对温度敏感的金属结构，尚应根据结构表面的颜色深浅及朝向考虑太阳辐射的影响，对结构表面温度予以增大。夏季太阳辐射对外表面最高温度的影响，与当地纬度、结构方位、表面材料色调等因素有关，不宜简单近似。结构外表面的材料及其色调的影响肯定是明显的。表 6-2 为经过计算归纳近似给出围护结构表面温度的增大值。当没有可靠资料时，可参考表 6-2 确定。

考虑太阳辐射的围护结构表面温度增加   表 6-2

朝向	表面颜色	温度增加值（℃）
平屋面	浅亮	6
	浅色	11
	深暗	15
东向、南向和西向的垂直墙面	浅亮	3
	浅色	5
	深暗	7
北向、东北和西北向的垂直墙面	浅亮	2
	浅色	4
	深暗	6

对地下室与地下结构的室外温度，一般应考虑离地面深度的影响。当离地面深度超过10m时，土体基本为恒温，等于年平均气温。

结构的最高初始平均温度 $T_{0,max}$ 和最低初始平均温度 $T_{0,min}$ 应根据结构的合拢或形成约束的时间确定，或根据施工时结构可能出现的温度按不利情况确定。混凝土结构的合拢温度一般可取后浇带封闭时的月平均气温。钢结构的合拢温度一般可取合拢时的日平均温度，但当合拢时有日照时，应考虑日照的影响。结构设计时，往往不能准确确定施工工期，因此，结构合拢温度通常是一个区间值。这个区间值应包括施工可能出现的合拢温度，即应考虑施工的可行性和工期的不可预见性。

另外，徐变对温度作用有减小的影响。结构或构件在温度应力的影响下，徐变增大，内力重分布，从而使温度作用减小。考虑徐变对温度应力减小的影响，在计算温度应力时，应乘以温度应力折减系数。

6.1.4 温度作用效应与其他作用效应的组合

温度作用属于可变的间接作用，考虑到结构可靠指标及设计表达式的统一，其荷载分项系数取值与其他可变荷载相同，取 1.40，该值与美国混凝土设计规范 ACI 318 的取值相当。

作为结构可变作用之一，温度作用应根据结构施工和使用期间可能同时出现的情况考虑其与其他可变作用的组合。《荷载规范》规定的组合值系数、频遇值系数及准永久值系数主要依据设计经验及参考欧洲规范确定。

温度作用的组合值系数、频遇值系数和准永久值系数可分别取 0.6、0.5 和 0.4。

6.2 变 形 作 用

由于外界因素的影响，如结构支座移动或基础的不均匀沉降等，会使结构被迫发生变形。如果结构是静定的，则允许结构产生符合其约束条件的位移，此时结构内不产生应力；如果结构是超静定的，则多余的约束将限制结构的自由变形，从而产生应力。变形作用与结构本身的刚度和约束条件等因素有关，是一种间接作用。由于实际工程中大量的结构都属于超静定结构，当这类结构由变形作用引起的内力足够大时，可能引起诸如房屋开裂、影响结构正常使用甚至倒塌等问题，因此在结构的设计中必须加以考虑。

6.2.1 地基变形的影响

当建筑物上部结构荷载差异较大、结构体型复杂或持力层范围内有不均匀地基时，会引起地基的不均匀沉降。对超静定结构，地基不均匀沉降会使上部结构产生附加变形和应力，严重时会导致房屋开裂。

对砌体结构而言，沉降裂缝一般呈 45° 的斜裂缝。它始自沉降量沿建筑物长度的分布不能保持直线的位置，向着沉降量较大的一面倾斜地上升。沉降裂缝有如下两点规律：①多层房屋中下部的裂缝大，有时甚至仅在底层出现裂缝；②沉降缝向上指向哪里，那里下部的沉降量必然是较大的。表 6-3 给出了一些典型的沉降裂缝及其成因。

砌体结构中典型沉降裂缝 表 6-3

裂缝情况	产生原因	图示
房屋一端出现一条或数条45°阶梯形斜裂缝	房屋的一端建在软土地基（如原为河谷、池塘等）或较差地基上，导致该端下沉量较大所致	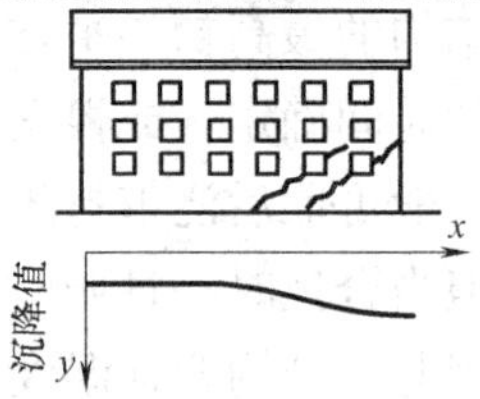
房屋纵墙中部底边出现正八字形、下宽上窄的斜裂缝	房屋中部处于软土地基上，使整个房屋犹如一根两端支承的梁，导致房屋中部的纵墙下边受拉并产生下宽上窄的斜裂缝	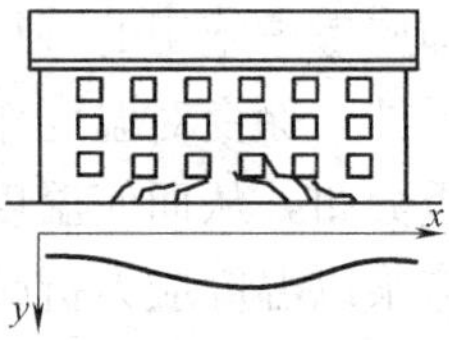
房屋纵墙中部出现的倒八字形斜裂缝	房屋中部建在坚硬的地基上，使整个房屋犹如一根两边悬挑的伸臂梁，导致两边下沉较多	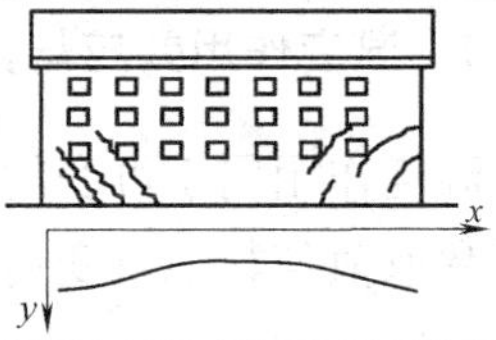
对于不等高房屋，在层数变化的窗间墙出现45°斜裂缝	高低层荷载不同，而基础未作恰当处理，导致沉降量不均匀	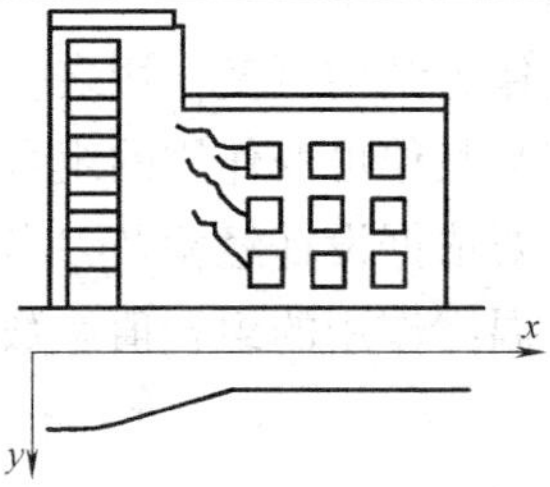
新建房屋附近的旧房屋墙面出现向新建房屋屋面倾斜的裂缝	旧房屋受到新建房屋地基沉降的影响，或新建房屋地基大开挖所引起	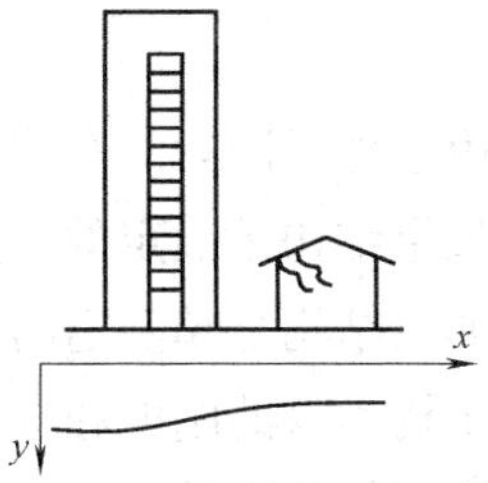
在窗台上出现上宽下窄的裂缝	多半是由于基础刚度小，使荷载较大的窗间墙沉降较大所造成。这种裂缝在房屋端开间的窗台上更易出现	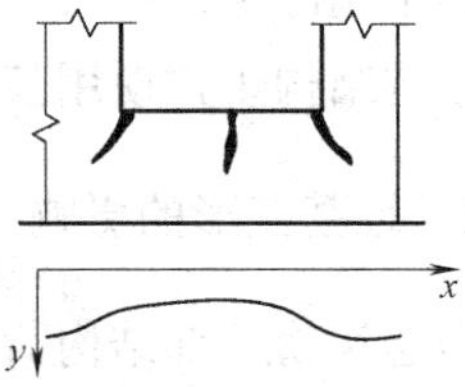
工业厂房外纵墙的底边和窗台口都可能会出现裂缝	柱基础沉降较大，而基础梁与地面的距离又较小，使墙体犹如一根倒支的连续梁。柱附近的墙体下沉量大，使其下边受拉而开裂。两柱中间的墙体下沉量小，使窗台口出现裂缝	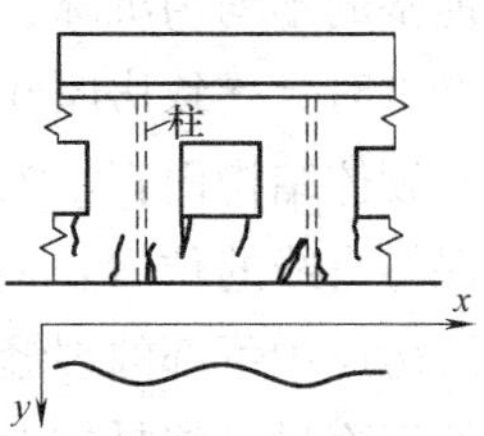

中柱下沉比两侧柱多时，框架结构的不均匀沉降引起的裂缝分布情况，如图6-10（a）所示。这是比较容易出现的情况，其原因主要有：①在计算各基础荷载时，习惯上按负荷面积摊派，而中柱的实际受力要高出按面积摊派的荷载，从而造成中柱基础的地基净反力较边柱大；②中柱基础的沉降因受两边柱影响，还会产生附加变形；③在房屋的中央部位常有电梯间、水箱等结构，它们的恒荷载所占比重较大。另一种常见的不均匀沉降（局部沉降）所引起的裂缝分布情况如图6-10（b）所示。当局部地基有古墓、废井、暗浜等情况时，均有可能导致基础局部沉陷过大，引起框架梁、柱开裂。

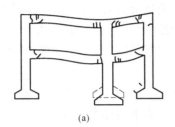 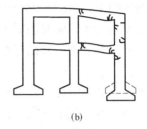

（a）   （b）

图 6-10   框架的沉降裂缝

单层工业厂房中，常会遇到地面大面积堆载的问题，如图6-11所示。这种荷载会造成基础偏转，使柱产生倾斜趋势，由于受到屋盖支撑，柱倾斜受阻，在柱头产生较大的附加水平力，从而使柱身在弯矩作用下开裂，这种裂缝多集中在柱底弯矩最大处或柱身变截面处；此外，柱身倾斜还会影响吊车的正常运行，引起滑车和卡轨现象。

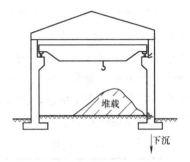

图 6-11   厂房大面积堆载造成柱开裂

如图6-12所示的刚架桥横断面，两个立柱支承于不同地基之上，下部没有联结，当右端支柱基础下沉，刚架梁柱相应产生附加弯矩。横梁左节点处为负弯矩，梁顶受拉，右节点处为正弯矩，梁底受拉。因此，横梁左端的裂缝从上向下开展，右端从下向上开展，左支柱水平裂缝由外向内延伸。如图6-13所示的连续梁桥，当桥墩与桥台沉降不均匀时，将在梁内引起附加应力，如两端桥台下沉较大，则中间桥墩上梁所受的负弯矩增大，其顶部会产生自上而下的裂缝。

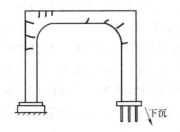 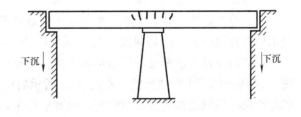

图 6-12   刚架桥右侧支柱下沉引起裂缝   图 6-13   连续梁桥两端桥台沉陷引起裂缝

超静定结构由于变形作用引起的内力和位移应遵循力学基本原理确定，对于地基变形所引起的结构反应，可根据长期压密后的最终沉降量，由静力平衡条件和变形协调条件计算构件截面的附加内力和附加变形。

6.2.2 混凝土收缩和徐变

对混凝土结构而言，还有两种特殊的变形的作用，即收缩和徐变。混凝土在空气中结硬时，其体积会缩小，这种现象称为混凝土的收缩。混凝土产生的收缩主要是由水泥凝胶体在结硬过程中的凝缩和混凝土内自由水分蒸发的干缩双重因素造成的。混凝土在长期外力作用下产生的随时间而增长的变形称为徐变，通常认为产生徐变的原因是在加载应力不大时，主要由混凝土内未结晶的水泥凝胶体应力重分布造成；在加载应力较大时，主要是混凝土内部微裂缝发展所致。研究混凝土的收缩问题，往往也涉及混凝土的徐变，收缩使混凝土产生应力，而这种应力的长期存在又使混凝土发生徐变，徐变限制或抵消了一部分收缩应力。

收缩是混凝土在不受力情况下因体积变化而产生的变形，若混凝土不能自由收缩，则混凝土内的拉应力将导致混凝土开裂。在钢筋混凝土构件中，钢筋和混凝土之间存在粘结作用，钢筋受到混凝土回缩作用而受压，混凝土收缩受到钢筋阻碍不能自由进行，使得混凝土承受拉力。如图 6-14 所示的钢筋混凝土梁，因混凝土收缩在梁腹部产生梭形裂缝。该梁在硬结收缩时，上端受到现浇板的约束，下端受到纵向钢筋的限制，只有中部可以较自由地收缩，因此形成中间宽，两头窄的梭形裂缝。如图 6-15 所示的混凝土楼盖，在楼盖角部或较大房间的角部，两个方向混凝土收缩形成拉应力的合力，使得楼盖角部出现斜裂缝，这种斜裂缝常常是贯穿板截面的。如果楼盖过长或伸缩缝间距过大，由于混凝土收缩的影响会在楼盖中部区段积聚较大的拉应力，导致楼盖中部出现横向裂缝，此类裂缝往往出现在楼盖相对薄弱部位，如楼盖收进处或楼梯间处等。

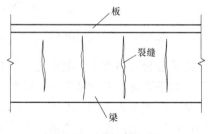

图 6-14　梁腹梭形裂缝

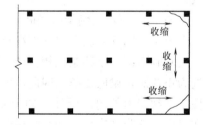

图 6-15　楼盖角部斜裂缝

工程设计时应考虑混凝土收缩变形所引起的附加内力，混凝土的收缩变形与混凝土强度等级、养护条件、骨料组成、水灰比等因素有关，其收缩应变一般在 0.0002～0.0004。当采用高强混凝土、商品混凝土及泵送混凝土时，应根据实测或经验取用较大的收缩应变。在结构设计中常常通过构造措施来降低和避免收缩影响，而不去计算收缩应力。如在图 6-14 所示的梁中配置腰筋，在图 6-15 所示的板中配置局部放射筋等，此外还有限制伸缩缝距离，控制结构或构件总长度，设置后浇带，在收缩应力较大部位局部加强配筋，或在适当位置采用膨胀混凝土等措施。

徐变与混凝土应力的大小、加载时的混凝土龄期、水灰比等因素有关。在钢筋混凝土结构中，由于钢筋与混凝土之间存在粘结力，二者能够共同工作，协调变形，混凝土的徐变将使构件中的钢筋应力增加，混凝土应力减小，从而发生内力重分布，这有利于防止和减小结构物中裂缝的形成，降低大体积混凝土内的温度应力，但也会使构件的挠度增大。对长细比较大的偏心受压构件，徐变会引起附加偏心距的增大，使构件的承载力降低。在预应力混凝土结构中，徐变会引起预应力损失，降低施加预应力的效果。此外，徐变还可使修筑于斜坡上的混凝土路面发生开裂，而且过度的变形会影响路面的平整度。

6.3　偶然荷载

产生偶然荷载的因素很多，如由炸药、燃气、粉尘、压力容器等引起的爆炸，机动车、飞行器、电梯等运动物体引起的撞击，罕遇出现的风、雪、洪水等自然灾害及地震灾害等等。随着我国社会经济的发展和全球反恐面临的新形势，人们使用燃气、汽车、电梯、直升机等先进设施和交通工具的比例大大提高，恐怖袭击的威胁仍然严峻。考虑到偶然荷载对结构的影响越来越大，《荷载规范》增加了第 10 章偶然荷载。

限于目前对偶然荷载的研究和认知水平以及设计经验，《荷载规范》仅对炸药及燃气爆炸、电梯及汽车撞击等较为常见且有一定研究资料和设计经验的偶然荷载作出规定，对其他偶然荷载，设计人员可以根据《荷载规范》规定的原则，结合实际情况或参考有关资料确定。

6.3.1　偶然荷载的考虑

建筑结构设计中，主要依靠优化结构方案、增加结构冗余度、强化结构构造等措施，避免因偶然荷载作用引起结构发生连续倒塌。在结构分析和构件设计中是否需要考虑偶然荷载作用，要视结构的重要性、结构类型及复杂程度等因素，由设计人员根据经验决定。

由《混凝土结构设计规范》（GB 50010—2010），在进行混凝土结构塑性极限分析时，对直接承受偶然荷载的结构构件或部位，应根据偶然荷载的动力特征考虑其动力效应的影响。另外，混凝土结构防连续倒塌的概念设计宜按下列要求进行：①采取减小偶然荷载效应的措施；②采取使重要构件及关键传力部位避免直接遭受偶然作用的措施；③在结构容易遭受偶然作用影响的区域增加冗余约束，布置备用传力途径。防连续倒塌设计有三种方法，即局部加强法，拉结构件法和拆除构件法。在采用局部加强法时，可直接考虑偶然荷载进行结构设计。

结构设计中应考虑偶然荷载发生时和偶然荷载发生后两种设计状况。首先，在偶然事件发生时应保证某些特殊部位的构件具备一定的抵抗偶然荷载的承载能力，结构构件受损可控。此时结构在承受偶然荷载的同时，还要承担永久荷载、活荷载或其他荷载，应采用结构承载能力设计的偶然荷载效应组合。其次，要保证在偶然事件发生后，受损结构能够承担对应于偶然设计状况的永久荷载和可变荷载，保证结构有足够的整体稳固性，不致因偶然荷载引起结构连续倒塌，此时应采用结构整体稳固验算的偶然荷载效应组合。

与其他可变荷载根据设计基准期通过统计确定荷载标准值的方法不同，在设计中所取的偶然荷载代表值是由有关的权威机构或主管工程人员根据经济和社会政策、结构设计和使用经验按一般性的原则来确定的，因此不考虑荷载分项系数，设计值与标准值取相同的值。偶然荷载的荷载设计值可直接取用按本章规定的方法确定的偶然荷载标准值。

6.3.2 爆炸作用

6.3.2.1 爆炸的基本概念

（1）爆炸的概念及分类

爆炸一般是指在极短时间内，释放出大量能量，产生高温，并放出大量气体，在周围介质中造成高压的化学反应或状态变化。按照爆炸发生的机理和作用性质，可分为物理爆炸、化学爆炸、燃气爆炸及核爆炸等多种类型。

物理爆炸过程中，爆炸物质的形态发生急剧改变，而化学成分没有变化。锅炉爆炸属于物理爆炸，锅炉内的水加热后迅速变为水蒸气，在锅炉中形成很高的压力，当锅炉承受不了这种高压而破裂时就会发生爆炸。

化学爆炸过程中不仅有物质形态的变化，还有物质化学成分的变化。炸药爆炸属于化学爆炸，爆炸过程在极短的时间内完成，而且具有极高的速度。爆炸的引发与周围环境无关，不需要氧气助燃，爆炸伴有大量气体产物，生成巨大高压。爆炸物质高度凝聚，多为固态，属凝聚相爆炸。

燃气爆炸也是一种化学爆炸，但爆炸的发生与周围环境密切相关，且需要氧气参与。燃气爆炸实质上是可燃气体迅速燃烧的过程，可燃气体的燃烧速度取决于可燃气体与空气混合后的浓度比，当浓度比达到浓度最优值时，燃烧速度最快。这个浓度表征了这种燃气与氧气充分反应的能力，也是最容易发生爆炸的浓度值。粉尘爆炸和燃气爆炸相似，悬浮在空气中的雾状粉尘达到一定浓度，在外界摩擦、碰撞、火花作用下，会引发爆炸。粉尘爆炸是一种连锁反应，粉尘点燃后生成原始小火球，进而把周围的粉尘点燃，会形成小火球组成的大火球，大火球不断加速扩大，就会形成爆炸。粉尘爆炸的本质也是一个可燃物质快速燃烧的过程。燃气爆炸和粉尘爆炸的介质分散在周围介质中，属于分散相爆炸。

核爆炸是由于核裂变（原子弹）和核聚变（氢弹）反应释放能量所形成的爆炸。核爆炸释放的能量比普通炸药放出的能量要大得多。核爆炸时，在爆炸中心形成数十万到数百万兆帕的高压，同时还有很强的光辐射、热辐射和放射性粒子辐射。它是众多爆炸中能量最高、破坏力最强的一种。

（2）爆炸力学性质

① 压力时间曲线。核爆炸、化学爆炸和燃气爆炸的压力时间曲线如图 6-16 所示。核爆炸升压时间很快，在几毫秒甚至不到 1 毫秒压力波即可达到峰值，峰值压力 p_1 很高，正压作用后还有一段时间的负压段。化学爆炸升压时间相对较慢，峰值压力亦较核爆炸低，正压作用时间短，约从几毫秒到几十毫秒，负压段更短。燃气爆炸升压最慢，可达100~300 毫秒，峰值压力也很低，即使在密闭体内测得的燃气爆炸最大压力也只有700kPa，其正压作用时间较长，是一个缓慢衰减的过程，负压段很小，有时甚至测不出负压段。

② 冲击波和压力波（冲击波超压与动压）。爆炸发生在空气介质中，会在瞬间压缩周围空气而产生超压，超压是指爆炸压力超过正常大气压，核爆炸、化学爆炸和燃气爆炸都会产生不同幅度的超压。核爆炸、化学爆炸由于是在极短的时间内压力达到峰值，周围气体极速地被挤压和推进而产生很高的运动速度，形成波的高速推进，这种气体压缩而产生的波动称为冲击波。超压向发生超压空间内各表面施加挤压力，作用效应相当于静压。冲

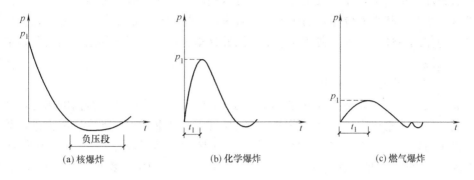

图 6-16　三种不同爆炸压力时间曲线

击波所到之处，除产生超压外，还带动波阵面后空气质点高速运动引起动压，动压与物体形状和受力面方位有关，类似于风压。燃气爆炸的效应以超压为主，动压很小，可以忽略，所以燃气爆炸属压力波。

（3）爆炸的破坏作用

当爆炸发生在等介质的自由空间时，从爆炸的中心点起，在一定范围内，破坏力能均匀地传播出去，并使在这个范围内的物体粉碎、飞散，使结构进入塑性状态，产生较大的变形和裂缝，甚至局部损坏或倒塌。爆炸会对结构产生破坏作用，其破坏程度与爆炸的性质和爆炸物质的性质有关。在诸多爆炸中，核爆炸威力最大，破坏力最强；爆炸物质数量越大，积聚和释放的能量越多，破坏作用也越剧烈。爆炸发生的环境或位置不同，其破坏作用也不同，在封闭的房间、密闭的管道内发生的爆炸，其破坏作用比结构外部发生的爆炸要严重得多。

燃气爆炸的升压时间在 100～300 毫秒，而民用建筑中的钢筋混凝土墙、板的基本周期在 20～50 毫秒，可见燃气爆炸的升压时间与结构构件的基本周期相比，作用时间足够缓慢，以至于惯性力很小可以忽略不计。因而可把室内燃气爆炸对结构的作用当做静力作用，不必考虑其动力效应。

爆炸的破坏作用大体有以下几个方面：

① 震荡作用。在遍及破坏作用的区域内，有一个能使物体震荡、松散的力量，即震荡作用。

② 冲击波作用。随着爆炸的出现，冲击波最初出现正压力，而后又出现负压力。负压力就是气压下降后的空气振动，称为吸引作用。

③ 碎片的冲击作用。爆炸如产生碎片，会在相当大的范围内，造成危害。碎片飞散范围通常是 100m～500m，甚至更远。碎片的体积越小，飞散的速度越大，危害越严重。

④热作用（火灾）。爆炸温度一般在 2000℃～3000℃左右，通常爆炸气体扩散只发生在极其短促的瞬间，对一般的可燃物质来说，不足以造成燃烧，而且有时冲击波还能起到灭火作用。但建筑物内遗留大量的热，会把从破坏设备内部不断流出的可燃气体或易燃、可燃蒸汽点燃，使建筑物内的可燃物全部起火，加重爆炸的破坏程度。

6.3.2.2　爆炸荷载的计算

当冲击波与结构物相遇时，会引起压力、密度、温度和质点速度迅速变化，从而作为一种荷载施加在结构上，此荷载是冲击波特性（超压、动压、衰减和持续时间等）以及结构特性（大小、形状、方位等）的函数。一般来说，爆炸产生的空气冲击波对地上结构和地下结构的作用特性和强度存在较大差别，因此这里将爆炸作用分为地面结构和地下结构两种情况来说明。

（1）爆炸对地面结构的作用

当爆炸发生后，爆炸中心（也称爆心）的反应区在瞬时内会产生很高的压力，并大大超过周围空气的正常压力。于是，形成一股高压气流，从爆心很快地向四周推进，其前沿犹如一道压力墙面，称为波阵面。经过时间 t_z，波阵面到达距爆心 R_z 处，压力为 P_z。此时，波阵面处的超压值（$\Delta P_z = P_z - P_0$）最高，由爆心往里逐渐降低，称为压缩区（$\Delta P_z > 0$）。再往里，由于气体运动的惯性，以及爆心区得不到能量的补充，形成了空气稀疏区，压力低于正常气压（$\Delta P_z < 0$），称为负压区。前后连接的压缩区和稀疏区构成了爆炸的空气冲击波，它从爆心向外推进，运动速度超过了声速。随着时间的延续，压缩区和稀疏区的长度（面积）不断增大，波阵面的压力峰值逐渐降低。经过一定时间后，波阵面距爆心已远，爆心附近转为正常气压（P_0）。

冲击波对结构物作用的过程如图 6-17 所示。当冲击波碰到房屋正面（前墙）时会发生反射作用，压力迅速增长，正反射压力值可按下式计算

$$K_f = \frac{\Delta P_R}{\Delta P_1} = 1 + 7\frac{\Delta P_1 + 1}{\Delta P_1 + 7} \tag{6-16}$$

式中：ΔP_R——最大反射超压，kPa；

$\quad\quad \Delta P_1$——波阵面的超压幅值，kPa；

$\quad\quad K_f$——反射系数，一般为 2～8。如果考虑高温高压条件下空气分子的离介和电离效应，此值可达 20 左右。

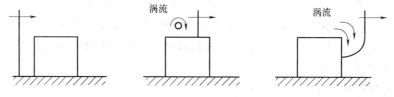

图 6-17　爆炸冲击波对结构的作用过程

爆炸冲击波除作用于结构正面产生超压外，还绕过结构运动，对结构产生动压作用。由于结构物形状不同，墙面相对于气流流动的方向和位置也不同，因而不同墙面所受到的压力作用也不同。这个差别可用试验确定的表面阻力系数 C_d 来表示。这样动压作用引起的墙面压力等于 $C_d q(t)$，因此，前墙压力从 ΔP_f 衰减到 $\Delta P(t) + C_d q(t)$，以后整个前墙上单位面积平均压力 $\Delta P_1(t)$ 可由下式表示：

$$\Delta P_1(t) = \Delta P(t) + C_d q(t) \tag{6-17}$$

式中：$\Delta P_1(t)$——整个前墙单位面积平均压力，kPa；

$\quad\quad C_d$——表面阻力系数，由风洞试验确定，对矩形结构物取 1.0；

$\quad\quad q(t)$——冲击波产生的动压，kPa。

对结构的顶盖、侧墙及背墙上每一点压力自始至终为冲击波超压与动压作用之和，计算公式同式（6-17）。所不同的是，由于涡流等原因，侧墙、顶盖和背墙在冲击压力波作

用下受到吸力作用，因此 C_d 取负值。对矩形结构物来讲，作用于前墙和后墙上的压力波不仅在数值上有差别，而且作用时间也不尽相同。因此结构物受到巨大挤压作用，同时由于前后压力差，使得整个结构物受到巨大的水平推力，可能使整个结构平移或倾覆。

对于细长形目标，如烟囱、塔楼以及桁架杆件等，它们的横向尺寸很小，结构物四周作用有相同的冲击波超压值和动压值，整个结构物所受的合力就只有动压作用。因此由于动压作用，这种细长形结构物容易遭到抛掷或弯折。

（2）爆炸对地下结构的作用

处于地下的结构物，由于避免了空气冲击波的直接作用，从而其防护性能大大提高，但由此使作用于结构上的荷载性质发生了变化。首先，冲击波在岩土介质中的传播将发生波形与强度的变化；其次，作用于土中结构上的外荷载是与结构的运动相关联的，因此应当考虑结构与介质的相互作用。位于岩土介质中的地下结构物所受到的来自地面爆炸所产生的荷载与很多因素有关，主要有：①地面空气冲击波压力参数，它引起岩土压缩波向下传播；②压缩波在自由场中传播时的参数变化；③压缩波遇到结构时产生反射，这个反射压力取决于波与结构的相互作用。计算地下结构的爆炸作用是比较困难的，需要对土体作许多假定才有可能获得解析表达式。除了数值计算方法外，目前对地下结构常用的是以下几种近似计算法：

① 现行的地下抗爆结构计算法。它是在对土中压缩波的动力荷载作某些简化处理后，以等效静载法为基础建立的一个近似计算法。

② 相互作用系数法。它是以一维平面波理论为基础的，应用等效静载法确定相互作用系数的一种近似计算法。

以上两种方法都是将结构或构件视为等效单自由度体系后，求出相应的动力系数与荷载系数，从而直接确定等效静载，这样，结构的计算就转化为静力问题。

③ 结构周边动荷载的简化确定法。这种方法是以结构本身作为施力对象，对结构的作用作某些简化后，如将其视为刚体，即不考虑其变形而仅考虑其整体运动，根据一维平面波理论可求出作用于结构周边的相互作用力及惯性力。再将此动荷载作用于结构上作动力分析。这种分析虽然对结构与介质的相互作用作了近似处理，但较前两种方法中将结构视为等效单自由度体系则更进了一步。

地下结构周围的岩土材料一般由土体颗粒、水分和空气三相介质构成。对非饱和土体，其变形性能主要取决于颗粒骨架，并由它承受外加荷载，因此压缩波在非饱和土体中传播时衰减相对要大些。而对饱和土体，主要靠水分来传递外加荷载，因此在饱和土体中压缩波传播时衰减很小。

现行的地下抗爆结构计算可采用《防空地下室设计规范》（GB 50038—2005）中有关常规武器爆炸荷载的计算方法或相关的简化方法，具体步骤可参考张小刚的《土木工程荷载与结构设计方法》第 6.3 节爆炸作用。

6.3.2.3 等效静力荷载法

由于爆炸事故频频发生，逐渐引起了设计人员的重视，《荷载规范》也增加了由炸药、燃气、粉尘等引起的爆炸荷载的确定方法，并指出上述爆炸荷载宜按等效静力荷载采用。

（1）等效均布静力荷载标准值

① 在常规炸药爆炸动荷载作用下，结构构件的等效均布静力荷载标准值，可按下式

计算：

$$q_{ce} = K_{dc} p_c \tag{6-18}$$

式中：q_{ce}——作用在结构构件上的等效均布静力荷载标准值；

p_c——作用在结构构件上的均布动荷载最大压力；

K_{dc}——动力系数，根据构件在均布荷载作用下的动力分析结果，按最大内力等效的原理确定

注：其他原因引起的爆炸，可根据其等效 TNT 装药量，参考本条方法确定等效均布静力荷载。

② 对于具有通口板的房屋结构，当通口板面积 A_V 与爆炸空间体积 V 之比在 $0.05 \sim 0.15$ 之间且体积 V 小于 $1000m^3$ 时，燃气爆炸的等效均布静力荷载 p_k 可按下列两个公式计算并取其较大值：

$$p_k = 3 + p_v \tag{6-19}$$

$$p_k = 3 + 0.5 p_v + 0.04 \left(\frac{A_v}{V} \right)^2 \tag{6-20}$$

式中：p_v——通口板（一般指窗口的平板玻璃）的额定破坏压力，kN/m^2；

A_v——通口板面积，m^2；

V——爆炸空间的体积，m^3。

当前在房屋设计中考虑燃气爆炸的偶然荷载是有实际意义的。本条主要参照欧洲规范《由撞击和爆炸引起的偶然作用》（EN 1991-1-7）中的有关规定。设计的主要思想是通过通口板破坏后的施压过程，提供爆炸空间内的等效静力荷载公式，以此确定关键构件的偶然荷载。

爆炸过程是十分短暂的，可以考虑构件设计抗力的提高，爆炸持续时间可近似取 $t = 0.2s$。

EN 1991 Part 1.7 给出的抗力提高系数的公式为：

$$\varphi_d = 1 + \sqrt{\frac{p_{SW}}{p_{Rd}}} \sqrt{\frac{2u_{max}}{g(\Delta t)^2}} \tag{6-21}$$

式中：p_{SW}——关键构件的自重；

p_{Rd}——关键构件在正常情况下的抗力设计值；

u_{max}——关键构件在破坏时的最大位移；

g——重力加速度。

（2）确定等效均布静力荷载的基本步骤

① 确定爆炸冲击波波形参数，即等效动荷载。

常规武器地面爆炸空气冲击波波形可取按等冲量简化的无升压时间的三角形，见图6-18。

常规武器地面爆炸冲击波最大超压（N/mm^2）ΔP_{cm} 可按下式计算：

$$\Delta P_{cm} = 1.316 \left(\frac{\sqrt[3]{C}}{R} \right)^3 + 0.369 \left(\frac{\sqrt[3]{C}}{R} \right)^{1.5} \tag{6-22}$$

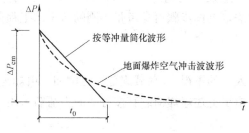

图 6-18　常规武器地面爆炸空气冲击波简化波形

式中：C——等效 TNT 装药量，kg，应按国家现行有关规定取值；

R——爆心至作用点的距离，m，爆心至外墙外侧水平距离应按国家现行有关规定取值。

地面爆炸空气冲击波按等冲量简化的等效作用时间 t_0（s），可按下式计算：

$$t_0 = 4.0 \times 10^{-4} \Delta P_{cm}^{-0.5} \sqrt[3]{C} \tag{6-23}$$

② 按单自由度体系强迫振动的方法分析得到构件的内力。

从结构设计所需精度和尽可能简化设计的角度考虑，在常规武器爆炸动荷载或核武器爆炸动荷载作用下，结构动力分析一般采用等效静荷载法。试验结果与理论分析表明，对于一般防空地下室结构在动力分析中采用等效静荷载法除了剪力（支座反力）误差相对较大外，不会造成设计上明显不合理。

研究表明，在动荷载作用下，结构构件振型与相应静荷载作用下挠曲线很相近，且动荷载作用下结构构件的破坏规律与相应静荷载作用下破坏规律基本一致，所以在动力分析时，可将结构构件简化为单自由度体系。运用结构动力学中对单自由度集中质量等效体系分析的结果，可获得相应的动力系数。

等效静荷载法一般适用于单个构件。实际结构是个多构件体系，如有顶板、底板、墙、梁、柱等构件，其中顶板、底板与外墙直接受到不同峰值的外加动荷载，内墙、柱、梁等承受上部构件传来的动荷载。由于动荷载作用的时间有先后，动荷载的变化规律也不一致，因此对结构体系进行综合的精确分析是较为困难的，故一般均采用近似方法，将它拆成单个构件，每一个构件都按单独的等效体系进行动力分析。各构件的支座条件应按实际支承情况来选取。例如对钢筋混凝土结构，顶板与外墙的刚度接近，其连接处可近似按弹性支座（介于固端与铰支之间）考虑。而底板与外墙的刚度相差较大，在计算外墙时可将二者连接处视作固定端。对通道或其他简单、规则的结构，也可近似作为一个整体构件按等效静荷载法进行动力计算。

对于特殊结构也可按有限自由度体系采用结构动力学方法，直接求出结构内力。

③ 根据构件最大内力（弯矩、剪力或轴力）等效的原则确定等效均布静力荷载。

等效静力荷载法规定结构构件在等效静力荷载作用下的各项内力（如弯矩、剪力、轴力）等与动荷载作用下相应内力最大值相等，这样即可把动荷载视为静荷载。

6.3.3 撞击

由于近几年人们使用电梯、汽车、船只、飞机等先进设施的情况不断增加，《荷载规范》对电梯、汽车、直升机的撞击力作出规定。船只或漂浮物的撞击力仍参照《公路桥涵通用设计规范》（JTG D60—2004）。

6.3.3.1 汽车撞击力

（1）设计建筑结构时，汽车的撞击荷载可按下列规定采用：

① 顺行方向的汽车撞击力标准值 P_k（kN）可按下式计算：

$$P_k = \frac{mv}{t} \tag{6-24}$$

式中 m——汽车质量，t，包括车自重和载重；

v——车速，m/s；

t——撞击时间，s。

② 撞击力计算参数 m，v，t 和荷载作用点位置宜按照实际情况采用；当无数据时，汽车质量可取 15t，车速可取 22.2m/s，撞击时间可取 1.0s，小型车和大型车的撞击力荷载作用点位置可分别取位于路面以上 0.5m 和 1.5m 处。

③ 垂直行车方向的撞击力标准值可取顺行方向撞击力标准值的 0.5 倍，二者可不考虑同时作用。

我国公路上 10t 以下中、小型汽车约占总数的 80%，10t 以上大型汽车占 20%。因此，《公路桥涵通用设计规范》（JTG D60—2004）规定计算撞击力时撞击车质量取 10t。而《城市人行天桥与人行地道技术规范》（CJJ 69—95）则建议取 15t。荷载规范建议撞击车质量按照实际情况采用，当无数据时可取为 15t。又据《城市人行天桥与人行地道技术规范》，撞击车速建议取国产车平均最高车速的 80%。目前高速公路、一级公路、二级公路的最高设计车速分别 120km/h、100km/h 和 80km/h，综合考虑取车速为 80km/h （22.2m/s）。

在没有试验资料时，撞击时间按《公路桥涵设计通用规范》的建议，取值 1s。

参照《城市人行天桥与人行地道技术规范》和欧洲规范 EN 1991-1-7，垂直行车方向撞击力取顺行方向撞击力的 50%，二者不同时作用。

建筑结构可能承担的车辆撞击主要包括地下车库及通道的车辆撞击、路边建筑物车辆撞击等，由于所处环境不同，车辆质量、车速等变化较大，因此在给出一般值的基础上，设计人员可根据实际情况调整。

（2）设计桥梁结构时，《公路桥涵通用设计规范》规定汽车撞击力标准值在车辆行驶方向取 1000kN，在车辆行驶垂直方向取 500kN，两个方向的撞击力不同时考虑，撞击力作用于行车道以上 1.2m 处，直接分布于撞击涉及的构件上。对于设有防撞设施的结构构件，可视防撞设施的防撞能力，对汽车撞击力的标准值予以折减，但折减后的汽车撞击力的标准值不应低于上述规定的 1/6。为防止或减少因撞击而产生的破坏，对易受到汽车撞击的结构构件的相关部位应采取相应的构造措施。

6.3.3.2 直升飞机非正常着陆的撞击力

直升飞机非正常着陆的撞击荷载可按下列规定采用：

（1）竖向等效静力撞击力标准值 P_k（kN）可按下式计算：

$$P_k = C\sqrt{m} \tag{6-25}$$

式中：C——系数，取 3kN·kg$^{-0.5}$；

m——直升飞机的质量，kg。

（2）竖向撞击力的作用范围宜包括停机坪内任何区域以及停机坪边缘线 7m 之内的屋顶结构。

（3）竖向撞击力的作用区域宜取 2m×2m。

6.3.3.3 电梯撞击力

当电梯运行超过正常速度一定比例后，安全钳首先作用，将轿厢（对重）卡在导轨上。安全钳作用瞬间，将轿厢传来的冲击荷载作用给导轨，再由导轨传至底坑（悬空导轨除外）。在安全钳失效的情况下，轿厢才有可能撞击缓冲器，缓冲器将吸收轿厢（对重）的动能，提供最后的保护。因此偶然情况下，作用于底坑的撞击力存在四种情况：轿厢或对重的安全钳通过导轨传至底坑；轿厢或对重通过缓冲器传至底坑。由于这四种情况不可能同时发生，表 6-4 中的撞击力取值为这四种情况下的最大值。根据部分电梯厂家提供的样本，计算出不同的电梯品牌、类型的撞击力与电梯总重力荷载的比值（表 6-7）。

根据表 6-4 结果，并参考了美国 IBC 96 规范以及我国《电梯制造与安装安全规范》（GB 7588—2003），确定撞击荷载标准值。规范值适用于电力驱动的拽引式或强制式乘客电梯、病床电梯及载货电梯，不适用于杂物电梯和液压电梯。电梯总重力荷载为电梯核定载重和轿厢自重之和，忽略了电梯装饰荷载的影响。额定速度较大的电梯，相应的撞击荷载也较大，高速电梯（额定速度不小于 2.5m/s）宜取上限值。

撞击力与电梯总重力荷载比值计算结果   表 6-4

电梯类型		品牌 1	品牌 2	品牌 3
无机房	低速客梯	3.7～4.4	4.1～5.0	3.7～4.7
有机房	低速客梯	3.7～3.8	4.1～4.3	4.0～4.8
	低速观光梯	3.7	4.9～5.6	4.9～5.4
	低速医梯	4.2～4.7	5.2	4.0～4.5
	低速货梯	3.5～4.1	3.9～7.4	3.6～5.2
	高速客梯	4.7～5.4	5.9～7.0	6.5～7.1

综上，一般电梯竖向撞击荷载标准值可在电梯总重力荷载的（4～6）倍范围内选取。

6.3.3.4 船只或漂浮物的撞击力

位于通航河流或有漂流物的河流中的桥梁墩台，设计时应考虑船舶或漂流物的撞击作用，其撞击作用标准值可按下列规定采用或计算：

（1）当缺乏实际调查资料时，内河上船舶撞击作用的标准值可按表 6-5 采用。四、五、六、七级航道内的钢筋混凝土桩墩，顺桥向撞击作用可按表 6-5 所列数值的 50% 考虑。

内河船舶撞击作用标准值   表 6-5

内河航道等级	一	二	三	四	五	六	七
船舶吨级 DWT(t)	3000	2000	1000	500	300	100	50
横桥向撞击作用(kN)	1400	1100	800	550	400	250	150
顺桥向撞击作用(kN)	1100	900	650	450	350	200	125

（2）当缺乏实际调查资料时，海轮撞击作用的标准值可按表 6-6 采用。

海轮撞击作用标准值   表 6-6

船舶吨级 DWT(t)	3000	5000	7500	10000	20000	30000	40000	50000
横桥向撞击作用(kN)	19600	25400	31000	35800	50700	62100	71700	80200
顺桥向撞击作用(kN)	9800	12700	15500	17900	25350	31050	35850	40100

（3）可能遭受大型船舶撞击作用的桥墩，应根据桥墩的自身抗撞击能力、桥墩的位置和外形、水流流速、水位变化、通航船舶类型和碰撞速度等因素作桥墩防撞设施的设计。当设有与墩台分开的防撞击的防护结构时，桥墩可不计船舶的撞击作用。

（4）漂流物横桥向撞击力标准值可按下式计算：

$$F=WV/gT \tag{6-26}$$

式中：W——漂流物重力，kN，应根据河流中漂流物的情况，按实际调查确定；

V——水流速度，m/s；

T——撞击时间，s，应根据实际资料估计，在无实际资料时，可用 1s；

g——重力加速度，$g=9.81 \mathrm{m/s^2}$。

（5）内河船舶的撞击作用点，假定为计算通航水位线以上 2m 的桥墩宽度或长度的中点。海轮船舶撞击作用点需视实际情况而定。漂流物的撞击作用点假定在计算通航水位线上桥墩宽度的中点。

从实际情况看，在航道顺直、桥位较正的情况下，船舶或漂浮物与桥梁发生正面撞击的机会很小，斜向撞击桥梁墩台的较多。一般斜向撞击的角度 α 小于 45°。当桥位与航道斜交时，正向与斜向撞击墩台的可能性均存在。由于撞击角度不容易预先确定，故在计算撞击作用时，应根据具体情况加以研究确定。

6.4　浮力作用

水的浮力为作用于建筑物基础底面由下向上的水压力，等于建筑物排开体积的水重。地表水或地下水通过土体孔隙的自由水沟通并传递压力。水是否能渗入基础底面是产生浮力的前提条件，此外浮力还与地基土的透水性、地基与基础的接触状态和水压大小（地下水位高低）以及漫水时间等因素有关。

浮力对处于地下水中结构的受力和工作性能有明显影响。例如当贮液池底面位于地下水位以下时，如果贮液池中没有液体，浮力可能会使整个贮液池的底板或局部上移，以致底板开裂，因此对这类结构应进行整体抗浮和局部抗浮验算。

对于存在净水压力的透水性土，如砂类土、碎石类土、黏砂土等，因其孔隙存在自由水，均应计算水浮力。对于桥梁墩台，由于水浮力对墩台的稳定性不利，故在验算墩台稳定时，应采用设计水位计算。当验算地基应力及基底偏心时，仅按低水位计算浮力，或不计浮力，这样考虑是安全合理的。

基础嵌入不透水性地基时，如黏土地基，可不计算水的浮力。完整页岩（包括节理发育的岩石）上的基础，当基础与基底岩石之间灌注混凝土且接触良好时，水浮力可以不计。但遇到破碎的或裂缝严重的岩石，则应计算水浮力。作用在桩基承台底面的水浮力，应按全部底面积计算，但桩嵌入岩层并灌注混凝土者，在计算承台底面浮力时，应扣除桩的截面面积。管桩亦不计水的浮力。

6.5　行车等因素的动态作用

6.5.1　冲击力

6.5.1.1　汽车冲击力

当车辆以正常或较高的速度在桥面行驶时，由于桥面或轨道的不平整、车轮不圆、发动机抖动等原因，会引起桥梁结构的振动，这种动力效应通常称为冲击作用。在这种情况下，运行中的车辆荷载对桥梁结构所引起的应力和变形比同样大小的静荷载大。车辆荷载的冲击力可用其重力荷载乘以冲击系数 μ 来计算。汽车的冲击系数是考虑汽车过桥时对桥梁结构产生的竖向动力效应所设置的一个增大系数。冲击作用包括车体的振动和桥跨结构自身的变形和振动。当车辆的振动频率与桥跨结构的自振频率一致时，即形成共振，其振幅（即挠度）比一般的振动大许多。振幅的大小与桥梁结构的阻尼大小及共振时间的长短有关。桥梁的阻尼主要与材料的连接方式有关，且随桥梁跨径的增大而减小。所以，增强桥梁的纵、横向连接刚度，对于减小共振影响有一定的作用。

冲击系数是根据在已建桥梁上所做的振动试验结果经分析整理而确定的，其值与结构的频率有关。《公路桥涵设计通用规范》（JTG D60—2004）规定汽车荷载冲击力应按下列规定计算：

（1）钢桥、钢筋混凝土及预应力混凝土桥、圬工拱桥等上部构造和钢支座、板式橡胶支座、盆式橡胶支座及钢筋混凝土柱式墩台，因相对来说自重不大，冲击作用效果显著，故应计算汽车的冲击作用。

（2）填料厚度（包括路面厚度）等于或大于 0.5m 的拱桥、涵洞以及重力式墩台，因自重大、整体性好，冲击影响小，故不计冲击力。

（3）支座的冲击力，按相应的桥梁取用。

（4）汽车荷载的冲击力标准值为汽车荷载标准值乘以冲击系数 μ。

（5）冲击影响与结构的刚度有关。一般来说，跨径越大、刚度越小对动荷载的缓冲作用越强，以往规范近似地认定冲击力与计算跨径成反比（直线变化），无论是梁式桥还是拱式桥等，均规定在一定的跨径范围内考虑汽车荷载的冲击力作用，此模式计算方便，但不能合理、科学地反映冲击荷载的本质。最新桥梁规范的修订过程中，结合公路桥梁可靠度研究的成果，采用了利用结构基频来计算桥梁结构的冲击系数的方法。冲击系数 μ 可按下式计算：

$$当 f < 1.5\text{Hz} 时，\qquad \mu = 0.05$$
$$当 1.5\text{Hz} \leqslant f \leqslant 14\text{Hz} 时，\mu = 0.1767\ln f - 0.0157$$
$$当 f > 14\text{Hz} 时，\qquad \mu = 0.45 \qquad\qquad (6\text{-}27)$$

式中：f——结构基频，按《公路桥涵设计通用规范》（JTG D60—2004）4.3.2 条的条文说明确定。

（6）汽车荷载的局部加载及在 T 梁、箱梁悬臂板上的冲击荷载系数采用 1.3。

【例 6.3】 某简支梁桥采用箱型截面，混凝土强度等级为 C40，弹性模量 $E_c = 3.25 \times 10^4 \text{MPa}$，箱梁跨中横截面积 $A = 5.3\text{m}^2$，惯性矩 $I_c = 1.5\text{m}^4$。求：公路-Ⅰ级汽车车道荷载的冲击系数 μ。（已知：简支桥梁自振频率为 $f_1 = \dfrac{\pi}{2l^2}\sqrt{\dfrac{EI_c}{m_c}}$，$m_c = G/g$，取重力加速度 $g = 10\text{m/s}^2$。）

解：（1）结构跨中的单位长度质量，$m_c = G/g = 5.3 \times 25 \times 1000/10 = 13250\text{kg/m}$

（2）简支桥梁自振频率

$$E_c I_c = 3.25 \times 10^{10} \times 1.5 = 4.875 \times 10^{10} \text{N} \cdot \text{m}^2$$

则有 $f_1 = \dfrac{\pi}{2l^2}\sqrt{\dfrac{EI_c}{m_c}} = \dfrac{3.14}{2 \times 24^2} \times \sqrt{\dfrac{4.875 \times 10^{10}}{13250}} = 5.228\text{Hz}$

（3）车道荷载冲击系数

$$\mu=0.1767\ln f-0.0157=0.1767\ln 5.228-0.0157=0.276$$

6.5.1.2 火车冲击力

对于铁路桥梁，列车竖向活载等于列车竖向静活载乘以动力系数（$1+\mu$），其动力系数应按下列公式计算：

（1）简支或连续的钢桥跨结构和钢桥台：

$$1+\mu=1+\frac{28}{40+L} \tag{6-28}$$

（2）钢与混凝土板的结合梁：

$$1+\mu=1+\frac{22}{40+L} \tag{6-29}$$

（3）钢筋混凝土、混凝土、石砌的桥跨结构及涵洞、刚架桥，其顶上填土厚度 $h\geqslant$ 1m（从轨底算起）时，不计列车竖向动力作用。当 $h<1$m 时：

$$1+\mu=1+\alpha\left(\frac{6}{30+L}\right) \tag{6-30}$$

（4）空腹式钢筋混凝土拱桥的拱圈和拱肋：

$$1+\mu=1+\frac{15}{100+\lambda}\left(1+\frac{0.4L}{f}\right) \tag{6-31}$$

式中：L——桥的跨度，m；

α——系数，$\alpha=4(1-h)\leqslant 2$m；

λ——计算桥跨结构的主要杆件时为计算跨度，m；对于只承受局部活荷载的杆件，则按其计算图示为一个或数个节间长度，m；

f——拱的矢高，m。

支座动力系数计算公式与相应的桥跨结构计算公式相同。

6.5.2 制动力

6.5.2.1 汽车制动力

汽车制动力是汽车刹车时为克服其惯性运动而在车轮和路面接触面之间产生的水平滑动摩擦力，其值为摩擦因数乘以车辆的总重力。制动力是汽车对路面的一种作用力，其方向与汽车前进方向相同。影响制动力大小的因素很多，如路面的粗糙状况、轮胎纹路及充气压力大小、制动装置灵敏性、行车速度等。

汽车荷载制动力可按下列规定计算和分配：

（1）汽车制动力按同向行驶的汽车荷载（不计冲击力）计算，并应按表 2-5 的规定，以使桥梁墩台产生最不利纵向力的加载长度进行纵向折减。

一个设计车道上由汽车荷载产生的制动力标准值按本教材 2.4.1.2 节中给出的车道荷载标准值在加载长度上计算的总重力的 10% 计算，但公路-Ⅰ级汽车荷载的制动力标准值不得小于 165kN；公路-Ⅱ级汽车荷载的制动力标准值不得小于 90kN。同向行驶双车道的汽车荷载制动力标准值为一个设计车道制动力标准值的两倍；三车道为 2.34 倍；四车道为 2.68 倍。

（2）制动力的着力点在桥面以上 1.2m 处，计算墩台时，可移至支座铰中心或支座底座面上。计算刚构桥、拱桥时，制动力的着力点可移至桥面上，但不计因此而产生的竖向力和力矩。

（3）设有板式橡胶支座的简支梁、连续桥面简支梁或连续梁排架式柔性墩台，应根据支座与墩台的抗推刚度的刚度集成情况分配和传递制动力。设有板式橡胶支座的简支梁刚性墩台，按单跨两端的板式橡胶支座的抗推刚度分配制动力。

（4）设有固定支座、活动支座（滚动或摆动支座、聚四氟乙烯板支座）的刚性墩台传递的制动力，按表6-7的规定采用。每个活动支座传递的制动力，其值不应大于其摩阻力，当大于摩阻力时，按摩阻力计算。

刚性墩台各种支座传递的制动力   表6-7

桥梁墩台及支座类型		应计的制动力	符号说明
简支梁桥台	固定支座	T_1	T_1—加载长度为计算跨径时的制动力；
	聚四氟乙烯支座	$0.30\ T_1$	
	滚动(或摆动)支座	$0.25\ T_1$	
简支梁桥墩	两个固定支座	T_2	T_2—加载长度为相邻两跨计算跨径之和时的制动力；
	一个固定支座、一个活动支座	注	
	两个聚四氟乙烯支座	$0.30\ T_2$	
	两个滚动(或摆动)支座	$0.25\ T_2$	
连续梁桥墩	固定支座	T_3	T_3—加载长度为一联长度的制动力；
	聚四氟乙烯支座	$0.30\ T_3$	
	滚动(或摆动)支座	$0.25\ T_3$	

注：固定支座按 T_4 计算，活动支座按 $0.30\ T_5$（聚四氟乙烯支座）计算，或 $0.25\ T_5$（滚动或摆动支座）计算，T_4 和 T_5 分别为与固定支座或活动支座相应的单跨跨径的制动力，桥墩承受的制动力为上述固定支座与活动支座传递的制动力之和。

6.5.2.2 火车制动力或牵引力

对火车而言，制动力或牵引力应按列车竖向静活荷载的10%计算。但当与离心力或列车竖向动力作用同时计算时，制动力或牵引力应按列车竖向活荷载的7%计算。

双线桥应采用一线的制动力或牵引力；三线或三线以上的桥应采用两线的制动力或牵引力。按此计算的制动力或牵引力不再考虑双线竖向活荷载的折减。

桥头填方破坏棱体范围内的列车活载所产生的制动力或牵引力不予计算。

制动力或牵引力作用在轨顶以上2m处，但计算墩台时移至支座中心处，计算台顶活荷载的制动力或牵引力时移至轨底，计算刚架结构时移至横杆中心线处，均不计移动作用点所产生的竖向力或力矩。

采用特种活荷载时，不计制动力或牵引力。

6.5.3 离心力

6.5.3.1 汽车离心力

桥梁离心力是一种伴随着车辆在弯道行驶时所产生的惯性力，其以水平力的形式作用于桥梁结构，是弯桥横向受力与抗扭设计所考虑的主要因素。位于曲线上桥梁的墩台，当曲线半径等于或小于250m时，应计算汽车荷载引起的离心力。离心力的大小与曲线半径成反比，与行车速度的平方成正比，其取值可通过车辆荷载（不计冲击力）标准值乘以离心系数 C 计算。离心系数按下式计算：

$$C=V^2/127R \tag{6-32}$$

式中：V——设计速度，km/h，应按桥梁所在线路设计速度采用；

R——曲线半径，m。

计算多车道桥梁的汽车离心力时，车辆荷载标准值应乘以表 2-4 规定的横向折减系数。

离心力的着力点在桥面以上 1.2m 处（为计算简便也可移至桥面上，不计由此引起的作用效应）。

6.5.3.2 火车离心力

列车静活荷载产生的离心力应按下列公式计算：

$$对集中活荷载 N \quad F = v^2(f \times N)/127R$$
$$对分布活荷载 q \quad F = v^2(f \times q)/127R \tag{6-33}$$

式中：N——"中-活载"图示中的集中荷载，kN；

q——"中-活载"图示中的分布荷载，kN/m；

v——设计速度，km/h；

R——曲线半径，m；

f——竖向活荷载折减系数，按 $f = 1.00 - \dfrac{v-120}{1000}\left(\dfrac{814}{v} + 1.75\right)\left(1 - \sqrt{\dfrac{2.88}{L}}\right)$ 计算，

其中 L 为桥上曲线部分荷载长度，m。

当 $L \leqslant 2.88$m 或 $v \leqslant 120$ km/h 时，f 值取 1.0；当计算的 f 值大于 1.0 时取 1.0；当 $L > 150$m 时，取 $L = 150$m 计算 f 值。

离心力按水平向外作用于轨顶以上 2.0m 处。

当计算速度大于 120 km/h 时，离心力和竖向活荷载组合时应考虑以下三种情况：

（1）不折减"中-活载"和按 120 km/h 速度计算的离心力（$f = 1.0$）；

（2）折减的"中-活载"（$f \times N$，$f \times q$）和按设计速度计算的离心力（$f < 1.0$）；

（3）曲线桥梁还应考虑没有离心力时列车活荷载作用的情况。

6.6 预 加 力

6.6.1 预加力的基本概念

以特定的方式在结构构件上预先施加的，能产生与构件所承受的外荷载效应相反的应力状态的力称为预加力，预加力在结构构件上引起的应力称为预应力。实际中有很多利用预应力的情况，如图 6-19 所示的木桶，当铁箍被拉紧时，其受到预拉应力，而在桶板之间则产生预压应力，这样就使木桶能够抵抗内部液体所产生的环向应力。此外，拧紧的螺丝、辐条收紧的自行车车轮的钢圈，以及稳定烟囱、电线杆、桅杆的拉索等都利用了预应力的原理。

对于工程应用最为广泛的混凝土结构来说，由于混凝土的抗拉强度和极限拉应变均很小，其抗拉强度约为抗压强度的 1/8～1/17，极限拉应变（约为 $0.1 \times 10^{-3} \sim 0.15 \times 10^{-3}$）也仅为极限压应变的 1/20～1/30。因此，在使用荷载作用下，大部分的钢筋混凝土构件（受弯构件、大偏心受压构件、受拉构件）的受拉区混凝土均开裂较早，此时的钢

筋拉应力只有 $20N/mm^2 \sim 30N/mm^2$。混凝土开裂后，构件的刚度大幅降低，导致构件变形过大。当钢筋应力达到 $200N/mm^2$ 时，裂缝宽度已达到 $0.2mm \sim 0.3mm$。裂缝的开展，将导致钢筋的锈蚀，使处于高湿度或侵蚀性环境中构件的耐久性降低。对密闭性和耐久性要求较高的构筑物，如水池、油罐、原子能反应堆等，以及受到侵蚀性介质作用的工业厂房、水利、海洋港口工程等，使用钢筋混凝土结构很难满足设计要求。为了使构件

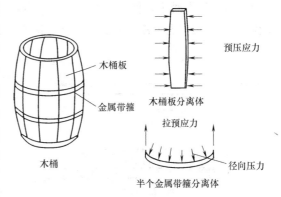

图 6-19　木桶制作中的预应力原理

满足变形和裂缝控制要求，则需增加构件的截面尺寸和用钢量，这将导致构件的截面尺寸和自重过大，使钢筋混凝土构件作用于大跨或承受动力荷载的结构，如大跨楼（屋）盖、重级工作制吊车梁、铁路桥梁等成为不经济，不合理，甚至是不可能的。采用高强混凝土和高强钢筋是减轻结构自重的有效措施，但在钢筋混凝土构件中却很难充分利用高强材料。采用高强混凝土对提高构件的抗裂性、刚度和减小裂缝宽度的作用很小；采用高强钢筋，在使用荷载作用下，其应力虽然可达 $500N/mm^2 \sim 1000N/mm^2$，但此时的裂缝宽度和构件变形会远远超过限制要求。因此，在普通钢筋混凝土结构中，由于受拉区混凝土过早地开裂，高强钢筋的抗拉强度及混凝土较高的抗压强度均不能得到充分发挥。

为了避免钢筋混凝土结构的裂缝过早出现，充分利用高强度钢筋及高强度混凝土，可以设法在结构构件受荷载前，用预压的办法来减小或抵消荷载所引起的混凝土拉应力，甚至使其处于受压状态。这样，预应力的存在能延缓构件的开裂，从而提高构件截面的刚度和正常使用阶段的承载能力，降低截面高度，减少构件自重，增加构件的跨越能力。

6.6.2　施加预加力的方法

6.6.2.1　外部预加力和内部预加力

在预应力混凝土结构中建立预加应力，按结构上加力方式的不同，主要分为外部预加力法和内部预加力法。当结构杆件中的预加力来自结构之外时，所加的预加力称为外部预加力，对混凝土拱桥的拱顶用千斤顶施加水平预压力，在连续梁的支点处用千斤顶施加反力即属此类。它常用于对结构的内力进行调整，使结构的内力呈有利的分布。

内部预加力法主要通过张拉预应力筋并锚固在混凝土构件上来实现，这时钢筋的拉力将被混凝土的压力平衡。张拉的方式主要有机械法、电热法、自张法等，内部预加力法是为钢筋混凝土构件施加预应力的常规方法。

6.6.2.2　先张法和后张法

在浇筑混凝土之前张拉预应力筋的方法称为先张法，其主要工序为（图 6-20）：①在台座或钢模上张拉预应力筋，当预应力筋达到张拉控制应力时，用夹具将其临时固定在台座或钢模上，如图 6-20（a）和 6-20（b）所示；②支模、绑扎钢筋（包括纵向受力钢筋，抗剪箍筋和为满足局压要求而设置的钢筋），浇筑混凝土并养护，如图 6-20（c）所示；③待混凝土达到一定强度（约为设计强度的 75％以上）后，切断或放松预应力钢筋，钢筋

在回缩时挤压混凝土，使其获得预压力，如图 6-20（d）所示。所以在先张法预应力混凝土构件中，预压应力主要是通过钢筋与混凝土之间的粘结力来传递的。

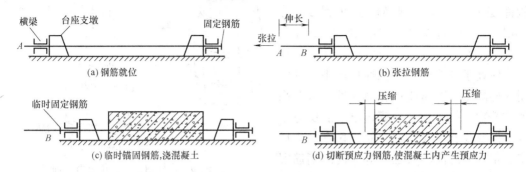

图 6-20　先张法施工工艺

制作先张法预应力构件一般都需要台座、千斤顶（或张拉车）、传力架和锚具等设备。台座承受张拉力的反力，形式有多种，长度往往很长，设计时应保证其强度和刚度，使其既能承受张拉钢筋时产生的巨大荷载，又能不产生较大的变形。当构件尺寸不大时，可不用台座，而在钢模上直接进行张拉。张拉时所用的千斤顶和传力架应根据构件形式和尺寸以及张拉力的大小来进行选择。张拉端夹住钢筋进行张拉的夹具和两端临时固定钢筋的工具或锚具可重复使用。

先张法适用于在预制构件厂批量生产的，可以用运输车装运的中小型构件。先张法施工工艺简单，质量容易保证，可以大批量生产，重复利用模板，施加预应力比较方便，且省去或减少了锚具和预埋件，生产成本较低。

后张法是先浇筑混凝土，待混凝土结硬并达到一定的强度后，再在构件上张拉预应力筋的方法，其主要工序（图 6-21）为：①先浇筑混凝土，并在构件中配置预应力钢筋的部位上预留孔道，如图 6-21（a）所示，孔道可以采用预埋波纹管，也可以直接将无粘结预应力筋直接置于混凝土中；②待混凝土达到一定强度（一般不低于设计强度的 75%）后，在孔道内穿筋或将钢筋设置在套管（如波纹管）内浇筑混凝土，然后安装张拉设备，张拉钢筋（一端锚固，另一端张拉或两端同时张拉），混凝土被压缩获得压应力，如图 6-21（b）所示；③当预应力筋的张拉应力达到规定值（张拉控制应力）后，在张拉端用锚具锚紧（锚具留在构件中不再取出），使构件保持预压状态，如图 6-21（c）所示；④最后，往孔道内压力灌浆，使预应力筋与孔道之间产生粘结力，防止钢筋锈蚀，并使预应力筋与混凝土结为一体，如图 6-21（d）所示。后张法中混凝土的预压应力是靠设置在钢筋两端的锚具获得的。

后张法是我国当前生产大型构件的主要方法，其优点是不需台座，便于现场施工，预应力钢筋可按照设计要求，根据构件内力的变化而布置成合理的曲线形式。后张法的施工工艺相对复杂，锚具不能重复使用，因此耗钢量较大。

先张法和后张法虽然以张拉预应力筋在浇筑混凝土的前后来区分，但其本质差别却在于对混凝土构件施加预应力的途径。先张法通过预应力筋与混凝土之间的粘结力来施加预应力，而后张法则通过钢筋两端的锚具来施加预应力。

值得注意的是，在预应力混凝土结构中，沿预应力混凝土构件长度方向，预应力筋中

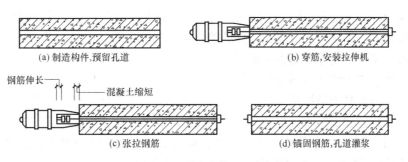

(a) 制造构件,预留孔道   (b) 穿筋,安装拉伸机

钢筋伸长 ↕↕   ↕↕ 混凝土缩短

(c) 张拉钢筋   (d) 锚固钢筋,孔道灌浆

图 6-21　后张法施工工艺

预拉应力的大小并不是一个恒定值,由于受到施工条件、材料性能和环境因素的影响,在施工和使用过程中往往会逐渐减小,从而使混凝土中的预压应力减小。预应力筋中的这种预拉应力减小的现象称为预应力损失。因此,对于预应力混凝土结构的设计,一方面要确定预应力筋张拉时的初始应力(张拉控制应力),同时还要正确估算预应力损失值,然后根据二者之差来确定有效预应力。

6.6.2.3　预弯梁预加力

预弯梁预加力是通过钢梁与混凝土之间的粘结构造将钢梁的弹性恢复力施加于混凝土上,弹性恢复力利用屈服强度很高的钢梁预先弯曲产生弹性变形而获得。

预弯型钢-混凝土组合简支梁的施工工艺为(图 6-22):在预先弯曲梁的 $L/4$ 处施加两个相同的集中荷载;当钢梁被压到挠度为零时,在钢梁的下翼缘浇筑高强度等级的混凝土;混凝土经养护达到强度要求后,撤除钢梁上的集中力,钢梁回弹,所浇筑的混凝土就受到钢梁回弹产生的压力作用;然后浇筑腹板和上翼缘混凝土。通过这种工艺得到的钢梁与混凝土组合构件为预弯梁预应力构件。应该说明的是,实际工程中,常在钢梁翼缘与混凝土之间设置栓钉,以防止二者之间的相对滑移。

6.6.3　预应力混凝土结构的几个基本概念

(1) 有粘结和无粘结

有粘结预应力混凝土是指预应力钢筋与周围的混凝土有可靠的粘结强度,使得在荷载作用下预应力钢筋与相邻的混凝土有同样的变形。先张法预应力混凝土及后灌浆的预应力混凝土都是有粘结的。对于跨度较大,或比较重要的构件(如主梁、桁架、转换层等),一般采用有粘结预应力混凝土。

无粘结预应力混凝土是指预应力钢筋与其相邻的混凝土没有任何粘结强度,在荷载作用下,预应力筋与相邻的混凝土各自变形。对于现浇平板、连续梁、框架结构有时需要曲线张拉,而有粘结工艺中孔道成型和灌浆工序较为麻烦,且质量往往难以控制,因而常采用无粘结工艺。这种结构一般采用专

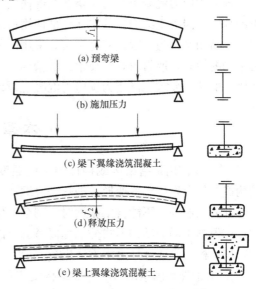

(a) 预弯梁

(b) 施加压力

(c) 梁下翼缘浇筑混凝土

(d) 释放压力

(e) 梁上翼缘浇筑混凝土

图 6-22　预弯梁的预加力施加过程

用油脂将预应力筋与混凝土隔开，钢材与混凝土之间是无粘结的，仅靠两端锚具建立预应力。为了改善无粘结预应力混凝土构件的使用性能和抗震能力，常在无粘结预应力混凝土构件中配置一定数量的非预应力钢筋。

（2）体外预应力和体内预应力

体外预应力混凝土结构是指预应力钢筋布置在混凝土构件之外，预应力钢筋通过专门装置与混凝土构件相接触并传递应力。体外预应力技术广泛应用于已建结构和桥梁的加固改造中。如图 6-23 所示为采用折线预应力筋对简支梁进行加固的方法，该方法通过收紧两根 U 形螺丝，将预应力筋收紧拉拢，从而建立预应力。

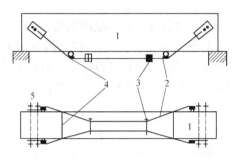

图 6-23　采用体外预应力法加固简支梁
1—原梁；2—预应力筋；3—U 形螺丝；
4—撑杆；5—高强螺栓

体内预应力混凝土将预应力筋布置在混凝土构件之内，在新建结构中应用较多。

（3）全预应力和部分预应力混凝土结构

在荷载作用下，预应力混凝土构件受拉区的应力状态与所施加预应力的大小有关，根据预应力混凝土构件受拉区混凝土在预应力和外荷载共同作用下的应力状态，可把预应力混凝土结构分为全预应力混凝土结构和部分预应力混凝土结构。

全预应力混凝土结构是指在全部外荷载及预加力共同作用下，构件的受拉区不出现拉应力的预应力混凝土结构。这类结构的抗裂性好、刚度大，常用于一些特种结构，如油罐、水池等。另一方面，全预应力混凝土结构的预应力筋用量较大，而且放松预应力筋时构件的反拱往往也较大，截面预拉区可能会开裂。

部分预应力混凝土结构是指在全部使用荷载作用下，构件的受拉区出现拉应力甚至开裂的预应力混凝土结构。其中在全部使用荷载作用下出现拉应力、但不出现裂缝的预应力混凝土结构又称为有限预应力结构。采用部分预应力混凝土结构，可以较好地克服全预应力结构的缺陷，取得较好的技术经济指标，虽然抗裂性和刚度略有降低，但仍能满足一般环境下的使用要求，已成为预应力混凝土设计和应用的发展方向。

本 章 小 结

1. 温度作用是指结构或构件内部的温度变化。当结构物所处环境温度发生变化时，结构或构件会发生温度变形，即热胀冷缩；当结构或构件的热胀冷缩受到边界条件约束或相邻部分的制约，不能自由胀缩时，则会产生温度应力。温度变化对结构内力和变形的影响，应根据不同的结构形式分别加以考虑，温度作用效应的计算，一般可根据变形协调条件，按结构力学或弹性力学方法进行。

2. 由于外界因素的影响，如结构支座移动或基础的不均匀沉降等，会使结构被迫发生变形。如果结构是静定的，则允许构件产生符合其约束条件的位移，此时结构内不产生应力和应变。如果结构是超静定的，则多余的约束将限制结构的自由变形，从而产生应力和应变。结构由地基变形引起的内力和位移应按照力学基本原理，根据长期压密后的最终

208

沉降量，由平衡条件和变形条件计算。

3. 混凝土在空气中结硬时，其体积会缩小，这种现象称为混凝土的收缩。混凝土产生的收缩主要是由水泥凝胶体在结硬过程中的凝缩和混凝土内自由水分蒸发的干缩双重因素造成的。工程中可预先考虑混凝土收缩变形所引起的附加内力，采取必要措施来防止收缩裂缝，如限制伸缩缝距离，控制结构或构件总长度，设置后浇带，在收缩应力较大部位局部加强配筋，或在适当位置采用膨胀混凝土等。

4. 混凝土在长期外力作用下产生的随时间而增长的变形称为徐变，通常认为产生徐变的原因，在加载应力不大时，主要由混凝土内未结晶的水泥凝胶体应力重分布造成；在加载应力较大时，主要是混凝土内部微裂缝发展所致。徐变与混凝土应力的大小、加载时的混凝土龄期、水灰比等因素有关。

5. 爆炸一般是指在极短时间内，释放出大量能量，产生高温，并放出大量气体，在周围介质中造成高压的化学反应或状态变化。按照爆炸发生的机理和作用性质，可分为物理爆炸、化学爆炸、燃气爆炸及核爆炸等多种类型。

6. 水的浮力为作用于建筑物基础底面由下向上的水压力，等于建筑物排开体积的水重。水是否能渗入基础底面是产生浮力的前提条件，此外浮力还与地基土的透水性、地基与基础的接触状态和水压大小（地下水位高低）以及漫水时间等因素有关。

7. 当车辆以正常或较高的速度在桥面行驶时，由于桥面或轨道的不平整、车轮不圆、发动机抖动等原因，会引起桥梁结构的振动，这种动力效应通常称为冲击作用。在这种情况下，运行中的车辆荷载对桥梁结构所引起的应力和变形比同样大小的静荷载大。车辆荷载的冲击力可用其重力荷载乘以冲击系数 μ 来计算。

8. 建筑结构应考虑的车辆撞击主要包括地下车库及通道的车辆撞击、路边建筑物车辆撞击等。另外，在进行高层或多层楼房设计时还应考虑电梯的撞击力。公路桥梁在必要时可考虑汽车的撞击作用，位于通航河流或有漂流物的河流中的桥梁墩台，设计时还应考虑船舶或漂流物的撞击作用。

9. 汽车制动力是汽车刹车时为克服其惯性运动而在车轮和路面接触面之间产生的水平滑动摩擦力，其值为摩擦因数乘以车辆的总重力。制动力的方向与汽车前进方向相同。影响制动力大小的因素有路面的粗糙状况、轮胎纹路及充气压力大小、制动装置灵敏性、行车速度等。

10. 桥梁离心力是一种伴随着车辆在弯道行驶时所产生的惯性力，其以水平力的形式作用于桥梁结构，是弯桥横向受力与抗扭设计所考虑的主要因素。离心力的大小与曲线半径成反比，与行车速度的平方成正比。

11. 以特定的方式在结构构件上预先施加的，能产生与构件所承受的外荷载效应相反的应力状态的力称为预加力，预加力在结构构件上引起的应力称为预应力。预应力技术常用于对密闭性和耐久性要求较高的构筑物，大跨度或截面受限的构件以及高强材料所构成的构件。

习　　题

1. 在什么条件下会产生温度应力？温度应力对结构或构件有什么影响？

2. 如何计算梁、排架、桥梁的温度应力？

3. 温度变化分哪两种情况，设计中应如何考虑？

4. 砌体结构在地基不均匀沉降时产生的裂缝，起点在什么地方？裂缝走向如何？

5. 混凝土收缩和徐变的原因是什么？对结构或构件会产生哪些影响？

6. 爆炸作用分哪几类？每一类有什么特点？

7. 爆炸的破坏作用包括哪几个方面？

8. 爆炸对地面结构和地下结构的作用有什么不同？

9. 在什么情况下需要计算水的浮力？

10. 冲击系数的物理意义是什么？对汽车和火车荷载，冲击系数应如何取值？

11. 汽车荷载制动力的作用点在何处？

12. 离心力的大小与哪些因素有关？对汽车和火车荷载，离心力应如何计算？

13. 寒冷地区的跨河大桥，可能会承受哪些作用？

14. 什么是预应力？预应力结构常用于哪些情况？

15. 先张法和后张法分别用于什么情况？

16. 和有粘结预应力混凝土结构相比，无粘结预应力混凝土结构的优点和缺点是什么？

17. 什么情况下常采用体外预应力？

18. 什么是部分预应力混凝土？它有什么优点？

19. 某超静定结构如习题 19 图所示，支座 C 发生竖向下沉 a，梁下侧和柱右侧升温 10℃，梁上侧和柱左侧温度未发生改变。杆件截面为矩形，各杆件 EI 值相同。其中杆件高度 $h=600\text{mm}$，长度 $l=6000\text{mm}$，线膨胀系数 $\alpha=1.0\times10^{-5}\text{K}^{-1}$。试求刚架弯矩。

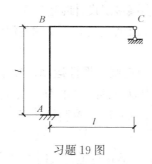

习题 19 图

第7章 荷载的统计分析

内 容 提 要

本章介绍常用荷载的概率分析模型，给出荷载效应的定义，阐述荷载效应组合的意义，并给出两种常用的组合模型。本章要求理解荷载效应组合的意义。

7.1 荷载的概率模型

7.1.1 荷载的随机过程模型

一般而言，荷载是时间的函数。统计分析表明，对任一个特定时刻 $t=t_0$，荷载并非定值，存在变异。故对任一个特定时刻，荷载可用随机变量来描述。对于整个设计基准期，荷载可用随机过程来描述。

荷载随机过程的样本函数十分复杂，它随荷载的种类不同而不同。目前对各类荷载随机过程的样本函数及其性质了解甚少。为便于对 Q_T 的统计分析，通常将楼面活荷载、风荷载、雪荷载等处理成平稳二项随机过程 $\{Q(t), t \in T\}$，其基本假定如下。

（1）荷载一次持续施加于结构上的时段长度为 τ，而在设计基准期 T 内可分为 r 个相等的时期，即 $r=T/\tau$。

（2）在每一时段上荷载出现的概率为 p，不出现的概率为 $q=1-p$。

（3）在每一时段上，当荷载出现时，其幅值是非负随机变量，且在不同时段上其概率分布函数 $F_i(X)=P[Q(t)\leqslant x, t\in \tau]$ 相同，这种概率分布称为任意时点荷载概率分布。

（4）不同时段上的幅值随机变量是相互独立的，且与在时段上荷载是否出现也相互独立。

以上假定实际上是将荷载随机过程的样本函数模型化为等时段的矩形波函数，如图7-1所示。

7.1.1.1 永久荷载的概率模型

永久荷载在设计基准期 T 内必然出现，量值不随时间而变。利用平稳二项随机过程模型，永久荷载的样本函数可表示为一平行于时间轴的直线，如图7-2所示。

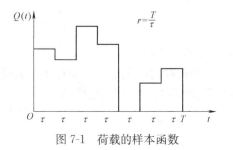

图 7-1 荷载的样本函数 　　　　　　　　图 7-2 永久荷载的样本函数

7.1.1.2 可变荷载的概率模型

（1）持久性楼面活荷载 $L_i(t)$

持久性楼面活荷载 $L_i(t)$ 主要指家具、设备、办公用品、文件资料及正常使用情况下人员体重等，其特点是在整个设计基准期 T 内必然出现且每次出现均持续较长时间。根据我国对办公楼及住宅用户搬迁情况调查统计分析，每次搬迁后的平均持续使用时间约为 10 年，故可取 $\tau = 10$。若取设计基准期为 50 年，则 $r = 5$。利用平稳二项随机过程模型，$L_i(t)$ 的样本函数可如图 7-3 所示。

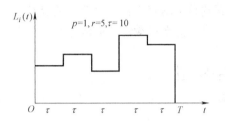

图 7-3 持久性楼面活荷载的样本函数

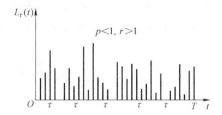

图 7-4 临时性楼面活荷载的样本函数

（2）临时性楼面活荷载 $L_r(t)$

临时性楼面活荷载主要指临时性物品堆放、人员临时聚集等，其特点是在设计基准期内平均出现的次数多，但持续时段较短（几小时、几天等）。在每一时段内出现的概率小。利用平稳二项随机过程模型，$L_r(t)$ 的样本函数如图 7-4 所示。

考虑到 $L_r(t)$ 的精确数据很难取得，故偏安全取 10 年时段的荷载最大值为统计对象。可得 $L_r(t)$ 实用化样本函数如图 7-5 所示。图 7-5 所示脉冲波为每 10 年中出现的若干脉冲波中最大者。用时段最大值概率分布函数来描述。

（3）风及雪荷载 $Q(t)$

其特点类似于临时性楼面活荷载，实用上取年最大值为统计对象。其实用化样本如图7-6 所示。

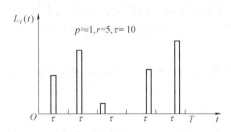

图 7-5 临时性楼面活荷载的实用化样本函数

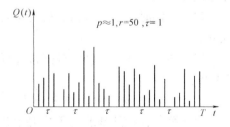

图 7-6 风、雪活荷载的实用化样本函数

7.1.2 荷载的随机变量模型

7.1.2.1 荷载随机过程模型向荷载随机变量模型的转换原理

应用结构可靠度的方法对结构进行分析和设计，需将荷载的随机过程模型转换为随机变量模型。其转换原则为：取设计基准期 T 内荷载的最大值 Q_T 来代表荷载。即

$$Q_T = \max Q(t) \tag{7-1}$$

显然，Q_T 为随机变量。

7.1.2.2　Q_T 的概率分布函数

设在任一时段 τ 上，荷载的分布函数为 $F(x)$。根据平稳二项随机过程应满足的条件（2）、（3）、（4），可得

$$
\begin{aligned}
F_\tau(x) &= P[Q(t) \leqslant x, t \in \tau] \\
&= P[Q(t) \neq 0]P[Q(t) \leqslant x, t \in \tau \mid Q(t) \neq 0] + P[Q(t)=0]P[Q(t) \leqslant x, t \in \tau \mid Q(t)=0] \\
&= pF_i(x) + (1-p) \cdot 1 = 1 - p[1 - F_i(x)]
\end{aligned} \tag{7-2}
$$

根据平稳二项随机过程应满足的条件（1）、（3），可得 Q_T 的概率分布函数 $F_T(x)$：

$$
\begin{aligned}
F_T(x) &= P[Q_T \leqslant x] = P\left[\max_{0 \leqslant t \leqslant T} Q(t) \leqslant x\right] \\
&= P[Q(t) \leqslant x, t \in \tau_1]P[Q(t) \leqslant x, t \in \tau_2] \cdots P[Q(t) \leqslant x, t \in \tau_r] \\
&= \underbrace{\{1 - p[1-F_i(x)]\} \cdots \{1 - p[1-F_i(x)]\}}_{r \text{ 个}} \\
&= \{1 - p[1 - F_i(x)]\}^r \qquad (x \geqslant 0)
\end{aligned} \tag{7-3}
$$

式中：r——设计基准期的总时段数。

若取 $p=1$，则式（7-3）又可表示为

$$
F_T(x) = [F_i(x)]^r \tag{7-4}
$$

若 $p<1$ 且 $p[1-F_i(x)]$ 充分小，并令 $p[1-F_i(x)] = Y$，则式（7-3）可表示为

$$
F_T(x) = (1-Y)^r \tag{7-5}
$$

已知 e^Y 的幂级数为

$$
e^Y = 1 + Y + \frac{Y^2}{2!} + \cdots \tag{7-6}
$$

因为 Y 充分小，故忽略式（7-6）高阶项，有

$$
e^Y \approx 1 + Y \tag{7-7a}
$$

$$
e^{-Y} \approx 1 - Y \tag{7-7b}
$$

利用式（7-3）及式（7-7b），可得

$$
F_T(x) \approx \{e^{-p[1-F_i(x)]}\}^r = \{e^{-[1-F_i(x)]}\}^{pr} \approx \{1 - [1-F_i(x)]\}^{pr} = [F_i(x)]^{pr} \tag{7-8a}
$$

若以 $m=pr$ 表示荷载在 $[0, T]$ 内平均出现次数，则式（7-8a）可表示为

$$
F_T(x) \approx [F_i(x)]^m \tag{7-8b}
$$

7.1.2.3　常遇荷载统计分析

（1）确定原理

以在全国收集、实测的大量荷载数据为基础，取检验的显著性水平为 0.05，采用 K-S 法或 χ^2 法进行分布拟合检验。选择正态、对数正态、伽马、极值 I 型、极值 α 型、极值 β 型等概率分布类型作为检验对象，即可确定 $F_i(x)$。各类荷载的统计参数如平均值、变异系数等通过矩法估计来确定。

在已知各类荷载任意时点概率分布函数 $F_i(x)$ 的基础上，可以通过式（7-3）、（7-4）、（7-8a）及（7-8b），即可求出设计基准期最大荷载概率分布函数 $F_T(x)$ 和相关的统计参数。

（2）永久荷载

根据图 7-2 所示的永久荷载的样本函数，以无量纲参数 $\Omega = G/G_k$ 作为基本统计对象，

其中 G 为实测重量，G_k 为《荷载规范》规定的标准值（设计尺寸乘重度标准值），经统计假设检验，认为永久荷载服从正态分布 N（$1.060G_k$，$0.074G_k$）。任意时点概率分布函数 $F_{Gi}(x)$ 为：

$$F_{Gi}(x) = \frac{1}{0.074G_k\sqrt{2\pi}} \int_{-\infty}^{x} \exp\left[-\frac{(u-1.06G_k)^2}{0.011G_k^2}\right]du \qquad (7\text{-}9)$$

根据式（7-4）可得：

$$F_{GT}(x) = [F_{Gi}(x)]^r = F_{Gi}(x)(r=1) \qquad (7\text{-}10)$$

即设计基准期最大荷载的概率分布函数与任意时点恒荷载的概率分布函数相同，故统计参数也保持不变。

（3）民用楼面活荷载

① 持久性活荷载。根据图 7-3 所示的持久性活荷载的样本函数，以无量纲参数 $\Omega_L = L_i/L_k$ 作为基本统计对象，其中 L_i 为实测所得的持久性活荷载单位面积平均值，L_k 为《荷载规范》规定的标准值（$L_k = 2\text{kN/m}^2$），经统计假设检验，任意时点持久性活荷载的概率分布服从极值 I 型：

办公楼：

$$F_{Li}(x) = \exp\left[-\exp\left(\frac{x-0.153L_k}{0.069L_k}\right)\right] \qquad (7\text{-}11)$$

其平均值为 $0.193L_k$，标准差为 $0.088L_k$。

住宅：

$$F_{Li}(x) = \exp\left[-\exp\left(\frac{x-0.215L_k}{0.063L_k}\right)\right] \qquad (7\text{-}12)$$

其平均值为 $0.251L_k$，标准差为 $0.081L_k$。

根据任意时点分布并利用式（7-8b），可求得在 50 年设计基准期内持久性活荷载的最大值概率分布函数为：

办公楼：

$$\begin{aligned} F_{L/T}(x) &= \left\{\exp\left[-\exp\left(-\frac{x-0.153L_k}{0.069L_k}\right)\right]\right\} \\ &= \exp\left[-\exp\left(-\frac{x-0.153L_k-0.069L_k\ln5}{0.069L_k}\right)\right] \\ &= \exp\left[-\exp\left(-\frac{x-0.264L_k}{0.069L_k}\right)\right] \end{aligned} \qquad (7\text{-}13)$$

其平均值为 $0.304L_k$，标准差为 $0.088L_k$。

住宅：

$$F_{LiT}(x) = \left\{\exp\left[-\exp\left(-\frac{x-0.215L_k}{0.063L_k}\right)\right]\right\}^5 = \exp\left[-\exp\left(-\frac{x-0.316L_k}{0.063L_k}\right)\right] \qquad (7\text{-}14)$$

其平均值为 $0.353L_k$，标准差为 $0.081L_k$。

② 临时性活荷载。根据图 7-5 所示的临时性活荷载的实用化样本函数，经 x 统计假设检验，10 年时段最大临时性活荷载的概率分布服从极值 I 型：

办公楼：

$$F_{Lrs}(x) = \exp\left[-\exp\left(-\frac{x-0.123L_k}{0.095L_k}\right)\right] \tag{7-15}$$

其平均值为 $0.178L_k$，标准差为 $0.122L_k$。

住宅：

$$F_{Lrs}(x) = \exp\left[-\exp\left(-\frac{x-0.177L_k}{0.098L_k}\right)\right] \tag{7-16}$$

其平均值为 $0.233L_k$，标准差为 $0.126L_k$。

根据 10 年时段最大临时性活荷载的概率分布并利用式（7-8b），可求得在 50 年设计基准期内临时性活荷载的最大值概率分布函数为：

办公楼：

$$F_{LrT}(x) = [F_{Lrs}(x)]^5 = \exp\left[-\exp\left(-\frac{x-0.276L_k}{0.095L_k}\right)\right] \tag{7-17}$$

其平均值为 $0.331L_k$，标准差为 $0.122L_k$。

住宅：

$$F_{Lrt}(x) = [F_{Lrs(x)}]^5 = \exp\left[-\exp\left(-\frac{x-0.335L_k}{0.098L_k}\right)\right] \tag{7-18}$$

其平均值为 $0.391L_k$，标准差为 $0.126L_k$。

【例 7.1】 某地 25 年年标准最大风压 x_1（N/m²）记录为：

111.4,138.1,143.1,436.7,352.0,
374.4,214.2,198.0,239.6,222.5,
314.4,218.3,198.0,160.4,148.2,
138.1,204.2,202.0,198.0,118.9,
198.0,160.4,126.7, 79.8,101.2。

求该地设计基准期 $T=50$ 年的标准最大风压统计参数。

解：（1）计算年标准最大风压统计参数

$$m_i = \frac{1}{n}\sum_{i=1}^{n} x_i = 199.9$$

$$\sigma_i = \sqrt{\frac{1}{n-1}\sum_{i=1}^{n}(x_i-m_i)^2} = 88.1$$

即平均值为 199.9，标准差为 88.1。

（2）统计假设

设 x_i 服从极值 I 型分布，

$$\alpha_i = \sigma_i/1.2826 = 68.69,$$
$$\mu_i = m_i - 0.5772\alpha_i = 199.9 - 0.5772 \times 68.69 = 160.3$$

则

$$F_i(x) = \exp\left[-\exp\left(-\frac{x-160.3}{68.69}\right)\right]$$

经 $k=5$ 法检验，在可信度 5% 条件下 $F_i(x)$ 不拒绝服从极值 I 型分布假设。

（3）求设计基准期 $T=50$ 年的标准最大风压统计参数

由平稳二项随机过程荷载模型假定，设计基准期 $T=50$ 年的标准最大风压也将服从

极值Ⅰ型分布。其均值和方差分别为

$$\sigma_T = \sigma_i = 88.1$$

$$m_T = m_i + \frac{\sigma_i \ln N}{1.2826} = 199.9 + \frac{88.1}{1.2826} \ln 50 = 468.6$$

而参数

$$\alpha_T = \sigma_T / 1.2826 = 68.69,$$

$$\mu_T = m_T - 0.5772 \alpha_T = 468.6 - 0.5772 \times 68.69 = 429.0$$

则

$$F_i(x) = \exp\left[-\exp\left(-\frac{x - 429.0}{68.69} \right) \right]$$

通过这一节的讲述可知，任何荷载都具有明显的随机性，是一个随机变量，虽然按本节的方法是能够通过统计分析来确定各种荷载的，但这种做法过于繁琐，因此在设计中，根据设计目的的不同，给出荷载的具体量值，也即荷载代表值，如标准值、频遇值、准永久值和组合值，各种荷载代表值的物理意义及取值方法参见 1.4 节。

7.2 荷载效应组合

7.2.1 荷载效应

荷载引起的结构或结构构件的反应如内力、变形等称为荷载效应。对线弹性结构，荷载与荷载效应间存在下述线性关系

$$S = C_Q Q \tag{7-19}$$

式中：S——荷载效应；

C_Q——荷载效应系数；

Q——荷载值。

一般而言，C_Q 为随机变量，与结构形式、荷载形式及效应类型有关。例如，对于图 7-7 所示的简支梁，在均布荷载 q 作用下，荷载效应 M 即跨中弯矩为 $ql^2/8$，此处，荷载效应系数 C_Q 为 $l^2/8$。一般而言，l 应为随机变量，但其变异较 q 的变异小很多，故实用上常取 l 为常量。

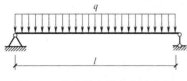

图 7-7 简支梁守均布荷载作用

7.2.2 荷载效应组合

结构在设计基准期内，可能经常会遇到同时承受恒荷载及两种以上可变荷载的情况，如活荷载、风荷载、雪荷载等，而多个可变荷载同时达到最大值的概率是很小的，因此在设计中，为了使多个可变荷载作用下结构的可靠度与单一可变荷载作用下结构的可靠度相一致，要对多个可变荷载产生的效应进行荷载效应组合。下面介绍两种比较简单的荷载效应组合模型，即：

（1）Turkstra 组合规则

该规则轮流以一个荷载效应的设计基准期 T 内最大值与其余荷载的任一时点值组合。

而在时间 T 内，荷载效应组合的最大值取为所有组合的最大值。

图 7-8 为三个荷载随机过程，按 Turk-
stra 规则组合的情况。显然，该规则并不是
偏于保守的，因为理论上还可能存在着更不
利的组合。但由于 Turkstra 规则简单，且
理论上也证明在许多实用情况下，该规则仍
是一个很好的近似方法。因此在工程实践中
被广泛采用。

(2) JCSS 组合原则

按照这种原则，先假定可变荷载的样本
函数为平稳二项过程，将某一可变荷载
$Q_1(t)$ 在设计基准期 $[0, T]$ 内的最大值
效应 $\max\limits_{t\in[0,T]} S_1(t)$（持续时间为 τ_1），与另一
可变荷载 $Q_2(t)$ 在时间 τ_1 内的局部最大值

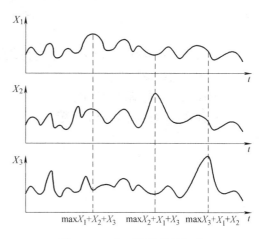

图 7-8　三个不同荷载的组合

效应 $\max\limits_{t\in[0,\tau_1]} S_2(t)$（持续时间为 τ_2），以及第三个可变荷载 $Q_3(t)$ 在时间 τ_2 内的局部最大
值效应 $\max\limits_{t\in[0,\tau_2]} S_3(t)$ 相组合，依此类推。图 7-9 所示阴影部分为三个可变荷载效应组合的
示意。

按该规则确定的荷载效应组合的最大值时，可考虑所有可能的不利组合项，取其中最
不利者。对于 n 个荷载组合，一般有 2^{n-1} 项可能的不利组合。

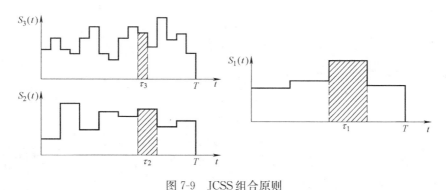

图 7-9　JCSS 组合原则

本 章 小 结

1. 荷载可用随机过程来描述，当对结构进行分析和设计，需将荷载的随机过程模型
转换为随机变量模型。本章给出了荷载作为随机变量的概率分布函数，并对永久荷载和楼
面活荷载进行了统计分析。

2. 荷载引起的结构或结构构件的反应如内力、变形等称为荷载效应。为了使多个可
变荷载和单个可变荷载作用下，结构的可靠度趋于一致，需要进行荷载效应组合，本章给
出了两种常用的荷载效应组合模型，即 Turkstra 组合和 JCSS 组合。

习　题

1. 荷载的统计参数包括哪些？进行荷载统计时必须统计的三个要素是什么？
2. 什么是荷载效应？
3. 为什么要进行荷载效应组合？
4. 两种常用的荷载效应组合模型是什么？

第8章　结构构件抗力的统计分析

内 容 提 要

本章介绍抗力的基本概念及其包含的四个层面，结合工程实例介绍影响结构构件抗力不定性的主要因素及其统计方法，给出部分轻型钢结构基本构件抗力的统计参数。本章要求理解影响结构构件抗力不定性的主要因素，能够结合工程实例进行判断分析。

8.1　抗力统计分析的一般概念

8.1.1　抗力的基本概念

所谓结构抗力，是指结构承受各种荷载效应的能力。根据荷载效应的不同，抗力的表现形式也不同，荷载效应为内力时，抗力表现为承载能力；荷载效应为变形时，抗力表现为抵抗变形的能力（如刚度等）。

8.1.2　抗力的四个层面

结构抗力可分为四个层面，即整体结构抗力、结构构件抗力、构件截面抗力及截面内某一点的抗力。例如，单层框架结构的抗侧刚度属于整体结构抗力层面，见图 8-1（a）；柱的受压承载力属于结构构件抗力层面，见图 8-1（b）；简支梁正截面、斜截面抗弯、抗剪的能力属于构件截面抗力层面，见图 8-1（c）；型钢腹板与翼缘交界处属于截面内某一点的抗力层面（图中 A 点所在位置正应力和剪应力都比较大，是一个相对不利的位置），见图 8-1（d）。

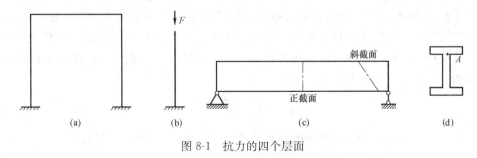

图 8-1　抗力的四个层面

8.2　影响结构抗力的不定性

所谓的不定性，就是指不确定性，影响结构构件抗力的因素很多，这些因素都是随机变量，具有不确定性，也就是通常所说的结构构件抗力的不定性。一般而言，构成结构构件抗力不定性的主要因素有三方面，首先是构件材料性能 M（如强度、弹性模量等），其二是构件几何参数 A（如长度、截面尺寸、惯性矩等），其三是计算模式（主要包括计算假定及计算公式，如平截面假定、受弯构件正截面承载力计算公式等）。出于简化的原因，把各抗力看作是与时间无关的随机变量来考虑。

直接对各种结构构件的抗力进行统计，并确定其统计参数和分布类型非常困难。因此，通常先对影响结构构件抗力的各种主要因素分别进行统计分析，确定其统计参数，然后通过抗力与各有关因素的函数关系，从各种因素的统计参数推出结构构件抗力的统计参数。而结构构件抗力的概率分布类型，可根据各种主要影响因素的概率分布类型，应用数学分析方法或经验判断方法确定。

在推求结构构件抗力及各项影响的统计参数时，通常采用下列近似公式：

设随机变量 y 为随机变量 x_i（$i=1$，2，$\cdots$，n）的函数，即

$$y = \varphi(x_1, x_2, \cdots, x_n) \tag{8-1}$$

则此函数的均值：

$$\mu = \overline{x} \sum_{i=1}^{n} x_i / n \tag{8-2}$$

方差：反映随机变量和均值之间的偏离程度，消除样本个数的影响。

$$\sigma^2 = \frac{\sum_{i=1}^{n} (x_i - \overline{x})^2}{n} \tag{8-3}$$

标准差 σ：方差开根号

变异系数：消除单位和（或）平均数不同对变异程度的影响。

$$\delta = \sigma / \mu \tag{8-4}$$

8.2.1 材料性能的不定性

材料性能通常包括强度、刚度、弹性模量、泊松比等。由于材质、工艺、加荷方式、环境、尺寸等因素变异产生的结构构件材料性能的变异性称为结构构件材料性能的不定性。在工程计算中，所采用的材料性能通常是采用标准试件并按标准试验方法确定的。而工程中的结构构件与标准试件存在尺寸效应且其实际工作条件与标准试验条件也不相同。因此，结构构件的材料力学性能与标准试件材料力学性能存在差异。若采用随机变量 K_m 表示结构构件材料性能的不定性，则有

$$K_m = \frac{f_c}{f_k} = \frac{f_c}{f_s} \cdot \frac{f_s}{f_k} \tag{8-5}$$

式中：f_c，f_s——分别为结构构件的材料性能值及标准试件材料性能值；

f_k——标准试件的材料性能标准值。

令

$$\frac{f_c}{f_s} = K_0, \frac{f_s}{f_k} = K_f \tag{8-6}$$

则式（8-5）可表达为

$$K_\mathrm{m} = K_0 \cdot K_\mathrm{f} \tag{8-7}$$

显然，K_0 反映了结构构件材料性能与标准试件材料性能的差异，是随机变量。K_f 则反映标准试件材料性能的不定性，也是随机变量。表征结构构件材料性能不定性的随机变量 K_m 即为两个随机变量之积。从而得到 K_m 的平均值和变异系数为：

$$\mu_{K_\mathrm{m}} = \mu_{K_\mathrm{f}} \cdot \mu_{K_0} \tag{8-8}$$

$$\delta_{K_\mathrm{m}} = \sqrt{\delta_{K_\mathrm{f}}^2 + \delta_{K_0}^2} \tag{8-9}$$

式中：μ_{K_0}，μ_{K_f}——分别表示 K_0 和 K_f 的均值；

δ_{K_0}，δ_{K_f}——分别表示 K_0 和 K_f 的变异系数。

以混凝土为例，标准混凝土试块每一次压出来的强度不一样，也就造成了标准试件材料性能的不定性，即 K_f 的变化。而构件与试件的尺寸等的差异也会造成缺陷的不同，从而影响 K_0。因此《混凝土结构设计规范》（GB 50010—2010）（以下简称《混凝土规范》）中规定：混凝土构件的强度要在试件强度的基础上乘以 0.88。

《混凝土规范》规定标准混凝土试块在标准实验条件下测得的具有 95% 保证率的抗压强度为混凝土的抗压强度标准值，用 f_ck 表示。f_ck 可表示成均值和标准差的形式（正态分布），如：

$$f_\mathrm{ck} = \mu - 1.645\sigma = \mu(1 - 1.645\delta) \tag{8-10}$$

式中：μ——混凝土的抗压强度的平均值，可根据表 8-1 取值；

δ——混凝土的抗压强度的变异系数，可根据表 8-1 取值。

混凝土的抗压强度的平均值与变异系数的取值　　　　　　　　　　表 8-1

强度	混凝土的强度等级						
	C15	C20	C25	C30	C35	C40	C45
μ	15	20	25	30	35	40	45
f_ck	10	13.4	16.7	20.1	23.4	26.8	29.6
δ	0.2026	0.2006	0.2018	0.2006	0.2015	0.2006	0.2080
强度	混凝土的强度等级						
	C50	C55	C60	C65	C70	C75	C80
μ	50	55	60	65	70	75	80
f_ck	32.4	35.5	38.5	41.5	44.5	47.4	50.2
δ	0.2140	0.2155	0.2178	0.2198	0.2215	0.2237	0.2264

考虑到实际结构构件制作、养护和受力情况等方面与试件的差别，实际构件强度与试件强度之间将存在差异，《混凝土规范》基于安全取偏低值，轴心抗压强度标准值 f_ck 与立方体抗压强度标准值 $f_\mathrm{cu,k}$ 的关系按下式确定：

$$f_\mathrm{ck} = 0.88 \times \alpha_{\mathrm{c}1} \alpha_{\mathrm{c}2} f_\mathrm{cu,k} \tag{8-11}$$

式中：0.88——反映试件与构件养护条件、加载速度、受力情况差别的系数；

$\alpha_{\mathrm{c}1}$——轴心抗压强度与立方体抗压强度的换算系数，混凝土强度等级≤C50 时等于 0.76，≥C80 时等于 0.82，其他情况线性内插；

$\alpha_{\mathrm{c}2}$——高强混凝土脆性破坏折减系数，混凝土强度等级≤C40 时等于 1.0，

≥C80时等于 0.87，其他情况线性内插。

设计值需在标准值后除以一个系数 γ，即：

$$f_c = f_{ck}/\gamma \tag{8-12}$$

式中：γ——材料分项系数，钢筋取 1.1，混凝土取 1.4，砌体取 1.6。

【例 8.1】 某钢筋材料屈服强度的平均值 $\mu_{f_y} = 280.3\text{MPa}$，标准差 $\sigma_{f_y} = 21.3\text{MPa}$。由于加荷速度即上、下屈服点的差别，构件中材料的屈服强度低于试件材料的屈服强度，两者比值 K_0 的平均值 $\mu_{K_0} = 0.92$，标准差 $\sigma_{K_0} = 0.032$。规范规定的构件材料屈服强度值为 $f_k = 240\text{MPa}$。试求该钢筋材料屈服强度 f_y 的统计参数。

解：（1）求 K_f 的均值和变异系数

$$\mu_{K_f} = \frac{\mu_{f_y}}{f_k} = \frac{280.3}{240} = 1.168$$

$$\sigma_{K_f} = \frac{\sigma_{f_y}}{f_k} = \frac{21.3}{240} = 0.089$$

$$\delta_{K_f} = \frac{\sigma_{K_f}}{\mu_{K_f}} = \frac{0.089}{1.168} = 0.076$$

（2）求 K_0 的变异系数

$$\delta_{K_0} = \frac{\sigma_{K_0}}{\mu_{K_0}} = \frac{0.032}{0.92} = 0.035$$

（3）求 K_M 的均值和变异系数

由式（8-8）、式（8-9）可得：

$$\mu_{K_m} = \mu_{K_f} \cdot \mu_{K_0} = 1.168 \times 0.92 = 1.075$$

$$\delta_{K_m} = \sqrt{\delta_{K_f}^2 + \delta_{K_0}^2} = \sqrt{0.076^2 + 0.035^2} = 0.084$$

【例 8.2】 已知 C30 混凝土 $f_{ck} = 20.1\text{N/mm}^2$，$f_c = 14.3\text{N/mm}^2$，$\mu_{K_m}$ 和 δ_{K_m} 可由表 8-2 查出。求出用 C30 混凝土制作的梁的轴心抗压强度标准值 f_{gk}，设计值 f_g。（仅考虑材料性能的不定性）

混凝土轴心受压强度性能 K_m 的统计参数 表 8-2

强度等级	μ_{K_m}	δ_{K_m}
C20	1.66	0.23
C30	1.41	0.19
C40	1.35	0.16

解： C30 混凝土 K_m

$$K_m = \mu_{K_m}(1 - 1.645\delta_{K_m}) = 1.41(1 - 1.645 \times 0.19) = 0.969$$

$$f_{gk} = K_m f_{ck} = 0.969 \times 20.1 = 19.48\text{N/mm}^2$$

$$f_g = K_m f_{gk} = 0.969 \times 14.3 = 13.86\text{N/mm}^2$$

我国对各种常用结构材料的强度性能进行过大量的统计研究，得出的统计参数见表 8-3。

各种结构构件材料强度性能 K_m 的统计参数 表 8-3

结构材料种类	材料品种和受力情况		μ_{K_m}	δ_{K_m}
型　　钢	受拉	Q235 钢	1.08	0.08
		16Mn 钢	1.09	0.07

结构材料种类	材料品种和受力情况		μ_{K_m}	δ_{K_m}
薄壁型钢	受拉	Q235F 钢	1.12	0.10
		Q235 钢	1.27	0.08
		20Mn 钢	1.05	0.08
钢 筋	受拉	Q235F 钢	1.02	0.08
		20MnSi 钢	1.14	0.07
		25MnSi 钢	1.09	0.06
砖 砌 体	轴心受压		1.15	0.20
	小偏心受压		1.10	0.20
	齿缝受弯		1.00	0.22
	受剪		1.00	0.24
木 材	轴心受拉		1.48	0.32
	轴心受压		1.28	0.22
	受弯		1.47	0.25
	顺纹受剪		1.32	0.22

由表 8-3 可知，材料性能不定性的随机变量，实际上反映了真实结构中实测的材料性能（强度）与规范规定的材料性能（强度）的比值。这个比值的均值一般是大于 1 的，这体现了规范留出的可靠度。对比钢筋和混凝土的这个比值，会发现钢筋的变异系数小，均值也小；混凝土的变异系数大，均值也大。这是为了使两种材料达到相同的可靠度。

8.2.2 结构构件几何参数的不定性

由于构件尺寸制作及安装误差等因素引起的构件几何参数的变异性称为结构构件几何特征的不定性。它反映了构件的设计尺寸与制作、安装到位后的构件实际尺寸的差异。考虑到构件截面几何尺寸对结构构件抗力有较大影响，故构件可靠度分析中一般仅考虑截面几何参数（宽度、有效高度、面积、惯性矩、抵抗矩、箍筋间距等）的变异。

构件几何尺寸的不定性主要考虑两点：

（1）截面几何特性的变异对结构构件可靠度的影响较大，而结构构件的长度、跨度变异的影响则相对较小；

（2）一般情况下，几何尺寸愈大，其变异性就愈小，反之，构件几何尺寸愈小，其变异性就愈大。

采用随机变量 K_A 表示结构构件几何参数的不定性，μ_{K_A} 表示 K_A 的平均值，δ_{K_A} 表示 K_A 的变异系数。

$$K_A = \frac{\alpha}{\alpha_K} \tag{8-13}$$

式中：α，α_K——分别表示结构构件几何参数值与几何参数标准值。

$$\mu_{K_A} = \frac{\mu_\alpha}{\alpha_K}, \delta_{K_A} = \delta_\alpha \tag{8-14}$$

其中，μ_α，δ_α 可通过对实际构件尺寸量测数据的统计分析而求得。

【例 8.3】 试确定图 8-2 所示薄壁型钢柱截面惯性矩 I 的统计参数。

已知：$\frac{\mu_h}{h_K} = \frac{\mu_t}{t_K} \approx 1$，$\delta_h = 0.0135$，$\delta_t = 0.035$。

解： 因为 $I \approx \dfrac{2}{3} th^3$，利用概率论中确定随机变量函数均值、方差的线性化法则，有

$$\mu_I = \frac{2}{3} \mu_t \mu_h^3$$

$$\sigma_I^2 = \left(\frac{2}{3} \mu_h^3 \sigma_t\right)^2 + \left(\frac{2}{3} \mu_t \cdot 3\mu_h^2 \sigma_h\right)^2$$

$$\delta_I^2 = \left(\frac{\sigma_I}{\mu_I}\right)^2 = \left(\frac{\sigma_t}{\mu_t}\right)^2 + \left(\frac{3\sigma_h}{\mu_h}\right)^2 = \delta_t^2 + 9\delta_h^2$$

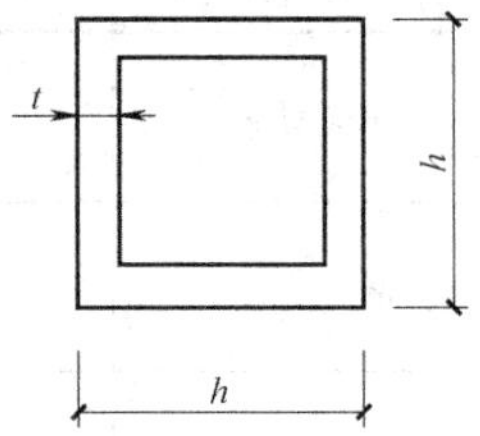

图 8-2 薄壁型钢柱截

利用式（8-14）可得：

$$\mu_{K_A} = \frac{\mu_I}{I_K} = 1$$

$$\delta_{K_A} = \delta_I = \sqrt{0.035^2 + 9 \times 0.0135^2} = 0.054$$

我国对各种结构构件的几何尺寸，进行了大量的实测统计工作，得出的有关统计参数列于表 8-4 中。

各种结构构件几何特征 K_A 的统计参数 表 8-4

结构构件种类	项目	μ_{K_A}	δ_{K_A}
型钢构件	截面面积	1.00	0.05
薄壁型钢构件	截面面积	1.00	0.05
木构件	单向尺寸	0.98	0.03
	截面面积	0.96	0.06
	截面模量	0.94	0.08
钢筋混凝土构件	截面高度、宽度	1.00	0.02
	截面有效高度	1.00	0.03
	纵筋截面面积	1.00	0.03
	混凝土保护层厚度	0.85	0.30
	纵筋锚固长度	1.02	0.09
	箍筋平均间距	0.99	0.07
砖砌体	单向尺寸(37cm)	1.00	0.02
	截面面积(37cm×37cm)	1.01	0.02

由表 8-4 可知，几何参数不定性的随机变量 K_A，反映的是实际的几何参数与设计图上得到的几何参数的比值。对于混凝土的保护层，K_A 为 0.85，变异系数 δ 为 0.30，这个数值是比较大的，这反映了在实际工程中，保护层的厚度控制得不好。在施工中，通过设置垫块或支架的方式来保证保护层厚度（钢筋头、混凝土块、专用支架），能够较好地控制混凝土保护层厚度；在设计中，2010 版《混凝土规范》重新定义了保护层厚度，由纵向受力钢筋边缘到构件边缘改为钢筋边缘到构件边缘。设计中保护层厚度的调整，并不能使上述 0.85 这个比值有所变化，但是能确保实际结构的保护层厚度更大。

8.2.3　结构构件计算模式的不定性

确定结构构件抗力时采用的基本假定以及计算公式的近似性等因素引起的结构构件抗力的变异性称为结构构件计算模式的不定性。它反映了结构构件计算抗力与实际抗力之间的差异。此种不定性主要起因于人们对构件抗力认识与了解的欠缺。

令随机变量 K_P 表示结构构件计算模式的不定性，则有

$$K_P = \frac{R^S}{R} \quad \frac{-b \pm \sqrt{b^2 - 4ac}}{2a} \tag{8-15}$$

式中 R^S——表示结构构件的实际抗力值（可取试验值或精确计算值）；

R——表示按规范公式确定的构件抗力值。

K_P 统计参数的确定 R 为按规范公式所得的计算抗力值，不存在随机性。故由式 (8-15)可得 K_P 的统计参数为

$$\mu_{K_P} = \frac{1}{R} \mu_{R^S}, \delta_{K_P} = \delta_{R^S} \tag{8-16}$$

式中：μ_{K_P}——表示结构构件计算模式不定性的平均值；

δ_{K_P}——表示结构构件计算模式不定性的变异系数；

μ_{R^S}——表示结构构件实际抗力的平均值；

δ_{R^S}——表示结构构件实际抗力的变异系数。

运用数理统计中确定子样均值、均方差的公式，即：

$$\mu_{K_P} = \frac{\sum K_{Pi}}{n} \tag{8-17}$$

$$\sigma_{K_P} = \sqrt{\frac{\sum (K_{Pi} - \mu_{K_P})}{n-1}} \tag{8-18}$$

$$\delta_{K_P} = \frac{\sigma_{K_P}}{\mu_{K_P}} \tag{8-19}$$

式中：K_{Pi}——试验值与计算值之比。

通过对各类构件的 K_P 进行统计分析，可求得其平均值 μ_{K_P} 和变异系数 δ_{K_P}。表 8-5 列出了我国规范各种结构构件承载力计算模式 K_P 的统计参数。

各种结构构件承载力计算模式 K_P 的统计参数　　　　　　　表 8-5

结构构件种类	受力状态	μ_{K_P}	δ_{K_P}
钢结构构件	轴心受拉	1.05	0.07
	轴心受压（Q235F）	1.03	0.07
	偏心受压（Q235F）	1.12	0.10
薄壁型钢结构构件	轴心受压	1.08	0.10
	偏心受压	1.14	0.11
钢筋混凝土结构构件	轴心受拉	1.00	0.04
	轴心受压	1.00	0.05
	偏心受压	1.00	0.05
	受弯	1.00	0.04
	受剪	1.00	0.15
砖结构砌体	轴心受压	1.05	0.15
	小偏心受压	1.14	0.23
	齿缝受弯	1.06	0.10
	受剪	1.02	0.13
木结构构件	轴心受拉	1.00	0.05
	轴心受压	1.00	0.05
	受弯	1.00	0.05
	顺纹受剪	0.97	0.08

【例 8.4】 试确定 18 根冷弯薄壁槽钢单向偏心受压柱承载能力计算模式不定性系数 K_P 的统计参数，有关数据见表 8-6。（表 8-6 中 N_{cr}^c 为计算值，N_{cr}^t 为试验值。构件截面形状如图 8-3 所示。）

18 根槽钢单向偏压柱主要参数及试验结果　　　　　　　表 8-6

编号	L(mm)	b_w(mm)	b_f(mm)	t(mm)	W_0(mm)	e(mm)	N_{cr}^t(kN)	N_{cr}^c(kN)	K_{Pi}
LC-1	1900	161.6	63.5	1.36	1.25	3.2	26.75	25.45	1.05
LC-2	1898	161.0	63.3	1.37	0.70	3.0	26.26	25.91	1.01
LC-3	1395	142.0	47.3	1.37	0.60	0.8	27.98	27.59	1.01
LC-4	1395	142.6	47.3	1.37	0.50	0.2	27.69	28.66	0.97
LC-5	1398	137.6	49.0	1.38	0.40	1.3	28.62	27.89	1.03
LC-6	1397	138.6	48.5	1.37	0.45	0.1	24.50	28.86	0.85
LC-7	1295	141.6	40.3	1.37	0.30	1.6	24.00	25.96	0.93
LC-8	1296	136.3	41.0	1.38	0.35	1.4	26.12	27.07	0.97
LC-9	1295	124.3	42.8	1.36	0.30	1.5	27.49	26.71	1.03
LC-10	1195	98.3	44.8	1.38	0.30	1.9	29.25	26.02	1.12
LC-11	1197	97.6	45.2	1.36	0.32	1.5	29.25	24.84	1.18
LC-12	997	116.0	37.0	1.37	0.25	1.3	31.11	28.43	1.09
LC-13	996	117.3	36.7	1.38	0.20	−0.4	29.14	31.12	0.94
LC-14	997	119.0	42.0	1.37	0.20	−0.2	23.96	32.00	0.75
LC-15	995	122.6	41.3	1.37	0.20	2.5	31.95	28.93	1.10
LC-16	994	118.0	41.3	1.35	0.25	—	—	—	—
LC-17	895	97.6	35.1	1.38	0.25	1.5	28.52	27.89	1.02
LC-18	894	97.3	36.1	1.38	0.20	0.9	31.00	28.67	1.08

解： 根据表 8-6 以及式（8-17）、式（8-18）及式（8-19），可得

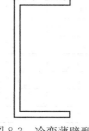

图 8-3　冷弯薄壁型钢槽形截面

$$\mu_{K_P} = \frac{\sum K_{Pi}}{n} = 1.007$$

$$\sigma_{K_P} = \sqrt{\frac{\sum (K_{Pi} - \mu_{K_P})}{n-1}} = 0.026$$

$$\delta_{K_P} = \frac{\sigma_{K_P}}{\mu_{K_P}} = 0.026$$

深圳大学的张小刚老师曾对轻型钢结构构件计算模式不定性做过一些统计，表 8-7 即为统计结果，本章将其列出仅为读者提供一些基本参考。

结构构件种类		受力状态	μ_{K_P}	δ_{K_P}
普通钢结构构件		轴心受拉	1.050	0.070
		轴心受压	1.030	0.070
		偏心受压	1.120	0.100
冷弯薄壁型钢构件		轴心受压	1.130	0.170
		受弯	1.297	0.168
		偏心受压	1.063	0.154
H型钢构件	高频焊接 H 型钢构件	轴心受压	1.104	0.091
		受弯	1.193	0.123
		偏心受压	1.358	0.086
	焊接 H 型钢构件	轴心受压	1.008	0.049
		受剪	1.219	0.097
		单向偏心受压	0.971	0.071
		双向偏心受压	1.059	0.103
组合楼盖结构	现浇混凝土翼缘钢-混凝土组合梁（正弯矩作用区段）	受弯	1.281 (1.361)	0.249 (0.215)
	钢-混凝土叠合板组合梁（正弯矩作用区段）		0.883	0.044
	钢-压型钢板混凝土组合梁		0.772	0.306
	槽钢剪力连接件	受剪	0.939	0.098
	弯筋剪力连接件		1.677	0.122
	拴钉剪力连接件		2.653	0.318

注：对于现浇混凝土翼缘钢-混凝土组合梁计算不定性统计参数，括号内的数值为部分抗剪连接时的统计参数。

8.3　结构构件抗力的统计

8.3.1　单一材料构成的结构构件抗力的统计参数

由钢材、木材、砖等单一材料制成的结构构件，其抗力 R 可表示为

$$R = R_k \cdot K_M \cdot K_A \cdot K_P \tag{8-20}$$

式中：R_k——结构构件抗力标准值。

若假定 K_M，K_A，K_P 相互独立，则利用概率论中确定随机变量函数的均值、方差的线性化法则，可得

$$\begin{cases} \mu_R = R_k \cdot \mu_{K_M} \cdot \mu_{K_A} \cdot \mu_{K_P} \\ \delta_R = \sqrt{\delta_{K_M}^2 + \delta_{K_A}^2 + \delta_{K_P}^2} \end{cases} \tag{8-21}$$

式中：μ_R——结构构件抗力的平均值；

δ_R——结构构件抗力的变异系数。

令 K_R 为构件抗力平均值与标准值之比，则有

$$K_R = \frac{\mu_R}{R_k} = \mu_{K_M} \cdot \mu_{K_A} \cdot \mu_{K_P} \tag{8-22}$$

【例 8.5】 试确定冷弯薄壁型钢结构（Q235）轴心受压构件承载力 R 的统计参数。

已知：$\mu_{K_m} = 1.27$，$\delta_{K_m} = 0.08$

$\quad\quad \mu_{K_A} = 1.00$，$\delta_{K_A} = 0.05$

$\quad\quad \mu_{K_P} = 1.13$，$\delta_{K_P} = 0.17$

解： 采用式（8-22），得 $K_R = \dfrac{\mu_R}{R_K} = \mu_{K_M} \cdot \mu_{K_A} \cdot \mu_{K_P} = 1.435$

采用式（8-21），得 $\mu_R = K_R \cdot R_k = 1.435 R_k$

$$\delta_R = \sqrt{\delta_{K_M}^2 + \delta_{K_A}^2 + \delta_{K_P}^2} = 0.194$$

8.3.2 多种材料构成的结构构件抗力的统计参数

一般情况下，结构构件可能由几种材料组成，其抗力 R 可表示为

$$\begin{cases} R = K_P \cdot R_P \\ R_P = R(f_{ci} \cdot \alpha_i), i = 1, \cdots, n \end{cases} \tag{8-23}$$

式中：R_P——由设计计算公式确定的结构构件抗力，$R_P = R(\cdot)$，其中 $R(\cdot)$ 为抗力函数；

$\quad\quad f_{ci}$——结构构件第 i 种材料的材料性能；

$\quad\quad \alpha_i$——与结构构件中第 i 种材料相应的几何参数。

显然，R 为若干随机变量的非线性函数。利用概率论中确定随机变量函数均值、方差的线性化法则并假定构成 R 的各随机变量相互独立，有

$$\mu_R = \mu_{K_P} \cdot \mu_{R_P} = \mu_{K_P} R(\mu_{f_{ci}}, \mu_{\alpha_i}) \tag{8-24}$$

$$\delta_R = \sqrt{\delta_{K_P}^2 + \delta_{R_P}^2} \tag{8-25}$$

$$\delta_{R_P} = \frac{\sigma_{R_P}}{\mu_{R_P}} \tag{8-26}$$

$$\sigma_{R_P}^2 = \sum_{j=1}^{m} \left(\frac{\partial R_P}{\partial X_j} \right)_{\mu_X}^2 \sigma_{X_j}^2 \tag{8-27}$$

$$K_R = \frac{\mu_R}{R_K} = \frac{\mu_{K_P} \cdot \mu_{R_P}}{R_K} \tag{8-28}$$

式中：$\mu_{f_{ci}}$——f_{ci} 的平均值；

$\quad\quad \mu_{\alpha_i}$——$\alpha_i$ 的平均值；

$\quad\quad \mu_{R_P}$——R_P 的平均值；

$\quad\quad \sigma_{R_P}$——R_P 的均方差；

$\quad\quad \delta_{R_P}$——R_P 的变异系数；

$\quad\quad X_j$——函数 $R(\cdot)$ 的有关变量 f_{ci}、$\alpha_i (i = 1, 2, \cdots, n)$；

$\quad\quad \sigma_{X_j}$——构成 R_P 的第 j 个随机变量的均方差。

【例 8.6】 试确定钢筋混凝土轴压短柱承载力 R 统计参数。

已知 C20 混凝土：$f_{ck} = 13.5 \text{N/mm}^2$，$\mu_{K_m} = 1.66$，$\delta_{K_m} = 0.23$

HRB335 级钢筋：$f_{yk}=335N/mm^2$，$\mu_{K_m}=1.14$，$\delta_{K_m}=0.07$

$$\mu_{K_A}=1.00, \delta_{K_A}=0.03$$

柱截面尺寸：$b_k \times h_k=400 \times 500mm$

$$\mu_{K_{Ab}}=\mu_{K_{Ah}}=1.0, \delta_{K_{Ab}}=\delta_{K_{Ah}}=0.02$$

配筋率：$\rho=0.015$

计算模式不定性：$\mu_{K_P}=1.0$，$\delta_{K_P}=0.05$

钢筋混凝土轴压短柱承载力算式：

$$R = f_c bh + f_y A_s \tag{8-29}$$

解： 因

$$\mu_{f_c}=1.66 \times 13.5=22.41 \qquad \mu_{f_y}=1.14 \times 335=381.9$$
$$\mu_b=1 \times 400=400 \qquad \mu_h=1 \times 500=500$$
$$\mu_{A_s}=0.015 \times 400 \times 500 \times 1=3000$$

利用式（8-24）及式（8-29），得

$$\mu_R=(\mu_{f_c}\mu_b\mu_h+\mu_{f_y}\mu_{A_s})\mu_{K_P}=5627.7 \times 10^3$$

又因

$$\sigma_{f_c}^2=(22.41 \times 0.23)^2=26.57 \qquad \sigma_{f_y}^2=(381.9 \times 0.07)^2=714.65$$
$$\sigma_b^2=(400 \times 0.02)^2=64 \qquad \sigma_h^2=(500 \times 0.02)^2=100$$
$$\sigma_{A_s}^2=(3000 \times 0.03)^2=8100$$

采用式（8-26）及式（8-28），得

$$\sigma_{R_P}^2=\mu_b^2\mu_h^2\sigma_{f_c}^2+\mu_{f_c}^2\mu_h^2\sigma_b^2+\mu_{f_c}^2\mu_b^2\sigma_h^2+\mu_{A_s}^2\sigma_{f_y}^2+\mu_{f_y}^2\sigma_{A_s}^2=1086.49 \times 10^9$$

$$\delta_{R_P}^2=\frac{\sigma_{R_P}^2}{\mu_{R_P}^2}=\frac{1086.49 \times 10^9}{5627.7^2 \times 10^6}=0.034$$

采用式（8-24）及式（8-27），得

$$\delta_R=\sqrt{\delta_{K_P}^2+\delta_{R_P}^2}=0.191 \qquad K_R=\frac{\mu_R}{R_k}=1.519 \qquad R_k=f_{ck}b_k h_k+f_{yk}A_{sk}=37.05 \times 10^5$$

8.3.3 结构构件抗力的概率分布

由单一材料构成的结构构件，其抗力 R 为若干随机变量的乘积；由多种材料构成的结构构件如钢筋混凝土构件，其抗力 R 为若干随机变量乘积之和。目前，尚不能从理论上推导出结构构件抗力 R 的分布函数。根据概率论中心极限定理，若某随机变量为若干相互独立、影响相近的随机变量的乘积，则可近似认为其分布服从对数正态分布。基于此，从实用考虑，可将结构构件抗力 R 假定为对数正态分布。

鉴于《建筑结构可靠度设计统一标准》（GB 50068—2001）没有给出各种结构构件抗力 R 的统计参数，而深圳大学的张小刚老师曾做过一些轻型钢结构基本构件的抗力统计，故本章列出其统计的结果，如表 8-8 所示，仅为读者提供一些参考。

轻型钢结构基本构件抗力统计参数

表 8-8

结构构件种类	受力状态	K_R	δ_R
普通钢结构构件 （Q235）	轴心受拉	1.141	0.114
	轴心受压	1.120	0.114
	偏心受压	1.217	0.135
普通钢结构构件 （Q345）	轴心受拉	1.149	0.127
	轴心受压	1.127	0.127
	偏心受压	1.225	0.145
冷弯薄壁型钢结构构件 （Q235）	轴心受压	1.228	0.192
	受弯	1.410	0.191
	偏心受压	1.155	0.178
冷弯薄壁型钢结构构件 （Q345）	轴心受压	1.236	0.200
	受弯	1.420	0.198
	偏心受压	1.163	0.187
高频焊接 H 型钢结构构件 （Q235）	轴心受压	1.200	0.128
	受弯	1.297	0.152
	偏心受压	1.476	0.125
高频焊接 H 型钢结构构件 （Q345）	轴心受压	1.208	0.139
	受弯	1.305	0.162
	偏心受压	1.486	0.136
焊接 H 型钢结构构件 （Q235）	轴心受压	1.096	0.103
	受剪	1.325	0.132
	单向偏压（双向偏压）	1.055(1.151)	0.115(0.137)
焊接 H 型钢结构构件 （Q345）	轴心受压	1.103	0.116
	受剪	1.334	0.143
	单向偏压（双向偏压）	1.062(1.159)	0.127(0.148)

本 章 小 结

1. 抗力结构可分为四个层次：整体结构抗力、结构构件抗力、构件截面抗力及截面内某一点的抗力。

2. 影响结构构件抗力不定性的主要因素为：结构构件材料性能的不定性、结构构件几何参数的不定性和结构构件计算模式的不定性。本章给出了它们的统计参数，并结合工程实例加以分析。

3. 本章介绍了单一材料和多种材料构成的结构构件的抗力统计参数的计算方法及概率分布，并给出了部分轻型钢结构基本构件的抗力统计参数。

习　题

1. 什么是结构的抗力？影响结构抗力的因素有哪些？

2. 通常认为抗力服从什么分布？其统计参数如何确定？

3. 什么是结构计算模式不定性？如何统计？

4. 求高频焊接 H 型钢的长柱承载力计算公式不精确性（结构抗力计算模式不定性）的统计参数。对 7 根柱进行试验，其试验结果及按《钢结构设计规范》（GB 50017—2012）（送审稿）有关公式计算的结果见表 8-9。

高频焊接 H 型钢长柱承载力试验结果

表 8-9

序号	截面尺寸 (mm)	试件长度 (mm)	试验值 N_{cr}^t(kN)	计算值 N_{cr}^c(kN)	N_{cr}^t/N_{cr}^c
1	250×125×3.2×4.5	1436	385	339	1.14(绕弱轴失稳)
2	250×125×3.2×4.5	2129	380	287	1.32(绕弱轴失稳)
3	250×100×3.2×4.5	2282	256	206	1.24(绕弱轴失稳)
4	250×125×3.2×4.5	2336	425	400	1.06(对弱轴加侧向支撑后绕强轴失稳)
5	200×100×3.2×4.5	2580	341	315	1.08(对弱轴加侧向支撑后绕强轴失稳)
6	150×75×3.2×4.5	2527	263	255	1.03(对弱轴加侧向支撑后绕强轴失稳)
7	150×75×3.2×4.5	3023	295	276	1.07(对弱轴加侧向支撑后绕强轴失稳)

第9章 结构可靠度设计方法

内 容 提 要

　　本章介绍土木工程结构设计方法所经历的四个阶段及其特点；结合实例阐述结构功能要求、极限状态等基本知识；并对比设计基准期和设计使用年限这两个不同概念；详细叙述结构功能函数、可靠度的含义，推导结构可靠指标的表达式，并在此基础上给出目标可靠指标的含义；在确定目标可靠度的基础上给出单一系数和多项系数的设计表达式及其特点；简单阐述国际通用设计表达式；详细描述用于我国建筑结构设计的表达式，包含承载能力极限状态下结构无地震、考虑地震的荷载效应组合，正常使用极限状态下荷载效应组合，并给出几种常见情况下的具体组合。本章要求了解可靠度定义及可靠指标与失效概率关系、极限状态、结构功能函数、设计基准期及设计使用年限等基本知识；同时更要求在结合大量实例的基础上，掌握我国建筑结构的设计实用表达式计算方法，会计算承载能力极限状态和正常使用极限状态下荷载效应组合，并能区分不同结构在无地震、考虑地震荷载效应组合中相关系数的取值差异。

9.1 土木工程结构设计方法的历史发展

　　土木工程结构设计方法经历了从定值法到概率法的发展过程，分为四个阶段：容许应力设计法、破损阶段设计法、多系数极限状态设计法和概率极限状态设计法。

9.1.1 容许应力设计法

　　容许应力法是建立在弹性理论基础上的设计方法。该方法将工程结构材料都视为弹性体，用材料力学或弹性力学计算结构或构件在使用荷载作用下的应力，要求使用阶段截面内最大应力不超过材料的容许应力，即

$$\sigma \leqslant [\sigma] \tag{9-1}$$

　　其中，材料的容许应力 $[\sigma]$，由材料的破坏试验所确定的极限强度（如混凝土）或屈服强度（如钢材）f，除以安全系数 K 而得，即

$$[\sigma] = \frac{f}{K} \tag{9-2}$$

　　这里的安全系数 K，是根据经验确定的，其值有很大的不确定性。容许应力法没有考虑材料的非线性性能，不能正确揭示结构或构件受力性能的内在规律，忽视了结构实际承载能力与按弹性方法计算结果的差异，对荷载和材料容许应力的取值也都凭经验确定，缺乏科学依据。

9.1.2 破损阶段设计法

　　破损阶段设计法是针对容许应力法的缺陷所提出的，这种设计方法假定构件材料均已

达到塑性状态，满足结构在使用阶段，外荷载作用下构件控制截面产生的内力不大于按构件塑性应力分布所计算出的承载力，并在此基础上乘以安全系数。以受弯构件正截面承载能力计算为例，要求作用在截面上的弯矩 M 乘以安全系数 K 后，不大于该截面所能承担的极限弯矩 M_u，即

$$KM \leqslant M_u \tag{9-3}$$

与容许应力法相比，破损阶段法不仅以构件破坏时的受力状态为依据，还考虑了结构材料的塑性性能，更接近于构件截面的实际工作情况。但该法采用总的安全系数 K 来估计使用荷载的超载与材料的离散性，是比较笼统并带有经验性的；此外，该方法只考虑了构件承载力问题，忽略了构件在正常使用情况下的变形和裂缝问题。

9.1.3　多系数极限状态设计法

多系数极限状态设计法明确提出了结构极限状态的概念，并将其分成承载能力极限状态和正常使用极限状态。承载能力极限状态对应于结构或构件达到最大承载能力或不适于继续承载的变形，正常使用极限状态则对应于结构或构件达到正常使用或耐久性的某项规定限制要求。

在承载能力极限状态设计中，不再采用单一的安全系数，而是采用了多个系数来分别反应荷载、材料性能的变异以及工作条件不同等随机因素的影响，其表达式为

$$M(\textstyle\sum n_i q_{ik}) \leqslant m M_u (k_s f_{sk}, k_c f_{ck}, a, \cdots) \tag{9-4}$$

式中：q_{ik}——标准荷载或其效应；

$\quad\quad n_i$——相应荷载的超载系数；

$\quad\quad m$——结构构件的工作条件系数；

f_{sk}、f_{ck}——钢筋和混凝土的标准强度；

$\quad k_s$、k_c——钢筋和混凝土的材料匀质系数；

$\quad\quad a$——结构构件的截面几何特征。

在部分荷载和材料性能（如强度）的取值上，引入了概率统计方法。可见，比起容许应力法和破损阶段法，多系数极限状态设计法已经具有近代可靠度设计方法的一些思想，考虑的问题更加全面，安全系数的取值已从纯经验性到部分采用概率统计值，更加合理。但是，由荷载及材料前面的多个系数所体现出来的可靠度，仍不能准确反应结构的真实可靠度。

9.1.4　概率极限状态设计法

概率极限状态设计法是在概率理论的基础上，把作用效应和影响结构抗力（结构或构件承受作用效应的能力，如承载能力、刚度、抗裂能力等）的主要因素视为随机变量，根据统计分析确定可靠概率（或可靠指标）来度量结构可靠性的结构设计方法。按照其发展阶段和精确程度不同分为三个水准：

水准Ⅰ——半概率法。用概率统计方法确定作用效应 S 和结构抗力 R 的分项系数，即

$$\gamma S \leqslant \Phi R \tag{9-5}$$

式中：γ——作用效应分项系数；

Φ——结构抗力分项系数。

水准Ⅱ——近似概率法。这种方法是现阶段我国规范所采用的主要设计方法，即对结构可靠性赋予概率含义，以结构的失效概率 P_f 或可靠度指标 β 来度量结构可靠性，并建立结构可靠度与结构极限状态方程之间的数学关系，在计算可靠度指标时考虑了基本变量 R、S 的概率分布并采用了线性化的近似手段，在截面设计时一般采用分项系数的实用设计表达式。

水准Ⅲ——全概率法。这是完全基于概率论的结构整体优化设计方法，要对整个结构采用精确地概率分析，求得结构最优失效概率作为可靠度的直接度量，计算 $Z=R-S\geqslant0$ 的概率，即可靠度。

从理论上讲，可以直接按目标可靠指标进行结构的设计，即全概率法。但这种方法无论在基础数据的统计方面还是在可靠度计算方面都很不成熟，目前还只是处于研究探索阶段。目前，我国普遍采用的是"分项系数表达的以概率理论为基础的极限状态设计方法"，简而言之，概率极限状态设计法用可靠指标 β 度量结构的可靠度，用分项系数的设计表达式进行设计，其中各分项系数的取值是根据目标可靠指标及基本变量的统计参数用概率方法确定的。

9.2 结构可靠度基本原理

9.2.1 结构的功能要求

结构设计过程中，其基本目标是在一定的经济条件下，赋予结构足够的可靠度，使结构建成后在规定的设计使用年限内能满足设计所预定的各种功能要求。一般说来，房屋建筑、公路、桥梁等结构的功能要求可概括为四个方面：

（1）安全性。结构能承受正常施工和使用时可能出现的各种作用，比如承载能是否足够，结构构件是否发生失稳破坏等。

（2）适用性。结构在正常使用时应具有良好的工作性能，其挠度、裂缝或振动性能等均不超过规定的限度。如水池开裂则不能蓄水，吊车梁变形过大则影响运行，楼板振动过大则影响舒适性，都属于适用性没有达到要求。

（3）耐久性。结构在正常使用、正常维护的情况下需要具有足够的耐久性能，为了满足耐久性要求，需要从构造措施等方面加以限制。比如为了防止钢筋锈蚀，混凝土保护层不得过薄，裂缝不得过宽，不得在化学腐蚀环境下影响结构预定的设计使用年限等。

（4）鲁棒性。所谓的鲁棒性，是指在偶然事件（地震、火灾、撞击等）发生时及发生后，保持必要的结构稳定性。比如厂房结构平时受自重、吊车、风和雪等荷载作用时，均应坚固不坏，而在遇到火灾、撞击、爆炸等偶然事件时，容许有局部损坏，但应保持结构的整体稳定，避免连续倒塌。

9.2.2 结构的设计基准期与设计使用年限

设计基准期指在工程结构设计时，为确定可变作用（如风荷载、雪荷载）及与时间有关的材料性能（如木材的强度和弹性模量在设计时是根据时间不同而取不同值的）等取值而选取的时间参数。建筑结构的基准期为 50 年，桥梁结构基准期为 100 年。

设计使用年限指房屋建筑在正常设计、正常施工、正常使用和维护下所应达到的使用年限，如达不到这个年限则意味着在设计、施工、使用与维护的某一环节上出现了非正常情况，应查找原因。所谓"正常维护"包括必要的检测、防护及维修。

设计使用年限内，房屋不需要大修，仍可维持最低性能要求；超过设计使用年限，房屋也未必立刻丧失功能，经过大修（如加固改造）以后仍能够保持较高的可靠度。如图 9-1 所示的结构性能随时间的变化曲线。

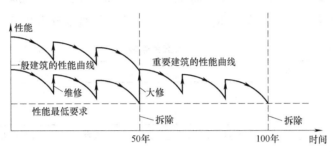

图 9-1　结构性能与时间关系曲线

9.2.3　结构的安全等级

工程结构安全等级是根据结构破坏所造成的后果，即危害人的生命、造成经济损失、产生社会影响的严重程度划分的。合理的工程结构设计应同时兼顾结构的可靠性与经济性，对不同的结构采用不同的安全等级。

《建筑结构可靠度设计统一标准》（GB 50068—2001）将建筑结构的安全等级划分为三级，如表 9-1 所示。

建筑结构安全等级（含混凝土结构、砌体结构等建筑结构）　　　　　表 9-1

安全等级	破坏后果	建筑物类型
一级	很严重	重要建筑
二级	严重	一般工业与民用建筑
三级	不严重	次要建筑物

《公路桥涵设计通用规范》（JTG D60—2004）将公路桥涵安全等级划分为三级，如表 9-2 所示。

公路桥涵安全等级　　　　　表 9-2

安全等级	桥涵类型
一级	特大桥、重要大桥
二级	大桥、中桥、重要小桥
三级	小桥、涵洞

注：本表所列特大、大、中桥等系按《公路桥涵设计通用规范》（JTG D60—2004）中表格的单孔跨径确定，对多跨不等跨桥梁，以其中最大跨径为准。

《高耸结构设计规范》（GB 50135—2006）将高耸结构的安全等级划分为两级，如表

9-3 所示。

<table>
<tr><td colspan="3" align="center">高耸结构的安全等级</td><td align="right">表 9-3</td></tr>
<tr><td align="center">安全等级</td><td align="center">结构破坏后果</td><td align="center" colspan="2">高耸结构类型</td></tr>
<tr><td align="center">一级</td><td align="center">很严重</td><td align="center" colspan="2">重要的高耸结构</td></tr>
<tr><td align="center">二级</td><td align="center">严重</td><td align="center" colspan="2">一般的高耸结构</td></tr>
</table>

注：1. 对特殊的高耸结构，其安全等级可根据具体情况另行确定；

2. 结构构件的安全等级宜采用与整个结构相应的安全等级，对部分构件可按具体情况调整其安全等级。

《烟囱设计规范》（GB 50051—2013）将烟囱的安全等级划分为两级，如表 9-4 所示。

<table>
<tr><td colspan="2" align="center">烟囱的安全等级</td><td align="right">表 9-4</td></tr>
<tr><td align="center">安全等级</td><td align="center" colspan="2">烟囱高度（m）</td></tr>
<tr><td align="center">一级</td><td align="center" colspan="2">≥200</td></tr>
<tr><td align="center">二级</td><td align="center" colspan="2"><200</td></tr>
</table>

注：对于电厂烟囱的安全等级还应按照电厂单机容量进行划分。当单机容量≥2007MW 时为一级，否则为二级。

由表 9-4 可见，烟囱这种高耸结构主要是通过烟囱高度来划分其安全等级的，这同其他高耸结构的安全等级划分标准稍有不同。

9.2.4 结构的极限状态

极限状态指的是结构由可靠转变为失效的临界状态，是判断结构是否满足某种功能要求的标准。整个结构或结构的一部分超过某一特定状态就不满足设计规定的某一功能（强度、刚度、裂缝等）要求，此特定状态称为该功能的极限状态。工程设计时，对于结构的各种极限状态是以结构的某种荷载效应，如内力、变形、裂缝等超过其所对应的最大承载能力，或规范限值为依据的，故称为极限状态设计法。极限状态包括承载能力极限状态和正常使用极限状态。

（1）承载能力极限状态

这种极限状态对应于结构或构件达到最大承载力或不适于继续承载的变形。当结构或构件出现下列状态之一时，认为超过了承载能力极限状态：

① 整个结构或结构的一部分作为刚体失去平衡，如雨篷、烟囱等发生倾覆；

② 结构构件或连接因超过材料强度而破坏（包括疲劳破坏），或因过度变形而不适于继续承载，如火灾后，钢梁严重变形，已不适于继续承载；

③ 结构转变为机动体系，如图 9-2 所示的连续梁，在集中力作用下，因为出现塑性铰而逐渐转变为机动体系；

④ 结构或构件丧失稳定，如 H 型钢柱压屈等；

⑤ 地基丧失承载能力而破坏，如图 9-3 所示的基础、挡土墙、堤坝周围土体的滑移，导致结构失去稳定。

承载能力极限状态可理解为结构或构件发挥允许的最大承载功能的状态。结构构件由于塑性变形而使几何形状发生改变，虽未达到其最大承载力，但已彻底不能使用（如火灾后钢结构大楼因梁柱大量屈曲而失去使用功能），也属于达到这种极限状态。

（2）正常使用极限状态

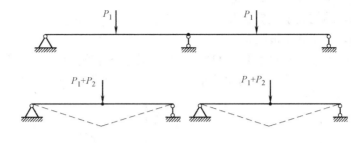

图 9-2 超静定连续梁变为机动体系

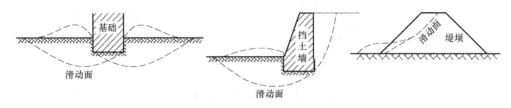

图 9-3 土的强度破坏的工程类型

这种极限状态对应于结构或构件达到正常使用或耐久性能的某项规定限制。当结构或构件出现下列状态之一时，认为超过了正常使用极限状态：

① 影响正常使用或外观的变形，如支撑精密仪器的设备的梁板结构挠度过大，将难以使仪器保持水平，影响精度；屋面结构挠度过大造成积水而产生渗漏；吊车梁和桥梁的过大变形会妨碍吊车和车辆的正常运行等；

② 影响正常使用或耐久性能的局部损坏，如混凝土结构开裂等；

③ 影响正常使用的振动，如大跨度混凝土楼盖结构的自振频率过大，舒适性降低等；

④ 影响正常使用的其他特定状态，如混凝土腐蚀、结构相对沉降过大、地基不均匀沉降等。

正常使用极限状态可理解为结构或构件达到使用功能上允许的某个限值状态（一般为规范中所规定的一个数值）。比如，某些构件必须控制变形、裂缝才能满足使用要求，因为过大的变形会造成房屋内粉刷层剥落、填充墙开裂及屋面积水等后果，过大的裂缝会影响结构的耐久性；过大的变形、裂缝也会造成用户心理上的不安全感等。

9.2.5 结构的功能函数

对结构进行可靠度分析时，应首先建立结构的功能函数，再确定结构构件或体系的极限状态方程。

功能函数是针对功能所要求的各种结构性能（强度、刚度、裂缝），建立起来的包括各种变量（荷载、材料性能、几何尺寸等）的函数。结构的功能函数一般可由作用效应 S 和结构抗力 R 来表达，也称为极限状态方程，即

$$Z=g(R,\ S)=R-S \tag{9-6}$$

由于 R 和 S 都是多元随机变量，所以功能函数 Z 也是随机变量，从图 9-4 可知，结构可能出现三种情况：

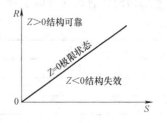

图 9-4 结构的工作状态

（1）$Z>0$ 时，结构处于可靠状态；

（2）$Z<0$ 时，结构处于失效状态；

（3）$Z=0$ 时，结构处于极限状态。

为了更为清晰地阐释可靠度设计原理，以荷载效应 S 和抗力 R 的数值为横轴，以概率密度为纵轴，将 S、R 的概率密度分布曲线表示在直角坐标系中，如图 9-5 所示。

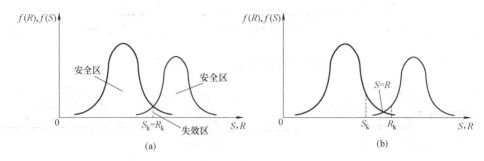

图 9-5　R、S 概率密度分布曲线

在图 9-5（a）中，横轴表示荷载效应和抗力的数值，纵轴表示达到某一数值的概率。在安全区结构的抗力大于荷载效应，而在失效区结构抗力小于荷载效应，且失效区面积的大小直接反映了结构可靠度的大小。在结构设计时，首先规定 S_k、R_k 分别为具有一定保证率的荷载效应标准值和抗力标准值，如果是正常使用极限状态，就直接以 $S_k=R_k$ 作为验算点，以此来确保阴影部分的面积足够小，也即结构具有足够的可靠度；如果是承载能力极限状态，则需要对荷载效应标准值乘以一个大于 1 荷载分项系数得到荷载设计值，即 $S=\gamma_f S_k$，同时，对材料乘以一个小于 1 的材料分项系数得到抗力设计值，即 $R=R_k/\gamma_m$，这里，分项系数 γ_f、γ_m 反映的是设计值到标准值的距离，如图 9-5（b）所示，通过确定这两个分项系数得大小，并以 $R=S$ 作为验算点，就可以控制失效区的面积在允许范围内，进而确保结构具有足够的可靠度。

9.2.6　结构的可靠性与可靠度

结构的可靠性是安全性、适用性、耐久性和鲁棒性的统称，可定义为结构在规定的时间内，在规定的条件下，完成预定功能的能力。

结构的可靠度是对可靠性的定量描述，即结构在规定的时间内，在规定的条件下，完成预定功能的概率。

上述所谓的"规定的时间"，是指结构应达到的设计使用年限，如表 9-5 所示；"规定的条件"是指结构正常设计、正常施工、正常使用和维护条件，无人为过失的影响，也不考虑结构任意改建或改变使用功能等情况。

设计使用年限分类　　　　　　　　　　　　表 9-5

类别	设计使用年限(年)	示例
1	5	临时性结构
2	25	易于替换的结构构件
3	50	普通房屋和构筑物
4	100	纪念性建筑和特别重要的建筑结构

若结构的功能函数为 Z，它的概率密度函数为 $f(z)$，则用 P_s 表示结构完成预定功能的概率（如图 9-6 所示）即可靠度，其表达式为：

$$P_s = P(z \geqslant 0) = \int_0^\infty f(z)\mathrm{d}z \tag{9-7}$$

用 P_f 表示结构不能完成预定功能的概率（如图 9-6 所示）即失效概率，其表达式为：

$$P_f = P(z < 0) = \int_{-\infty}^0 f(z)\mathrm{d}z \tag{9-8}$$

从二者的定义可知，P_s 表示的是概率密度函数 $f(z)$ 的 $z \geqslant 0$ 部分与横轴所围成的面积；P_f 表示的是概率密度函数 $f(z)$ 的 $z < 0$ 的部分与横轴所围成的面积，如图9-6（a）所示，显然，有 $P_s + P_f = 1$。

由于失效概率为小概率事件，表示起来比较直观，则习惯上常用失效概率来度量结构的可靠性。失效概率 P_f 越小，表明结构的可靠性越高；反之失效概率 P_f 越大，则结构的可靠性越低。

在结构设计中，绝对可靠的结构是不存在的，结构设计的目标就是要保证 P_f 足够小。

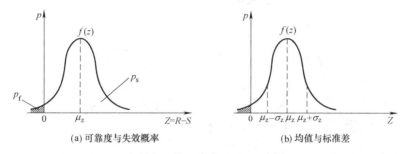

（a）可靠度与失效概率　　　　　　　（b）均值与标准差

图 9-6　结构功能的概率密度函数 $f(z)$

统计分析表明，概率密度函数 $f(z)$ 符合以均值为对称轴，$\mu \pm \sigma$ 为拐点的正态分布，其特点为：

（1）正态分布关于均值 μ 对称；

（2）正态分布是钟形的，它的密度函数就像一个钟倒扣在横轴上，如图 9-6（b）所示。

对正态分布的概率密度函数进行积分，相对比较复杂，所以引入可靠指标将正态分布转化为标准正态分布，以方便工程设计时查表。

9.2.7　可靠指标

以下我们以两个最简单的随机变量情况为例来说明结构可靠指标的概念。假定在功能函数 $Z = R - S$ 中，R 和 S 均服从相互独立的正态分布，其平均值分别为 μ_R、μ_S，标准差分别为 σ_R、σ_S。由概率论可知，Z 也服从正态分布，其平均值和标准差分别如下：

$$\mu_Z = \mu_R - \mu_R \tag{9-9}$$

$$\sigma_z = \sqrt{\sigma_R^2 + \sigma_S^2} \tag{9-10}$$

则结构的失效概率为：

$$P_f = p\{Z < 0\} = P\left\{\frac{Z}{\sigma_Z} < 0\right\} = \left\{\frac{Z - \mu_Z}{\sigma_Z} < -\frac{\mu_Z}{\sigma_Z}\right\} \tag{9-11}$$

上式实际上是通过标准化变换，将 Z 的正态分布 $N(\mu_Z, \sigma_Z)$ 转化为标准正态分布 $N(0, 1)$，令 $Y = \dfrac{Z - \mu_Z}{\sigma_Z}$，$\beta = \dfrac{\mu_Z}{\sigma_Z}$，则式（9-11）可改写为

$$P_f = p(Y < -\beta) = \Phi(-\beta) = 1 - \Phi(\beta) \qquad (9\text{-}12)$$

式中：Y——标准正态随机变量（无量纲）；

$\quad\quad \Phi$——标准正态分布函数。

标准正态分布是以 0 为对称轴，±1 为拐点的函数，由正态分布通过变换 $(x - \mu)/\sigma$ 得到，这样可以很方便地进行查表，得到任意一点的概率。

由 $\beta = \dfrac{\mu_Z}{\sigma_Z}$ 得，平均值 μ_Z 距坐标原点的距离为 $\mu_Z = \beta\sigma_Z$，这说明平均值可以通过标准差的倍数来表示。由图 9-7 可知，失效概率 P_f 和 β 之间有一一对应的关系，如果标准差 σ_Z 保持不变，β 值愈小，则阴影部分的面积愈大，即失效概率 P_f 大，反之亦然。因此和 P_f 一样，β 也可以作为度量结构可靠度的尺度，称为可靠指标。参照表 9-6，可得到可靠指标 β 和失效概率 P_f 之间的一一对应关系。

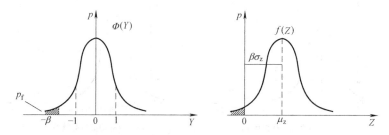

图 9-7　度量结构可靠度的尺度

常用可靠指标 β 与失效概率 P_f 的对应关系　　　　　　　　表 9-6

β	2.7	3.2	3.7	4.2	4.7
P_f	3.5×10^{-3}	6.9×10^{-4}	1.1×10^{-4}	1.3×10^{-5}	1.3×10^{-6}

9.2.8　目标可靠指标

结构设计的总要求是使抗力 R 不小于荷载效应 S，而在实际中，抗力和荷载效应均为随机变量，完全满足 $R \geqslant S$ 是不可能的，只能在一定的概率意义下满足，即在一定的可靠度 P_s 或失效概率 P_f 条件下，进行结构设计，使得结构的抗力大于或等于荷载效应。

所谓目标可靠指标，是指预先给定的作为结构设计依据的可靠指标，它表示结构设计应满足的可靠度要求。确定目标可靠指标时要考虑的因素包括公众心理、结构重要性（如核电站等为重要结构；住宅、办公楼等为一般结构；临时仓库、车棚等为次要结构）、结构的破坏性质（塑性破坏、延性破坏）、社会经济承受能力等。

根据对 20 世纪 70 年代各类材料的结构设计规范校准所得的结果，经综合平衡后，确定了承载能力极限状态下建筑结构的目标可靠指标，如表 9-7 所示。制定《建筑结构可靠度设计统一标准》（GB 50068—2001）时，以"可靠度适当提高一点"为原则，取消了原标准规定的"可对 β 的规定值作不超过 ±0.25 幅度的调整"，因此，表中规定的 β 值是各类材料结构设计规范应采用的最低 β 值。

承载能力极限状态的目标可靠指标（建筑结构）　　　表9-7

破坏类型	安 全 等 级		
	一级	二级	三级
延性破坏	3.7	3.2	2.7
脆性破坏	4.2	3.7	3.2

公路桥梁结构的目标可靠指标，如表9-8所示。

公路桥梁结构的目标可靠指标　　　表9-8

破坏类型	安 全 等 级		
	一级	二级	三级
延性破坏	4.7	4.2	3.7
脆性破坏	5.2	4.7	4.2

对比表9-7和表9-8可见，在破坏类型和安全等级均相同的情况下，公路桥梁结构的目标可靠指标比建筑结构的目标可靠指标要大1。

进行结构构件的正常使用极限状态设计时，目标可靠指标 $[\beta]$，宜按照结构构件作用效应的可逆程度，取 $0\sim1.5$。对于不可逆极限状态，如构件开裂，可取较大值；对于可逆极限状态，如梁的弹性变形，卸载后可以完全恢复，此时可取较小值。

9.3　结构概率可靠度设计的实用表达式

9.3.1　单一系数和分项系数

在确定目标可靠指标 $[\beta]$ 以后，通过一定变换，将 $[\beta]$ 转化为单一安全系数或分项系数，采用广大工程师习惯的实用表达式来进行工程设计，而该设计表达式具有的可靠度水平与目标可靠指标基本一致或接近。

采用单一系数的表达式是在各种荷载效应前面统一乘以一个系数来体现结构的可靠度。其表达式为：

$$\gamma_s(S_{Gk}+S_{Qk})=R_k/\gamma_R \tag{9-13}$$

式中：S_{Gk}、S_{Qk}——永久荷载效应与可变荷载效应的标准值；

$\quad\quad$ R_k——结构抗力的标准值；

$\quad\quad$ γ_s——相应的设计安全系数；

$\quad\quad$ γ_R——结构抗力分项数。

单一系数设计表达式中的安全系数不仅与预定的可靠指标 β 有关，而且还与荷载效应的变异性有关。由于可变荷载的差异性比永久荷载大，如果可变荷载占主导，则结构的可靠度低；反之，如果永久荷载占主导，则结构的可靠度高。因此，采用这种设计表达式进行设计，结构的可靠度一致性差。

采用分项系数的表达式是在每种荷载效应前面分别乘以一个系数来体现可靠度，其表达式为：

$$\gamma_G S_{Gk} + \gamma_Q S_{Qk} = R_k / \gamma_R \qquad (9-14)$$

式中：γ_G——永久荷载分项系数；

$\qquad\quad \gamma_Q$——可变荷载分项系数。

分项系数设计表达式能较为客观地反映影响结构可靠度的各种因素，对不同的荷载效应，可根据荷载的统计特征，采用不同的荷载分项系数。而对结构抗力分项系数也可根据不同结构的材料的工作性能，采用不同的数值。因此，采用这种设计表达式进行设计，结构的可靠度一致性好。

9.3.2 国际上通用的多系数表达式

由于采用分项系数表达式进行设计，结构的可靠度一致性好，所以国际上通常采用这种形式，即

$$\gamma_0 \left(\gamma_G S_{Gk} + \gamma_{Q1} S_{Q1k} + \sum_{i=2}^{n} \gamma_{Qi} \psi_{ci} S_{Qik} \right) \leqslant \frac{1}{\gamma_R} R(f_k, a_k, \cdots) \qquad (9-15)$$

式中：$\quad \gamma_0$——结构重要性系数，它与结构的安全等级或使用年限有关，详细取值见表 9-9；

$\qquad\quad \gamma_G$——永久荷载分项系数；

$\qquad\quad S_{Gk}$——永久荷载标准值效应；

γ_{Q1}、γ_{Qi}——分别为第一个和第 i 个可变荷载分项系数；

S_{Q1k}、S_{Qik}——分别为按可变荷载效应 Q_{1k} 和 Q_{ik} 计算的荷载效应值，其中 S_{Q1k} 为诸可变荷载效应中期控制的作用者；

$\qquad\quad \psi_{ci}$——第 i 个可变荷载的组合值系数；

$\qquad\quad R(\cdot)$——结构构件的抗力函数；

$\qquad\quad \gamma_R$——抗力分项系数；

$\qquad\quad f_k$——材料性能标准值；

$\qquad\quad a_k$——几何尺寸标准值。

各种结构形式的重要性系数取值 表 9-9

结构重要性系数 γ_0	安全等级	适用范围				
		结构使用年限				
		混凝土结构、钢结构	砌体结构	木结构	桥梁结构	烟囱
$\geqslant 1.1$	一级	100 年及以上（也适用于高层建筑）	50 年以上	100 年及以上	—	100 年以上
$\geqslant 1.0$	二级	50 年（也适用于高层建筑）	50 年	50 年	—	其他情况
$\geqslant 0.9$	三级	5 年及以下	1~5 年	5 年	—	无

注：1. 表中适用范围中安全等级与结构使用年限是"或"的关系；

2. 对设计使用年限为 25 年的结构构件，各类材料结构设计规范可根据各自情况确定结构重要性系数 γ_0，如对木结构和钢结构，γ_0 不应小于 0.95；

3. 对于木结构重要性系数 γ_0 的取值，除表中所列外，安全等级为一级且设计使用年限超过 100 年的结构构件，不应小于 1.2。

采用式（9-15）形式的设计表达式有许多的优点：①当恒荷载与可变荷载效应的符号相反时，即恒荷载产生的效应值对结构有利，恒荷载可以采用较小的分项系数，以使可靠度达到一致；②当有多个可变荷载时，可引入组合值系数，使多个可变荷载和一个可变荷

载的可靠度趋于一致；③该设计表达式采用结构重要性系数，可区别不同结构的可靠度；④不同材料的结构的抗力分项系数不同，体现了材料的脆性和延性的不同。

9.3.3 我国建筑结构设计所采用的表达式

9.3.3.1 应考虑的最不利组合

我国《建筑结构可靠度设计统一标准》（GB 50068—2001）规定，建筑结构设计时，对所考虑的极限状态，应采用相应的结构作用效应的最不利组合：

（1）承载能力极限状态设计时，应考虑作用效应的基本组合或偶然组合；

（2）正常使用极限状态设计时，根据不同的设计目的，分别选用下列作用效应的组合：

① 标准组合：主要用于当一个极限状态被超越时将产生严重的永久性损害的情况，如混凝土开裂等；

② 频遇组合：主要用于当一个极限状态被超越时将产生局部损害、较大变形或短暂振动等情况；

③ 准永久组合：主要用在当长期效应是决定性因素时的一些情况，如构件的长期变形等。

9.3.3.2 承载能力极限状态设计表达式

承载能力极限状态下可靠度设计表达式，按下式进行计算

无地震作用组合时： $$\gamma_0 S_d \leqslant R_d \tag{9-16}$$

有地震作用组合时： $$S \leqslant R / \gamma_{RE} \tag{9-17}$$

式中：γ_0——结构重要性系数，按表 9-9 取用；

S_d——荷载组合的效应设计值；

R_d——结构构件抗力的设计值，应按各有关建筑结构设计规范的规定确定；

S——结构构件内力组合的设计值，包括组合的弯矩、轴向力和剪力设计值；

R——结构构件承载力设计值；

γ_{RE}——承载力抗震调整系数。

一般情况下的承载能力极限状态验算包括承载力、倾覆等，而抗震设计时所需要进行的截面抗震验算，只考虑承载力的范畴。

由式（9-17）可知，抗震设计不考虑结构的重要性系数 γ_0，而改为考虑承载力抗震调整系数 γ_{RE}。γ_{RE} 与构件材料（如钢、混凝土、砌体），构件类别（如梁、柱、墙、支撑）和受力状态（如受弯、受压、受剪等）有关；当仅考虑竖向地震作用组合时，各类构件的承载力抗震调整系数均应取 1.0。

9.3.3.3 正常使用极限状态设计表达式

正常使用极限状态下可靠度设计表达式，根据不同的设计要求，可采用标准组合、频遇组合或准永久组合进行设计。其表达式为：

$$S_d \leqslant C \tag{9-18}$$

式中：S_d——变形、裂缝等荷载效应组合的设计值；

C——结构或构件达到正常使用要求的规定限值，例如变形、裂缝等的限值，应按各有关建筑结构设计规范的规定采用。

9.3.4 荷载效应组合

上一节给出了基于承载能力极限状态和正常使用极限状态的结构设计表达式，其中的抗力和正常使用限值可由各建筑结构规范给出，而各种荷载效应组合的设计值，则由本节具体给出。应当说明的是，本节给出的荷载效应组合公式，只适用于荷载与荷载效应均为线性的情况。

9.3.4.1 基本组合

对于建筑结构，其承载能力极限状态下的基本组合，可分为无地震作用效应的组合及有地震作用效应的组合，下面分别予以详细描述。

（1）无地震作用效应的基本组合

荷载基本组合的效应设计值组合值 S_d，应从下列荷载组合值中取用最不利的效应设计值确定：

① 由可变荷载效应控制的效应设计值，应按下式进行计算：

$$S_d = \sum_{j=1}^{m} \gamma_{Gj} S_{Gjk} + \gamma_{Q1} \gamma_{L1} S_{Q1k} + \sum_{i=2}^{n} \gamma_{Qi} \gamma_{Li} \psi_{ci} S_{Qik} \quad (9\text{-}19)$$

② 由永久荷载效应控制的效应设计值，应按下式进行计算：

$$S_d = \sum_{j=1}^{m} \gamma_{Gj} S_{Gjk} + \sum_{i=1}^{n} \gamma_{Qi} \gamma_{Li} \psi_{ci} S_{Qik} \quad (9\text{-}20)$$

式中：γ_{Gj}——第 j 个永久荷载的分项系数，取值见表 9-10；

$\quad\quad \gamma_{Qi}$——第 i 个可变荷载的分项系数，其中 γ_{Q1} 为主导可变荷载 Q_1 的分项系数，取值见表 9-11；

$\quad\quad \gamma_{Li}$——第 i 个可变荷载考虑设计使用年限的调整系数，其中 γ_{L1} 为主导可变荷载 Q_1 考虑设计使用年限的调整系数，取值见表 9-12；

$\quad\quad S_{Gjk}$——按第 j 个永久荷载标准值 G_{jk} 计算的荷载效应值；

$\quad\quad S_{Qik}$——按第 i 个可变荷载标准值 Q_{ik} 计算的荷载效应值；其中 S_{Q1k} 为诸可变荷载效应中起控制作用者，当对 S_{Q1k} 无法明显判断时，应轮次以各可变荷载效应作为 S_{Q1k}，并选取其中最不利的荷载组合的效应设计值；

$\quad\quad \psi_{ci}$——第 i 个可变荷载 Q_i 的组合值系数，除对风荷载取 0.6 外，一般情况下都取 0.7，对书库、储藏室、档案库或通风机房、电梯机房应取 0.9，但不小于其频遇值系数；

$\quad\quad m$——参与组合的永久荷载数；

$\quad\quad n$——参与组合的可变荷载数。

永久荷载分项系数 γ_G   表 9-10

设计条件	效应组合情况	γ_G
永久荷载效应对结构不利时	对由可变荷载效应控制的组合	1.2
	对由永久荷载效应控制的组合	1.35
永久荷载效应对结构有利时	对一般情况	1.0
	对结构刚体失去平衡的验算	不作统一规定

可变荷载分项系数 γ_Q

表 9-11

设 计 条 件		γ_Q
可变荷载效应对结构不利时	一般情况	1.4
	对标准值不小于 $4kN/m^2$ 的工业厂房楼面结构活荷载	1.3
可变荷载效应对结构有利时		0.0

楼面和屋面活荷载考虑设计使用年限的调整系数 γ_L

表 9-12

结构设计使用年限（年）	5	50	100
γ_L	0.9	1.0	1.1

注：1. 当设计使用年限不为表中数值时，调整系数 γ_L 可按线性内插确定；

　　2. 对于荷载标准值可控制的活荷载，设计使用年限调整系数 γ_L 取 1.0。

值得一提的是，对无地震作用效应基本组合中的两个公式，计算出来的组合值大者即为相应荷载效应控制的组合。例如，一简支梁由恒荷载产生的跨中弯矩为 5kN·m，活荷载产生的跨中弯矩为 2kN·m，由永久荷载效应控制的效应设计值 $M=1.35\times5+1.4\times1\times0.7\times2=8.71kN·m$；由可变荷载效应控制的效应设计值 $M=1.2\times5+1.4\times1\times2=8.8\ kN·m$，故该简支梁的跨中弯矩由可变荷载控制。

（2）有地震作用效应的基本组合

当考虑地震作用时，基本组合的设计值为：

$$S=\gamma_G S_{GE}+\gamma_{Eh} S_{Ehk}+\gamma_{Ev} S_{Evk}+\psi_w \gamma_w S_{wk} \qquad (9\text{-}21)$$

式中：S——考虑地震作用效应和其他荷载效应组合的设计值；

　　　　γ_G——重力荷载分项系数，一般情况应采用 1.2，当重力荷载效应对构件承载能力有利时，不应大于 1.0；

γ_{Eh}、γ_{Ev}——分别为水平、竖向地震作用分项系数，取值见表 9-13；

　　　　γ_w——风荷载分项系数；

　　　　S_{GE}——重力荷载代表值的效应，有吊车时，尚应包括悬挂吊物重力标准值的效应；

　　　S_{Ehk}——水平地震作用标准值的效应，尚应乘以相应的增大系数或调整系数；

　　　S_{Evk}——竖向地震作用标准值的效应，尚应乘以相应的增大系数或调整系数；

　　　S_{wk}——风荷载标准值的效应；

　　　　ψ_w——风荷载组合值系数，一般结构可不考虑，风荷载起控制作用的高层建筑可采用 0.2。

有地震作用组合时分项系数取值

表 9-13

所考虑的组合	γ_G	γ_{Eh}	γ_{Ev}	γ_w	说　　明
重力荷载及水平地震作用	1.2	1.3	—	—	抗震设计的高层建筑结构均应考虑
重力荷载及竖向地震作用	1.2	—	1.3	—	9 度抗震设计时考虑；水平长悬臂和大跨度结构 7 度（0.15g）、8 度、9 度抗震设计时考虑
重力荷载、水平地震及竖向地震作用	1.2	1.3	0.5	—	9 度抗震设计时考虑；水平长悬臂和大跨度结构 7 度（0.15g）、8 度、9 度抗震设计时考虑
重力荷载、水平地震作用及风荷载	1.2	1.3	—	1.4	60m 以上的高层建筑考虑

所考虑的组合	γ_G	γ_{Eh}	γ_{Ev}	γ_w	说 明
重力荷载、水平地震作用、竖向地震作用及风荷载	1.2	1.3	0.5	1.4	60m以上的高层建筑,9度抗震设计时考虑;水平长悬臂和大跨度结构7度(0.15g)、8度、9度抗震设计时考虑
	1.2	0.5	1.3	1.4	水平长悬臂结构和大跨度结构,7度(0.15g)、8度、9度抗震设计时考虑

注: 1. g 为重力加速度;

    2. 表中"—"号表示组合中不考虑该项荷载或作用效应;

    3. 所谓的大跨度,是指7度 (0.15g)、8度时,跨度不小于24m,9度时,跨度不小于18m;长悬臂是指7度 (0.15g)、8度时,悬挑长度不小于2m,9度时,悬挑长度不小于1.5m。

(3) 一般情况下基本组合的实用表达式

对于一般的建筑结构遇到的荷载效应包括恒荷载、活荷载、风荷载和地震作用(包括水平地震作用、竖向地震作用),一般结构的设计使用年限是50年,则对上述无地震和有地震作用的基本组合可以进行简化。

无地震作用效应组合公式:

① 永久荷载效应其控制作用

$$S = 1.35S_{Gk} + 0.7 \times 1.4S_{Qk} \tag{9-22}$$

② 可变荷载效应起控制作用

活荷载较大时 $$S = 1.2S_{Gk} + 1.4S_{Qk} + 0.6 \times 1.4S_{wk} \tag{9-23}$$

风荷载较大时 $$S = 1.2S_{Gk} + 0.7 \times 1.4S_{Qk} + 1.4S_{wk} \tag{9-24}$$

有地震作用效应组合公式:

① 对于一般结构,应考虑重力荷载和水平地震作用的组合

$$S = 1.2S_{GE} + 1.3S_{Ehk} \tag{9-25}$$

② 对于9度抗震设计的一般结构和7度 (0.15g)、8度、9度抗震设计的大跨度、长悬臂结构,应考虑重力荷载和竖向地震作用的组合

$$S = 1.2S_{GE} + 1.3S_{Evk} \tag{9-26}$$

③ 对于9度抗震设计的一般结构和7度 (0.15g)、8度、9度抗震设计的大跨度、长悬臂结构,应考虑重力荷载、水平地震作用和竖向地震作用的组合

$$S = 1.2S_{GE} + 1.3S_{Ehk} + 0.5S_{Evk} \tag{9-27}$$

④ 对于60m以上的高层结构,应考虑重力荷载、水平地震作用和风荷载的组合

$$S = 1.2S_{GE} + 1.3S_{Ehk} + 0.2 \times 1.4S_{wk} \tag{9-28}$$

⑤ 对于9度抗震设计60m以上的高层结构以及7度 (0.15g)、8度、9度抗震设计的大跨度、长悬臂结构,应考虑重力荷载、水平地震作用、竖向地震作用和风荷载的组合

$$S = 1.2S_{GE} + 1.3S_{Ehk} + 0.5S_{Evk} + 0.2 \times 1.4S_{wk} \tag{9-29}$$

⑥ 对于7度 (0.15g)、8、9度设防的大跨度、长悬臂结构,应考虑重力荷载、地震作用、竖向地震作用和风荷载的组合

$$S = 1.2S_{GE} + 0.5S_{Ehk} + 1.3S_{Evk} + 0.2 \times 1.4S_{wk} \tag{9-30}$$

9.3.4.2 偶然组合

(1) 用于承载力极限状态计算的荷载效应设计值,应按下式进行计算:

$$S_d = \sum_{j=1}^{m} S_{Gjk} + S_{A_d} + \psi_{f1}S_{Q1k} + \sum_{i=2}^{n} \psi_{qi}S_{Qik} \tag{9-31}$$

式中：S_{A_d}——按偶然荷载标准值 A_d 计算的荷载效应值；

ψ_{f1}——第 1 个可变荷载的频遇值系数；

ψ_{q1}——第 i 个可变荷载的准永久值系数。

（2）用于偶然事件发生后受损结构整体稳固性验算的效应设计值，应按下式进行计算：

$$S_d = \sum_{j=1}^{m} S_{Gjk} + \psi_{f1} S_{Q1k} + \sum_{i=2}^{n} \psi_{qi} S_{Qik} \tag{9-32}$$

9.3.4.3 正常使用极限状态下荷载效应组合

（1）荷载效应标准组合的效应设计值

$$S_d = \sum_{j=1}^{m} S_{Gjk} + S_{Q1k} + \sum_{i=2}^{n} \psi_{ci} S_{Qik} \tag{9-33}$$

荷载效应标准组合为永久荷载的标准值之和、主导可变荷载的标准值和一般可变荷载的组合值之和相加，其设计值代表了构件在设计使用年限内的效应最大值，显然，从正常使用的要求来看，一般情况下，取这样的罕遇值是过分偏于安全的，因此，《混凝土结构设计规范》（GB 50010—2010）将一般结构的裂缝和变形验算由标准组合调整为准永久组合。

（2）荷载效应频遇组合的效应设计值

$$S_d = \sum_{j=1}^{m} S_{Gjk} + \psi_{f1} S_{Q1k} + \sum_{i=2}^{n} \psi_{qi} S_{Qik} \tag{9-34}$$

频遇组合为永久荷载的标准值之和、主导可变荷载的频遇值和一般可变荷载的准永久值之和相加，并考虑了可变荷载与时间的关系，它意味着允许某些极限状态在一个较短的持续时间内被超过，或在总体上不长的时间内被超过，相当于结构上时而出现的较大荷载值。频遇组合目前在设计实践中还没有得到采用，随着人们对正常使用功能的认识控制后，会逐渐代替现行的标准组合。

（3）荷载效应准永久组合的效应设计值

$$S_d = \sum_{j=1}^{m} S_{Gjk} + \sum_{i=1}^{n} \psi_{qi} S_{Qik} \tag{9-35}$$

准永久组合为永久荷载的标准值之和与可变荷载的准永久值之和相加，并考虑了可变荷载与时间的关系，相当于可变荷载在整个变化过程中的中间值，它代表的是结构长期作用的荷载。

本 章 小 结

1. 土木工程结构的设计方法经历了容许应力法、破损阶段法、多系数极限状态设计法和概率极限状态设计法这四个阶段；目前采用的是近似的概率极限状态设计法，即所谓的"分项系数表达的以概率理论为基础的极限状态设计方法"。

2. 土木工程结构功能要求有安全性、适用性、耐久性和鲁棒性四方面，它们亦统称为结构的可靠性；因此，在规定的时间内，在规定的条件下，完成上述预定功能的能力，称为结构的可靠性；从数学意义上对其进行定量描述，即上述条件下，完成预定功能的概率，称为结构的可靠度。对结构进行可靠度分析时，应首先建立结构的功能函数，再确定结构构件或体系的极限状态方程。功能函数是针对功能所要求的各种结构性能，建立起来的包括各种变量的函数。

3. 根据结构重要程度或高度以及结构破坏的后果，将建筑结构、公路桥涵的安全等级分为三级；将烟囱等高耸结构安全等级分为二级。依据安全等级和破坏类型，确定了各类工程结构按承载能力极限状态下的目标可靠指标 $[\beta]$ 的取值。

4. 结构设计基准期是指在工程结构设计时，为确定可变作用及与时间有关的材料性能等的取值而选用的时间参数；而结构设计使用年限是指在正常设计、正常施工、正常使用和维护下结构所应该达到的使用年限。

5. 结构的极限状态是指整个结构或结构的一部分超过能否满足设计规定的某一功能要求的特定状态；当 $Z=R-S>0$ 时，结构处于可靠状态；当 $Z=R-S=0$ 时，结构处于极限状态；当 $Z=R-S<0$，结构处于失效状态；极限状态可分为承载能力极限状态和正常使用极限状态两类；规范给出了这两类极限状态的相关判断标准；当发生事件 $Z=R-S<0$ 的概率称为结构的失效概率 p_f，反之，称为结构的可靠概率 p_s；为了更加直观明确地表示结构的可靠度，常采用与失效概率 p_f 一一对应的可靠指标 β 来定量描述。

6. 现行规范采用的可靠度分析方法将目标可靠指标 $[\beta]$ 转化为如重要性系数 γ_0、结构抗震调整系数 γ_{RE}、荷载效应分项系数 γ_G、γ_Q 及抗力分项系数 γ_R 等各种分项系数，使得相关计算更加简易适用。我国结构可靠度设计的实用表达式，包含承载能力极限状态下的基本组合和偶然组合，正常使用极限状态下的标准组合、频遇组合和准永久组合；上述每种组合的相关分项系数取值都存在差异，设计时，应能根据具体要求，正确选择所采用的荷载效应组合，并正确对相关分项系数进行取值。

7. 目前尚未建立一套完整有效的结构体系可靠度分析方法；寻找可能的结构失效模式，及建立近似有效的方法计算体系失效概率，是结构体系可靠度分析的两大主要内容，本章简要介绍了结构体系可靠度分析的基本概率与一般方法。

习　题

1. 什么是工程结构的可靠性和可靠度？结构的可靠度用什么指标表达？

2. 结构的功能要求包括哪些？

3. 什么是工程结构的极限状态？试举例说明承载能力极限状态和正常适用极限状态的相关判断标准。

4. 试总结现行规范采用的结构设计实用表达式中，各种不同组合下的各种分项系数的取值。

5. 试说明结构设计基准期和结构设计使用年限两者的区别。

6. 试说明可靠指标的几何意义。

第 10 章 综合例题

10.1 某教学楼荷载效应组合例题

10.1.1 基本信息

本设计为一位于辽宁省丹东市的教学楼,共 10 层,无地下室,总建筑高度为 40.05m,采用框架-剪力墙结构,抗震设防烈度为 7 度,设计基本地震加速度为 0.15g,设计地震分组为第一组,建筑场地类别为Ⅲ类。结构阻尼比 $\xi = 0.05$。基本风压值 $w_0 = 0.55 \text{kN/m}^2$,基本雪压值 $s_0 = 0.45 \text{kN/m}^2$,地面粗糙类别为 C 类。其结构平面布置图如图 10-1 所示。

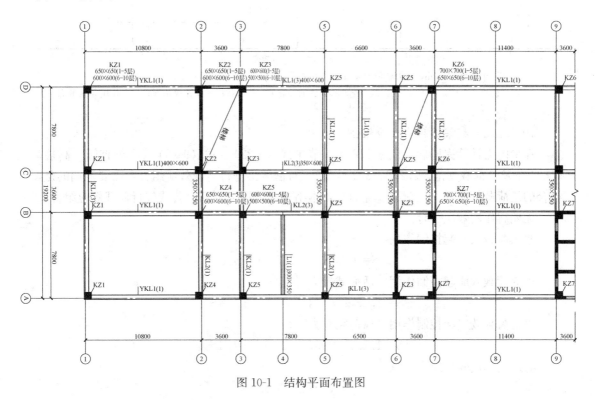

图 10-1 结构平面布置图

10.1.2 框架梁荷载效应组合

10.1.2.1 梁支座边缘截面内力标准值

框架梁的控制截面为梁支座边缘截面及跨中截面。以该房屋第 7 层⑤轴框架梁为例,经计算，其在水平（恒荷载、地震作用）及竖向荷载（恒荷载、活荷载）作用下的控制截面内力计算结果如表 10-1 所示。

⑤轴框架梁控制截面的内力标准值　　　　　　　　　　　　表 10-1

控制截面	荷载类别		恒荷载效应 S_{Gk}	活荷载效应 S_{Qk}	风荷载效应 S_{wk}	地震作用效应 S_{Ek}
	序号		①	②	③	④
	1-1	M	−155.46	−45.60	85.85	128.39
		V	277.39	83.75	24.36	36.43
	2-2	M	207.12	61.99	3.06	4.57
		V	—	—	—	—
	3-3	M	−220.29	−62.73	91.96	137.53
		V	153.43	47.80	24.36	91.96
	4-4	M	−71.10	−24.16	36.31	54.30
		V	9.34	12.21	23.46	35.03
	5-5	M	51.75	14.47	0	0
		V	—	—	—	—

注：1. 1-1、3-3、4-4 均为梁支座边缘截面，2-2、5-5 为跨中截面；

2. 弯矩单位为 kN·m，剪力单位为 kN；

3. 考虑到该榀框架关于 BC 跨中线完全对称，为简便起见，风荷载仅考虑左风情况；地震作用亦仅考虑左震的情况。

10.1.2.2 框架梁荷载效应组合

在梁内力计算完毕后，依据 9.3.4.1 节中式（9-22）～式（9-25）（亦可查阅《高规》5.6.1 条及《荷载规范》3.2.3、3.2.4 条），对框架梁进行荷载效应组合，需要强调的是，组合的是荷载效应，不是荷载。经简化，本结构需采用下列四个公式进行荷载效应组合：

无地震作用效应组合：

永久荷载效应起控制作用

$$S = 1.35 S_{Gk} + 0.7 \times 1.4 S_{Qk}$$

可变荷载效应起控制作用（活荷载较大时）

$$S = 1.2 S_{Gk} + 1.4 S_{Qk} + 0.6 \times 1.4 S_{wk}$$

可变荷载效应起控制作用（风荷载较大时）

$$S = 1.2 S_{Gk} + 0.7 \times 1.4 S_{Qk} + 1.4 S_{wk}$$

有地震作用效应组合：

$$S = 1.2 S_{GE} + 1.3 S_{Ehk}$$

式中：S_{Gk}——恒荷载标准值计算的荷载效应值；

S_{Qk}——活荷载标准值计算的荷载效应值；

S_{wk}——风荷载标准值计算的荷载效应值；

S_{GE}——重力荷载代表值。

250

例如，对于 1-1 截面，其组合弯矩计算如下：

无地震作用效应组合：

组合一：永久荷载效应起控制作用
$$S=1.35\times(-155.46)+0.7\times1.4\times(-45.60)=-254.56\text{kN}\cdot\text{m}$$

组合二：可变荷载效应起控制作用（活荷载较大时）
$$S=1.2\times(-155.46)+1.4\times(-45.60)-0.6\times1.4\times85.85=-322.51\text{kN}\cdot\text{m}$$

组合三：可变荷载效应起控制作用（风荷载较大时）
$$S=1.2\times(-155.46)+0.7\times1.4\times(-45.60)-1.4\times85.85=-351.43\text{kN}\cdot\text{m}$$

组合四：有地震作用效应组合：
$$S=1.2\times(-155.46-0.5\times45.60)-1.3\times128.39=-380.82\text{ kN}\cdot\text{m}$$

需要说明的是，在该例的组合二、组合三中，之所以风荷载效应前的系数用负号，是考虑到在实际中左右风均有可能出现，而为右风时更为不利；同理，在组合四中，之所以地震作用效应前的系数用负号，是考虑到在实际中左右震均有可能出现，而为右震时更为不利。依照上述公式及示例，框架梁荷载效应组合的具体计算结果如表 10-2 所示。

⑤轴框架梁荷载效应组合　　　　　　　　　　　　　　表 10-2

控制截面	内力组合	1.35×①+0.7×1.4×②	1.2×①+1.4×②±0.6×1.4×③	1.2×①+0.7×1.4×②±1.4×③	1.2(①+0.5×②)±1.3×④
1-1	M	−254.56	−322.11	−351.43	−380.82
	V	−320.11	470.58	449.05	430.48
2-2	M	340.36	337.90	313.57	291.68
3-3	M	−358.87	−429.42	−454.57	−480.78
	V	−429.42	271.50	265.06	332.34
4-4	M	−119.66	−149.64	−159.83	−170.41
	V	−149.64	48.00	56.02	64.07
5-5	M	84.04	82.36	76.28	70.78

注：1. 1-1、3-3、4-4 均为梁支座边缘截面，2-2、5-5 为跨中截面；
　　2. 弯矩单位为 kN·m，剪力单位为 kN；
　　3. ±：当风荷载（地震作用）效应与竖向荷载（恒荷载、活荷载）方向一致时，取正号；反之，取负号。

10.1.3　框架柱荷载效应组合

10.1.3.1　柱支座边缘截面内力标准值

框架柱的控制截面为柱顶及柱底。以本房屋第 7 层⑤轴框架柱为例，经计算，水平（恒荷载、地震作用）及竖向荷载（恒荷载、活荷载）下控制截面的内力如表 10-3 所示。

⑤轴框架柱控制截面的内力标准值　　　　　　　　　　表 10-3

控制截面		荷载类别	恒荷载效应 S_{Gk}	活荷载效应 S_{Qk}	风荷载效应 S_{wk}	地震作用效应 S_{Ek}
		序号	①	②	③	④
A、D	上	M	119.60	33.46	42.74	65.26
		N	1560.39	546.91	88.79	127.32
		V	76.86	22.40	23.28	35.55

控制截面		荷载类别	恒荷载效应 S_{Gk}	活荷载效应 S_{Qk}	风荷载效应 S_{wk}	地震作用效应 S_{Ek}
		序号	①	②	③	④
A、D	下	M	134.02	40.47	34.11	52.08
		N	1583.52	570.03	88.79	127.32
		V	76.86	22.40	23.28	35.55
B、C	上	M	98.09	21.00	65.18	99.52
		N	2233.16	903.79	3.40	4.87
		V	63.33	16.23	35.51	54.23
	下	M	110.88	32.55	52.08	79.42
		N	2256.28	926.91	3.40	4.87
		V	63.33	16.23	35.51	54.23

注: 1. 弯矩单位为 kN·m, 轴力、剪力单位为 kN;

2. 考虑到该榀框架关于 BC 跨中线完全对称, 为简便起见, 风荷载仅考虑左风情况; 地震作用亦仅考虑左震的情况。

10.1.3.2 框架柱荷载效应组合

柱端截面的荷载效应组合公式与梁相同, 此处不再赘述。具体计算结果见表 10-4。

⑤轴框架柱荷载效应组合   表 10-4

柱截面		内力组合	$1.35 \times ① + 0.7 \times 1.4 \times ②$	$1.2 \times ① + 1.4 \times ② \pm 0.6 \times 1.4 \times ③$	$1.2 \times ① + 0.7 \times 1.4 \times ② \pm 1.4 \times ③$	$1.2 \times (① + 0.5 \times ②) \pm 1.3 \times ④$
A、D	上	M	194.25	226.27	236.15	248.43
		N	2642.50	2712.73	2532.75	2366.13
	下	M	220.59	246.13	248.24	252.81
		N	2696.38	2772.85	2583.16	2407.76
		V	125.71	143.15	146.78	151.60
B、C	上	M	153.00	201.86	229.54	259.68
		N	3900.48	3947.95	3570.27	3228.40
	下	M	181.59	222.37	237.87	255.83
		N	3954.35	4008.07	3620.67	3270.01
		V	101.40	128.55	141.62	156.23

注: 1. 弯矩单位为 kN·m, 轴力、剪力单位为 kN;

2. ± 当风荷载 (地震作用) 效应与竖向荷载 (恒荷载、活荷载) 方向一致时, 取正号; 反之, 取负号。

10.1.4 剪力墙荷载效应组合

第 7 层⑥轴剪力墙 (整体墙) 的内力标准值汇总于同一表中, 如表 10-5 所示。其中, 在计算恒荷载内力 N_{Gk} 时, 计入了剪力墙的自重。因剪力墙的荷载效应组合公式与梁、柱均相同, 故而不再赘述。具体计算过程及结果见表 10-6。

⑥轴剪力墙控制截面内力标准值　　　　　　　　表 10-5

控制截面	荷载类别	恒荷载效应 S_{Gk}	活荷载效应 S_{Qk}	重力荷载代表值（①+0.5×②）	地震作用效应 S_{Ek}
	序号	①	②	③	④
上端	M	1636.67	813.22	2043.28	1108.85
	N	3191.63	740.16	3561.71	534.60
下端	M	1636.67	813.22	2043.28	1108.85
	N	3364.42	912.95	3820.90	534.60
	V	—	—	—	799.86

注：1. 弯矩单位为 kN·m，轴力、剪力单位为 kN；
　　2. 考虑到该片剪力墙关于其中线近似对称，为简便起见，对于风荷载仅考虑左风情况；对于地震作用，亦仅考虑左震的情况。

⑥轴剪力墙荷载效应组合　　　　　　　　表 10-6

控 制 截 面		无地震作用效应组合	有地震作用效应组合
		1.35×①+0.7×1.4×②	1.2(①+0.5×②)±1.3×④
上端	M	3006.46	3893.44
	N	5034.06	4969.03
	V	—	1039.82
下端	M	3006.46	3893.44
	N	5436.66	5280.06
	V	—	1039.82

注：1. 弯矩单位为 kN·m，轴力、剪力单位为 kN；
　　2. ±：地震作用效应与竖向荷载（恒荷载、活荷载）方向一致时，取正号；反之，取负号。

10.1.5 连梁荷载效应组合

第 7 层⑥轴连梁支座边缘截面内力标准值汇总于表 10-7 中。因在水平地震作用下，连梁受力较大，因此仅考虑地震作用效应组合，具体计算结果如表 10-8 所示。

⑥轴连梁支座边缘截面内力标准值　　　　　　　　表 10-7

控制截面		荷载类别	恒荷载效应 S_{Gk}	活荷载效应 S_{Qk}	重力荷载代表值（①+0.5×②）	地震作用效应 S_{Ek}
		序号	①	②	③	④
支座	B	M	21.18	12.35	27.36	282.08
		V	26.15	15.18	33.74	
	C	M	15.24	9.46	19.97	282.08
		V	22.03	13.17	28.62	
跨中		M	17.97	10.95	23.45	

注：1. 弯矩单位为 kN·m，剪力单位为 kN；
　　2. 考虑到连梁关于其中线对称，为简便起见，风荷载仅考虑左风情况；地震作用亦仅考虑左震的情况。

控制截面			有地震作用效应组合
			$1.2(①+0.5×②)±1.3×④$
支座	B	M	399.54
		V	40.49
	C	M	390.67
		V	34.34
跨中		M	28.14

注：1. 弯矩单位为 kN·m，剪力单位为 kN；

2. ±：当地震作用效应与竖向荷载（恒荷载、活荷载）方向一致时，取正号；反之，取负号。

10.2 单层厂房荷载效应组合例题

10.2.1 工程概况及设计原始资料

某机械厂铸造车间为单跨等高厂房，跨度 24m，柱距 6m，车间总长 48m，无天窗。设有 2 台 20/5t 软钩吊车，工作级别 A5 级，轨顶标高+9.000。采用钢屋盖、预制钢筋混凝土柱、预制钢筋混凝土吊车梁和柱下独立基础。屋面不上人。室内地坪标高为±0.000，室外地坪标高为−0.150，基础顶面离室外地坪为 1.0m。纵向维护墙为支撑在基础梁上的自承重空心砖砌体墙，厚 240mm，双面粉刷，排架柱外侧伸出拉结筋与其相连。

当地的基本风压值 $W_0=0.40kN/m^2$，地面粗糙类别为 B 类；基本雪压 $0.3kN/m^2$，雪荷载的准永久值系数 $\psi_q=0.5$；地基承载力特征值为 $165kN/m^2$。不考虑抗震设防。

10.2.2 构件选型及柱截面尺寸

该单层厂房的钢屋盖采用图 10-2 所示的 24m 钢桁架，其端部高度为 1.2m，中央高度为 2.4m，屋面坡度为 1/12。钢檩条长 6m，屋面板采用彩色钢板，厚 4mm。

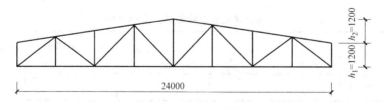

图 10-2 24m 钢桁架

预制钢筋混凝土吊车梁采用标准图 G323（二），其中间跨 DL-9Z，边跨 DL-9B，梁高 $h_b=1.2m$。轨道连接采用标准图集 G325（二）。

取轨道顶面至吊车梁顶面的距离 $h_a=0.2m$，则

牛腿顶面标高=轨道标高−h_b−h_a=9−1.2−0.2=+7.600m

由 5～50/5t 一般用途电动桥式起重机基本参数和尺寸系列（ZQ1-62）查得，吊车轨顶至吊车顶部的高度为 2.3m，考虑屋架下弦至吊车顶部所需空隙高度为 220mm，故

柱顶标高= 9+2.3+0.22=+11.520m

基础顶面离室外地坪为 1.0m，则

$$基础顶面至室内地坪的高度＝1.0＋0.15＝1.15m$$

故从基础顶面算起柱高 H、上部柱高 H_u、下部柱高 H_l 分别为

$$H＝11.52＋1.15＝12.67m；$$
$$H_u＝11.52－7.6＝3.92m；$$
$$H_l＝12.67－3.92＝8.75m。$$

根据柱的高度、吊车起重量及工作级别等条件，可由 6m 柱距单层厂房矩形、Ⅰ形截面柱截面尺寸限制表及吊车工作级别为 A4、A5 时柱截面形式和尺寸参考表确定的柱截面形式和尺寸为

上部柱采用矩形截面 $b×h＝400mm×400mm$

下部柱采用Ⅰ型截面 $b_f×h×b×h_f＝400mm×900mm×100mm×150mm$

10.2.3 计算单元及其计算简图

10.2.3.1 定位轴线

对于起重量为 20/5t、工作级别为 A5 级的吊车，由 5～50/5t 一般用途电动桥式起重机基本参数和尺寸系列（ZQ1-62）查得轨道中心线至吊车端部的距离 $B_1＝260mm$；吊车桥架外边缘至上柱内边缘的净空宽度，一般取 $B_2≥80mm$；封闭的纵向定位轴线至上柱内边缘的距离 $B_3＝400mm$。故

$$B_1＋B_2＋B_3＝260＋80＋400＝740mm＜750mm$$

则符合要求。

故取封闭的定位轴线Ⓐ、Ⓑ都分别与左、右外纵墙内皮重合。

10.2.3.2 计算单元

由于该厂房在工艺上没有特殊要求，结构布置均匀，除吊车荷载外，荷载在纵向的分布是均匀的，故可取一榀横向排架为计算单元，计算单元的宽度为纵向相邻柱间距中心线之间的距离，即 $B＝6.0m$，如图 10-3（a）所示。

10.2.3.3 计算简图

排架的计算简图示于图 10-3（b）。

10.2.4 荷载计算

10.2.4.1 永久荷载

（1）屋盖恒荷载

近似取屋盖恒荷载标准值为 1.2 kN/m²，则作用在柱顶的屋盖结构自重标准值为

$$G_1＝1.2×12×6＝86.40kN$$

作用于上部柱中心线外侧 $e_1＝50mm$ 处。

（2）吊车梁及其轨道自重标准值

吊车梁自重标准值为 39.5kN/根，轨道连接自重标准为 0.8kN/m，故作用在牛腿顶截面处的吊车梁和轨道连接的恒荷载标准值为

$$G_3＝39.5＋6×0.8＝44.30kN$$

（3）柱自重标准值

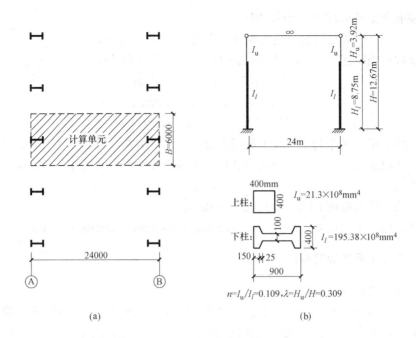

(a)   (b)

图 10-3 计算单元与计算简图

上部柱自重标准值为 4.0kN/m，故作用在牛腿顶面处的上部柱恒荷载标准值为

$$G_4 = 3.92 \times 4.0 = 15.68 \text{kN}$$

下部柱自重标准值为 4.96kN/m，故作用在牛腿顶面处的下部柱恒荷载标准值为

$$G_5 = 8.75 \times 4.96 = 43.40 \text{kN}$$

以上永久荷载作用位置如图 10-4 所示。

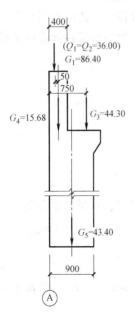

图 10-4 永久荷载
作用位置图

10.2.4.2 屋面可变荷载

由《荷载规范》查得屋面活荷载标准值为 0.5kN/m²，比屋面雪荷载标准值 0.3 kN/m² 大，故仅按屋面均布活荷载计算。积灰荷载标准值为 0.5 kN/m²。则作用于柱顶的屋面活荷载标准值为

$$Q_1 = 0.5 \times 6 \times 12 = 36.00 \text{kN}$$

作用于柱顶的屋面积灰荷载标准值为

$$Q_2 = 0.5 \times 6 \times 12 = 36.00 \text{kN}$$

Q_1、Q_2 作用于上部柱中心线外侧 $e_1 = 50 \text{mm}$ 处。

10.2.4.3 吊车荷载

吊车跨度 $L_k = 24 - 2 \times 0.75 = 22.5 \text{m}$

对起重量为 20/5t，$L_k = 22.5 \text{m}$ 时的吊车，查表 5~50/5t 一般用途电动桥式起重机基本参数和尺寸系列（ZQ1-62）得最大轮压标准值 $P_{\max,k}$、最小轮压标准值 $P_{\min,k}$、小车自重标准值 Q_{1k} 以及与吊车额定起重量相对应的重力标准值 Q_k：

$$P_{\max,k} = 215 \text{kN}, P_{\min,k} = 45 \text{kN}, Q_{1k} = 75 \text{kN}, Q_k = 200 \text{kN}$$

并查的吊车宽度 B 和轮距 K：

$$B=5.55\text{m}, K=4.40\text{m}$$

根据 B 及 K，可算得吊车梁支座反力影响线中各轮压对应点的竖向坐标值，如图 10-5 所示，据此可求得吊车作用于柱上的吊车荷载。

（1）吊车竖向荷载

由图 10-5 所示的吊车梁支座反力影响线可得吊车竖向荷载标准值

$$\begin{aligned}
D_{\max,k} &= \beta P_{\max,k} \sum y_i \\
&= 0.9 \times 215 \times (1+0.808+0.267+0.075) \\
&= 416.03\text{kN} \\
D_{\min,k} &= \beta P_{\min,k} \sum y_i \\
&= 0.9 \times 45 \times (1+0.808+0.267+0.075) \\
&= 96.75\text{kN}
\end{aligned}$$

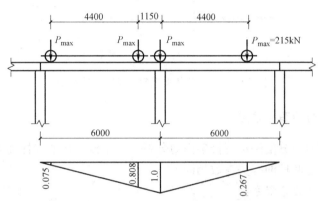

图 10-5　吊车荷载作用下支座反力影响线

（2）吊车横向水平荷载

作用于每一个轮子上的吊车横向水平制动力为

$$T=\frac{1}{4}\alpha(Q_k+Q_{1k})=\frac{1}{4}\times 0.1\times(200+75)=6.875\text{kN}$$

同时作用于吊车两端每个排架柱上的吊车横向水平荷载标准值为

$$T_{\max}=\beta T\sum y_i=0.9\times 6.875\times(1+0.808+0.267+0.075)=13.30\text{kN}$$

10.2.4.4　风荷载

当地的基本风压值 $W_0=0.40\text{kN/m}^2$，地面粗糙类别为 B 类，$\beta_z=1.0$，根据厂房各部分标高，由《荷载规范》表 8.2.1 查得风压高度变化系数 μ_z 为

柱顶（标高 11.67m）　　　　　　$\mu_z=1.05$

檐口（标高 12.87m）　　　　　　$\mu_z=1.08$

柱顶（标高 14.07m）　　　　　　$\mu_z=1.11$

由《荷载规范》表 8.3.1 查得风荷载体形系数 μ_s 如图 10-6（a）所示。

则排架迎风面及背风面的风荷载标准值分别为

$$w_{1k}=\beta_z\mu_{s1}\mu_z w_0=1.0\times 0.8\times 1.05\times 0.40=0.336\ \text{kN/m}^2$$

$$w_{2k}=\beta_z\mu_{s2}\mu_z w_0=1.0\times 0.5\times 1.05\times 0.40=0.210\ \text{kN/m}^2$$

则作用于排架计算简图［图 10-6（b）］上的风荷载标准值为

257

$$q_1 = 0.336 \times 6.0 = 2.016 \text{kN/m}$$

$$q_2 = 0.210 \times 6.0 = 1.260 \text{kN/m}$$

作用在柱顶处的集中风荷载标准值 F_w

$$F_w = [(\mu_{s1} + \mu_{s2})\mu_z h_1 + (\mu_{s3} + \mu_{s4})\mu_z h_2] \beta_z w_0 B$$

$$= [(0.8 + 0.5) \times 1.08 \times 1.2 + (0.5 - 0.6) \times 1.11 \times 1.2]$$

$$\times 1.0 \times 0.40 \times 6.0 = 3.72 \text{ kN}$$

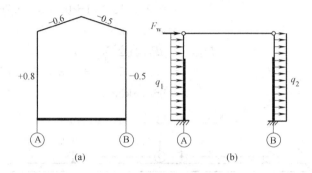

图 10-6 风荷载体型系数及排架计算简图

10.2.5 排架内力分析有关系数

等高排架可用剪力分配法进行排架内力分析。由于该厂房的Ⓐ柱和Ⓑ柱的柱高、截面尺寸等均相同，故这两柱的有关参数相同。

10.2.5.1 柱剪力分配系数

柱剪力分配系数 表 10-9

柱号	$n = I_u/I_l$ $\lambda = H_u/H$	$C_0 = 3/[1 + \lambda^3(1/n - 1)]$ $\delta = H^3/C_0 E I_l$	$\eta_i = \dfrac{1/\delta_i}{\sum 1/\delta_i}$
Ⓐ、Ⓑ柱	$n = 0.109$ $\lambda = 0.309$	$C_0 = 2.417$ $\delta_A = \delta_B = 0.212 \times 10^{-10} \dfrac{H^3}{E}$	$\eta_A = \eta_B = 0.5$

10.2.5.2 单阶变截面柱柱顶反力系数

单阶变截面柱柱顶反力系数 表 10-10

简　图	柱顶反力系数	Ⓐ柱和Ⓑ柱
	$C_1 = \dfrac{3}{2} \dfrac{1 - \lambda^2\left(1 - \dfrac{1}{n}\right)}{1 + \lambda^3\left(\dfrac{1}{n} - 1\right)}$	2.15

258

简　　图	柱顶反力系数	Ⓐ柱和Ⓑ柱
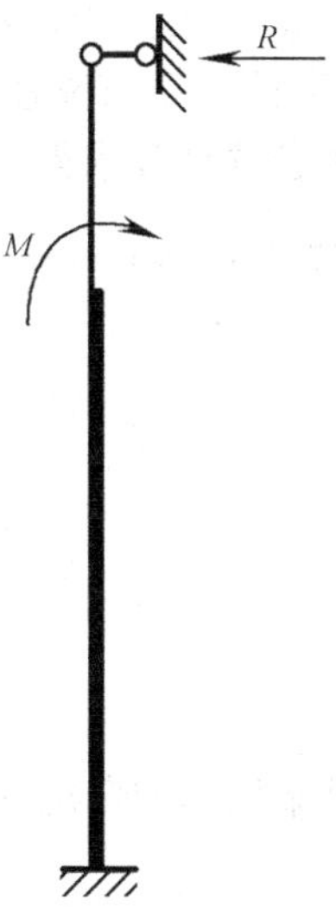	$C_3=\dfrac{3}{2}\,\dfrac{1-\lambda^2}{1+\lambda^3\left(\dfrac{1}{n}-1\right)}$	1.09
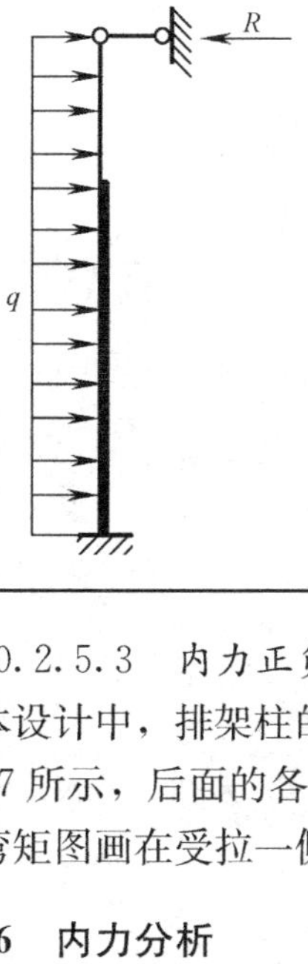	$C_{11}=\dfrac{3}{8}\,\dfrac{1+\lambda^4\left(\dfrac{1}{n}-1\right)}{1+\lambda^3\left(\dfrac{1}{n}-1\right)}$	0.325

10.2.5.3　内力正负号规定

本设计中，排架柱的弯矩、剪力和轴力的正负号规定如图 10-7 所示，后面的各弯矩图和柱底剪力图均未标出正负号，弯矩图画在受拉一侧，柱底剪力按实际方向标出。

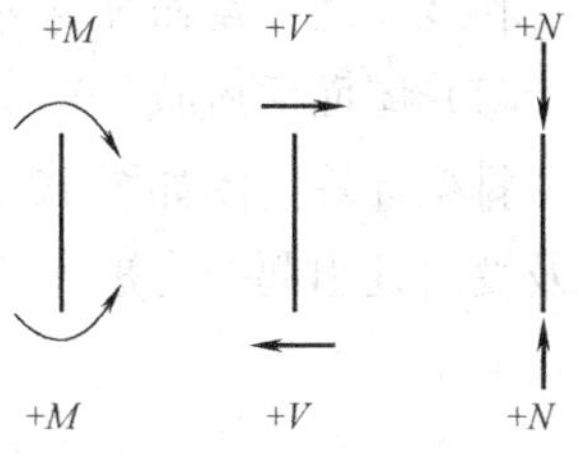

10.2.6　内力分析

内力分析时所取的荷载值都是标准值，故得到的内力值都是内力的标准值。

图 10-7　内力正负号规定

10.2.6.1　永久荷载作用下排架内力分析

永久荷载作用下排架的计算简图如图 10-8（a）所示。图中的重力荷载 F 及力矩 M 根据图 10-4 确定，即

$$F_1=G_1=86.40\text{kN}$$

$$F_2=G_3+G_4=44.30+15.68=59.98\text{kN}$$

$$F_3 = G_5 = 43.40\text{kN}$$

$$M_1 = F_1 e_1 = 86.40 \times 0.05 = 4.32\text{kN}$$

$$M_2 = (F_1 + G_4)e_0 - G_3 e_3 = (86.40 + 15.68) \times 0.25 - 44.30 \times 0.3 = 12.23\text{kN}$$

由于该排架为单跨结构，且排架结构无侧移，故各柱可按柱定位不动铰支座计算内力。由表 10-10 计算柱顶反力系数。柱不动铰支座反力 R_i 可按下列公式计算求得，即

$$R_A = \frac{M_1}{H}C_1 + \frac{M_2}{H}C_3 = \frac{4.32 \times 2.15 + 12.23 \times 1.09}{12.67} = 1.79\text{kN}(\rightarrow)$$

$$R_B = -1.79\text{kN}(\leftarrow)$$

则排架柱顶不动铰支座总反力为

$$R = R_A + R_B = 1.79 - 1.79\text{kN} = 0$$

则可计算出相应柱顶剪力，即

$$V_A = R_A - \eta_A R = 1.79\text{kN}(\rightarrow)$$

$$V_B = R_B - \eta_B R = -1.79\text{kN}(\leftarrow)$$

柱各截面的轴力为该截面以上重力荷载之和。恒荷载作用下排架柱Ⓐ的弯矩图、轴力图和柱底剪力图分别见图 10-8 (b) 及 10-8 (c)。

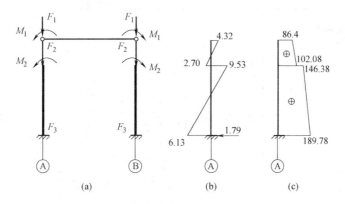

图 10-8 恒荷载作用下排架内力图

10.2.6.2 屋面可变荷载作用下排架内力分析

(1) 屋面活荷载

排架计算简图如图 10-9 (a) 所示，屋架传至柱顶的集中荷载 $Q_1 = 36.00\text{kN}$，它在柱顶及变阶处引起的力矩分别为

$$M_{1A} = 36.00 \times 0.05 = 1.80\text{kN} \cdot \text{m}$$

$$M_{2A} = 36.00 \times 0.25 = 9.00\text{kN} \cdot \text{m}$$

则可求得柱顶不动铰支座反力 R_i，即

$$R_A = \frac{M_{1A}}{H}C_1 + \frac{M_{2A}}{H}C_3 = \frac{1.80 \times 2.15 + 9.00 \times 1.09}{12.67} = 1.08\text{kN}(\rightarrow)$$

$$R_B = -1.08\text{kN}(\leftarrow)$$

则排架柱顶不动铰支座总反力为

$$R = R_A + R_B = 1.08 - 1.08\text{kN} = 0$$

则可计算出相应柱顶剪力，即

260

$$V_A = R_A - \eta_A R = 1.08\text{kN}(\rightarrow)$$

$$V_B = R_B - \eta_B R = -1.08\text{kN}(\leftarrow)$$

活荷载作用下排架柱Ⓐ的弯矩图、轴力图和柱底剪力图分别见图10-9（b）及图10-9（c）。

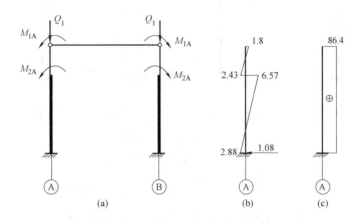

图10-9 屋面活荷载作用下排架内力图

（2）积灰荷载同活荷载

10.2.6.3 吊车荷载作用下排架内力分析（不考虑厂房整体空间工作）

（1）D_{max}作用于Ⓐ柱

计算简图如图10-10（a）所示，其中吊车竖向荷载D_{max}、D_{min}在牛腿顶面处引起的力矩分别为

$$M_A = D_{max}e_3 = 416.03 \times 0.3 = 124.81\text{kN} \cdot \text{m}$$

$$M_B = D_{min}e_3 = 96.75 \times 0.3 = 29.03\text{kN} \cdot \text{m}$$

柱顶不动铰支座反力R_i分别为

$$R_A = -\frac{M_A}{H}C_3 = -\frac{124.81 \times 1.09}{12.67} = -10.74\text{kN}(\leftarrow)$$

$$R_B = \frac{M_B}{H}C_3 = \frac{29.03 \times 1.09}{12.67} = 2.50\text{kN}(\rightarrow)$$

$$R = R_A + R_B = -10.74 + 2.50 = -8.24\text{kN}(\leftarrow)$$

排架各柱顶剪力分别为

$$V_A = R_A - \eta_A R = -10.74 + 0.5 \times 8.24 = -6.62\text{kN}(\leftarrow)$$

$$V_B = R_B - \eta_B R = 2.05 + 0.5 \times 8.24 = 6.17\text{kN}(\rightarrow)$$

排架Ⓐ柱的弯矩图、轴力图及柱底剪力图如图10-10（b）和图10-10（c）所示。

（2）D_{max}作用于Ⓑ柱

计算简图如图10-11（a）所示，其中吊车竖向荷载D_{max}、D_{min}在牛腿顶面处引起的力矩分别为

$$M_A = D_{min}e_3 = 96.75 \times 0.3 = 29.03\text{kN} \cdot \text{m}$$

$$M_B = D_{max}e_3 = 416.03 \times 0.3 = 124.81\text{kN} \cdot \text{m}$$

柱顶不动铰支座反力R_i分别为

$$R_A = \frac{M_A}{H}C_3 = \frac{29.03 \times 1.09}{12.67} = -2.50\text{kN}(\leftarrow)$$

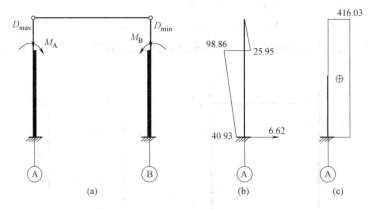

图 10-10　$D_{\max}$ 作用于 Ⓐ 柱排架内力图

$$R_{\mathrm{B}}=\frac{M_{\mathrm{B}}}{H}C_3=\frac{124.81\times1.09}{12.67}=10.74\mathrm{kN}(\rightarrow)$$

$$R=R_{\mathrm{A}}+R_{\mathrm{B}}=10.74-2.50=8.24\mathrm{kN}(\rightarrow)$$

排架各柱顶剪力分别为

$$V_{\mathrm{A}}=R_{\mathrm{A}}-\eta_{\mathrm{A}}R=-2.05-0.5\times8.24=-6.17\mathrm{kN}\ (\leftarrow)$$

$$V_{\mathrm{B}}=R_{\mathrm{B}}-\eta_{\mathrm{B}}R=10.74-0.5\times8.24=6.62\mathrm{kN}(\rightarrow)$$

排架Ⓐ柱的弯矩图、轴力图及柱底剪力图如图 10-11 （b） 和图 10-11 （c） 所示。

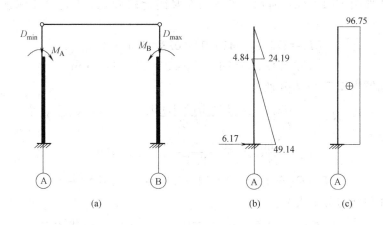

图 10-11　$D_{\max}$ 作用于 Ⓑ 柱排架内力图

（3）$T_{\max}$ 作用于排架柱

当 AB 跨作用于吊车横向水平荷载时，排架计算简图如图 10-12 （a） 所示。

$T_{\max}$ 至牛腿顶面的距离为 $9-7.6=1.4\mathrm{m}$

$T_{\max}$ 至柱底的距离为 $9+0.15+1.0=10.15\mathrm{m}$

因Ⓐ柱与Ⓑ柱相同，受力也相同，故柱顶水平位移相同，没有柱顶水平剪力，故Ⓐ柱的内力图如图 10-12 （b） 所示。

10.2.6.4　风荷载作用下排架内力分析

左吹风时，排架计算简图如图 10-13 （a） 所示

柱顶不动铰支座反力 R_{A}、R_{B} 及总反力 R 分别为

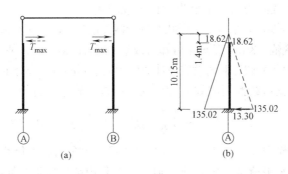

图 10-12 T_{max} 作用时排架内力图

$$R_A = -q_1 HC_{11} = -2.016 \times 12.67 \times 0.325 = -8.30 \text{kN}(\leftarrow)$$
$$R_B = -q_2 HC_{11} = -1.26 \times 12.67 \times 0.325 = -5.19 \text{kN}(\leftarrow)$$
$$R_A + R_B + F_W = -8.30 - 5.19 - 3.72 = -17.21 \text{kN}(\leftarrow)$$

各柱顶剪力分别为

$$V_A = R_A - \eta_A R = -8.30 + 0.5 \times 17.21 = 0.31 \text{kN}(\rightarrow)$$
$$V_B = R_B - \eta_B R = -5.19 + 0.5 \times 17.21 = 3.42 \text{kN}(\rightarrow)$$

同理可得右风吹时，排架的反力及内力。则左风、右风时，排架柱Ⓐ的内力图分别如图 10-13（b）和图 10-14（b）所示。

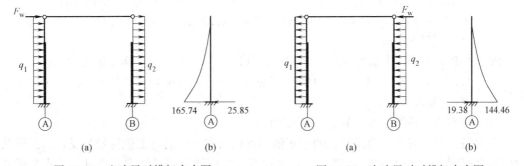

图 10-13　左吹风时排架内力图　　　　　图 10-14　右吹风时时排架内力图

10.2.7　内力组合

以Ⓐ柱内力组合为例。控制截面分别取上柱底部截面Ⅰ-Ⅰ、牛腿顶截面Ⅱ-Ⅱ和下柱底截面Ⅲ-Ⅲ。表 10-11 为各种荷载作用下Ⓐ柱各控制截面的内力标准值汇总表。表中控制截面及正号内力方向如表 10-11 中的例图所示。

在每种荷载效应组合中，对矩形和Ⅰ型截面柱均应考虑以下四种组合，即

（1）$+M_{max}$ 及相应的 N、V；

（2）$-M_{max}$ 及相应的 N、V；

（3）N_{max} 及相应的 M、V；

（4）N_{min} 及相应的 M、V；

由于本设计不考虑抗震设防，对柱截面一般不需进行抗剪承载力计算。故除下柱底截面 Ⅲ-Ⅲ 外，其他截面的不利内力组合未给出所对应的剪力值。

对柱进行裂缝宽度验算和基础地基承载力计算时，需分别采用荷载效应的准永久组合和标准组合。表 10-12～表 10-14 为Ⓐ柱荷载效应的基本组合、相应的标准组合和准永久组合。

下面以Ⓐ柱Ⅰ-Ⅰ截面的内力组合为例详细说明其过程。

对于Ⓐ柱Ⅰ-Ⅰ截面需要按其承载力极限状态进行截面设计，故其荷载效应组合应采用荷载的基本组合。由《荷载规范》3.2.3条规定可知荷载基本组合的效应设计值 S_d 应从由可变荷载控制的效应设计值和由永久荷载控制的效应设计值取用最不利的效应设计值确定。

10.2.7.1　由可变荷载控制的效应设计值，应按下式进行计算：

$$S_d = \sum_{j=1}^{m} \gamma_{Gj} S_{Gjk} + \gamma_{Q1} \gamma_{L1} S_{Q1k} + \sum_{i=2}^{n} \gamma_{Qi} \gamma_{Li} \psi_{ci} S_{Qik}$$

由内力分析可知作用在Ⓐ柱Ⅰ-Ⅰ截面上的荷载有永久荷载、屋面活荷载、积灰荷载、吊车竖向荷载、吊车水平荷载、风荷载。则由《荷载规范》3.2.4条规定可知永久荷载分项系数即 $\gamma_G=1.2$，可变荷载分项系数即 $\gamma_Q=1.4$；该厂房设计使用年限为50年，则由3.2.5条规定可知调整系数 $\gamma_L=1.0$；由5.3.1条规定可知不上人屋面活荷载组合值系数 $\psi_c=0.7$；由5.4.1条规定可知屋面积灰荷载组合值系数 $\psi_c=0.9$；该厂房吊车工作级别为A5，由6.4.1条规定可知吊车荷载的组合值系数 $\psi_c=0.7$；由8.1.4条规定可知风荷载的组合值系数为0.6。

由表10-11可知各种荷载单独作用下Ⓐ柱Ⅰ-Ⅰ截面的内力标准值，则由可变荷载控制的Ⅰ-Ⅰ截面四种组合结果分别如下：

(1) 考虑第一种组合即 $+M_{max}$ 及相应的 N

$M_{max}=1.2×①+1.4×1.0×(⑥+0.7×②+0.9×③+0.7×⑤+0.6×⑧)$

$\quad\quad=1.2×2.70+1.4×1.0×[18.62+0.7×2.43+0.9×2.43+0.7×(-24.19)+0.6×16.7]$

$\quad\quad=25.07\text{kN·m}$

$N=1.2×①+1.4×1.0×(⑥+0.7×②+0.9×③+0.7×⑤+0.6×⑧)$

$\quad\quad=1.2×102.08+1.4×1.0×(0+0.7×86.4+0.9×86.4+0.7×0+0.6×0)$

$\quad\quad=316.03\text{kN}$

(2) 考虑第二种组合即 $-M_{max}$ 及相应的 N

在此组合中，有永久荷载产生的弯矩值同其他荷载产生的弯矩值符号相反，对此荷载效应组合有利，由《荷载规范》3.2.4条规定当永久荷载效应对结构有利时，其永久荷载分项系数取值不应大于1.0，故此组合中取 $\gamma_G=1.0$。下文中取 $\gamma_G=1.0$ 同此处。

$-M_{max}=①+1.4×1.0×(④+0.7×⑦+0.6×⑨)$

$\quad\quad=2.70+1.4×1.0×[-25.95+0.7×(-18.62)+0.6×(-23.09)]$

$\quad\quad=-71.27\text{kN·m}$

$\quad\quad N=①+1.4×1.0×(④+0.7×⑦+0.6×⑨)$

$\quad\quad\quad=102.08+1.4×1.0×(0+0.7×0+0.6×0)$

$\quad\quad\quad=102.08\text{kN}$

(3) 考虑第三种组合即 N_{max} 及相应的 M

$M=1.2×①+1.4×1.0×(②+0.9×③+0.7×④+0.7×⑦+0.6×⑨)$

$\quad\quad=2.70+1.4×1.0×[2.43+0.9×2.43+0.7×(-25.95)+0.7×$

$\quad\quad(-18.62)+0.6×(-23.09)]=-53.37\text{kN·m}$

$N_{max}=1.2×①+1.4×1.0×(②+0.9×③+0.7×④+0.7×⑦+0.6×⑨)$

$\quad\quad=102.08+1.4×1.0×(86.4+0.9×86.4+0.7×0+0.7×0+0.6×0)$

$\quad\quad=352.32\text{kN}$

（4）考虑第四种组合即 $N_{\min}$ 及相应的 M

$$M = ① + 1.4 \times 1.0 \times (④ + 0.7 \times ⑦ + 0.6 \times ⑨)$$
$$= 2.70 + 1.4 \times 1.0 \times [-25.95 + 0.7 \times (-18.62) + 0.6 \times (-23.09)]$$
$$= -71.27 \text{kN} \cdot \text{m}$$
$$N_{\min} = ① + 1.4 \times 1.0 \times (④ + 0.7 \times ⑦ + 0.6 \times ⑨)$$
$$= 102.08 + 1.4 \times 1.0 \times (0 + 0.7 \times 0 + 0.6 \times 0)$$
$$= 102.08 \text{kN}$$

10.2.7.2 由永久荷载控制的效应设计值，应按下式进行计算：

$$S_{\mathrm{d}} = \sum_{j=1}^{m} \gamma_{\mathrm{G}j} S_{\mathrm{G}jk} + \sum_{i=1}^{n} \gamma_{\mathrm{Q}i} \gamma_{\mathrm{L}i} \psi_{ci} S_{\mathrm{Q}ik}$$

由内力分析可知作用在Ⓐ柱Ⅰ-Ⅰ截面上的荷载有永久荷载、屋面活荷载、积灰荷载、吊车竖向荷载、吊车水平荷载、风荷载。则由《荷载规范》3.2.4条规定可知永久荷载分项系数即 $\gamma_{\mathrm{G}} = 1.35$，可变荷载分项系数即 $\gamma_{\mathrm{Q}} = 1.4$；调整系数 γ_{L}、不上人屋面活荷载组合值系数、屋面积灰荷载组合值系数、吊车荷载组合值系数、风荷载组合值系数取值同10.2.7.1。

由表10-11可知各种荷载单独作用下Ⓐ柱Ⅰ-Ⅰ截面的内力标准值，则由永久荷载控制的Ⅰ-Ⅰ截面四种组合结果分别如下：

（1）考虑第一种组合即 $+M_{\max}$ 及相应的 N

$$M_{\max} = 1.35 \times ① + 1.4 \times 1.0 \times (0.7 \times ② + 0.9 \times ③ + 0.7 \times ⑤ + 0.7 \times ⑥ + 0.6 \times ⑧)$$
$$= 1.35 \times 2.70 + 1.4 \times 1.0 \times [0.7 \times 2.43 + 0.9 \times 2.43 + 0.7 \times (-24.19) + 0.7 \times 18.62 + 0.6 \times 16.7]$$
$$= 17.66 \text{kN} \cdot \text{m}$$
$$N = 1.35 \times ① + 1.4 \times 1.0 \times (0.7 \times ② + 0.9 \times ③ + 0.7 \times ⑤ + 0.7 \times ⑥ + 0.6 \times ⑧)$$
$$= 1.35 \times 102.08 + 1.4 \times 1.0 \times (0.7 \times 86.4 + 0.9 \times 86.4 + 0.7 \times 0 + 0.7 \times 0 + 0.6 \times 0)$$
$$= 331.34 \text{kN}$$

（2）考虑第二种组合即 $-M_{\max}$ 及相应的 N

$$-M_{\max} = ① + 1.4 \times 1.0 \times (0.7 \times ④ + 0.7 \times ⑦ + 0.6 \times ⑨)$$
$$= 2.70 + 1.4 \times 1.0 \times [0.7 \times (-25.95) + 0.7 \times (-18.62) + 0.6 \times (-23.09)]$$
$$= -60.37 \text{kN} \cdot \text{m}$$
$$N = ① + 1.4 \times 1.0 \times (0.7 \times ④ + 0.7 \times ⑦ + 0.6 \times ⑨)$$
$$= 102.08 + 1.4 \times 1.0 \times (0.7 \times 0 + 0.7 \times 0 + 0.6 \times 0)$$
$$= 102.08 \text{kN}$$

（3）考虑第三种组合即 $N_{\max}$ 及相应的 M

$$M = 1.35 \times ① + 1.4 \times 1.0 \times (0.7 \times ② + 0.9 \times ③ + 0.7 \times ④ + 0.7 \times ⑦ + 0.6 \times ⑨)$$
$$= 1.35 \times 2.70 + 1.4 \times 1.0 \times [0.7 \times 2.43 + 0.9 \times 2.43 + 0.7 \times (-25.95) + 0.7 \times (-18.62) + 0.6 \times (-23.09)]$$
$$= -53.99 \text{kN} \cdot \text{m}$$
$$N_{\max} = 1.35 \times ① + 1.4 \times 1.0 \times (0.7 \times ② + 0.9 \times ③ + 0.7 \times ④ + 0.7 \times ⑦ + 0.6 \times ⑨)$$
$$= 1.35 \times 102.08 + 1.4 \times 1.0 \times (0.7 \times 86.4 + 0.9 \times 86.4 + 0.7 \times 0 + 0.7 \times 0 + 0.6 \times 0)$$
$$= 331.34 \text{kN}$$

(4) 考虑第四种组合即 N_{min} 及相应的 M

$$M=①+1.4×1.0×(0.7×④+0.7×⑦+0.6×⑨)$$
$$=2.70+1.4×1.0×[0.7×(-25.95)+0.7×(-18.62)+0.6×(-23.09)]$$
$$=-60.37kN \cdot m$$

$$N_{min}=①+1.4×1.0×(0.7×④+0.7×⑦+0.6×⑨)$$
$$=102.08+1.4×1.0×(0.7×0+0.7×0+0.6×0)$$
$$=102.08kN$$

10.2.7.3 对柱进行裂缝宽度验算时需采用荷载效应的准永久组合,即

$$S_d = \sum_{j=1}^{m} S_{Gjk} + \sum_{i=1}^{n} \psi_{qi} S_{Qik}$$

由内力分析可知作用在Ⓐ柱Ⅰ-Ⅰ截面上的荷载有永久荷载、屋面活荷载、积灰荷载、吊车竖向荷载、吊车水平荷载、风荷载。则由《荷载规范》5.3.1 条规定可知不上人屋面的屋面活荷载的准永久值系数即 $\psi_q=0$;由 5.4.1 条规定可知积灰荷载的准永久值系数即 $\psi_q=0.8$;由 6.4.1 条规定可知厂房吊车工作级别为 A5 的吊车荷载的准永久值系数即 $\psi_q=0.6$;由 8.1.4 条规定可知风荷载的准永久值系数即 $\psi_q=0$。

由表 10-11 可知各种荷载单独作用下Ⓐ柱Ⅰ-Ⅰ截面的内力标准值,则采用准永久组合的Ⅰ-Ⅰ截面四种组合结果分别如下:

(1) 考虑第一种组合即 $+M_{max}$ 及相应的 N
$$M_q=①+0.8×③=2.70+0.8×2.43=4.64kN \cdot m$$
$$N_q=①+0.8×③=102.08+0.8×86.4=171.20kN$$

(2) 考虑第二种组合即 $-M_{max}$ 及相应的 N
$$M_q=①+0.6×④+0.6×⑦=2.70+0.6×(-25.95)+0.6×(-18.62)=-24.04kN \cdot m$$
$$N_q=①+0.6×④+0.6×⑦=102.08+0.6×0+0.6×0=102.08kN$$

(3) 考虑第三种组合即 N_{max} 及相应的 M
$$M_q=①+0.8×③+0.6×④+0.6×⑦$$
$$=2.70+0.8×2.43+0.6×(-25.95)+0.6×(-18.62)$$
$$=-22.10kN \cdot m$$

$$N_q=①+0.8×③+0.6×④+0.6×⑦$$
$$=102.08+0.9×86.4+0.7×0+0.7×0$$
$$=171.20kN$$

(4) 考虑第四种组合即 N_{min} 及相应的 M
$$M_q=①+0.6×④+0.6×⑦$$
$$=2.70+0.6×(-25.95)+0.6×(-18.62)$$
$$=-24.04kN \cdot m$$

$$N_q=①+0.6×④+0.6×⑦$$
$$=102.08+0.6×0+0.6×0$$
$$=102.08kN$$

以上为Ⓐ柱Ⅰ-Ⅰ截面的内力组合,然后根据柱的大小偏心情况来判断Ⅰ-Ⅰ截面的最不利内力组合进行截面设计。Ⓐ柱其他控制截面的内力组合过程与Ⅰ-Ⅰ截面类似,此处省略,其组合结果见表 10-12～表 10-14。

各种荷载单独作用下Ⓐ柱各控制截面内力标准值汇总表

表 10-11

荷载类别	永久荷载效应 S_{Gk}	屋面可变荷载效应 S_{Qk}		吊车竖向荷载效应 S_{Qk}		吊车水平荷载效应 S_{Qk}		风荷载效应 S_{Qk}	
		屋面活荷载	积灰荷载	D_{max}作用在Ⓐ柱	D_{max}作用在Ⓑ柱	向右	向左	左风	右风
序号	①	②	③	④	⑤	⑥	⑦	⑧	⑨
Ⅰ-Ⅰ M_k	2.70	2.43	2.43	−25.95	−24.19	18.62	−18.62	16.7	−23.09
Ⅰ-Ⅰ N_k	102.08	86.4	86.4	0	0	0	0	0	0
Ⅱ-Ⅱ M_k	−9.53	−6.57	−6.57	98.86	4.84	18.62	−18.62	16.7	−23.09
Ⅱ-Ⅱ N_k	146.38	86.4	86.4	416.03	96.75	0	0	0	0
Ⅲ-Ⅲ M_k	6.13	2.88	2.88	40.93	−49.14	135.02	−135.02	165.74	−144.46
Ⅲ-Ⅲ N_k	189.78	86.4	86.4	416.03	96.75	0	0	0	0
Ⅲ-Ⅲ V_k	1.79	1.08	1.08	−6.62	−6.17	13.30	−13.30	25.85	−19.38

弯矩图及柱底截面内力数值（弯矩图）：

① 4.32 / 9.53 / 1.79 / 2.70 / 6.13

② 1.8 / 6.57 / 2.43 / 1.08 / 2.88

③ 1.8 / 6.57 / 2.43 / 1.08 / 2.88

④ 98.86 / 25.95 / 6.62 / 40.93

⑤ 4.84 / 24.19 / 6.17 / 49.14

⑥ 18.62 / 135.02 / 13.30

⑦ 18.62 / 13.30 / 135.02

⑧ 165.74 / 25.85 / 16.7

⑨ 19.38 / 144.46 / 23.09

控制截面及正向内力示意图：
Ⅰ/Ⅱ（顶部），Ⅲ/Ⅴ，Ⅰ/Ⅱ，Ⅲ/Ⅲ，M，N

注：M 单位为 kN·m，N 单位为 kN，V 单位为 kN。

267

①柱荷载效应组合表（一）　　　　　　　　　　　　　表 10-12

基本组合: $S_d = \sum_{j=1}^{m}\gamma_{Gj}S_{Gjk} + \gamma_{Q1}\gamma_{L1}S_{Q1k} + \sum_{i=2}^{n}\gamma_{Qi}\gamma_{Li}\psi_{ci}S_{Qik}$；标准组合: $S_d = \sum_{j=1}^{m}S_{Gjk} + S_{Q1k} + \sum_{i=2}^{n}\psi_{ci}S_{Qik}$

截面	内力	$+M_{max}$ 及相应 N,V	$-M_{max}$ 及相应 N,V	N_{max} 及相应 M,V	N_{min} 及相应 M,V
I-I	组合	1.2×①+1.4×1.0×(⑥+0.7×②+0.9×③+0.7×⑤+0.6×⑧)	①+1.4×1.0×(④+0.7×⑦+0.6×⑨)	1.2×①+1.4×1.0×(②+0.9×③+0.7×④+0.7×⑦+0.6×⑨)	①+1.4×1.0×(④+0.7×⑦+0.6×⑨)
	M	25.07	−71.27	−53.37	−71.27
	N	316.03	102.08	352.32	102.08
II-II	组合	①+1.4×1.0×(④+0.7×⑥+0.6×⑧)	①+1.4×1.0×(⑨+0.7×②+0.9×③+0.7×⑥+0.7×⑦)	1.2×①+1.4×1.0×(④+0.7×②+0.9×③+0.7×⑥+0.6×⑧)	①+1.4×1.0×⑨
	M	161.15	−71.98	144.53	−41.86
	N	728.82	464.01	951.63	146.38
III-III	组合	1.2×①+1.4×1.0×(⑧+0.7×②+0.9×③+0.7×④+0.7×⑥)	①+1.4×1.0×(⑨+0.7×⑤+0.7×⑦)	1.2×①+1.4×1.0×(④+0.7×②+0.9×③+0.7×⑥+0.6×⑧)	①+⑧
	M	418.27	−376.59	342.65	238.17
	N	828.98	284.60	1003.71	189.78
	V	47.30	−44.42	30.05	37.98
	M_k	299.64	−267.24	245.63	171.87
	N_k	619.24	257.51	744.05	189.78
	V_k	34.04	−31.22	21.72	27.64
	组合式	①+⑧+0.7×②+0.9×③+0.7×④+0.7×⑥	①+⑨+0.7×⑤+0.7×⑦	①+④+0.7×②+0.9×③+0.7×⑥+0.6×⑧	①+⑧

①柱荷载效应组合表（二）　　　　　　　　　　　　　表 10-13

基本组合: $S_d = \sum_{j=1}^{m}\gamma_{Gj}S_{Gjk} + \sum_{i=1}^{n}\gamma_{Qi}\gamma_{Li}\psi_{ci}S_{Qik}$；标准组合: $S_d = \sum_{j=1}^{m}S_{Gjk} + \sum_{i=1}^{n}\psi_{ci}S_{Qik}$

截面	内力	$+M_{max}$ 及相应 N,V	$-M_{max}$ 及相应 N,V	N_{max} 及相应 M,V	N_{min} 及相应 M,V
I-I	组合	1.35×①+1.4×1.0×(0.7×②+0.9×③+0.7×⑤+0.7×⑥+0.6×⑧)	①+1.4×1.0×(0.7×④+0.7×⑦+0.6×⑨)	1.35×①+1.4×1.0×(0.7×②+0.9×③+0.7×④+0.7×⑦+0.6×⑨)	①+1.4×1.0×(0.7×④+0.7×⑦+0.6×⑨)
	M	17.66	−60.37	−53.99	−60.37
	N	331.34	102.08	331.34	102.08

注: M 单位为 kN·m, N 单位为 kN, V 单位为 kN。

基本组合：$S_{d}=\sum_{j=1}^{m}\gamma_{Gj}S_{Gjk}+\sum_{i=1}^{n}\gamma_{Qi}\gamma_{Li}\psi_{ci}S_{Qik}$；标准组合：$S_{d}=\sum_{j=1}^{m}S_{Gjk}+\sum_{i=1}^{n}\psi_{ci}S_{Qik}$

内力组合 \ 截面		+M_{max} 及相应 N,V		−M_{max} 及相应 N,V		N_{max} 及相应 M,V		N_{min} 及相应 M,V	
II−II	M	①+1.4×1.0×(0.7×④+0.7×⑥)+0.6×⑧	119.63	1.35×①+1.4×1.0×(0.7×②+0.9×③+0.7×⑤+0.7×⑦)+0.6×⑨	−60.48	1.35×①+1.4×1.0×(0.7×②+0.9×③+0.7×④+0.6×⑧)	101.58	①+1.4×1.0×0.6×⑨	−28.93
	N		554.09		485.96		798.86		146.38
	M	1.35×①+1.4×1.0×(0.7×②+0.9×③+0.7×⑥+0.6×⑧)	326.38	①+1.4×1.0×(0.7×⑤+0.7×⑦)+0.6×⑨	−295.69	1.35×①+1.4×1.0×(0.7×②+0.9×③+0.7×④+0.6×⑧)	326.38	①+1.4×1.0×0.6×⑧	145.35
	N		857.45		284.60		857.45		189.78
	V		33.10		−33.57		33.10		23.50
III−III	M_k	①+0.7×②+0.9×③+0.7×④+0.7×⑥+0.6×⑧	233.35	①+0.7×⑤+0.7×⑦+0.6×⑨	−209.46	①	233.35	①+0.6×⑧	105.57
	N_k		619.24		257.51		619.24		189.78
	V_k	④+0.6×⑧	23.70	⑦+0.6×⑨	−23.47	⑥+0.6×⑧	23.70		17.30

注：M 单位为 kN·m，N 单位为 kN，V 单位为 kN。

④柱荷载效应组合表（三）

表 10-14

准永久组合：$S_{d}=\sum_{j=1}^{m}S_{Gjk}+\sum_{i=1}^{n}\psi_{qi}S_{Qik}$

内力组合 \ 截面		+M_{max} 及相应 N,V		−M_{max} 及相应 N,V		N_{max} 及相应 M,V		N_{min} 及相应 M,V	
I−I	M_q	①+0.8×③	4.64	⑤+0.6×④+0.6×⑦	−24.04	①+0.8×③+0.6×④+0.6×⑦	−22.10	①+0.6×④+0.6×⑦	−24.04
	N_q		171.20		102.08		171.20		102.08
II−II	M_q	①+0.6×④+0.6×⑥	60.96	①+0.8×③+0.6×⑤+0.6×⑥	−23.05	①+0.8×③+0.6×④+0.6×⑥	55.70	①	−9.53
	N_q		396.00		273.55		465.12		146.38
III−III	M_q	①+0.8×③+0.6×⑤+0.6×⑥	114.00	①+0.6×⑤+0.6×⑦	−104.37	①+0.8×③+0.6×⑥	114.00	①	6.13
	N_q		508.52		247.83		508.52		189.78

注：M 单位为 kN·m，N 单位为 kN，V 单位为 kN

附录1 常用材料和构件的自重

项次	名称		自重	备注
1	木材 (kN/m³)	杉木	4.0	随含水率而不同
		冷杉、云杉、红松、华山松、樟子松、铁杉、拟赤杨、红椿、杨木、枫杨	4.0～5.0	随含水率而不同
		马尾松、云南松、油松、赤松、广东松、栲木、枫香、柳木、檫木、秦岭落叶松、新疆落叶松	5.0～6.0	随含水率而不同
		东北落叶松、陆均松、榆木、桦木、水曲柳、苦楝、木荷、臭椿	6.0～7.0	随含水率而不同
		锥木(栲木)、石栎、槐木、乌墨	7.0～8.0	随含水率而不同
		青冈栎(槠木)、栎木(柞木)、桉树、木麻黄	8.0～9.0	随含水率而不同
		普通木板条、椽檩木料	5.0	随含水率而不同
		锯末	2.0～2.5	加防腐剂时为 3kN/m³
		木丝板	4.0～5.0	—
		软木板	2.5	—
		刨花板	6.0	—
2	胶合板材 (kN/m²)	胶合三夹板(杨木)	0.019	—
		胶合三夹板(椴木)	0.022	—
		胶合三夹板(水曲柳)	0.028	—
		胶合五夹板(杨木)	0.030	—
		胶合五夹板(椴木)	0.034	—
		胶合五夹板(水曲柳)	0.040	—
		甘蔗板(按10mm厚计)	0.030	常用厚度为 13mm、15mm、19mm、25mm
		隔声板(按10mm厚计)	0.030	常用厚度为 13mm、20mm
		木屑板(按10mm厚计)	0.120	常用厚度为 6mm、10mm
3	金属矿产 (kN/m³)	锻铁	77.5	—
		铁矿渣	27.6	—
		赤铁矿	25.0～30.0	—
		钢	78.5	—
		紫铜、赤铜	89.0	—
		黄铜、青铜	85.0	—
		硫化铜矿	42.0	—
		铝	27.0	—
		铝合金	28.0	—
		锌	70.5	—
		亚锌矿	40.5	—
		铅	114.0	—
		方铅矿	74.5	—
		金	193.0	—

项次	名　　称		自重	备注
3	金属矿产 （kN/m³）	白金	213.0	—
		银	105.0	—
		锡	73.5	—
		镍	89.0	—
		水银	136.0	—
		钨	189.0	—
		镁	18.5	—
		锑	66.6	—
		水晶	29.5	—
		硼砂	17.5	—
		硫矿	20.5	—
		石棉矿	24.6	—
		石棉	10.0	压实
		石棉	4.0	松散,含水量不大于 15%
		石垩(高岭土)	22.0	—
		石膏矿	25.5	—
		石膏	13.0～14.5	粗块堆放 $\varphi=30°$
				细块堆放 $\varphi=40°$
		石膏粉	9.0	—
4	土、砂、 砂砾、岩石 （kN/m³）	腐殖土	15.0～16.0	干,$\varphi=40°$;湿,$\varphi=35°$;很湿,$\varphi=25°$
		黏土	13.5	干,松,空隙比为 1.0
		黏土	16.0	干,$\varphi=40°$,压实
		黏土	18.0	湿,$\varphi=35°$,压实
		黏土	20.0	很湿,$\varphi=25°$,压实
		砂土	12.2	干,松
		砂土	16.0	干,$\varphi=35°$,压实
		砂土	18.0	湿,$\varphi=35°$,压实
		砂土	20.0	很湿,$\varphi=25°$,压实
		砂土	14.0	干,细砂
		砂土	17.0	干,粗砂
		卵石	16.0～18.0	干
		黏土夹卵石	17.0～18.0	干,松
		砂夹卵石	15.0～17.0	干,松
		砂夹卵石	16.0～19.2	干,压实
		砂夹卵石	18.9～19.2	湿
		浮石	6.0～8.0	干
		浮石填充料	4.0～6.0	—
		砂岩	23.6	—
		页岩	28.0	—
		页岩	14.8	片石堆置
		泥灰石	14.0	$\varphi=40°$
		花岗岩、大理石	28.0	—

项次	名 称		自重	备注
4	土、砂、砂砾、岩石（kN/m³）	花岗岩	15.4	片石堆置
		石灰石	26.4	—
		石灰石	15.2	片石堆置
		贝壳石灰岩	14.0	—
		白云石	16.0	片石堆置 φ＝48°
		滑石	27.1	—
		火石（燧石）	35.2	—
		云斑石	27.6	—
		玄武岩	29.5	—
		长石	25.5	—
		角闪石、绿石	30.0	—
		角闪石、绿石	17.1	片石堆置
		碎石子	14.0～15.0	堆置
		岩粉	16.0	黏土质或石灰质的
		多孔黏土	5.0～8.0	作填充料用，φ＝35°
		硅藻土填充料	4.0～6.0	—
		辉绿岩板	29.5	—
5	砖及砖块（kN/m³）	普通砖	18.0	240mm×115mm×53mm（684 块/m³）
		普通砖	19.0	机器制
		缸砖	21.0～21.5	230mm×110mm×65mm（609 块/m³）
		红缸砖	20.4	—
		耐火砖	19.0～22.0	230mm×110mm×65mm（609 块/m³）
		耐酸瓷砖	23.0～25.0	230mm×113mm×65mm（590 块/m³）
		灰砂砖	18.0	砂：白灰＝92：8
		煤渣砖	17.0～18.5	—
		矿渣砖	18.5	硬矿渣：烟灰：石灰＝75：15：10
		焦渣砖	12.0～14.0	—
		烟灰砖	14.0～15.0	炉渣：电石渣：烟灰＝30：40：30
		黏土坯	12.0～15.0	—
		锯末砖	9.0	—
		焦渣空心砖	10.0	290mm × 290mm × 140mm(85 块/m³)
		水泥空心砖	9.8	290mm × 290mm × 140mm(85 块/m³)
		水泥空心砖	10.3	300mm × 250mm × 110mm(121 块/m³)
		水泥空心砖	9.6	300mm × 250mm × 160mm(83 块/m³)

项次	名　称		自重	备注
5	砖及砖块 （kN/m³）	蒸压粉煤灰砖	14.0～16.0	干重度
		陶粒空心砌块	5.0	长 600mm、400mm，宽 150mm、250mm，高 250mm、200mm
			6.0	390mm × 290mm × 190mm
		粉煤灰轻渣空心砌块	7.0～8.0	390mm × 190mm × 190mm，390mm×240mm×190mm
		蒸压粉煤灰加气混凝土砌块	5.5	—
		混凝土空心小砌块	11.8	390mm×190mm×190mm
		碎砖	12.0	堆置
		水泥花砖	19.8	200mm × 200mm × 24mm （1042 块/m³）
		瓷面砖	17.8	150mm × 150mm × 8mm （5556 块/m³）
		陶瓷马赛克	0.12kN/m²	厚 5mm
6	石灰、水泥、灰浆及混凝土 （kN/m³）	生石灰块	11.0	堆置，$\varphi=30°$
		生石灰粉	12.0	堆置，$\varphi=35°$
		熟石灰膏	13.5	—
		石灰砂浆、混合砂浆	17.0	—
		水泥石灰焦渣砂浆	14.0	—
		石灰炉渣	10.0～12.0	—
		水泥炉渣	12.0～14.0	—
		石灰焦渣砂浆	13.0	—
		灰土	17.5	石灰∶土＝3∶7，夯实
		稻草石灰泥	16.0	—
		纸筋石灰泥	16.0	—
		石灰锯末	3.4	石灰∶锯末＝1∶3
		石灰三合土	17.5	石灰、砂子、卵石
		水泥	12.5	轻质松散，$\varphi=20°$
		水泥	14.5	散装，$\varphi=30°$
		水泥	16.0	袋装压实，$\varphi=40°$
		矿渣水泥	14.5	—
		水泥砂浆	20.0	—
		水泥蛭石砂浆	5.0～8.0	—
		石棉水泥浆	19.0	—
		膨胀珍珠岩砂浆	7.0～15.0	—
		石膏砂浆	12.0	—
		碎砖混凝土	18.5	—
		素混凝土	22.0～24.0	振捣或不振捣
		矿渣混凝土	20.0	—
		焦渣混凝土	16.0～17.0	承重用

项次	名 称		自重	备注
6	石灰、水泥、灰浆及混凝土（kN/m³）	焦渣混凝土	10.0～14.0	填充用
		铁屑混凝土	28.0～65.0	—
		浮石混凝土	9.0～14.0	—
		沥青混凝土	20.0	—
		无砂大孔性混凝土	16.0～19.0	—
		泡沫混凝土	4.0～6.0	—
		加气混凝土	5.5～7.5	单块
		石灰粉煤灰加气混凝土	6.0～6.5	—
		钢筋混凝土	24.0～25.0	—
		碎砖钢筋混凝土	20.0	—
		钢丝网水泥	25.0	用于承重结构
		水玻璃耐酸混凝土	20.0～23.5	—
		粉煤灰陶砾混凝土	19.5	—
7	沥青、煤灰、油料（kN/m³）	石油沥青	10.0～11.0	根据相对密度
		柏油	12.0	—
		煤沥青	13.4	—
		煤焦油	10.0	—
		无烟煤	15.5	整体
		无烟煤	9.5	块状堆放，$\varphi = 30°$
		无烟煤	8.0	碎块堆放，$\varphi = 35°$
		煤末	7.0	堆放，$\varphi = 15°$
		煤球	10.0	堆放
		褐煤	12.5	—
		褐煤	7.0～8.0	堆放
		泥炭	7.5	—
		泥炭	3.2～3.4	堆放
		木炭	3.0～5.0	—
		煤焦	12.0	—
		煤焦	7.0	堆放，$\varphi = 45°$
		焦渣	10.0	—
		煤灰	6.5	—
		煤灰	8.0	压实
		石墨	20.8	—
		煤蜡	9.0	—
		油蜡	9.6	—
		原油	8.8	—
		煤油	8.0	—
		煤油	7.2	桶装，相对密度 0.82～0.89
		润滑油	7.4	—
		汽油	6.7	—
		汽油	6.4	桶装，相对密度 0.72～0.76
		动物油、植物油	9.3	—
		豆油	8.0	大铁桶装，每桶 360kg

项次	名　称		自重	备注
8	杂项 (kN/m³)	普通玻璃	25.6	—
		钢丝玻璃	26.0	—
		泡沫玻璃	3.0~5.0	—
		玻璃棉	0.5~1.0	作绝缘层填充料用
		岩棉	0.5~2.5	—
		沥青玻璃棉	0.8~1.0	导热系数 0.035[W/(m·K)]~0.047[W/(m·K)]
		玻璃棉板(管套)	1.0~1.5	导热系数 0.035[W/(m·K)]~0.047[W/(m·K)]
		玻璃钢	14.0~22.0	—
		矿渣棉	1.2~1.5	松散,导热系数 0.031[W/(m·K)]~0.044[W/(m·K)]
		矿渣棉制品(板、砖、管)	3.5~4.0	导热系数 0.047[W/(m·K)]~0.07[W/(m·K)]
		沥青矿渣棉	1.2~1.6	导热系数 0.041[W/(m·K)]~0.052[W/(m·K)]
		膨胀珍珠岩粉料	0.8~2.5	干,松散,导热系数 0.052[W/(m·K)]~0.076[W/(m·K)]
		水泥珍珠岩制品、憎水珍珠岩制品	3.5~4.0	强度 1N/m²;导热系数 0.058[W/(m·K)]~0.081[W/(m·K)]
		膨胀蛭石	0.8~2.0	导热系数 0.052[W/(m·K)]~0.07[W/(m·K)]
		沥青蛭石制品	3.5~4.5	导热系数 0.81[W/(m·K)]~0.105[W/(m·K)]
		水泥蛭石制品	4.0~6.0	导热系数 0.093[W/(m·K)]~0.14[W/(m·K)]
		聚氯乙烯板(管)	13.6~16.0	
		聚苯乙烯泡沫塑料	0.5	导热系数不大于 0.035[W/(m·K)]
		石棉板	13.0	含水率不大于3%
		乳化沥青	9.8~10.5	—
		软性橡胶	9.30	
		白磷	18.30	
		松香	10.70	
		磁	24.00	
		酒精	7.85	100%纯
		酒精	6.60	桶装,相对密度 0.79~0.82
		盐酸	12.00	浓度40%
		硝酸	15.10	浓度91%

项次	名 称		自重	备注
8	杂项 (kN/m³)	硫酸	17.90	浓度 87%
		火碱	17.00	浓度 60%
		氯化铵	7.50	袋装堆放
		尿素	7.50	袋装堆放
		碳酸氢铵	8.00	袋装堆放
		水	10.00	温度 4℃密度最大时
		冰	8.96	—
		书籍	5.00	书架藏置
		道林纸	10.00	—
		报纸	7.00	—
		宣纸类	4.00	—
		棉花、棉纱	4.00	压紧平均重量
		稻草	1.20	—
		建筑碎料(建筑垃圾)	15.00	—
9	食品 (kN/m³)	稻谷	6.00	φ=35°
		大米	8.50	散放
		豆类	7.50~8.00	φ=20°
		豆类	6.80	袋装
		小麦	8.00	φ=25°
		面粉	7.00	—
		玉米	7.80	φ=28°
		小米、高粱	7.00	散装
		小米、高粱	6.00	袋装
		芝麻	4.50	袋装
		鲜果	3.50	散装
		鲜果	3.00	箱装
		花生	2.00	袋装带壳
		罐头	4.50	箱装
		酒、酱、油、醋	4.00	成瓶箱装
		豆饼	9.00	圆饼放置,每块 28kg
		矿盐	10.0	成块
		盐	8.60	细粒散放
		盐	8.10	袋装
		砂糖	7.50	散装
		砂糖	7.00	袋装
10	砌体 (kN/m³)	浆砌细方石	26.4	花岗石,方整石块
		浆砌细方石	25.6	石灰石
		浆砌细方石	22.4	砂岩
		浆砌毛方石	24.8	花岗石,上下面大致平整
		浆砌毛方石	24.0	石灰石
		浆砌毛方石	20.8	砂岩
		干砌毛石	20.8	花岗石,上下面大致平整

项次	名 称		自重	备注
10	砌体 (kN/m³)	干砌毛石	20.0	石灰石
		干砌毛石	17.6	砂岩
		浆砌普通砖	18.0	—
		浆砌机砖	19.0	—
		浆砌缸砖	21.0	—
		浆砌耐火砖	22.0	—
		浆砌矿渣砖	21.0	—
		浆砌焦渣砖	12.5～14.0	—
		土坯砖砌体	16.0	—
		黏土砖空斗砌体	17.0	中填碎瓦砾,一眠一斗
		黏土砖空斗砌体	13.0	全斗
		黏土砖空斗砌体	12.5	不能承重
		黏土砖空斗砌体	15.0	能承重
		粉煤灰泡沫砌块砌体	8.0～8.5	粉煤灰:电石渣:废石膏=74:22:4
		三合土	17.0	灰:砂:土=1:1:9～1:1:4
11	隔墙与墙面 (kN/m²)	双面抹灰板条隔墙	0.9	每面抹灰厚 16mm～24mm,龙骨在内
		单面抹灰板条隔墙	0.5	灰厚 16mm～24mm,龙骨在内
		C形轻钢龙骨隔墙	0.27	两层 12mm 纸面石膏板,无保温层
			0.32	两层 12mm 纸面石膏板,中填岩棉保温板 50mm
			0.38	三层 12mm 纸面石膏板,无保温层
			0.43	三层 12mm 纸面石膏板,中填岩棉保温板 50mm
			0.49	四层 12mm 纸面石膏板,无保温层
			0.54	四层 12mm 纸面石膏板,中填岩棉保温板 50mm
		贴瓷砖墙面	0.50	包括水泥砂浆打底,共厚 25mm
		水泥粉刷墙面	0.36	20mm 厚,水泥粗砂

项次	名　　称		自重	备注
11	隔墙与墙面 （kN/m²）	水磨石墙面	0.55	25mm 厚,包括打底
		水刷石墙面	0.50	25mm 厚,包括打底
		石灰粗砂粉刷	0.34	20mm 厚
		剁假石墙面	0.50	25mm 厚,包括打底
		外墙拉毛墙面	0.70	包括 25mm 水泥砂浆打底
12	屋架、门窗 （kN/m²）	木屋架	0.07+ 0.007l	按屋面水平投影面积计算,跨度 l 以 m 计算
		钢屋架	0.12+ 0.011l	无天窗,包括支撑,按屋面水平投影面积计算,跨度 l 以 m 计算
		木框玻璃窗	0.20～0.30	—
		钢框玻璃窗	0.40～0.45	—
		木门	0.10～0.20	—
		钢铁门	0.40～0.45	—
13	屋顶 （kN/m²）	黏土平瓦屋面	0.55	按实际面积计算,下同
		水泥平瓦屋面	0.50～0.55	—
		小青瓦屋面	0.90～1.10	—
		冷摊瓦屋面	0.50	—
		石板瓦屋面	0.46	厚 6.3mm
		石板瓦屋面	0.71	厚 9.5mm
		石板瓦屋面	0.96	厚 12.1mm
		麦秸泥灰顶	0.16	以 10mm 厚计
		石棉板瓦	0.18	仅瓦自重
		波形石棉瓦	0.20	1820mm×725mm×8mm
		镀锌薄钢板	0.05	24 号
		瓦楞铁	0.05	26 号
		彩色钢板波形瓦	0.12～0.13	0.6mm 厚彩色钢板
		拱形彩色钢板屋面	0.30	包括保温及灯具重 0.15kN/m²
		有机玻璃屋面	0.06	厚 1.0mm
		玻璃屋顶	0.30	9.5mm 夹丝玻璃,框架自重在内
		玻璃砖顶	0.65	框架自重在内

项次	名 称		自重	备注
13	屋顶 (kN/m²)	油毡防水层(包括改性沥青防水卷材)	0.05	一层油毡刷油两遍
			0.25～0.30	四层做法,一毡二油上铺小石子
			0.30～0.35	六层做法,二毡三油上铺小石子
			0.35～0.40	八层做法,三毡四油上铺小石子
		捷罗克防水层	0.10	厚8mm
		屋顶天窗	0.35～0.40	9.5mm夹丝玻璃,框架自重在内
14	顶棚 (kN/m²)	钢丝网抹灰吊顶	0.45	—
		麻刀灰板条顶棚	0.45	吊木在内,平均灰厚20mm
		砂子灰板条顶棚	0.55	吊木在内,平均灰厚25mm
		苇箔抹灰顶棚	0.48	吊木龙骨在内
		松木板顶棚	0.25	吊木在内
		三夹板顶棚	0.18	吊木在内
		马粪纸顶棚	0.15	吊木及盖缝条在内
		木丝板吊顶棚	0.26	厚25mm,吊木及盖缝条在内
		木丝板吊顶棚	0.29	厚30mm,吊木及盖缝条在内
		隔声纸板顶棚	0.17	厚10mm,吊木及盖缝条在内
		隔声纸板顶棚	0.18	厚13mm,吊木及盖缝条在内
		隔声纸板顶棚	0.20	厚20mm,吊木及盖缝条在内
		V形轻钢龙骨吊顶	0.12	一层9mm纸面石膏板,无保温层
			0.17	二层9mm纸面石膏板,有厚50mm的岩棉板保温层
			0.20	二层9mm纸面石膏板,无保温层
			0.25	二层9mm纸面石膏板,有厚50mm的岩棉板保温层

项次		名 称	自重	备注
14	顶棚 (kN/m²)	V形轻钢龙骨及铝合金龙骨吊顶	0.10～0.12	一层矿棉吸声板厚15mm,无保温层
		顶棚上铺焦渣锯末绝缘层	0.20	厚50mm焦渣、锯末按1:5混合
15	地面 (kN/m²)	地板格栅	0.20	仅格栅自重
		硬木地板	0.20	厚25mm,剪刀撑、钉子等自重在内,不包括格栅自重
		松木地板	0.18	—
		小瓷砖地面	0.55	包括水泥粗砂打底
		水泥花砖地面	0.60	砖厚25mm,包括水泥粗砂打底
		水磨石地面	0.65	10mm面层,20mm水泥砂浆打底
		油地毡	0.02～0.03	油地纸,地板表面用
		木块地面	0.70	加防腐油膏铺砌厚76mm
		菱苦土地面	0.28	厚20mm
		铸铁地面	4.00～5.00	60mm碎石垫层,60mm面层
		缸砖地面	1.70～2.10	60mm砂垫层,53mm棉层,平铺
		缸砖地面	3.30	60mm砂垫层,115mm棉层,侧铺
		黑砖地面	1.50	砂垫层,平铺
16	建筑用压型钢板 (kN/m²)	单波型V-300(S-30)	0.120	波高173mm,板厚0.8mm
		双波型W-500	0.110	波高130mm,板厚0.8mm
		三波型V-200	0.135	波高70mm,板厚1mm
		多波型V-125	0.065	波高35mm,板厚0.6mm
		多波型V-115	0.079	波高35mm,板厚0.6mm
17	建筑墙板 (kN/m²)	彩色钢板金属幕墙板	0.11	两层,彩色钢板厚0.6mm,聚苯乙烯芯材厚25mm
		金属绝热材料(聚氨酯)复合板	0.14	板厚40mm,钢板厚0.6mm
			0.15	板厚60mm,钢板厚0.6mm
			0.16	板厚80mm,钢板厚0.6mm

项次	名　　称			自重	备注
17	建筑墙板 （kN/m²）	彩色钢板夹聚苯乙烯保温板		0.12～0.15	两层，彩色钢板厚0.6mm，聚苯乙烯芯材板厚50mm～250mm
		彩色钢板岩棉夹心板		0.24	板厚100mm，两层彩色钢板，Z型龙骨岩棉芯材
				0.25	板厚120mm，两层彩色钢板，Z型龙骨岩棉芯材
		GRC增强水泥聚苯复合保温板		1.13	—
		GRC空心隔墙板		0.30	长2400mm～2800mm，宽600mm，厚60mm
		GRC内隔墙板		0.35	长2400mm～2800mm，宽600mm，厚60mm
		轻质GRC保温板		0.14	3000mm×600mm×60mm
		轻质GRC空心隔墙板		0.17	3000mm×600mm×60mm
		轻质大型墙板(太空板系列)		0.70～0.90	6000mm×1500mm×120mm，高强水泥发泡芯材
		轻质条型墙板 （太空板系列）	厚度80mm	0.40	标准规格3000mm×1000(1200、1500)mm高强水泥发泡
			厚度100mm	0.45	芯材，按不同檩距及荷载配有不同钢骨架及冷拔钢丝网
			厚度120mm	0.50	
		GRC墙板		0.11	厚10mm
		钢丝网岩棉夹芯复合板（GY板）		1.10	岩棉芯材厚50mm，双面钢丝网水泥砂浆各厚25mm
		硅酸钙板		0.08	板厚6mm
				0.10	板厚8mm
				0.12	板厚10mm
		泰柏板		0.95	板厚10mm，钢丝网片夹聚苯乙烯保温层，每面抹水泥砂浆层20mm
		蜂窝复合板		0.14	厚75mm
		石膏珍珠岩空心条板		0.45	长2500mm～3000mm，宽600mm，厚60mm
		加强型水泥石膏聚苯保温板		0.17	3000mm×600mm×60mm
		玻璃幕墙		1.00～1.50	一般可按单位面积玻璃自重增大20%～30%采用

附录2 全国各城市的雪压、风压和基本气温

省市名	城市名	海拔高度(m)	风压(kN/m²)			雪压(kN/m²)			基本气温(℃)		雪荷载准永久值系数分区
			R=10	R=50	R=100	R=10	R=50	R=100	最低	最高	
北京	北京市	54.0	0.30	0.45	0.50	0.25	0.40	0.45	−13	36	Ⅱ
天津	天津市	3.3	0.30	0.50	0.60	0.25	0.40	0.45	−12	35	Ⅱ
	塘沽	3.2	0.40	0.55	0.65	0.20	0.35	0.40	−12	35	Ⅱ
上海	上海市	2.8	0.40	0.55	0.60	0.10	0.20	0.25	−4	36	Ⅲ
重庆	重庆市	259.1	0.25	0.40	0.45	—	—	—	1	37	—
	奉节	607.3	0.25	0.35	0.45	0.20	0.35	0.40	-1	35	Ⅲ
	梁平	454.6	0.20	0.30	0.35	—	—	—	-1	36	—
	万州	186.7	0.20	0.35	0.45	—	—	—	0	38	—
	涪陵	273.5	0.20	0.30	0.35	—	—	—	1	37	—
	金佛山	1905.9	—	—	—	0.35	0.50	0.60	−10	25	Ⅱ
河北	石家庄市	80.5	0.25	0.35	0.40	0.20	0.30	0.35	−11	36	Ⅱ
	蔚县	909.5	0.20	0.30	0.35	0.20	0.30	0.35	−24	33	Ⅱ
	邢台市	76.8	0.20	0.30	0.35	0.25	0.35	0.40	−10	36	Ⅱ
	丰宁	659.7	0.30	0.40	0.45	0.15	0.25	0.30	−22	33	Ⅱ
	围场	842.8	0.35	0.45	0.50	0.20	0.30	0.35	−23	32	Ⅱ
	张家口市	724.2	0.35	0.55	0.60	0.15	0.25	0.30	−18	34	Ⅱ
	怀来	536.8	0.25	0.35	0.40	0.15	0.20	0.25	−17	35	Ⅱ
	承德市	377.2	0.30	0.40	0.45	0.20	0.30	0.35	−19	35	Ⅱ
	遵化	54.9	0.30	0.40	0.45	0.25	0.40	0.50	−18	35	Ⅱ
	青龙	227.2	0.25	0.30	0.35	0.25	0.40	0.45	−19	34	Ⅱ
	秦皇岛市	2.1	0.35	0.45	0.50	0.15	0.25	0.30	−15	33	Ⅱ
	霸县	9.0	0.25	0.40	0.45	0.20	0.30	0.35	−14	36	Ⅱ
	唐山市	27.8	0.30	0.40	0.45	0.20	0.35	0.40	−15	35	Ⅱ
	乐亭	10.5	0.30	0.40	0.45	0.25	0.40	0.45	−16	34	Ⅱ
	保定市	17.2	0.30	0.40	0.45	0.20	0.35	0.40	−12	36	Ⅱ
	饶阳	18.9	0.30	0.35	0.40	0.20	0.30	0.35	−14	36	Ⅱ
	沧州市	9.6	0.30	0.40	0.45	0.20	0.30	0.35	—	—	Ⅱ
	黄骅	6.6	0.30	0.40	0.45	0.20	0.30	0.35	−13	36	Ⅱ
	南宫市	27.4	0.25	0.35	0.40	0.15	0.25	0.30	−13	37	Ⅱ

省市名	城市名	海拔高度(m)	风压(kN/m²)			雪压(kN/m²)			基本气温(℃)		雪荷载准永久值系数分区
			R=10	R=50	R=100	R=10	R=50	R=100	最低	最高	
山西	太原市	778.3	0.30	0.40	0.45	0.25	0.35	0.40	−16	34	Ⅱ
	右玉	1345.8	—	—	—	0.20	0.30	0.35	−29	31	Ⅱ
	大同市	1067.2	0.35	0.55	0.65	0.15	0.25	0.30	−22	32	Ⅱ
	河曲	861.5	0.30	0.50	0.60	0.20	0.30	0.35	−24	35	Ⅱ
	五寨	1401.0	0.30	0.40	0.45	0.20	0.25	0.30	−25	31	Ⅱ
	兴县	1012.6	0.25	0.45	0.55	0.20	0.25	0.30	−19	34	Ⅱ
	原平	828.2	0.30	0.50	0.60	0.20	0.30	0.35	−19	34	Ⅱ
	离石	950.8	0.30	0.45	0.50	0.20	0.30	0.35	−19	34	Ⅱ
	阳泉市	741.9	0.30	0.40	0.45	0.20	0.35	0.40	−13	34	Ⅱ
	榆社	1041.4	0.20	0.30	0.35	0.30	0.35		−17	33	Ⅱ
	隰县	1052.7	0.25	0.35	0.40	0.20	0.30	0.35	−16	34	Ⅱ
	介休	743.9	0.25	0.40	0.45	0.20	0.30	0.35	−15	35	Ⅱ
	临汾市	449.5	0.25	0.40	0.45	0.15	0.25	0.30	−14	37	Ⅱ
	长治县	991.8	0.30	0.50	0.60	—	—	—	−15	32	—
	运城市	376.0	0.30	0.45	0.50	0.15	0.25	0.30	−11	38	Ⅱ
	阳城	659.5	0.30	0.45	0.50	0.20	0.30	0.35	−12	34	Ⅱ
内蒙古	呼和浩特市	1063.0	0.35	0.55	0.60	0.25	0.40	0.45	−23	33	Ⅱ
	额右旗拉布达林	581.4	0.35	0.50	0.60	0.35	0.45	0.50	−41	30	Ⅰ
	牙克石市图里河	732.6	0.30	0.40	0.45	0.40	0.60	0.70	−42	28	Ⅰ
	满洲里市	661.7	0.50	0.65	0.70	0.20	0.30	0.35	−35	30	Ⅰ
	海拉尔市	610.2	0.45	0.65	0.75	0.35	0.45	0.50	−38	30	Ⅰ
	鄂伦春小二沟	286.1	0.30	0.40	0.45	0.35	0.50	0.55	−40	31	Ⅰ
	新巴尔虎右旗	554.2	0.45	0.60	0.65	0.25	0.40	0.45	−32	32	Ⅰ
	新巴尔虎左旗阿木古朗	642.0	0.40	0.55	0.60	0.25	0.35	0.40	−34	31	Ⅰ
	牙克石市博克图	739.7	0.40	0.55	0.60	0.35	0.55	0.65	−31	28	Ⅰ
	扎兰屯市	306.5	0.30	0.40	0.45	0.35	0.55	0.65	−28	32	Ⅰ
	科右翼前旗阿尔山	1027.4	0.35	0.50	0.55	0.45	0.60	0.70	−37	27	Ⅰ
	科右翼前旗索伦	501.8	0.45	0.55	0.60	0.25	0.35	0.40	−30	31	Ⅰ
	乌兰浩特市	274.7	0.40	0.55	0.60	0.20	0.30	0.35	−27	32	Ⅰ
	东乌珠穆沁旗	838.7	0.35	0.55	0.65	0.20	0.30	0.35	−33	32	Ⅰ
	额济纳旗	940.5	0.40	0.60	0.70	0.05	0.10	0.15	−23	39	Ⅱ

省市名	城市名	海拔高度(m)	风压(kN/m²)			雪压(kN/m²)			基本气温(℃)		雪荷载准永久值系数分区
			R=10	R=50	R=100	R=10	R=50	R=100	最低	最高	
内蒙古	额济纳旗拐子湖	960.0	0.45	0.55	0.60	0.05	0.10	0.10	-23	39	II
	阿左旗巴彦毛道	1328.1	0.40	0.55	0.60	0.10	0.15	0.20	-23	35	II
	阿拉善右旗	1510.1	0.45	0.55	0.60	0.05	0.10	0.10	-20	35	II
	二连浩特市	964.7	0.55	0.65	0.70	0.15	0.25	0.30	-30	34	II
	那仁宝力格	1181.6	0.40	0.55	0.60	0.20	0.30	0.35	-33	31	I
	达茂旗满都拉	1225.2	0.50	0.75	0.85	0.15	0.20	0.25	-25	34	II
	阿巴嘎旗	1126.1	0.35	0.50	0.55	0.30	0.45	0.50	-33	31	I
	苏尼特左旗	1111.4	0.40	0.50	0.55	0.25	0.35	0.40	-32	33	I
	乌拉特后旗海力素	1509.6	0.45	0.50	0.55	0.10	0.15	0.20	-25	33	II
	苏尼特右旗朱日和	1150.8	0.50	0.65	0.75	0.15	0.20	0.25	-26	33	II
	乌拉特中旗海流图	1288.0	0.45	0.60	0.65	0.20	0.30	0.35	-26	33	II
	百灵庙	1376.6	0.50	0.75	0.85	0.25	0.35	0.40	-27	32	II
	四子王旗	1490.1	0.40	0.60	0.70	0.30	0.45	0.55	-26	30	II
	化德	1482.7	0.45	0.75	0.85	0.15	0.25	0.30	-26	29	II
	杭锦后旗陕坝	1056.7	0.30	0.45	0.50	0.15	0.20	0.25	—	—	II
	包头市	1067.2	0.35	0.55	0.60	0.15	0.25	0.30	-23	34	II
	集宁市	1419.3	0.40	0.60	0.70	0.25	0.35	0.40	-25	30	II
	阿拉善左旗吉兰泰	1031.8	0.35	0.50	0.55	0.05	0.10	0.15	-23	37	II
	临河市	1039.3	0.30	0.50	0.60	0.15	0.25	0.30	-21	35	II
	鄂托克旗	1380.3	0.35	0.55	0.65	0.15	0.20	0.20	-23	33	II
	东胜市	1460.4	0.30	0.50	0.60	0.25	0.35	0.40	-21	31	II
	阿腾席连	1329.3	0.40	0.50	0.55	0.20	0.30	0.35	—	—	II
	巴彦浩特	1561.4	0.40	0.60	0.70	0.15	0.20	0.25	-19	33	II
	西乌珠穆沁旗	995.9	0.45	0.55	0.60	0.30	0.40	0.45	-30	30	I

省市名	城市名	海拔高度 (m)	风压(kN/m²)			雪压(kN/m²)			基本气温(℃)		雪荷载准永久值系数分区
			$R=10$	$R=50$	$R=100$	$R=10$	$R=50$	$R=100$	最低	最高	
内蒙古	扎鲁特鲁北	265.0	0.40	0.55	0.60	0.20	0.30	0.35	−23	34	II
	巴林左旗林东	484.4	0.40	0.55	0.60	0.20	0.30	0.35	−26	32	II
	锡林浩特市	989.5	0.40	0.55	0.60	0.20	0.40	0.45	−30	31	I
	林西	799.0	0.45	0.60	0.70	0.25	0.40	0.45	−25	32	I
	开鲁	241.0	0.40	0.55	0.60	0.20	0.30	0.35	−25	34	II
	通辽	178.5	0.40	0.55	0.60	0.20	0.30	0.35	−25	33	II
	多伦	1245.4	0.40	0.55	0.60	0.20	0.30	0.35	−28	30	I
	翁牛特旗乌丹	631.8	—	—	—	0.20	0.30	0.35	−23	32	II
	赤峰市	571.1	0.30	0.55	0.65	0.20	0.30	0.35	−23	33	II
	敖汉旗宝国图	400.5	0.40	0.50	0.55	0.25	0.40	0.45	−23	33	II
辽宁	沈阳市	42.8	0.40	0.55	0.60	0.30	0.50	0.55	−24	33	I
	彰武	79.4	0.35	0.45	0.50	0.20	0.30	0.35	−22	33	II
	阜新市	144.0	0.40	0.60	0.70	0.25	0.40	0.45	−23	33	II
	开原	98.2	0.30	0.45	0.50	0.35	0.45	0.55	−27	33	I
	清原	234.1	0.25	0.40	0.45	0.45	0.70	0.80	−27	33	I
	朝阳市	169.2	0.40	0.55	0.60	0.30	0.45	0.55	−23	35	II
	建平县叶柏寿	421.7	0.30	0.35	0.40	0.25	0.35	0.40	−22	35	II
	黑山	37.5	0.45	0.65	0.75	0.30	0.45	0.50	−21	33	II
	锦州市	65.9	0.40	0.60	0.70	0.30	0.40	0.45	−18	33	II
	鞍山市	77.3	0.30	0.50	0.60	0.30	0.45	0.55	−18	34	II
	本溪市	185.2	0.35	0.45	0.50	0.40	0.55	0.60	−24	33	II
	抚顺市章党	118.5	0.30	0.45	0.50	0.35	0.45	0.50	−28	33	I
	桓仁	240.3	0.25	0.30	0.35	0.35	0.50	0.55	−25	32	I
	绥中	15.3	0.25	0.40	0.45	0.25	0.35	0.40	−19	33	II
	兴城市	8.8	0.35	0.45	0.50	0.20	0.30	0.35	−19	32	II
	营口市	3.3	0.40	0.65	0.75	0.30	0.40	0.45	−20	33	II
	盖县熊岳	20.4	0.30	0.40	0.45	0.25	0.40	0.45	−22	33	II

省市名	城市名	海拔高度(m)	风压(kN/m²)			雪压(kN/m²)			基本气温(℃)		雪荷载准永久值系数分区
			$R=10$	$R=50$	$R=100$	$R=10$	$R=50$	$R=100$	最低	最高	
辽宁	本溪县草河口	233.4	0.25	0.45	0.55	0.35	0.55	0.60	—	—	I
	岫岩	79.3	0.30	0.45	0.50	0.35	0.50	0.55	−22	33	II
	宽甸	260.1	0.30	0.50	0.60	0.40	0.60	0.70	−26	32	II
	丹东市	15.1	0.35	0.55	0.65	0.30	0.40	0.45	−18	32	II
	瓦房店市	29.3	0.35	0.50	0.55	0.20	0.30	0.35	−17	32	II
	新金县皮口	43.2	0.35	0.50	0.55	0.30	0.35		—	—	II
	庄河	34.8	0.35	0.50	0.55	0.25	0.35	0.40	−19	32	II
	大连市	91.5	0.40	0.65	0.75	0.25	0.40	0.45	−13	32	II
吉林	长春市	236.8	0.45	0.65	0.75	0.30	0.45	0.50	−26	32	I
	白城市	155.4	0.45	0.65	0.75	0.15	0.20	0.25	−29	33	I
	乾安	146.3	0.35	0.45	0.55	0.15	0.20	0.23	−28	33	II
	前郭尔罗斯	134.7	0.30	0.45	0.50	0.15	0.20	0.25	−28	33	II
	通榆	149.5	0.35	0.50	0.55	0.15	0.25	0.30	−28	33	II
	长岭	189.3	0.30	0.45	0.50	0.15	0.20	0.25	−27	32	II
	扶余市三岔河	196.6	0.40	0.60	0.70	0.25	0.35	0.40	−29	32	II
	双辽	114.9	0.35	0.50	0.55	0.20	0.30	0.35	−27	33	I
	四平市	164.2	0.40	0.55	0.60	0.20	0.35	0.40	−24	33	II
	磐石县烟筒山	271.6	0.30	0.40	0.45	0.25	0.40	0.45	−31	31	I
	吉林市	183.4	0.40	0.50	0.55	0.30	0.45	0.50	−31	32	I
	蛟河	295.0	0.30	0.45	0.50	0.50	0.75	0.85	−31	32	I
	敦化市	523.7	0.30	0.45	0.50	0.30	0.50	0.60	−29	30	I
	梅河口市	339.9	0.30	0.40	0.45	0.30	0.45	0.50	−27	32	I
	桦甸	263.8	0.30	0.40	0.45	0.40	0.65	0.75	−33	32	I
	靖宇	549.2	0.25	0.35	0.40	0.40	0.60	0.70	−32	31	I
	抚松县东岗	774.2	0.30	0.45	0.55	0.80	1.15	1.30	−27	30	I
	延吉市	176.8	0.35	0.50	0.55	0.35	0.55	0.65	−26	32	I
	通化市	402.9	0.30	0.50	0.60	0.50	0.80	0.90	−27	32	I
	浑江市临江	332.7	0.20	0.30	0.30	0.45	0.70	0.80	−27	33	I
	集安市	177.7	0.20	0.30	0.35	0.45	0.70	0.80	−26	33	I
	长白	1016.7	0.35	0.45	0.50	0.40	0.60	0.70	−28	29	I
黑龙江	哈尔滨市	142.3	0.35	0.55	0.70	0.30	0.45	0.50	−31	32	I
	漠河	296.0	0.25	0.35	0.40	0.60	0.75	0.85	−42	30	I
	塔河	357.4	0.25	0.30	0.35	0.50	0.65	0.75	−38	30	I
	新林	494.6	0.25	0.35	0.40	0.50	0.65	0.75	−40	29	I

省市名	城市名	海拔高度（m）	风压（kN/m²）			雪压（kN/m²）			基本气温（℃）		雪荷载准永久值系数分区
			R=10	R=50	R=100	R=10	R=50	R=100	最低	最高	
黑龙江	呼玛	177.4	0.30	0.50	0.60	0.45	0.60	0.70	−40	31	I
	加格达奇	371.7	0.25	0.35	0.40	0.45	0.65	0.70	−38	30	I
	黑河市	166.4	0.35	0.50	0.55	0.60	0.75	0.85	−35	31	I
	嫩江	242.2	0.40	0.55	0.60	0.40	0.55	0.60	−39	31	I
	孙吴	234.5	0.40	0.60	0.70	0.45	0.60	0.70	−40	31	I
	北安市	269.7	0.30	0.50	0.60	0.40	0.55	0.60	−36	31	I
	克山	234.6	0.30	0.45	0.50	0.30	0.50	0.55	−34	31	I
	富裕	162.4	0.30	0.40	0.45	0.25	0.35	0.40	−34	32	I
	齐齐哈尔市	145.9	0.35	0.45	0.50	0.25	0.40	0.45	−30	32	I
	海伦	239.2	0.35	0.55	0.65	0.30	0.40	0.45	−32	31	I
	明水	249.2	0.35	0.45	0.50	0.25	0.40	0.45	−30	31	I
	伊春市	240.9	0.25	0.35	0.40	0.50	0.65	0.75	−36	31	I
	鹤岗市	227.9	0.30	0.40	0.45	0.45	0.65	0.70	−27	31	I
	富锦	64.2	0.30	0.45	0.50	0.40	0.55	0.60	−30	31	I
	泰来	149.5	0.30	0.45	0.50	0.20	0.30	0.35	−28	33	I
	绥化市	179.6	0.35	0.55	0.65	0.35	0.50	0.60	−32	31	I
	安达市	149.3	0.35	0.55	0.65	0.20	0.30	0.35	−31	32	I
	铁力	210.5	0.25	0.35	0.40	0.50	0.75	0.85	−34	31	I
	佳木斯市	81.2	0.40	0.65	0.75	0.60	0.85	0.95	−30	32	I
	依兰	100.1	0.45	0.65	0.75	0.30	0.45	0.50	−29	32	I
	宝清	83.0	0.30	0.40	0.45	0.55	0.85	1.00	−30	31	I
	通河	108.6	0.35	0.50	0.55	0.50	0.75	0.85	−33	32	I
	尚志	189.7	0.35	0.55	0.60	0.40	0.55	0.60	−32	32	I
	鸡西市	233.6	0.40	0.55	0.65	0.45	0.65	0.75	−27	32	I
	虎林	100.2	0.35	0.45	0.50	0.95	1.40	1.60	−29	31	I
	牡丹江市	241.4	0.35	0.50	0.55	0.50	0.75	0.85	−28	32	I
	绥芬河市	496.7	0.40	0.60	0.70	0.60	0.75	0.85	−30	29	I
山东	济南市	51.6	0.30	0.45	0.50	0.20	0.30	0.35	−9	36	II
	德州市	21.2	0.30	0.45	0.50	0.20	0.35	0.40	−11	36	II
	惠民	11.3	0.40	0.50	0.55	0.25	0.35	0.40	−13	36	II
	寿光县羊角沟	4.4	0.30	0.45	0.50	0.15	0.25	0.30	−11	36	II
	龙口市	4.8	0.45	0.60	0.65	0.25	0.35	0.40	−11	35	II
	烟台市	46.7	0.40	0.55	0.60	0.30	0.40	0.45	−8	32	II
	威海市	46.6	0.45	0.65	0.75	0.30	0.50	0.60	−8	32	II
	荣成市成山头	47.7	0.60	0.70	0.75	0.25	0.40	0.45	−7	30	II

287

省市名	城市名	海拔高度(m)	风压(kN/m²)			雪压(kN/m²)			基本气温(℃)		雪荷载准永久值系数分区
			$R=10$	$R=50$	$R=100$	$R=10$	$R=50$	$R=100$	最低	最高	
山东	莘县朝城	42.7	0.35	0.45	0.50	0.25	0.35	0.40	−12	36	Ⅱ
	泰安市泰山	1533.7	0.65	0.85	0.95	0.40	0.55	0.60	−16	25	Ⅱ
	泰安市	128.8	0.30	0.40	0.45	0.20	0.35	0.40	−12	33	Ⅱ
	淄博市张店	34.0	0.30	0.40	0.45	0.30	0.45	0.50	−12	36	Ⅱ
	沂源	304.5	0.30	0.35	0.40	0.25	0.30	0.35	−13	35	Ⅱ
	潍坊市	44.1	0.30	0.40	0.45	0.25	0.35	0.40	−12	36	Ⅱ
	莱阳市	30.5	0.30	0.40	0.45	0.15	0.25	0.30	−13	35	Ⅱ
	青岛市	76.0	0.45	0.60	0.70	0.15	0.20	0.25	−9	33	Ⅱ
	海阳	65.2	0.40	0.55	0.60	0.10	0.15	0.15	−10	33	Ⅱ
	荣成市石岛	33.7	0.40	0.55	0.65	0.10	0.15	0.15	−8	31	Ⅱ
	菏泽市	49.7	0.25	0.40	0.45	0.20	0.30	0.35	−10	36	Ⅱ
	兖州	51.7	0.25	0.40	0.45	0.25	0.35	0.45	−11	36	Ⅱ
	营县	107.4	0.25	0.35	0.40	0.20	0.35	0.40	−11	35	Ⅱ
	临沂	87.9	0.30	0.40	0.45	0.25	0.40	0.45	−10	35	Ⅱ
	日照市	16.1	0.30	0.40	0.45	—	—	—	−8	33	—
江苏	南京市	8.9	0.25	0.40	0.45	0.40	0.65	0.75	−6	37	Ⅱ
	徐州市	41.0	0.25	0.35	0.40	0.25	0.35	0.40	−8	35	Ⅱ
	赣榆	2.1	0.30	0.45	0.50	0.25	0.35	0.40	−8	35	Ⅱ
	盱眙	34.5	0.25	0.35	0.40	0.25	0.30	0.35	−7	36	Ⅱ
	淮阴市	17.5	0.25	0.40	0.45	0.25	0.40	0.45	−7	35	Ⅱ
	射阳	2.0	0.30	0.40	0.45	0.15	0.20	0.25	−7	35	Ⅲ
	镇江	26.5	0.30	0.40	0.45	0.25	0.35	0.40	—	—	Ⅲ
	无锡	6.7	0.30	0.45	0.50	0.30	0.40	0.45	—	—	Ⅲ
	泰州	6.6	0.25	0.40	0.45	0.25	0.35	0.40	—	—	Ⅲ
	连云港	3.7	0.35	0.55	0.65	0.30	0.40	0.45	—	—	Ⅱ
	盐城	3.6	0.25	0.45	0.55	0.20	0.35	0.40	—	—	Ⅲ
	高邮	5.4	0.25	0.40	0.45	0.20	0.35	0.40	−6	36	Ⅲ
	东台市	4.3	0.30	0.40	0.45	0.20	0.30	0.35	−6	36	Ⅲ
	南通市	5.3	0.30	0.45	0.50	0.15	0.25	0.30	−4	36	Ⅲ
	启东县吕泗	5.5	0.35	0.50	0.55	0.10	0.20	0.25	−4	35	Ⅲ
	常州市	4.9	0.25	0.40	0.45	0.20	0.35	0.40	−4	37	Ⅲ
	溧阳	7.2	0.25	0.40	0.45	0.40	0.50	0.55	−5	37	Ⅲ
	吴县东山	17.5	0.30	0.45	0.50	0.25	0.40	0.45	−5	36	Ⅲ
浙江	杭州市	41.7	0.30	0.45	0.50	0.30	0.45	0.50	−4	38	Ⅲ
	临安县天目山	1505.9	0.55	0.75	0.85	1.00	1.60	1.85	−11	28	Ⅱ

省市名	城市名	海拔高度(m)	风压(kN/m²)			雪压(kN/m²)			基本气温(℃)		雪荷载准永久值系数分区
			R=10	R=50	R=100	R=10	R=50	R=100	最低	最高	
浙江	平湖县乍浦	5.4	0.35	0.45	0.50	0.25	0.35	0.40	−5	36	Ⅲ
	慈溪市	7.1	0.30	0.45	0.50	0.25	0.35	0.40	−4	37	Ⅲ
	嵊泗	79.6	0.85	1.30	1.55	—	—	—	−2	34	—
	嵊泗县嵊山	124.6	1.00	1.65	1.95	—	—	—	0	30	—
	舟山市	35.7	0.50	0.85	1.00	0.30	0.50	0.60	−2	35	Ⅲ
	金华市	62.6	0.25	0.35	0.40	0.35	0.55	0.65	−3	39	Ⅲ
	嵊县	104.3	0.25	0.40	0.50	0.35	0.55	0.65	−3	39	Ⅲ
	宁波市	4.2	0.30	0.50	0.60	0.20	0.30	0.35	−3	37	Ⅲ
	象山县石浦	128.4	0.75	1.20	1.45	0.30	0.35	0.35	−2	35	Ⅲ
	衢州市	66.9	0.25	0.35	0.40	0.30	0.50	0.60	−3	38	Ⅲ
	丽水市	60.8	0.20	0.30	0.35	0.30	0.45	0.50	−3	39	Ⅲ
	龙泉	198.4	0.20	0.30	0.35	0.35	0.55	0.65	−2	38	Ⅲ
	临海市括苍山	1383.1	0.60	0.90	1.05	0.45	0.65	0.75	−8	29	Ⅲ
	温州市	6.0	0.35	0.60	0.70	0.25	0.35	0.40	0	36	Ⅲ
	椒江市洪家	1.3	0.35	0.55	0.65	0.20	0.30	0.35	−2	36	Ⅲ
	椒江市下大陈	86.2	0.95	1.45	1.75	0.25	0.35	0.40	−1	33	Ⅲ
	玉环县坎门	95.9	0.70	1.20	1.45	0.20	0.35	0.40	0	34	Ⅲ
	瑞安市北麂	42.3	1.00	1.80	2.20	—	—	—	2	33	—
安徽	合肥市	27.9	0.25	0.35	0.40	0.40	0.60	0.70	−6	37	Ⅱ
	砀山	43.2	0.25	0.35	0.40	0.25	0.40	0.45	−9	36	Ⅱ
	亳州市	37.7	0.25	0.45	0.55	0.25	0.40	0.45	−8	37	Ⅱ
	宿县	25.9	0.25	0.40	0.50	0.25	0.40	0.45	−8	36	Ⅱ
	寿县	22.7	0.25	0.35	0.40	0.30	0.50	0.55	−7	35	Ⅱ
	蚌埠市	18.7	0.25	0.35	0.40	0.30	0.45	0.55	−6	36	Ⅱ
	滁县	25.3	0.25	0.35	0.40	0.30	0.50	0.60	−6	36	Ⅱ
	六安市	60.5	0.20	0.35	0.40	0.35	0.55	0.60	−5	37	Ⅱ
	霍山	68.1	0.20	0.35	0.40	0.45	0.65	0.75	−6	37	Ⅱ
	巢湖	22.4	0.25	0.35	0.40	0.30	0.45	0.50	−5	37	Ⅱ
	安庆市	19.8	0.25	0.40	0.45	0.20	0.35	0.40	−3	36	Ⅲ
	宁国	89.4	0.25	0.35	0.40	0.30	0.50	0.55	−6	38	Ⅲ
	黄山	1840.4	0.50	0.70	0.80	0.35	0.45	0.50	−11	24	Ⅲ
	黄山市	142.7	0.25	0.35	0.40	0.30	0.45	0.50	−3	38	Ⅲ
	阜阳市	30.6	—		—	0.35	0.55	0.60	−7	36	
江西	南昌市	46.7	0.30	0.45	0.55	0.30	0.45	0.50	−3	38	Ⅲ
	修水	146.8	0.20	0.30	0.35	0.25	0.40	0.50	−4	37	Ⅲ
	宜春市	131.3	0.20	0.30	0.35	0.25	0.40	0.45	−3	38	Ⅲ

省市名	城市名	海拔高度(m)	风压(kN/m²)			雪压(kN/m²)			基本气温(℃)		雪荷载准永久值系数分区
			R=10	R=50	R=100	R=10	R=50	R=100	最低	最高	
江西	吉安	76.4	0.25	0.30	0.35	0.25	0.35	0.45	−2	38	Ⅲ
	宁冈	263.1	0.20	0.30	0.35	0.30	0.45	0.50	−3	38	Ⅲ
	遂川	126.1	0.20	0.30	0.35	0.30	0.45	0.55	−1	38	Ⅲ
	赣州市	123.8	0.20	0.30	0.35	0.20	0.35	0.40	0	38	Ⅲ
	九江	36.1	0.25	0.35	0.40	0.30	0.40	0.45	−2	38	Ⅲ
	庐山	1164.5	0.40	0.55	0.60	0.60	0.95	1.05	−9	29	Ⅲ
	波阳	40.1	0.25	0.40	0.45	0.35	0.60	0.70	−3	38	Ⅲ
	景德镇市	61.5	0.25	0.35	0.40	0.25	0.35	0.40	−3	38	Ⅲ
	樟树市	30.4	0.20	0.30	0.35	0.25	0.40	0.45	−3	38	Ⅲ
	贵溪	51.2	0.20	0.30	0.35	0.35	0.50	0.60	−2	38	Ⅲ
	玉山	116.3	0.20	0.30	0.35	0.40	0.55	0.65	−3	38	Ⅲ
	南城	80.8	0.20	0.30	0.35	0.20	0.35	0.40	−3	37	Ⅲ
	广昌	143.8	0.20	0.30	0.35	0.30	0.45	0.50	−2	38	Ⅲ
	寻乌	303.9	0.25	0.30	0.35	—	—	—	−0.3	37	—
福建	福州市	83.8	0.40	0.70	0.85	—	—	—	3	37	
	邵武市	191.5	0.20	0.30	0.35	0.25	0.35	0.40	−1	37	Ⅲ
	崇安县七仙山	1401.9	0.55	0.70	0.80	0.40	0.60	0.70	−5	28	Ⅲ
	浦城	276.9	0.20	0.30	0.35	0.35	0.55	0.65	−2	37	Ⅲ
	建阳	196.9	0.25	0.35	0.40	0.35	0.50	0.55	−2	38	Ⅲ
	建瓯	154.9	0.25	0.35	0.40	0.25	0.35	0.40	0	38	Ⅲ
	福鼎	36.2	0.35	0.70	0.90	—	—	—	1	37	—
	泰宁	342.9	0.20	0.30	0.35	0.30	0.50	0.60	−2	37	Ⅲ
	南平市	125.6	0.20	0.35	0.45	—	—	—	2	38	—
	福鼎县台山	106.6	0.75	1.00	1.10	—	—	—	4	30	—
	长汀	310.0	0.20	0.35	0.40	0.15	0.25	0.30	0	36	Ⅲ
	上杭	197.9	0.25	0.30	0.35	—	—	—	2	36	—
	永安市	206.0	0.25	0.40	0.45	—	—	—	2	38	—
	龙岩市	342.3	0.20	0.35	0.45	—	—	—	3	36	—
	德化县九仙山	1653.5	0.60	0.80	0.90	0.25	0.40	0.50	−3	25	Ⅲ
	屏南	896.5	0.20	0.30	0.35	0.25	0.45	0.50	−2	32	Ⅲ
	平潭	32.4	0.75	1.30	1.60	—	—	—	4	34	—
	崇武	21.8	0.55	0.85	1.05	—	—	—	5	33	—
	厦门市	139.4	0.50	0.80	0.95	—	—	—	5	35	—
	东山	53.3	0.80	1.25	1.45	—	—	—	7	34	—
陕西	西安市	397.5	0.25	0.35	0.40	0.20	0.25	0.30	−9	37	Ⅱ
	榆林市	1057.5	0.25	0.40	0.45	0.20	0.25	0.30	−22	35	Ⅱ
	吴旗	1272.6	0.25	0.40	0.50	0.15	0.20	0.20	−20	33	Ⅱ

省市名	城市名	海拔高度(m)	风压(kN/m²)			雪压(kN/m²)			基本气温(℃)		雪荷载准永久值系数分区
			R=10	R=50	R=100	R=10	R=50	R=100	最低	最高	
陕西	横山	1111.0	0.30	0.40	0.45	0.15	0.25	0.30	−21	35	Ⅱ
	绥德	929.7	0.30	0.40	0.45	0.20	0.35	0.40	−19	35	Ⅱ
	延安市	957.8	0.25	0.35	0.40	0.15	0.25	0.30	−17	34	Ⅱ
	长武	1206.5	0.20	0.30	0.35	0.20	0.30	0.35	−15	32	Ⅱ
	洛川	1158.3	0.25	0.35	0.40	0.25	0.35	0.40	−15	32	Ⅱ
	铜川市	978.9	0.25	0.35	0.40	0.15	0.20	0.25	−12	33	Ⅱ
	宝鸡市	612.4	0.20	0.35	0.40	0.15	0.20	0.25	−8	37	Ⅱ
	武功	447.8	0.20	0.35	0.40	0.20	0.25	0.30	−9	37	Ⅱ
	华阴县华山	2064.9	0.40	0.50	0.55	0.50	0.70	0.75	−15	25	Ⅱ
	略阳	794.2	0.25	0.35	0.40	0.10	0.15	0.15	−6	34	Ⅲ
	汉中市	508.4	0.20	0.30	0.35	0.15	0.20	0.25	−5	34	Ⅲ
	佛坪	1087.7	0.25	0.35	0.45	0.15	0.25	0.30	−8	33	Ⅲ
	商州市	742.2	0.25	0.30	0.35	0.20	0.30	0.35	−8	35	Ⅱ
	镇安	693.7	0.20	0.35	0.40	0.20	0.30	0.35	−7	36	Ⅲ
	石泉	484.9	0.20	0.30	0.35	0.20	0.30	0.35	−5	35	Ⅲ
	安康市	290.8	0.30	0.45	0.50	0.10	0.15	0.20	−4	37	Ⅲ
甘肃	兰州	1517.2	0.20	0.30	0.35	0.10	0.15	0.20	−15	34	Ⅱ
	吉诃德	966.5	0.45	0.55	0.60	—	—	—	—	—	
	安西	1170.8	0.40	0.55	0.60	0.10	0.20	0.25	−22	37	Ⅱ
	酒泉市	1477.2	0.40	0.55	0.60	0.20	0.30	0.35	−21	33	Ⅱ
	张掖市	1482.7	0.30	0.50	0.60	0.05	0.10	0.15	−22	34	Ⅱ
	武威市	1530.9	0.35	0.55	0.65	0.15	0.20	0.25	−20	33	Ⅱ
	民勤	1367.0	0.40	0.50	0.55	0.05	0.10	0.10	−21	35	Ⅱ
	乌鞘岭	3045.1	0.35	0.40	0.45	0.35	0.55	0.60	−22	21	Ⅱ
	景泰	1630.5	0.25	0.40	0.45	0.10	0.15	0.20	−18	33	Ⅱ
	靖远	1398.2	0.20	0.30	0.35	0.15	0.20	0.25	−18	33	Ⅱ
	临夏市	1917.0	0.20	0.30	0.35	0.15	0.25	0.30	−18	30	Ⅱ
	临洮	1886.6	0.20	0.30	0.35	0.30	0.50	0.55	−19	30	Ⅱ
	华家岭	2450.6	0.30	0.40	0.45	0.25	0.40	0.45	−17	24	Ⅱ
	环县	1255.6	0.20	0.30	0.35	0.15	0.25	0.30	−18	33	Ⅱ
	平凉市	1346.6	0.25	0.30	0.35	0.15	0.25	0.30	−14	32	Ⅱ
	西峰镇	1421.0	0.20	0.30	0.35	0.25	0.40	0.45	−14	31	Ⅱ
	玛曲	3471.4	0.25	0.30	0.35	0.15	0.20	0.25	−23	21	Ⅱ
	夏河县合作	2910.0	0.25	0.30	0.35	0.25	0.40	0.45	−23	24	Ⅱ
	武都	1079.1	0.25	0.35	0.40	0.05	0.10	0.15	−5	35	Ⅲ

省市名	城市名	海拔高度(m)	风压(kN/m²)			雪压(kN/m²)			基本气温(℃)		雪荷载准永久值系数分区
			R=10	R=50	R=100	R=10	R=50	R=100	最低	最高	
甘肃	天水市	1141.7	0.20	0.35	0.40	0.15	0.20	0.25	−11	34	Ⅱ
	马宗山	1962.7	—	—	—	0.10	0.15	0.20	−25	32	Ⅱ
	敦煌	1139.0	—	—	—	0.10	0.15	0.20	−20	37	Ⅱ
	玉门市	1526.0	—	—	—	0.15	0.20	0.25	−21	33	Ⅱ
	金塔县鼎新	1177.4	—	—	—	0.05	0.10	0.15	−21	36	Ⅱ
	高台	1332.2	—	—	—	0.10	0.15	0.20	−21	34	Ⅱ
	山丹	1764.6	—	—	—	0.15	0.20	0.25	−21	32	Ⅱ
	永昌	1976.1	—	—	—	0.10	0.15	0.20	−22	29	Ⅱ
	榆中	1874.1	—	—	—	0.15	0.20	0.25	−19	30	Ⅱ
	会宁	2012.2	—	—	—	0.20	0.30	0.35	—	—	Ⅱ
	岷县	2315.0	—	—	—	0.10	0.15	0.20	−19	27	Ⅱ
宁夏	银川	1111.4	0.40	0.65	0.75	0.15	0.20	0.25	−19	34	Ⅱ
	惠农	1091.0	0.45	0.65	0.70	0.05	0.10	0.10	−20	35	Ⅱ
	陶乐	1101.6	—	—	—	0.05	0.10	0.10	−20	35	Ⅱ
	中卫	1225.7	0.30	0.45	0.50	0.10	0.10	0.15	−18	33	Ⅱ
	中宁	1183.3	0.30	0.35	0.40	0.10	0.15	0.20	−18	34	Ⅱ
	盐池	1347.8	0.30	0.40	0.45	0.30	0.30	0.35	−20	34	Ⅱ
	海源	1854.2	0.25	0.35	0.40	0.25	0.40	0.45	−17	30	Ⅱ
	同心	1343.9	0.20	0.30	0.35	0.10	0.10	0.15	−18	34	Ⅱ
	固原	1753.0	0.25	0.35	0.40	0.30	0.40	0.45	−20	29	Ⅱ
	西吉	1916.5	0.20	0.30	0.35	0.15	0.20	0.20	−20	29	Ⅱ
青海	西宁	2261.2	0.25	0.35	0.40	0.15	0.20	0.25	−19	29	Ⅱ
	茫崖	3138.5	0.30	0.40	0.45	0.05	0.10	0.10	—	—	Ⅱ
	冷湖	2733.0	0.40	0.55	0.60	0.05	0.10	0.10	−26	29	Ⅱ
	祁连县托勒	3367.0	0.30	0.40	0.45	0.20	0.25	0.30	−32	22	Ⅱ
	祁连县野牛沟	3180.0	0.30	0.40	0.45	0.15	0.15	0.20	−31	21	Ⅱ
	祁连县	2787.4	0.30	0.35	0.40	0.10	0.15	0.15	−25	25	Ⅱ
	格尔木市小灶火	2767.0	0.30	0.40	0.45	0.05	0.10	0.10	−25	30	Ⅱ
	大柴旦	3173.2	0.30	0.40	0.45	0.10	0.15	0.15	−27	26	Ⅱ
	德令哈市	2981.5	0.25	0.35	0.40	0.10	0.15	0.20	−22	28	Ⅱ
	刚察	3301.5	0.25	0.35	0.40	0.25	0.30	0.30	−26	21	Ⅱ
	门源	2850.0	0.25	0.35	0.40	0.20	0.30	0.30	−27	24	Ⅱ
	格尔木市	2807.6	0.30	0.40	0.45	0.10	0.15	0.15	−21	29	Ⅱ
	都兰县诺木洪	2790.4	0.35	0.50	0.60	0.05	0.10	0.10	−22	30	Ⅱ
	都兰	3191.1	0.30	0.45	0.55	0.20	0.25	0.30	−21	26	Ⅱ

省市名	城市名	海拔高度 (m)	风压(kN/m²)			雪压(kN/m²)			基本气温(℃)		雪荷载准永久值系数分区
			R=10	R=50	R=100	R=10	R=50	R=100	最低	最高	
青海	乌兰县茶卡	3087.6	0.25	0.35	0.40	0.15	0.20	0.25	−25	25	Ⅱ
	共和县恰卜恰	2835.0	0.25	0.35	0.40	0.10	0.15	0.20	−22	26	Ⅱ
	贵德	2237.1	0.25	0.30	0.35	0.05	0.10	0.10	−18	30	Ⅱ
	民和	1813.9	0.20	0.30	0.35	0.10	0.10	0.15	−17	31	Ⅱ
	唐古拉山五道梁	4612.2	0.35	0.45	0.50	0.20	0.25	0.30	−29	17	Ⅰ
	兴海	3323.2	0.25	0.35	0.40	0.15	0.20	0.20	−25	23	Ⅱ
	同德	3289.4	0.25	0.35	0.40	0.20	0.30	0.35	−28	23	Ⅱ
	泽库	3662.8	0.25	0.30	0.35	0.40	0.45		—	—	Ⅱ
	格尔木市托托河	4533.1	0.40	0.50	0.55	0.25	0.35	0.40	−33	19	Ⅰ
	治多	4179.0	0.25	0.30	0.35	0.15	0.20	0.25	—	—	Ⅰ
	杂多	4066.4	0.25	0.35	0.40	0.20	0.25	0.30	−25	22	Ⅱ
	曲麻莱	4231.2	0.25	0.35	0.40	0.15	0.25	0.30	−28	20	Ⅱ
	玉树	3681.2	0.20	0.30	0.35	0.15	0.20	0.25	−20	24.4	Ⅱ
	玛多	4272.3	0.30	0.40	0.45	0.25	0.35	0.40	−33	18	Ⅰ
	称多县清水河	4415.4	0.25	0.30	0.35	0.25	0.30	0.35	−33	17	Ⅰ
	玛沁县仁峡姆	4211.1	0.30	0.35	0.40	0.20	0.30	0.35	−33	18	Ⅰ
	达日县吉迈	3967.5	0.25	0.35	0.40	0.20	0.25	0.30	−27	20	Ⅰ
	河南	3500.0	0.25	0.40	0.45	0.20	0.25	0.30	−29	21	Ⅱ
	久治	3628.5	0.20	0.30	0.35	0.20	0.25	0.30	−24	21	Ⅱ
	昂欠	3643.7	0.25	0.30	0.35	0.10	0.20	0.25	−18	25	Ⅱ
	班玛	3750.0	0.20	0.30	0.35	0.15	0.20	0.25	−20	22	Ⅱ
新疆	乌鲁木齐市	917.9	0.40	0.60	0.70	0.65	0.90	1.00	−23	34	Ⅰ
	阿勒泰市	735.3	0.40	0.70	0.85	1.20	1.65	1.85	−28	32	Ⅰ
	阿拉山口	284.8	0.95	1.35	1.55	0.20	0.25	0.25	−25	39	Ⅰ
	克拉玛依市	427.3	0.65	0.90	1.00	0.20	0.30	0.35	−27	38	Ⅰ
	伊宁市	662.5	0.40	0.60	0.70	1.00	1.40	1.55	−23	35	Ⅰ
	昭苏	1851.0	0.25	0.40	0.45	0.65	0.85	0.95	−23	26	Ⅰ
	达坂城	1103.5	0.55	0.80	0.90	0.15	0.20	0.20	−21	32	Ⅰ
	巴音布鲁克	2458.0	0.25	0.35	0.40	0.55	0.75	0.85	−40	22	Ⅰ
	吐鲁番市	34.5	0.50	0.85	1.00	0.15	0.20	0.25	−20	44	Ⅱ
	阿克苏市	1103.8	0.30	0.45	0.50	0.15	0.25	0.30	−20	36	Ⅱ
	库车	1099.0	0.35	0.50	0.60	0.15	0.20	0.30	−19	36	Ⅱ
	库尔勒	931.5	0.30	0.45	0.50	0.15	0.20	0.30	−18	37	Ⅱ
	乌恰	2175.7	0.25	0.35	0.40	0.35	0.50	0.60	−20	31	Ⅱ

省市名	城市名	海拔高度（m）	风压(kN/m²)			雪压(kN/m²)			基本气温(℃)		雪荷载准永久值系数分区
			R=10	R=50	R=100	R=10	R=50	R=100	最低	最高	
新疆	喀什	1288.7	0.35	0.55	0.65	0.30	0.45	0.50	−17	36	Ⅱ
	阿合奇	1984.9	0.25	0.35	0.40	0.25	0.35	0.40	−21	31	Ⅱ
	皮山	1375.4	0.20	0.30	0.35	0.15	0.20	0.25	−18	37	Ⅱ
	和田	1374.6	0.25	0.40	0.45	0.10	0.20	0.25	−15	37	Ⅱ
	民丰	1409.3	0.20	0.30	0.35	0.10	0.15	0.15	−19	37	Ⅱ
	安德河	1262.8	0.20	0.30	0.35	0.05	0.05	0.05	−23	39	Ⅱ
	于田	1422.0	0.20	0.30	0.35	0.10	0.15	0.15	−17	36	Ⅱ
	哈密	737.2	0.40	0.60	0.70	0.15	0.25	0.30	−23	38	Ⅱ
	哈巴河	532.6	—	—	—	0.70	1.00	1.15	−26	33.6	Ⅰ
	吉木乃	984.1	—	—	—	0.85	1.15	1.35	−24	31	Ⅰ
	福海	500.9	—	—	—	0.30	0.45	0.50	−31	34	Ⅰ
	富蕴	807.5	—	—	—	0.95	1.35	1.50	−33	34	Ⅰ
	塔城	534.9	—	—	—	1.10	1.55	1.75	−23	35	Ⅰ
	和布克塞尔	1291.6	—	—	—	0.25	0.40	0.45	−23	30	Ⅰ
	青河	1218.2	—	—	—	0.90	1.30	1.45	−35	31	Ⅰ
	托里	1077.8	—	—	—	0.55	0.75	0.85	−24	32	Ⅰ
	北塔山	1653.7	—	—	—	0.55	0.65	0.70	−25	28	Ⅰ
	温泉	1354.6	—	—	—	0.35	0.45	0.50	−25	30	Ⅰ
	精河	320.1	—	—	—	0.20	0.30	0.35	−27	38	Ⅰ
	乌苏	478.7	—	—	—	0.40	0.55	0.60	−26	37	Ⅰ
	石河子	442.9	—	—	—	0.50	0.70	0.80	−28	37	Ⅰ
	蔡家湖	440.5	—	—	—	0.40	0.50	0.55	−32	38	Ⅰ
	奇台	793.5	—	—	—	0.55	0.75	0.85	−31	34	Ⅰ
	巴仑台	1752.5	—	—	—	0.20	0.30	0.35	−20	30	Ⅱ
	七角井	873.2	—	—	—	0.05	0.10	0.15	−23	38	Ⅱ
	库米什	922.4	—	—	—	0.10	0.15	0.15	−25	38	Ⅱ
	焉耆	1055.8	—	—	—	0.15	0.20	0.25	−24	35	Ⅱ
	拜城	1229.2	—	—	—	0.20	0.30	0.35	−26	34	Ⅱ
	轮台	976.1	—	—	—	0.15	0.20	0.30	−19	38	Ⅱ
	吐尔格特	3504.4	—	—	—	0.40	0.55	0.65	−27	18	Ⅱ
	巴楚	1116.5	—	—	—	0.10	0.15	0.20	−19	38	Ⅱ
	柯坪	1161.8	—	—	—	0.05	0.10	0.15	−20	37	Ⅱ
	阿拉尔	1012.2	—	—	—	0.05	0.10	0.10	−20	36	Ⅱ
	铁干里克	846.0	—	—	—	0.10	0.15	0.15	−20	39	Ⅱ

省市名	城市名	海拔高度(m)	风压(kN/m²)			雪压(kN/m²)			基本气温(℃)		雪荷载准永久值系数分区
			$R=10$	$R=50$	$R=100$	$R=10$	$R=50$	$R=100$	最低	最高	
新疆	若羌	888.3	—	—	—	0.10	0.15	0.20	−18	40	II
	塔吉克	3090.9	—	—	—	0.15	0.25	0.30	−28	28	II
	莎车	1231.2	—	—	—	0.15	0.20	0.25	−17	37	II
	且末	1247.5	—	—	—	0.10	0.15	0.20	−20	37	II
	红柳河	1700.0	—	—	—	0.10	0.15	0.15	−25	35	II
河南	郑州市	110.4	0.30	0.45	0.50	0.25	0.40	0.45	−8	36	II
	安阳市	75.5	0.25	0.45	0.55	0.25	0.40	0.45	−8	36	II
	新乡市	72.7	0.30	0.40	0.45	0.20	0.30	0.35	−8	36	II
	三门峡市	410.1	0.25	0.40	0.45	0.15	0.20	0.25	−8	36	II
	卢氏	568.8	0.20	0.30	0.35	0.20	0.30	0.35	−10	35	II
	孟津	323.3	0.30	0.45	0.50	0.30	0.40	0.50	−8	35	II
	洛阳市	137.1	0.25	0.40	0.45	0.25	0.35	0.40	−6	36	II
	栾川	750.1	0.20	0.30	0.35	0.25	0.40	0.45	−9	34	II
	许昌市	66.8	0.30	0.40	0.45	0.25	0.40	0.45	−8	36	II
	开封市	72.5	0.30	0.45	0.50	0.20	0.30	0.35	−8	36	II
	西峡	250.3	0.25	0.35	0.40	0.25	0.30	0.35	−6	36	II
	南阳市	129.2	0.25	0.35	0.40	0.30	0.45	0.50	−7	36	II
	宝丰	136.4	0.25	0.35	0.40	0.30	0.35	0.35	−8	36	II
	西华	52.6	0.25	0.45	0.55	0.30	0.45	0.50	−8	37	II
	驻马店市	82.7	0.25	0.40	0.45	0.30	0.45	0.50	−8	36	II
	信阳市	114.5	0.25	0.35	0.40	0.35	0.55	0.65	−6	36	II
	商丘市	50.1	0.20	0.35	0.45	0.30	0.45	0.50	−8	36	II
	固始	57.1	0.20	0.35	0.40	0.35	0.55	0.65	−6	36	II
湖北	武汉市	23.3	0.25	0.35	0.40	0.30	0.50	0.60	−5	37	II
	郧县	201.9	0.20	0.30	0.35	0.25	0.40	0.45	−3	37	II
	房县	434.4	0.20	0.30	0.35	0.20	0.30	0.35	−7	35	III
	老河口市	90.0	0.20	0.30	0.35	0.25	0.35	0.40	−6	36	II
	枣阳	125.5	0.25	0.40	0.45	0.25	0.40	0.45	−6	36	II
	巴东	294.5	0.15	0.30	0.35	0.15	0.20	0.25	−2	38	III
	钟祥	65.8	0.20	0.30	0.35	0.25	0.35	0.40	−4	36	II
	麻城市	59.3	0.20	0.35	0.45	0.35	0.55	0.65	−4	37	II
	恩施市	457.1	0.20	0.30	0.35	0.15	0.20	0.25	−2	36	III
	巴东县绿葱坡	1819.3	0.30	0.35	0.40	0.65	0.95	1.10	−10	26	III
	五峰县	908.4	0.20	0.30	0.35	0.25	0.35	0.40	−5	34	III

省市名	城市名	海拔高度(m)	风压(kN/m²)			雪压(kN/m²)			基本气温(℃)		雪荷载准永久值系数分区
			R=10	R=50	R=100	R=10	R=50	R=100	最低	最高	
湖北	宜昌市	133.1	0.20	0.30	0.35	0.20	0.30	0.35	−3	37	Ⅲ
	荆州	32.6	0.20	0.30	0.35	0.25	0.40	0.45	−4	36	Ⅱ
	天门市	34.1	0.20	0.30	0.35	0.25	0.35	0.45	−5	36	Ⅱ
	来凤	459.5	0.20	0.30	0.35	0.15	0.20	0.25	−3	35	Ⅲ
	嘉鱼	36.0	0.20	0.35	0.45	0.25	0.35	0.40	−3	37	Ⅲ
	英山	123.8	0.20	0.30	0.35	0.30	0.40	0.45	−5	37	Ⅲ
	黄石市	19.6	0.25	0.35	0.40	0.25	0.35	0.40	−3	38	Ⅲ
湖南	长沙市	44.9	0.25	0.35	0.40	0.30	0.45	0.50	−3	38	Ⅲ
	桑植	322.2	0.20	0.30	0.35	0.35	0.40		−3	36	Ⅲ
	石门	116.9	0.25	0.30	0.35	0.25	0.35	0.40	−3	36	Ⅲ
	南县	36.0	0.25	0.40	0.50	0.30	0.45	0.50	−3	36	Ⅲ
	岳阳市	53.0	0.25	0.40	0.45	0.35	0.55	0.65	−2	36	Ⅲ
	吉首市	206.6	0.20	0.30	0.35	0.20	0.30	0.35	−2	36	Ⅲ
	沅陵	151.6	0.20	0.30	0.35	0.30	0.35	0.40	−3	37	Ⅲ
	常德市	35.0	0.25	0.40	0.50	0.35	0.50	0.60	−3	36	Ⅱ
	安化	128.3	0.20	0.30	0.35	0.30	0.45	0.50	−3	38	Ⅱ
	沅江市	36.0	0.25	0.40	0.45	0.35	0.55	0.65	−3	37	Ⅲ
	平江	106.3	0.20	0.30	0.35	0.25	0.40	0.45	−4	37	Ⅲ
	芷江	272.2	0.20	0.30	0.35	0.25	0.35	0.45	−3	36	Ⅲ
	雪峰山	1404.9	—	—	—	0.50	0.75	0.85	−8	27	Ⅱ
	邵阳市	248.6	0.20	0.30	0.35	0.20	0.30	0.35	−3	37	Ⅲ
	双峰	100.0	0.20	0.30	0.35	0.25	0.40	0.45	−4	38	Ⅲ
	南岳	1265.9	0.60	0.75	0.85	0.50	0.75	0.85	−8	28	Ⅲ
	通道	397.5	0.25	0.30	0.35	0.15	0.25	0.30	−3	35	Ⅲ
	武岗	341.0	0.20	0.30	0.35	0.25	0.30	0.35	−3	36	Ⅲ
	零陵	172.6	0.25	0.40	0.45	0.15	0.25	0.30	−2	37	Ⅲ
	衡阳市	103.2	0.25	0.40	0.45	0.20	0.35	0.40	−2	38	Ⅲ
	道县	192.2	0.25	0.35	0.40	0.15	0.20	0.25	−1	37	Ⅲ
	郴州市	184.9	0.20	0.30	0.35	0.20	0.30	0.35	−2	38	Ⅲ
广东	广州市	6.6	0.30	0.50	0.60	—	—	—	6	36	—
	南雄	133.8	0.20	0.30	0.35	—	—	—	1	37	—
	连县	97.6	0.20	0.30	0.35	—	—	—	2	37	—
	韶关	69.3	0.20	0.35	0.45	—	—	—	2	37	—
	佛岗	67.8	0.20	0.30	0.35	—	—	—	4	36	—

省市名	城市名	海拔高度(m)	风压(kN/m²)			雪压(kN/m²)			基本气温(℃)		雪荷载准永久值系数分区
			R＝10	R＝50	R＝100	R＝10	R＝50	R＝100	最低	最高	
广东	连平	214.5	0.20	0.30	0.35	—	—	—	2	36	—
	梅县	87.8	0.20	0.30	0.35	—	—	—	4	37	—
	广宁	56.8	0.20	0.30	0.35	—	—	—	4	36	—
	高要	7.1	0.30	0.50	0.60	—	—	—	6	36	—
	河源	40.6	0.20	0.30	0.35	—	—	—	5	36	—
	惠阳	22.4	0.35	0.55	0.60	—	—	—	6	36	—
	五华	120.9	0.20	0.30	0.35	—	—	—	4	36	—
	汕头市	1.1	0.50	0.80	0.95	—	—	—	6	35	—
	惠来	12.9	0.45	0.75	0.90	—	—	—	7	35	—
	南澳	7.2	0.50	0.80	0.95	—	—	—	9	32	—
	信宜	84.6	0.35	0.60	0.70	—	—	—	7	36	—
	罗定	53.3	0.20	0.30	0.35	—	—	—	6	37	—
	台山	32.7	0.35	0.55	0.65	—	—	—	6	35	—
	深圳市	18.2	0.45	0.75	0.90	—	—	—	8	35	—
	汕尾	4.6	0.50	0.85	1.00	—	—	—	7	34	—
	湛江市	25.3	0.50	0.80	0.95	—	—	—	9	36	—
	阳江	23.3	0.45	0.75	0.90	—	—	—	7	35	—
	电白	11.8	0.45	0.70	0.80	—	—	—	8	35	—
	台山县上川岛	21.5	0.75	1.05	1.20	—	—	—	8	35	—
	徐闻	67.9	0.45	0.75	0.90	—	—	—	10	36	—
广西	南宁市	73.1	0.25	0.35	0.40	—	—	—	6	36	—
	桂林市	164.4	0.20	0.30	0.35	—	—	—	1	36	—
	柳州市	96.8	0.20	0.30	0.35	—	—	—	3	36	—
	蒙山	145.7	0.20	0.30	0.35	—	—	—	2	36	—
	贺山	108.8	0.20	0.30	0.35	—	—	—	2	36	—
	百色市	173.5	0.25	0.45	0.55	—	—	—	5	37	—
	靖西	739.4	0.20	0.30	0.35	—	—	—	4	32	—
	桂平	42.5	0.20	0.30	0.35	—	—	—	5	36	—
	梧州市	114.8	0.20	0.30	0.35	—	—	—	4	36	—
	龙舟	128.8	0.20	0.30	0.35	—	—	—	7	36	—
	灵山	66.0	0.20	0.30	0.35	—	—	—	5	35	—
	玉林	81.8	0.20	0.30	0.35	—	—	—	5	36	—
	东兴	18.2	0.45	0.75	0.90	—	—	—	8	34	—
	北海市	15.3	0.45	0.75	0.90	—	—	—	7	35	—
	润洲岛	55.2	0.70	1.10	1.30	—	—	—	9	34	—

省市名	城市名	海拔高度(m)	风压(kN/m²)			雪压(kN/m²)			基本气温(℃)		雪荷载准永久值系数分区
			R=10	R=50	R=100	R=10	R=50	R=100	最低	最高	
海南	海口市	14.1	0.45	0.75	0.90	—	—	—	10	37	—
	东方	8.4	0.55	0.85	1.00	—	—	—	10	37	—
	儋县	168.7	0.40	0.70	0.85	—	—	—	9	37	—
	琼中	250.9	0.30	0.45	0.55	—	—	—	8	36	—
	琼海	24.0	0.50	0.85	1.05	—	—	—	10	37	—
	三亚市	5.5	0.50	0.85	1.05	—	—	—	14	36	—
	陵水	13.9	0.50	0.85	1.05	—	—	—	12	36	—
	西沙岛	4.7	1.05	1.80	2.20	—	—	—	18	35	—
	珊瑚岛	4.0	0.70	1.10	1.30	—	—	—	16	36	—
四川	成都市	506.1	0.20	0.30	0.35	0.10	0.10	0.15	−1	34	Ⅲ
	石渠	4200.0	0.25	0.30	0.35	0.35	0.50	0.60	−28	19	Ⅱ
	若尔盖	3439.6	0.25	0.30	0.35	0.30	0.40	0.45	−24	21	Ⅱ
	甘孜	3393.5	0.35	0.45	0.50	0.30	0.50	0.55	−17	25	Ⅱ
	都江堰市	706.7	0.20	0.30	0.35	0.15	0.25	0.30			Ⅲ
	绵阳市	470.8	0.20	0.30	0.35	—	—	—	−3	35	
	雅安市	627.6	0.20	0.30	0.35	0.10	0.20	0.20	0	34	Ⅲ
	资阳	357.0	0.20	0.30	0.35	—	—	—	1	33	
	康定	2615.7	0.30	0.35	0.40	0.30	0.50	0.55	−10	23	Ⅱ
	汉源	795.9	0.20	0.30	0.35	—	—	—	2	34	
	九龙	2987.3	0.20	0.30	0.35	0.15	0.20	0.20	−10	25	Ⅲ
	越西	1659.0	0.25	0.30	0.35	0.15	0.25	0.30	−4	31	Ⅲ
	昭觉	2132.4	0.25	0.30	0.35	0.25	0.35	0.40	−6	28	Ⅲ
	雷波	1474.9	0.20	0.30	0.40	0.20	0.30	0.35	−4	29	Ⅲ
	宜宾市	340.8	0.20	0.30	0.35	—	—	—	2	35	
	盐源	2545.0	0.20	0.30	0.35	0.20	0.30	0.35	−6	27	Ⅲ
	西昌市	1590.9	0.20	0.30	0.35	0.20	0.30	0.35	−1	32	Ⅲ
	会理	1787.1	0.20	0.30	0.35	—	—	—	−4	30	
	万源	674.0	0.20	0.30	0.35	0.05	0.10	0.15	−3	35	Ⅲ
	阆中	382.6	0.20	0.30	0.35	—	—	—	−1	36	
	巴中	358.9	0.20	0.30	0.35	—	—	—	−1	36	
	达县市	310.4	0.20	0.35	0.45	—	—	—	0	37	
	遂宁市	278.2	0.20	0.30	0.35	—	—	—	0	36	
	南充市	309.3	0.20	0.30	0.35	—	—	—	0	36	
	内江市	347.1	0.25	0.40	0.50	—	—	—	0	36	

省市名	城市名	海拔高度(m)	风压(kN/m²)			雪压(kN/m²)			基本气温(℃)		雪荷载准永久值系数分区
			R=10	R=50	R=100	R=10	R=50	R=100	最低	最高	
四川	泸州市	334.8	0.20	0.30	0.35	—	—	—	1	36	—
	叙永	377.5	0.20	0.30	0.35	—	—	—	1	36	—
	德格	3201.2	—	—	—	0.15	0.20	0.25	−15	26	Ⅲ
	色达	3893.9	—	—	—	0.30	0.40	0.45	−24	21	Ⅲ
	道孚	2957.2	—	—	—	0.15	0.20	0.25	−16	28	Ⅲ
	阿坝	3275.1	—	—	—	0.25	0.40	0.45	−19	22	Ⅲ
	马尔康	2664.4	—	—	—	0.15	0.25	0.30	−12	29	Ⅲ
	红原	3491.6	—	—	—	0.25	0.40	0.45	−26	22	Ⅱ
	小金	2369.2	—	—	—	0.10	0.15	0.15	−8	31	Ⅱ
	松潘	2850.7	—	—	—	0.20	0.30	0.35	−16	26	Ⅱ
	新龙	3000.0	—	—	—	0.10	0.15	0.15	−16	27	Ⅱ
	理唐	3948.9	—	—	—	0.35	0.50	0.60	−19	21	Ⅱ
	稻城	3727.7	—	—	—	0.20	0.30	0.30	−19	23	Ⅲ
	峨眉山	3047.4	—	—	—	0.40	0.55	0.60	−15	19	Ⅱ
贵州	贵阳市	1074.3	0.20	0.30	0.35	0.10	0.20	0.25	−3	32	Ⅲ
	威宁	2237.5	0.25	0.35	0.40	0.25	0.35	0.40	−6	26	Ⅲ
	盘县	1515.2	0.25	0.35	0.40	0.25	0.35	0.45	−3	30	Ⅲ
	桐梓	972.0	0.20	0.30	0.35	0.10	0.15	0.20	−4	33	Ⅲ
	习水	1180.2	0.20	0.30	0.35	0.15	0.20	0.25	−5	31	Ⅲ
	毕节	1510.6	0.20	0.30	0.35	0.15	0.25	0.30	−4	30	Ⅲ
	遵义市	843.9	0.20	0.30	0.35	0.10	0.15	0.20	−2	34	Ⅲ
	湄潭	791.8	—	—	—	0.15	0.20	0.25	−3	34	Ⅲ
	思南	416.3	0.20	0.30	0.35	0.10	0.20	0.25	−1	36	Ⅲ
	铜仁	279.7	0.20	0.30	0.35	0.20	0.30	0.35	−2	37	Ⅲ
	黔西	1251.8	—	—	—	0.15	0.20	0.25	−4	32	Ⅲ
	安顺市	1392.9	0.20	0.30	0.35	0.20	0.30	0.35	−3	30	Ⅲ
	凯里市	720.3	0.20	0.30	0.35	0.15	0.20	0.25	−3	34	Ⅲ
	三穗	610.5	—	—	—	0.20	0.30	0.35	−4	34	Ⅲ
	兴仁	1378.5	0.20	0.30	0.35	0.20	0.35	0.40	−2	30	Ⅲ
	罗甸	440.3	0.20	0.30	0.35	—	—	—	1	37	—
	独山	1013.3	—	—	—	0.20	0.30	0.35	−3	32	Ⅲ
	榕江	285.7	—	—	—	0.10	0.15	0.20	−1	37	Ⅲ
云南	昆明市	1891.4	0.20	0.30	0.35	0.20	0.30	0.35	−1	28	Ⅲ
	德钦	3485.0	0.25	0.35	0.40	0.60	0.90	1.05	−12	22	Ⅱ

省市名	城市名	海拔高度（m）	风压(kN/m²)			雪压(kN/m²)			基本气温(℃)		雪荷载准永久值系数分区
			R=10	R=50	R=100	R=10	R=50	R=100	最低	最高	
云南	贡山	1591.3	0.20	0.30	0.35	0.45	0.75	0.90	−3	30	II
	中甸	3276.1	0.20	0.30	0.35	0.50	0.80	0.90	−15	22	II
	维西	2325.6	0.20	0.30	0.35	0.45	0.65	0.75	−6	28	III
	昭通市	1949.5	0.25	0.35	0.40	0.15	0.25	0.30	−6	28	III
	丽江	2393.2	0.25	0.30	0.35	0.20	0.30	0.35	−5	27	III
	华坪	1244.8	0.30	0.45	0.55	—	—	—	−1	35	—
	会泽	2109.5	0.25	0.35	0.40	0.25	0.35	0.40	−4	26	III
	腾冲	1654.6	0.20	0.30	0.35	—	—	—	−3	27	—
	泸水	1804.9	0.20	0.30	0.35	—	—	—	1	26	—
	保山市	1653.5	0.20	0.30	0.35	—	—	—	−2	29	—
	大理市	1990.5	0.45	0.65	0.75	—	—	—	−2	28	—
	元谋	1120.2	0.20	0.35	0.40	—	—	—	2	35	—
	楚雄市	1772.0	0.20	0.35	0.40	—	—	—	−2	29	—
	曲靖市沾益	1898.7	0.25	0.30	0.35	0.25	0.40	0.45	−1	28	III
	瑞丽	776.6	0.20	0.30	0.35	—	—	—	3	32	—
	景东	1162.3	0.20	0.30	0.35	—	—	—	1	32	—
	玉溪	1636.7	0.20	0.30	0.35	—	—	—	−1	30	—
	宜良	1532.1	0.25	0.45	0.55	—	—	—	1	28	—
	泸西	1704.3	0.25	0.30	0.35	—	—	—	−2	29	—
	孟定	511.4	0.25	0.40	0.45	—	—	—	−5	32	—
	临沧	1502.4	0.20	0.30	0.35	—	—	—	0	29	—
	澜沧	1054.8	0.20	0.30	0.35	—	—	—	1	32	—
	景洪	552.7	0.20	0.40	0.50	—	—	—	7	35	—
	思茅	1302.1	0.25	0.45	0.50	—	—	—	3	30	—
	元江	400.9	0.25	0.30	0.35	—	—	—	7	37	—
	勐腊	631.9	0.20	0.30	0.35	—	—	—	7	34	—
	江城	1119.5	0.20	0.40	0.50	—	—	—	4	30	—
	蒙自	1300.7	0.25	0.35	0.45	—	—	—	3	31	—
	屏边	1414.1	0.20	0.40	0.35	—	—	—	2	28	—
	文山	1271.6	0.20	0.30	0.35	—	—	—	3	31	—
	广南	1249.6	0.25	0.35	0.40	—	—	—	0	31	—
西藏	拉萨市	3658.0	0.20	0.30	0.35	0.10	0.15	0.20	−13	27	III
	班戈	4700.0	0.35	0.55	0.65	0.20	0.25	0.30	−22	18	I
	安多	4800.0	0.45	0.75	0.90	0.25	0.40	0.45	−28	17	I

省市名	城市名	海拔高度(m)	风压(kN/m²)			雪压(kN/m²)			基本气温(℃)		雪荷载准永久值系数分区
			R=10	R=50	R=100	R=10	R=50	R=100	最低	最高	
西藏	那曲	4507.0	0.30	0.45	0.50	0.30	0.40	0.45	−25	19	Ⅰ
	日喀则市	3836.0	0.20	0.30	0.35	0.10	0.15	0.15	−17	25	Ⅲ
	乃东县泽当	3551.7	0.20	0.30	0.35	0.10	0.15	0.15	−12	26	Ⅲ
	隆子	3860.0	0.30	0.45	0.50	0.10	0.15	0.20	−18	24	Ⅲ
	索县	4022.8	0.30	0.40	0.50	0.20	0.25	0.30	−23	22	Ⅰ
	昌都	3306.0	0.20	0.30	0.35	0.15	0.20	0.20	−15	27	Ⅱ
	林芝	3000.0	0.25	0.35	0.45	0.10	0.15	0.15	−9	25	Ⅲ
	葛尔	4278.0	—	—	—	0.10	0.15	0.15	−27	25	Ⅰ
	改则	4414.9	—	—	—	0.20	0.30	0.35	−29	23	Ⅰ
	普兰	3900.0	—	—	—	0.50	0.70	0.80	−21	25	Ⅰ
	申扎	4672.0	—	—	—	0.15	0.20	0.20	−22	19	Ⅰ
	当雄	4200.0	—	—	—	0.30	0.45	0.50	−23	21	Ⅱ
	尼木	3809.4	—	—	—	0.15	0.20	0.25	−17	26	Ⅲ
	聂拉木	3810.0	—	—	—	2.00	3.30	3.75	−13	18	Ⅰ
	定日	4300.0	—	—	—	0.15	0.25	0.30	−22	23	Ⅱ
	江孜	4040.0	—	—	—	0.10	0.10	0.15	−19	24	Ⅲ
	错那	4280.0	—	—	—	0.60	0.90	1.00	−24	16	Ⅲ
	帕里	4300.0	—	—	—	0.95	1.50	1.75	−23	16	Ⅱ
	丁青	3873.1	—	—	—	0.25	0.35	0.40	−17	22	Ⅱ
	波密	2736.0	—	—	—	0.25	0.35	0.40	−9	27	Ⅲ
	察隅	2327.6	—	—	—	0.35	0.55	0.65	−4	29	Ⅲ
台湾	台北	8.0	0.40	0.70	0.85	—	—	—	—	—	
	新竹	8.0	0.50	0.80	0.95	—	—	—	—	—	
	宜兰	9.0	1.10	1.85	2.30	—	—	—	—	—	
	台中	78.0	0.50	0.80	0.90	—	—	—	—	—	
	花莲	14.0	0.40	0.70	0.85	—	—	—	—	—	
	嘉义	20.0	0.50	0.80	0.95	—	—	—	—	—	
	马公	22.0	0.85	1.30	1.55	—	—	—	—	—	
	台东	10.0	0.65	0.90	1.05	—	—	—	—	—	
	冈山	10.0	0.55	0.80	0.95	—	—	—	—	—	
	恒春	24.0	0.70	1.05	1.20	—	—	—	—	—	
	阿里山	2406.0	0.25	0.35	0.40	—	—	—	—	—	
	台南	14.0	0.60	0.85	1.00	—	—	—	—	—	
香港	香港	50.0	0.80	0.90	0.95	—	—	—	—	—	
	横澜岛	55.0	0.95	1.25	1.40	—	—	—	—	—	
澳门	澳门	57.0	0.75	0.85	0.90	—	—	—	—	—	

注：表中"—"表示该城市没有统计数据。

附录3　工业建筑楼面活荷载的标准值

一般金工车间、仪器仪表生产车间、半导体器件车间、棉纺织车间、轮胎厂准备车间和粮食加工车间的楼面等效均布活荷载，可按附表3.1～附表3.6采用。

金工车间楼面均布活荷载　　　　　　　　　　　　　　　　　　　附表3.1

序号	项目	标准值(kN/m²)					组合值系数 ψ_c	频遇值系数 ψ_f	准永久值系数 ψ_q	代表性机床型号
		板		次梁(肋)		主梁				
		板跨 ≥1.2m	板跨 ≥2.0m	梁间距 ≥1.2m	梁间距 ≥2.0m					
1	一类金工	22.0	14.0	14.0	10.0	9.0	1.00	0.95	0.85	CW6180、X53K、X63W、B690、M1080、Z35A
2	二类金工	18.0	12.0	12.0	9.0		1.00	0.95	0.85	C6163、X52K、X62W、B6090、M1050A、Z3040
3	三类金工	16.0	10.0	10.0	8.0	7.0	1.00	0.95	0.85	C6140、X51K、X61W、B6050、M1040、Z3025
4	四类金工	12.0	8.0	8.0	6.0	5.0	1.00	0.95	0.85	C6132、X50A、X60W、B635-1、M1010、Z32K

注：1. 表列荷载适用于单向支承的现浇梁板及预制槽形板等楼面结构，对于槽形板，表列板跨系指槽形板纵肋间距。
　　2. 表列荷载不包括隔墙和吊顶自重。
　　3. 表列荷载考虑了安装、检修和正常使用情况下的设备（包括动力影响）和操作荷载。
　　4. 设计墙、柱、基础时，表列楼面活荷载可采用与设计主梁相同的荷载。

仪器仪表生产车间楼面均布活荷载　　　　　　　　　　　　　　　附表3.2

序号	车间名称		标准值(kN/m²)				组合值系数 ψ_c	频遇值系数 ψ_f	准永久值系数 ψ_q	附注
			板		次梁(肋)	主梁				
			板跨 ≥1.2m	板跨 ≥2.0m						
1	光学车间	光学加工	7.0	5.0	5.0	4.0	0.80	0.80	0.70	代表性设备 H015 研磨机、ZD-450 型及 GZD300 型镀膜机、Q8312 型透镜抛光机
2		较大型光学仪器装配	7.0	5.0	5.0	4.0	0.80	0.80	0.70	代表性设备 C0502A 精整车床，万能工具显微镜
3		一般光学仪器装配	4.0	4.0	4.0	3.0	0.70	0.70	0.60	产品在桌面上装配
4	较大型光学仪器装配		7.0	5.0	5.0	4.0	0.80	0.80	0.70	产品在楼面上装配
5	一般光学仪器装配		4.0	4.0	4.0	3.0	0.70	0.70	0.60	产品在桌面上装配
6	小模数齿轮加工，晶体元件(宝石)加工		7.0	5.0	5.0	4.0	0.80	0.80	0.70	代表性设备 YM3680 滚齿机，宝石平面磨床
7	车间仓库	一般仪器仓库	4.0	4.0	4.0	3.0	1.0	0.95	0.85	—
		较大型仪器仓库	7.0	7.0	7.0	6.0	1.0	0.95	0.85	—

注：见附表3.1注。

| 序号 | 车间名称 | 标准值(kN/m²) | | | | | 组合值系数 ψ_c | 频遇值系数 ψ_f | 准永久值系数 ψ_q | 代表性设备单件自重(kN) |
| | | 板 | | 次梁(肋) | | 主梁 | | | | |
		板跨 ≥1.2m	板跨 ≥2.0m	梁间距 ≥1.2m	梁间距 ≥2.0m					
1	半导体器件车间	10.0	8.0	8.0	6.0	5.0	1.0	0.95	0.85	14.0～18.0
2		8.0	6.0	6.0	5.0	4.0	1.0	0.95	0.85	9.0～12.0
3		6.0	5.0	5.0	4.0	4.0	1.0	0.95	0.85	4.0～8.0
4		4.0	4.0	3.0	3.0	3.0	1.0	0.95	0.85	≤3.0

注：见附表 3.1 注。

| 序号 | 车间名称 | | 标准值(kN/m²) | | | | | 组合值系数 ψ_c | 频遇值系数 ψ_f | 准永久值系数 ψ_q | 代表性设备 |
| | | | 板 | | 次梁(肋) | | 主梁 | | | | |
			板跨 ≥1.2m	板跨 ≥2.0m	梁间距 ≥1.2m	梁间距 ≥2.0m					
1	梳棉间		12.0	8.0	10.0	7.0	5.0				FA201,203
			15.0	10.0	12.0	8.0					FA221A
2	粗纱间		8.0 (15.0)	6.0 (10.0)	6.0 (8.0)	5.0	4.0				FA401,415A, 421TJEA458A
3	细纱间络筒间		6.0 (10.0)	5.0	5.0	5.0	4.0	0.8	0.8	0.7	FA705,506,507A GA013,015ESPERO
4	捻线间整经间		8.0	6.0	6.0	5.0	4.0				FAT05,721,762 ZC-L-180 D3-1000-180
5	织布间	有梭织机	12.5	6.5	6.5	5.5	4.4				GA615-150 GA615-180
		剑杆织机	18.0	9.0	10.0	6	4.5				GA731-190, 733-190 TP600-200 SOMET-190

注：括号内的数值仅用于粗纱机机头部位局部楼面。

| 序号 | 车间名称 | 标准值(kN/m²) | | | | 组合值系数 ψ_c | 频遇值系数 ψ_f | 准永久值系数 ψ_q | 代表性设备 |
| | | 板 | | 次梁(肋) | 主梁 | | | | |
		板跨 ≥1.2m	板跨 ≥2.0m						
1	准备车间	14.0	14.0	12.0	10.0	1.0	0.95	0.85	炭黑加工投料
2		10.0	8.0	8.0	6.0	1.0	0.95	0.85	化工原料加工配合、密炼机炼胶

注：1. 密炼机检修用的电葫芦荷载未计入，设计时应另行考虑。
　　2. 炭黑加工投料活荷载系考虑兼作炭黑仓库使用的情况，若不兼作仓库时，上述荷载应予降低。
　　3. 见附表 3.1 注。

序号	车间名称		标准值(kN/m²)							组合值系数 ψ_c	频遇值系数 ψ_f	准永久值系数 ψ_q	代表性设备
			板			次梁			主梁				
			板跨 ≥2.0m	板跨 ≥2.5m	板跨 ≥3.0m	梁间距 ≥2.0m	梁间距 ≥2.5m	梁间距 ≥3.0m					
1	面粉厂	拉丝车间	14.0	12.0	12.0	12.0	12.0	12.0	12.0	1.0	0.95	0.85	JMN10 拉丝机
2		磨子间	12.0	10.0	9.0	10.0	9.0	8.0	9.0				MF011 磨粉机
3		麦间及制粉车间	5.0	5.0	4.0	5.0	4.0	4.0	4.0				SX011 振动筛 GF031 擦麦机 GF011 打麦机
4		吊平筛的顶层	2.0	2.0	2.0	6.0	6.0	6.0	6.0				SL011 平筛
5		洗麦车间	14.0	12.0	10.0	10.0	9.0	9.0	9.0				洗麦机
6	米厂	砻谷机及碾米车间	7.0	6.0	5.0	5.0	4.0	4.0	4.0				LG309 胶辊砻谷机
7		清理车间	4.0	3.0	3.0	4.0	3.0	3.0	3.0				组合清理筛

注: 1. 当拉丝车间不可能满布磨辊时，主梁活荷载可按 10kN/m² 采用。
2. 吊平筛的顶层荷载系按设备吊在梁下考虑的。
3. 米厂清理车间采用 SX011 振动筛时，等效均布活荷载可按面粉厂麦间的规定采用。
4. 见附表 3.1 注。

附录 4 消防车活荷载考虑覆土厚度影响的折减系数

当考虑覆土对楼面消防车活荷载的影响时，可对楼面消防车活荷载标准值进行折减，折减系数可按表 4.1、表 4.2 采用。

单向板楼盖楼面消防车活荷载折减系数　　　　表 4.1

折算覆土厚度 $\overline{S}$(m)	楼板跨度(m)		
	2	3	4
0	1.00	1.00	1.00
0.5	0.94	0.94	0.94
1.0	0.88	0.88	0.88
1.5	0.82	0.80	0.81
2.0	0.70	0.70	0.71
2.5	0.56	0.60	0.62
3.0	0.46	0.51	0.54

双向板楼盖楼面消防车活荷载折减系数　　　　表 4.2

折算覆土厚度 $\overline{S}$(m)	楼板跨度(m)			
	3×3	4×4	5×5	6×6
0	1.00	1.00	1.00	1.00
0.5	0.95	0.96	0.99	1.00
1.0	0.88	0.93	0.98	1.00
1.5	0.79	0.83	0.93	1.00
2.0	0.67	0.72	0.81	0.92
2.5	0.57	0.62	0.70	0.81
3.0	0.48	0.54	0.61	0.71

板顶折算覆土厚度 $\bar{s}$ 应按下式计算：

$$\bar{s}=1.43s\tan\theta \qquad (4.1)$$

式中：s——覆土厚度（m）；

θ——覆土应力扩散角，不大于 $45°$。

附录5 风荷载体型系数

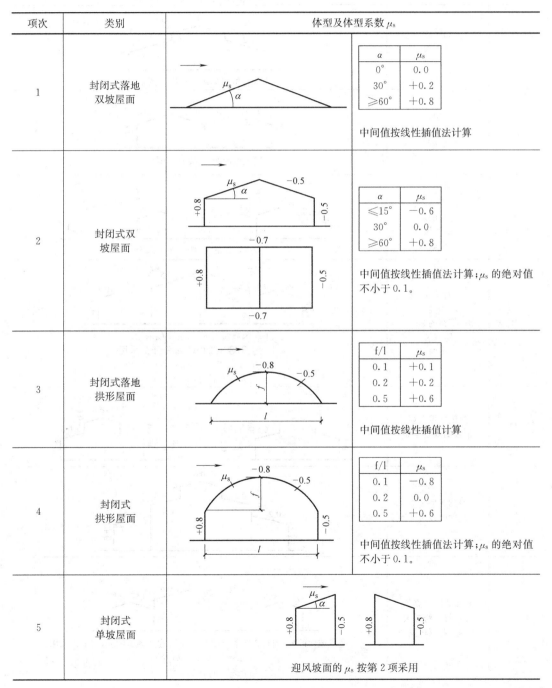

项次	类别	体型及体型系数 μ_s		
1	封闭式落地双坡屋面		α / μ_s 表：$0°$ / 0.0；$30°$ / $+0.2$；$\geqslant60°$ / $+0.8$	中间值按线性插值法计算
2	封闭式双坡屋面	$+0.8$，-0.5，-0.5，-0.7，-0.7	α / μ_s 表：$\leqslant15°$ / -0.6；$30°$ / 0.0；$\geqslant60°$ / $+0.8$	中间值按线性插值法计算；μ_s 的绝对值不小于0.1。
3	封闭式落地拱形屋面	-0.8，-0.5，f，l	f/l / μ_s 表：0.1 / $+0.1$；0.2 / $+0.2$；0.5 / $+0.6$	中间值按线性插值计算
4	封闭式拱形屋面	-0.8，-0.5，$+0.8$，-0.5，f，l	f/l / μ_s 表：0.1 / -0.8；0.2 / 0.0；0.5 / $+0.6$	中间值按线性插值法计算；μ_s 的绝对值不小于0.1。
5	封闭式单坡屋面	$+0.8$，-0.5，$+0.8$，-0.5	迎风坡面的 μ_s 按第2项采用	

项次	类别	体型及体型系数 μ_s
6	封闭式高低双坡屋面	迎风坡面的 μ_s 按第 2 项采用
7	封闭式带天窗双坡屋面	带天窗的拱形屋面可按本图采用
8	封闭式双跨双坡屋面	迎风坡面的 μ_s 按第 2 项采用
9	封闭式不等高不等跨的双跨双坡屋面	迎风坡面的 μ_s 按第 2 项采用
10	封闭式不等高不等跨的三跨双坡屋面	1 迎风坡面的 μ_s 按第 2 项采用； 2 中跨上部迎风墙面的 μ_{s1} 按下式采用： $\mu_{s1}=0.6(1-2h_1/h)$ 当 $h_1=h$ 时，取 $\mu_{s1}=-0.6$
11	封闭式带天窗带坡的双坡屋面	
12	封闭式带天窗带双坡的双坡屋面	
13	封闭式不等高不等跨且中跨带天窗的三跨双坡屋面	1 迎风坡面的 μ_s 按第 2 项采用；2 中跨上部迎风墙面的 μ_{s1} 按下式采用： $\mu_{s1}=0.6(1-2h_1/h)$ 当 $h_1=h$ 时，取 $\mu_{s1}=-0.6$

项次	类别	体型及体型系数 μ_s
14	封闭式带天窗的双跨双坡屋面	迎风面第 2 跨的天窗面的 μ_s 按下列规定采用： 当 $a \leqslant 4h$ 时，取 $\mu_s = 0.2$； 当 $a > 4h$ 时，取 $\mu_s = 0.6$。
15	封闭式带女儿墙的双坡屋面	当屋面坡不大于 15°时，屋面上的体形系数可按无女儿墙的屋面采用
16	封闭式带雨篷的双坡屋面	迎风面坡面的 μ_s 按第 2 项采用
17	封闭式对立两个带雨篷的双坡屋面	本图适用于 s 为 8m～20m 范围内；迎风坡面的 μ_s 第 2 项采用
18	封闭式带下沉天窗的双坡屋面或拱形屋面	
19	封闭式带下沉天窗的双跨双坡或拱形屋面	

项次	类别	体型及体型系数 μ_s
20	封闭式带天窗挡风板的坡屋面	
21	封闭式带天窗挡风板的双跨坡屋面	
22	封闭式锯齿形屋面	 1 迎风坡面的 μ_s 按第2项采用； 2 齿面增多或减少，可均匀地在(1)、(2)、(3)三个区段内调节。
23	封闭式复杂多跨屋面	 天窗面的 μ_s 按下列规定采用： 当 $a \leqslant 4h$ 时，取 $\mu_s = 0.2$； 当 $a > 4h$ 时，取 $\mu_s = 0.6$。
24	靠山封闭式双坡屋面	 本图适用于 $H_m/H \geqslant 2$ 及 $s/H = 0.2\sim0.4$ 的情况 体型系数 μ_s

体型系数 μ_s

β	α	A	B	C	D	E
30°	15°	+0.9	−0.4	0.0	+0.2	−0.2
	30°	+0.9	+0.2	−0.2	−0.2	−0.3
	60°	+1.0	+0.7	−0.4	−0.2	−0.5
60°	15°	+1.0	+0.3	+0.4	+0.5	+0.4
	30°	+1.0	+0.4	+0.3	+0.4	+0.2
	60°	+1.0	+0.8	−0.3	0.0	−0.5
90°	15°	+1.0	+0.5	+0.7	+0.8	+0.6
	30°	+1.0	+0.6	+0.8	+0.9	+0.7
	60°	+1.0	+0.9	−0.1	+0.2	−0.4

项次	类别	体型及体型系数 μ_s
24	靠山封闭式双坡屋面	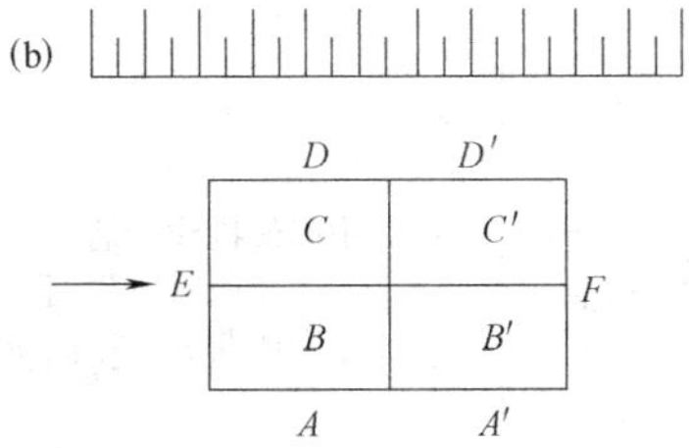 (b) 见图 **体型系数 μ_s** （下表）
25	靠山封闭式带天窗的双坡屋面	本图适用于 $H_m/H \geqslant 2$ 及 $s/H = 0.2 \sim 0.4$ 的情况 **体型系数 μ_s** （下表）
26	单面开敞式双坡屋面	(a) 开口迎风　(b) 开口背风 迎风坡面的 μ_s 按第 2 项采用
27	双面开敞及四面开敞式双坡屋面	(a) 两端有山墙　(b) 四面开敞

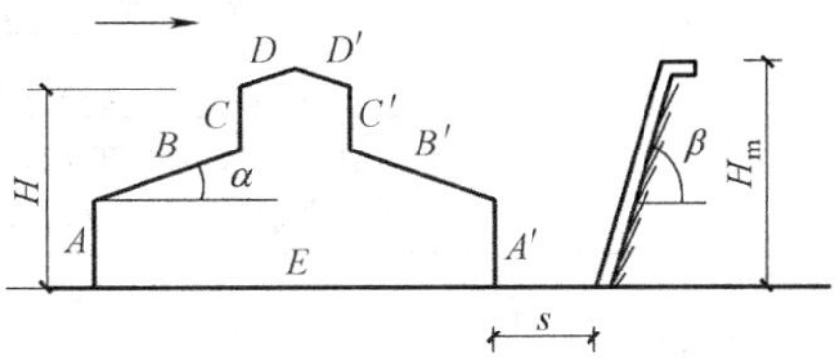

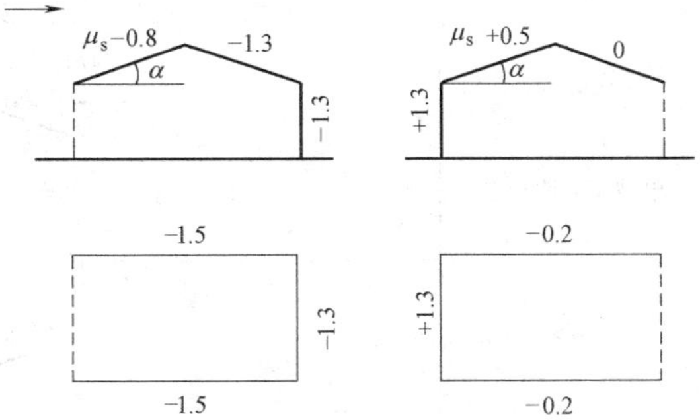

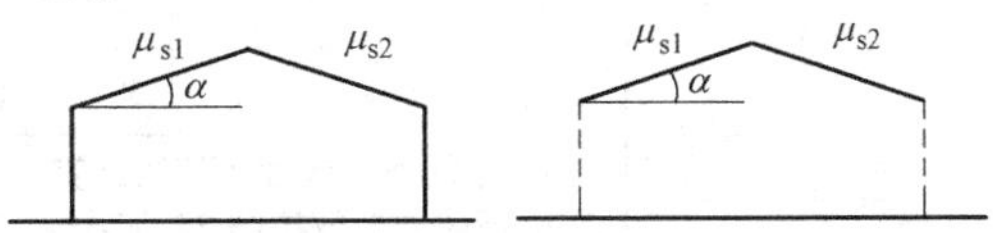

项次 24 — 体型系数 μ_s

β	$ABCD$	E	$A'B'C'D'$	F
$15°$	-0.8	$+0.9$	-0.2	-0.2
$30°$	-0.9	$+0.9$	-0.2	-0.2
$60°$	-0.9	$+0.9$	-0.2	-0.2

项次 25 — 体型系数 μ_s

β	A	B	C	D	D'	C'	B'	A'	E
$30°$	$+0.9$	$+0.2$	-0.6	-0.4	-0.3	-0.3	-0.3	-0.2	-0.5
$60°$	$+0.9$	$+0.6$	$+0.1$	$+0.1$	$+0.2$	$+0.2$	$+0.2$	$+0.4$	$+0.1$
$90°$	$+1.0$	$+0.8$	$+0.6$	$+0.2$	$+0.6$	$+0.6$	$+0.6$	$+0.8$	$+0.6$

项次 26（单面开敞式双坡屋面）图示标注：

(a) 开口迎风：μ_s -0.8，-1.3，-1.3，-1.5，-1.3，-1.5

(b) 开口背风：μ_s $+0.5$，0，$+1.3$，-0.2，$+1.3$，-0.2

项次 27（双面开敞及四面开敞式双坡屋面）图示标注：μ_{s1}，μ_{s2}，α

项次	类别	体型及体型系数 μ_s

项次 27 — 双面开敞及四面开敞式双坡屋面

体型系数 μ_s

α	μ_{s1}	μ_{s2}
≤10°	−1.3	−0.7
30°	+1.6	+0.4

注:1 中间值按线性插值法计算;

　　2 本图屋面对风作用敏感,风压时正时负,设计时应考虑 μ_s 值变号的情况;

　　3 纵向风荷载对屋面所引起的总水平应力:

　　　　当 $\alpha \geq 30°$ 时,为 $0.05Aw_h$;

　　　　当 $\alpha < 30°$ 时,为 $0.10Aw_h$;

　　其中,A 为屋面的水平投影面积,w_h 为屋面高度 h 处的风压;

　　4 当室内堆放物品或房屋处于山坡时,屋面吸力应增大,可按第26项(a)采用。

项次 28 — 前后纵墙半开敞双坡屋面

注:1 迎风坡面的 μ_s 按第2项采用;

　　2 本图适用于墙的上部集中开敞面积≥10%且<50%的房屋;

　　3 当开敞面积达50%时,背风墙面的系数改为−1.1。

项次 29 — 单坡及双坡顶盖

(a)

α	μ_{s1}	μ_{s2}	μ_{s3}	μ_{s4}
≤10°	−1.3	−0.5	+1.3	+0.5
30°	−1.4	−0.6	+1.4	+0.6

(b)

(c)

α	μ_{s1}	μ_{s2}
≤10°	+1.0	+0.7
30°	−1.6	−0.4

注:1 中间值按线性插值法计算;

　　2 (b)项体型系数按第27项采用;

　　3 (b)、(c)应考虑第27项注2和注3。

项次	类别	体型及体型系数 μ_s
30	封闭式房屋和构筑物	(a) 正多边形（包括矩形）平面 (b) Y形平面 (c) L形平面　　(d) ∏形平面 (e) 十字形平面　　(f) 截角三边形平面
31	高度超过 45m 的矩形截面高层建筑	

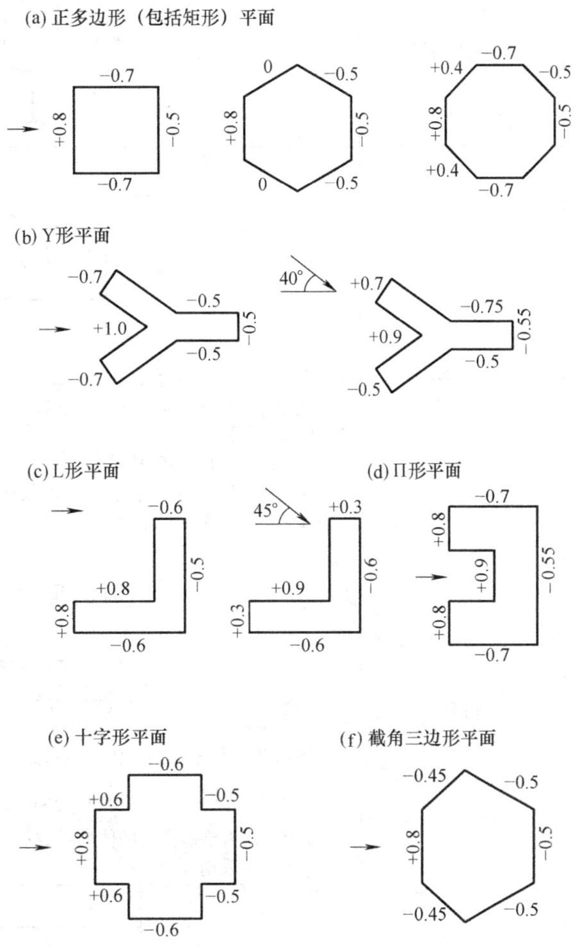

(a) 正多边形（包括矩形）平面

(b) Y形平面

(c) L形平面　　　　(d) ∏形平面

(e) 十字形平面　　　　(f) 截角三边形平面

高度超过 45m 的矩形截面高层建筑

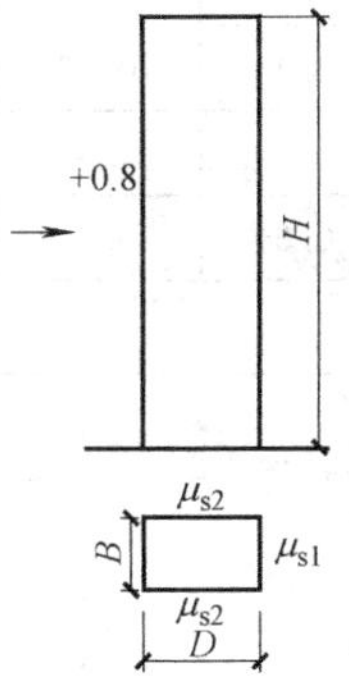

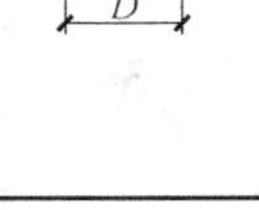

D/B	≤1	1.2	2	≥4
μ_{s1}	−0.6	−0.5	−0.4	−0.3
μ_{s2}	+0.7			

311

项次	类别	体型及体型系数 μ_s

32 | 各种截面的杆件

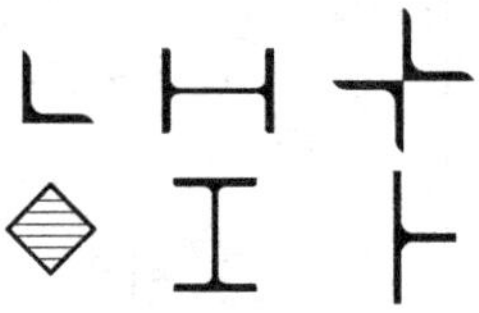

$\mu_s = +1.3$

33 | 桁架

(a)

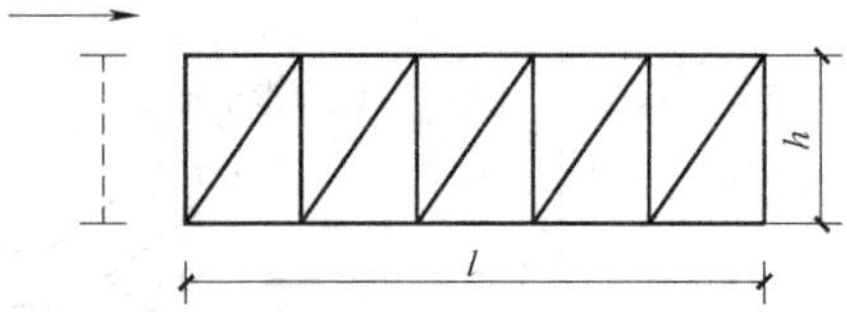

注:单榀桁架的体型系数 $\mu_{st} = \varphi\mu_s$

式中: μ_s 为桁架构件的体型系数,对型钢杆件按第 37(b)项采用,对圆管杆件按第 37(b)项采用;

$\varphi = A_n/A$ 为桁架的挡风系数;

A_n 为桁架杆件和节点挡风的净投影面积;

$A = hl$ 为桁架的轮廓面积。

(b)

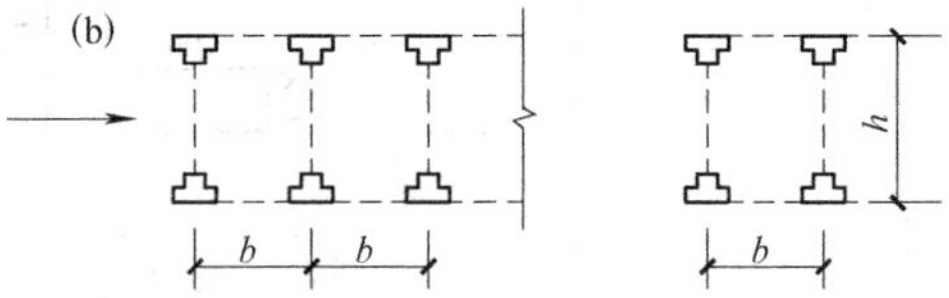

注: n 榀平行桁架的整体体型系数为:

$$\mu_{stw} = \mu_{st}\frac{1-\eta^n}{1-\eta}$$

式中: μ_{st} 为单榀桁架的体型系数;

η 按下表采用。

φ	b/h			
	$\leqslant 1$	2	4	6
$\leqslant 0.1$	1.00	1.00	1.00	1.00
0.2	0.85	0.90	0.93	0.97
0.3	0.66	0.75	0.80	0.85
0.4	0.50	0.60	0.67	0.73
0.5	0.33	0.45	0.53	0.62
0.6	0.15	0.30	0.40	0.50

34 | 独立墙壁及围墙

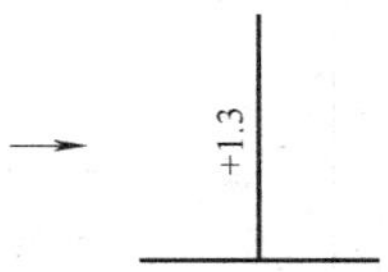

+1.3

续表

<table>
<tr><th>项次</th><th>类别</th><th>体型及体型系数 μ_s</th></tr>
<tr><td>35</td><td>塔架</td><td>
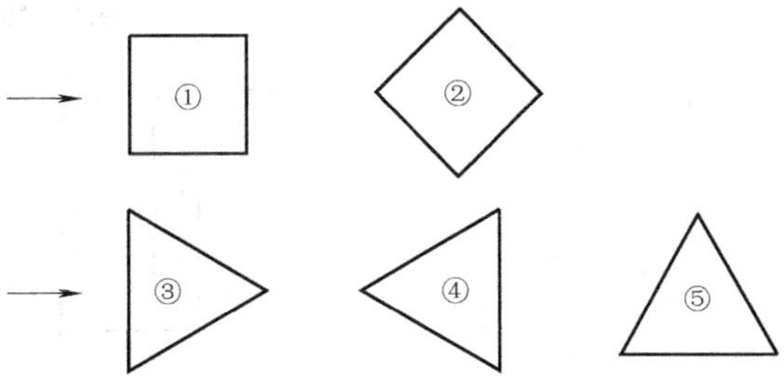

注:1 角钢塔架整体计算时的体型系数 μ_s 按下表采用:

<table>
<tr><td rowspan="3">挡风系数 φ</td><td colspan="3">方形</td><td rowspan="3">三角形风向 ③④⑤</td></tr>
<tr><td rowspan="2">风向①</td><td colspan="2">风向②</td></tr>
<tr><td>单向钢</td><td>组合角钢</td></tr>
<tr><td>≤0.1</td><td>2.6</td><td>2.9</td><td>3.1</td><td>2.4</td></tr>
<tr><td>0.2</td><td>2.4</td><td>2.7</td><td>2.9</td><td>2.2</td></tr>
<tr><td>0.3</td><td>2.2</td><td>2.4</td><td>2.7</td><td>2.0</td></tr>
<tr><td>0.4</td><td>2.0</td><td>2.2</td><td>2.4</td><td>1.8</td></tr>
<tr><td>0.5</td><td>1.9</td><td>1.9</td><td>2.0</td><td>1.6</td></tr>
</table>

2 管子及圆钢塔架整体计算时的体型系数 μ_s:
当 $\mu_z w_0 d^2 \leqslant 0.002$ 时,μ_s 按角钢塔架的 μ_s 值乘以 0.8 采用;
当 $\mu_z w_0 d^2 \geqslant 0.015$ 时,μ_s 按角钢塔架的 μ_s 值乘以 0.6 采用;
中间值按插值法计算。
</td></tr>
<tr><td>36</td><td>旋转壳顶</td><td>
(a) $f/l > \frac{1}{4}$

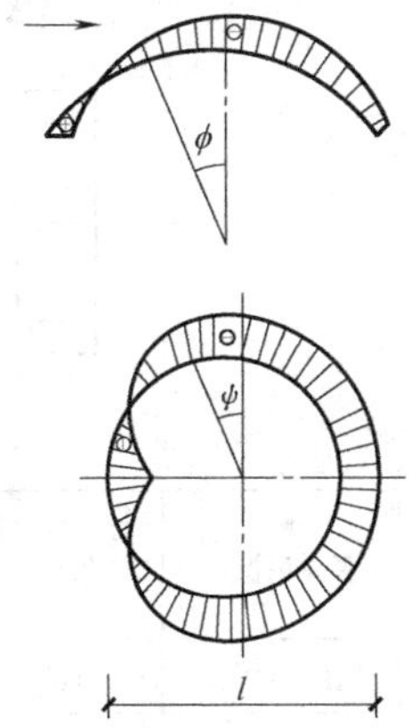

$\mu_s = 0.5\sin^2\phi\sin\psi - \cos^2\phi$

(b) $f/l \leqslant \frac{1}{4}$

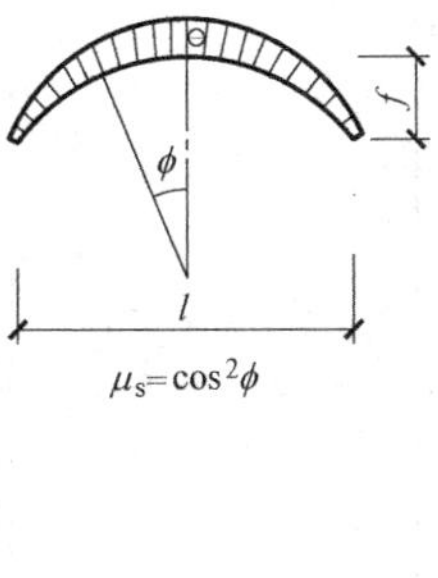

$\mu_s = \cos^2\phi$

注:式中,ψ 为平面角,ϕ 为仰角。
</td></tr>
</table>

项次	类别	体型及体型系数 μ_s

(a) 局部计算时表面分布的体型系数 μ_s

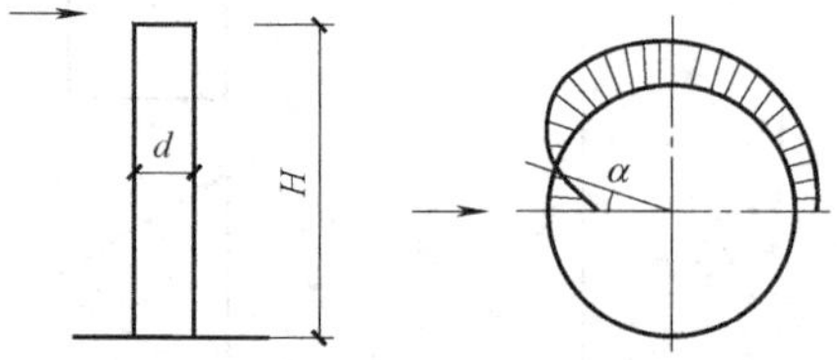

α	$H/d \geqslant 25$	$H/d=7$	$H/d=1$	备注
0°	+1.0	+1.0	+1.0	
15°	+0.8	+0.8	+0.8	
30°	+0.1	+0.1	+0.1	
45°	−0.9	−0.8	−0.7	
60°	−1.9	−1.7	−1.2	表中数值适用于
75°	−2.5	−2.2	−1.5	$\mu_s\omega_0 d^2 \geqslant 0.015$ 的
90°	−2.6	−2.2	−1.7	表面光滑情况。
105°	−1.9	−1.7	−1.2	其中 ω_0 以 kN/m² 计，
120°	−0.9	−0.8	−0.7	d 以m计。
135°	−0.7	−0.6	−0.5	
150°	−0.6	−0.5	−0.4	
165°	−0.6	−0.5	−0.4	
180°	−0.6	−0.5	−0.4	

项次 37　类别：圆截面构筑物（包括烟囱、塔桅等）

(b) 整体计算时的体型系数 μ_s

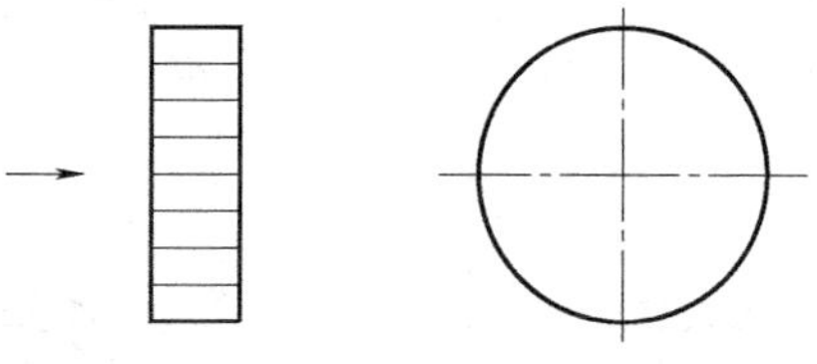

$\mu_s\omega_0 d^2$	表面情况	$H/d \geqslant 25$	$H/d=7$	$H/d=1$	备注
	$\Delta \approx 0$	0.6	0.5	0.5	中间值按线性
$\geqslant 0.015$	$\Delta \approx 0.02d$	0.9	0.8	0.7	插值法计算；
	$\Delta \approx 0.08d$	1.2	1.0	0.8	Δ值为表面凸
$\leqslant 0.002$		1.2	0.8	0.7	出高度

项次	类别	体型及体型系数 μ_s

(a) 上下双管

s/d	≤0.25	0.50	0.75	1.0	1.5	2.0	≥3.0
μ_s	+1.20	+0.90	+0.75	+0.70	+0.65	+0.63	+0.60

(b) 前后双管

s/d	≤0.25	0.5	1.5	3.0	4.0	6.0	8.0	≥10.0
μ_s	+0.68	+0.86	+0.94	+0.99	+1.08	+1.11	+1.14	+1.20

(c) 密排多管

$\mu_s=+1.4$

注:1 本图适用于 $\mu_s\omega_0 d^2 \geqslant 0.015$ 的情况;

2 (b)项前后双管的 μ_s 值为前后两管之和,其中,前管为0.6;

3 (c)项密排多管的 μ_s 值为各管之总和。

38 架空管道

---

39 拉索

风荷载水平分量 W_x 的体型系数 μ_{sx} 及垂直分量 W_y 的体型系数 μ_{sy} 按下表采用:

α	μ_{sx}	μ_{sy}	α	μ_{sx}	μ_{sy}
0°	0.00	0.00	50°	0.60	0.40
10°	0.05	0.05	60°	0.85	0.40
20°	0.10	0.10	70°	1.10	0.30
30°	0.20	0.25	80°	1.20	0.20
40°	0.35	0.40	90°	1.25	0.00

附录6 结构振型系数的近似值

结构振型系数应按实际工程由结构动力学计算得出。一般情况下，对顺风向响应可仅考虑第1振型的影响，对圆截面高层建筑及构筑物横风向的共振响应，应验算第1至第4振型的响应。本附录列出相应的前4个振型系数。

一、迎风面宽度远小于其高度的高耸结构，其阵型系数可按附表6.1采用。

高耸结构的振型系数 附表 6.1

相对高度	振 型 序 号			
z/H	1	2	3	4
0.1	0.02	−0.09	0.23	−0.39
0.2	0.06	−0.30	0.61	−0.75
0.3	0.14	−0.53	0.76	−0.43
0.4	0.23	−0.68	0.53	0.32
0.5	0.34	−0.71	0.02	0.71
0.6	0.46	−0.59	−0.48	0.33
0.7	0.59	−0.32	−0.66	−0.40
0.8	0.79	0.07	−0.40	−0.64
0.9	0.86	0.52	0.23	−0.05
1.0	1.00	1.00	1.00	1.00

二、迎风面宽度较大的高层建筑，当剪力墙和框架均起主要作用时，其振型系数可按附表6.2采用。

高层建筑的振型系数 附表 6.2

相对高度	振 型 序 号			
z/H	1	2	3	4
0.1	0.02	−0.09	0.22	−0.38
0.2	0.08	−0.30	0.58	−0.73
0.3	0.17	−0.50	0.70	−0.40
0.4	0.27	−0.68	0.46	0.33
0.5	0.38	−0.63	−0.03	0.68
0.6	0.45	−0.48	−0.49	0.29
0.7	0.67	−0.18	−0.63	−0.47
0.8	0.74	0.17	−0.34	−0.62
0.9	0.86	0.58	0.27	−0.02
1.0	1.00	1.00	1.00	1.00

三、对截面高度变化规律的高耸结构，其第1振型系数可按附表6.3采用。

高耸结构的第 1 振型系数   附表 6.3

相对高度 z/H	高 耸 结 构				
	$B_H/B_0=1.0$	$B_H/B_0=0.8$	$B_H/B_0=0.6$	$B_H/B_0=0.4$	$B_H/B_0=0.2$
0.1	0.02	0.02	0.01	0.01	0.01
0.2	0.06	0.06	0.05	0.04	0.03
0.3	0.14	0.12	0.11	0.09	0.07
0.4	0.23	0.21	0.19	0.16	0.13
0.5	0.34	0.32	0.29	0.26	0.21
0.6	0.46	0.44	0.41	0.36	0.31
0.7	0.59	0.57	0.55	0.51	0.45
0.8	0.79	0.71	0.69	0.66	0.61
0.9	0.86	0.86	0.85	0.83	0.80
1.0	1.00	1.00	1.00	1.00	1.00

注：表中 B_H、B_0 分别为结构顶部和底部的宽度。

参 考 文 献

[1] 中华人民共和国国家标准. 工程结构可靠度设计统一标准（GB 50153—2008）. 北京：中国建筑工业出版社，2008.

[2] 中华人民共和国国家标准. 建筑结构荷载规范（GB 50009—2012）. 北京：中国建筑工业出版社，2012.

[3] 中华人民共和国国家标准. 建筑抗震设计规范（GB 50011—2010）. 北京：中国建筑工业出版社，2010.

[4] 中华人民共和国行业标准. 公路桥涵设计通用规范（JTG D60—2004）. 北京：人民交通出版社，2004.

[5] 中华人民共和国行业标准. 公路桥梁抗震设计细则（JTG/T B02—01—2008）. 北京：人民交通出版社，2008.

[6] 中华人民共和国行业标准. 城市桥梁设计荷载标准（CJJ 77—98）. 北京：中国建筑工业出版社，2008.

[7] 李国强，黄宏伟，郑步全. 工程结构荷载与可靠度设计原理. 北京：中国建筑工业出版社，2001.

[8] 中华人民共和国国家标准. 工程结构设计基本术语和通用符号（GBJ 132—90）. 北京：中国建筑工业出版社，1991.

[9] 中华人民共和国行业标准. 城市桥梁设计规范（CJJ 11—2011）. 北京：中国建筑工业出版社，2011.

[10] 中华人民共和国国家标准. 钢结构设计规范（GB 50017—201X）（送审稿初稿）

[11] 中华人民共和国行业标准. 铁路桥涵设计基本规范（TB 10002. 1—2005）. 北京：中国铁道出版社，2005.

[12] 中华人民共和国行业标准. 公路桥涵地基与基础设计规范（JTG D63—2007）. 北京：人民交通出版社，2007.

[13] 中华人民共和国国家标准. 建筑地基基础设计规范（GB 50007—2012）. 北京：中国建筑工业出版社，2012.

[14] 中华人民共和国行业标准. 建筑桩基技术规范（JGJ 94—2008）. 北京：中国建筑工业出版社，2008.

[15] 中华人民共和国行业标准. 高层建筑混凝土结构技术规程（JGJ 3—2010）. 北京：中国建筑工业出版社，2013.

[16] 中国工程建设标准化协会标准. 门式刚架轻型房屋钢结构技术规程（CECS 102：2012）. 北京：中国计划出版社，2012.

[17] 中华人民共和国行业标准. 公路桥梁抗风设计规范（JTG/T D60—01—2004）. 北京：人民交通出版社，2004.

[18] 中华人民共和国国家标准. 混凝土结构设计规范（GB 50010—2010）. 北京：中国建筑工业出版社，2011.

[19] 中华人民共和国国家标准. 钢结构设计规范（GB 50017—2012）（征求意见稿）.

[20] 中华人民共和国国家标准. 建筑结构可靠度设计统一标准（GB 50068—2001）. 北京：中国建筑

工程出版社，2001.

[21] 中华人民共和国国家标准. 高耸结构设计规范（GB 50135—2006）. 北京：中国计划出版社，2006.

[22] 中华人民共和国国家标准. 建筑工程抗震设防分类标准（GB 50223—2008）. 北京：中国建筑工业出版社，2008.

[23] 中华人民共和国行业标准. 高层建筑混凝土结构技术规程（JGJ 3—2010）. 北京：中国建筑工业出版社，2012.

[24] 中华人民共和国国家标准. 建筑结构可靠度设计统一标准（GB 50068—2001）. 北京：中国建筑工业出版社，2001.

[25] 张小刚. 土木工程荷载与结构设计方法. 北京：中国计量出版社，2011.

[26] 张相庭. 高层建筑抗风抗震设计计算. 上海：同济大学出版社，1997.

[27] 黄本才. 结构抗风分析原理及应用. 上海：同济大学出版社，2001.

[28] 柳炳康. 工程结构抗震设计（第 2 版）. 武汉：武汉理工大学出版社，2010.

[29] 李亚东等. 桥梁工程概论. 成都：西南交通大学出版社，2001.

[30] 柳炳康，吴胜兴等. 工程结构鉴定与改造. 北京：中国建筑工业出版社，2008.

[31] 王铁梦. 工程结构裂缝控制. 北京：中国建筑工业出版社，1997.

[32] 华东水利学院. 水力学（上、下册）. 北京：科学出版社，1986.

[33] 东南大学，浙江大学，湖南大学等. 土力学. 北京：中国建筑工业出版社，2001.

[34] 赵国藩，金伟良等. 结构可靠度理论. 北京：中国建筑工业出版社，2000.

[35] 李清富等. 工程结构可靠性原理. 郑州：黄河水利出版社，1999.

[36] 李继华等. 建筑结构概率极限状态设计. 北京：中国建筑工业出版社，1990.

[37] 赵国藩等. 工程结构可靠性理论与应用. 大连：大连理工大学出版社，1996.